TURING 图灵程序设计丛书

Machine Learning in Action

机器学习实战

[美] Peter Harrington 著

李锐 李鹏 曲亚东 王斌 译

人民邮电出版社

北京

图书在版编目（CIP）数据

机器学习实战 / （美）哈林顿（Harrington,P.）著；李锐等译. -- 北京 ：人民邮电出版社，2013.6
（图灵程序设计丛书）
书名原文：Machine learning in action
ISBN 978-7-115-31795-7

Ⅰ. ①机… Ⅱ. ①哈… ②李… Ⅲ. ①机器学习－研究 Ⅳ. ①TP181

中国版本图书馆CIP数据核字(2013)第095060号

内 容 提 要

机器学习是人工智能研究领域中的一个极其重要的方向。在现今大数据时代的背景下，捕获数据并从中萃取有价值的信息或模式，使得这一过去为分析师与数学家所专属的研究领域越来越为人们瞩目。

本书通过精心编排的实例，切入日常工作任务，摒弃学术化语言，利用高效可复用的Python代码阐释如何处理统计数据，进行数据分析及可视化。读者可从中学到一些核心的机器学习算法，并将其运用于某些策略性任务中，如分类、预测及推荐等。

本书适合机器学习相关研究人员及互联网从业人员学习参考。

◆ 著　[美] Peter Harrington
译　李 锐 李 鹏 曲亚东 王 斌
责任编辑　丁晓昀
执行编辑　李 鑫 龚 雪
责任印制　焦志炜

◆ 人民邮电出版社出版发行　北京市丰台区成寿寺路11号
邮编　100164　电子邮件　315@ptpress.com.cn
网址　http://www.ptpress.com.cn
固安县铭成印刷有限公司印刷

◆ 开本：800×1000　1/16
印张：20.75　2013年6月第1版
字数：490千字　2025年3月河北第65次印刷
著作权合同登记号　图字：01-2012-4878号

定价：69.00元

读者服务热线：(010)84084456-6009　印装质量热线：(010)81055316
反盗版热线：(010)81055315

致约瑟夫与米洛。

译 者 序

这是我翻译的第三本书了，前两本分别是《信息检索导论》和《大数据：大规模互联网数据挖掘与分布式处理》。与图灵公司有了这两次合作后，我们一直保持着十分密切的联系。2012年11月，图灵的编辑和我说，这本书的原译者不能继续翻译了，问我能否续译后面的十二章。我翻阅了一下，觉得这本书不错，能帮助不少人，于是很快就接下了这个翻译任务，并在11月底启动了我的第三次图灵翻译之旅。

我翻译的这三本书分别涉及信息检索、数据挖掘和机器学习。虽然这几个领域各不相同，但是它们之间有着十分密切的关联。简单地说，机器学习算法在包含信息检索和数据挖掘在内的多个领域中都有着十分广泛的应用。现代互联网中的搜索引擎、社交网络、推荐引擎、计算广告、电子商务等应用中，都包含大量的机器学习算法。“机器学习”已经成为学术界和工业界炙手可热的术语。了解机器学习算法，是很多研究人员和互联网从业人员的基本要求。

翻译本书期间，业界和研究界也出现了大量热点名词，包括“大数据”（big data）、“深度学习”（deep learning）、“知识图谱”（knowledge graph）等，基于社交网络的研究和应用也层出不穷。可以说，机器学习与这些名词之间都具有十分密切的联系，了解机器学习对于把握业界和研究界的脉搏至关重要。

本书没有从理论角度来揭示机器学习算法背后的数学原理，而是通过“原理简述+问题实例+实际代码+运行效果”来介绍每一个算法。学习计算机的人都知道，计算机是一门实践学科，没有真正实现运行，很难真正理解算法的精髓。这本书的最大好处就是边学边用，非常适合于急需迈进机器学习领域的人员学习。实际上，即使对于那些对机器学习有所了解的人来说，通过代码实现也能进一步加深对机器学习算法的理解。

本书的代码采用Python语言编写。Python代码简单优雅、易于上手，科学计算软件包众多，已经成为不少大学和研究机构进行计算机教学和科学计算的语言。相信Python编写的机器学习代码也能让读者尽快领略到这门学科的精妙之处。

由于个人精力有限，加上时间紧迫，和前两本书都是独立翻译有所不同，本书邀请了多名颇具实力的译者共同完成。全书共包括15章4个附录，曲亚东翻译第1～3章，李鹏博士翻译第4、10、11、12章及附录A、B，李锐博士翻译第5、8、9、15章及附录C、D，王斌翻译第6、7、13、14章及其他部分并审校全文。

感谢翻译过程中图灵公司谢工、傅志红、李鑫、郭志敏、刘紫凤等人给予的帮助，感谢所有译者的家人朋友一如既往的支持和鼓励，感谢所有帮助和指导过我们的人。

致约瑟夫与米洛。

译 者 序

这是我翻译的第三本书了，前两本分别是《信息检索导论》和《大数据：大规模互联网数据挖掘与分布式处理》。与图灵公司有了这两次合作后，我们一直保持着十分密切的联系。2012年11月，图灵的编辑和我说，这本书的原译者不能继续翻译了，问我能否续译后面的十二章。我翻阅了一下，觉得这本书不错，能帮助不少人，于是很快就接下了这个翻译任务，并在11月底启动了我的第三次图灵翻译之旅。

我翻译的这三本书分别涉及信息检索、数据挖掘和机器学习。虽然这几个领域各不相同，但是它们之间有着十分密切的关联。简单地说，机器学习算法在包含信息检索和数据挖掘在内的多个领域中都有着十分广泛的应用。现代互联网中的搜索引擎、社交网络、推荐引擎、计算广告、电子商务等应用中，都包含大量的机器学习算法。“机器学习”已经成为学术界和工业界炙手可热的术语。了解机器学习算法，是很多研究人员和互联网从业人员的基本要求。

翻译本书期间，业界和研究界也出现了大量热点名词，包括“大数据”（big data）、“深度学习”（deep learning）、“知识图谱”（knowledge graph）等，基于社交网络的研究和应用也层出不穷。可以说，机器学习与这些名词之间都具有十分密切的联系，了解机器学习对于把握业界和研究界的脉搏至关重要。

本书没有从理论角度来揭示机器学习算法背后的数学原理，而是通过“原理简述+问题实例+实际代码+运行效果”来介绍每一个算法。学习计算机的人都知道，计算机是一门实践学科，没有真正实现运行，很难真正理解算法的精髓。这本书的最大好处就是边学边用，非常适合于急需迈进机器学习领域的人员学习。实际上，即使对于那些对机器学习有所了解的人来说，通过代码实现也能进一步加深对机器学习算法的理解。

本书的代码采用Python语言编写。Python代码简单优雅、易于上手，科学计算软件包众多，已经成为不少大学和研究机构进行计算机教学和科学计算的语言。相信Python编写的机器学习代码也能让读者尽快领略到这门学科的精妙之处。

由于个人精力有限，加上时间紧迫，和前两本书都是独立翻译有所不同，本书邀请了多名颇具实力的译者共同完成。全书共包括15章4个附录，曲亚东翻译第1～3章，李鹏博士翻译第4、10、11、12章及附录A、B，李锐博士翻译第5、8、9、15章及附录C、D，王斌翻译第6、7、13、14章及其他部分并审校全文。

感谢翻译过程中图灵公司谢工、傅志红、李鑫、郭志敏、刘紫凤等人给予的帮助，感谢所有译者的家人朋友一如既往的支持和鼓励，感谢所有帮助和指导过我们的人。

由于译者水平有限，书中难免会有疏漏，还望读者不吝提出意见和建议。同前几本书一样，本书的勘误也会在网上及时公布，地址在：http://ir.ict.ac.cn/~wangbin/mli-book。读者可以通过邮件wbxjj2008@gmail.com或者新浪微博和我联系。

王斌

2013年1月15日凌晨于中关村

前　言

大学毕业后，我先后在美国加利福尼亚州和中国的Intel公司工作。最初，我打算工作两年之后回学校读研究生，但是幸福时光飞逝而过，转眼就过去了六年。那时，我意识到我必须回到校园。我不想上夜校或进行在线学习，我就想坐在大学校园里吸纳学校传授的所有知识。在大学里，最好的方面不是你研修的课程或从事的研究，而是一些外围活动：与人会面、参加研讨会、加入组织、旁听课程，以及学习未知的知识。

在2008年，我帮助筹备一个招聘会。我同一个大型金融机构的人交谈，他们希望我去应聘他们机构的一个对信用建模（判断某人是否会偿还贷款）的岗位。他们问我对随机分析了解多少，那时，我并不能确定“随机”一词的意思。他们提出的工作地点令我无法接受，所以我决定不再考虑了。但是，他们说的“随机”让我很感兴趣，于是我拿来课程目录，寻找含有“随机”字样的课程，我看到了“离散随机系统”。我没有注册就直接旁听了这门课，完成课后作业，参加考试，最终被授课教授发现。但是她很仁慈，让我继续学习，这让我非常感激。上这门课，是我第一次看到将概率应用到算法中。在这之前，我见过一些算法将平均值作为外部输入，但这次不同，方差和均值都是这些算法中的内部值。这门课主要讨论时间序列数据，其中每一段数据都是一个均匀间隔样本。我还找到了名称中包含“机器学习”的另一门课程。该课程中的数据并不假设满足时间的均匀间隔分布，它包含更多的算法，但严谨性有所降低。再后来我意识到，在经济系、电子工程系和计算机科学系的课程中都会讲授类似的算法。

2009年初，我顺利毕业，并在硅谷谋得了一份软件咨询的工作。接下来的两年，我先后在涉及不同技术的八家公司工作，发现了最终构成这本书主题的两种趋势：第一，为了开发出竞争力强的应用，不能仅仅连接数据源，而需要做更多事情；第二，用人单位希望员工既懂理论也能编程。

程序员的大部分工作可以类比于连接管道，所不同的是，程序员连接的是数据流，这也为人们带了巨大的财富。举一个例子，我们要开发一个在线出售商品的应用，其中主要部分是允许用户来发布商品并浏览其他人发布的商品。为此，我们需要建立一个Web表单，允许用户输入所售商品的信息，然后将该信息传到一个数据存储区。要让用户看到其他用户所售商品的信息，就要从数据存储区获取这些数据并适当地显示出来。我可以确信，人们会通过这种方式挣钱，但是如果要让应用更好，需要加入一些智能因素。这些智能因素包括自动删除不适当的发布信息、检测不正当交易、给出用户可能喜欢的商品以及预测网站的流量等。为了实现这些目标，我们需要应用机器学习方法。对于最终用户而言，他们并不了解幕后的“魔法”，他们关心的是应用能有效运行，这也是好产品的标志。

一个机构会雇用一些理论家（思考者）以及一些做实际工作的人（执行者）。前者可能会将大部分时间花在学术工作上，他们的日常工作就是基于论文产生思路，然后通过高级工具或数学进行建模。后者则通过编写代码与真实世界交互，处理非理想世界中的瑕疵，比如崩溃的机器或者带噪声的数据。完全区分这两类人并不是个好想法，很多成功的机构都认识到这一点。（精益生产的一个原则就是，思考者应该自己动手去做实际工作。）当招聘经费有限时，谁更能得到工作，思考者还是执行者？很可能是执行者，但是现实中用人单位希望两种人都要。很多事情都需要做，但当应用需要更高要求的算法时，那么需要的人员就必须能够阅读论文，领会论文思路并通过代码实现，如此反复下去。

在这之前，我没有看到在机器学习算法方面缩小思考者和执行者之间差距的书籍。本书的目的就是填补这个空白，同时介绍机器学习算法的使用，使得读者能够构建更成功的应用。

关于本书

本书讲述重要的机器学习算法，并介绍那些使用这些算法的应用和工具，以及如何在实际环境中使用它们。市面上已经出版了很多关于机器学习的书籍，大多数讨论的是其背后的数学理论，很少涉及如何使用编程语言实现机器学习算法。本书恰恰相反，更多地讨论如何编码实现机器学习算法，而尽量减少讨论数学理论。如何将数学矩阵描述的机器学习算法转化为可以实际工作的应用程序，是本书的主要目的。

读者对象

机器学习是什么？谁需要使用机器学习算法？简而言之，机器学习可以揭示数据背后的真实含义。这本书适合有数据需要处理的读者，也适合于想要获得并理解数据的读者。如果读者有一些编程概念（比如递归），并且了解一些数据结构（比如树结构），那么将有助于本书的阅读。即使不具备线性代数和概率论的知识，也能从本书获益，但是如果读者具有线性代数和概率论的入门知识，那么也会利于本书的阅读。此外，本书使用Python语言进行编程，它过去也被称作“可执行的伪代码”。本书假定读者有一些基本的Python编程知识，不过不知道如何使用Python也没有关系，只要具备基本的编程思想，学习Python也不困难。

数据挖掘十大算法

数据以及基于数据做出决策是非常重要的，本书内容也是来源于数据——“数据挖掘十大算法”是IEEE数据挖掘国际会议（ICDM）上的一篇论文，2007年12月在*Journal of Knowledge and Information Systems*杂志上发表。依据知识发现和数据挖掘国际会议（KDD）获奖者的问卷调查结果，论文统计出排名前十的数据挖掘算法。本书的基本框架与论文中提到的算法基本一致。聪明的读者可能已经注意到，虽然论文只给出了十个重要的数据挖掘算法，但本书却有十五章。下面我会给出解释，这里我们先看看排名前十的数据挖掘算法。

论文选出的机器学习算法包括：C4.5决策树、K-均值（K-mean）、支持向量机（SVM）、Apriori、最大期望算法（EM）、PageRank算法、AdaBoost算法、*k*-近邻算法（kNN）、朴素贝叶斯算法（NB）和分类回归树（CART）算法。本书包含了其中的8个算法，没有包括最大期望算法和PageRank算法。本书没有包括PageRank算法，是因为搜索引擎巨头Google引入的PageRank算法已经在很多著作里得到了充分的论述，没有必要进一步累述；而最大期望算法没有纳入，是因为涉及太多的数学知识，如果它像其他算法那样简化成一章，就无法讲述清楚算法的核心，有兴趣的读者可以参阅相关材料。

本书结构

本书由四大部分15章和4个附录组成。

第一部分　分类

本书并没有按照“数据挖掘十大算法”的次序来介绍机器学习算法。第一部分首先介绍了机器学习的基础知识，然后讨论如何使用机器学习算法进行分类。第2章介绍了基本的机器学习算法：*k*-近邻算法；第3章是本书第一次讲述决策树；第4章讨论如何使用概率分布算法进行分类以及朴素贝叶斯算法；第5章介绍的Logistic回归算法虽然不在排名前十的列表中，但是引入了算法优化的主题，也是非常重要的，这一章最后还讨论了如何处理数据集合中的缺失值；第6章讨论了强大而流行的支持向量机；第7章讨论AdaBoost集成方法，它也是本书讨论分类机器学习算法的最后一章，这一章还讨论了训练样本非均匀分布时所引发的非均衡分类问题。

第二部分　利用回归预测数值型数据

第二部分包含两章，讨论连续型数值的回归预测问题。第8章主要讨论了回归、去噪和局部加权线性回归，此外还讨论了机器学习算法必须考虑的偏差方差折中问题。第9章讨论了基于树的回归算法和分类回归树（CART）算法。

第三部分　无监督学习

前两部分讨论的监督学习需要用户知道目标值，简单地说就是知道在数据中寻找什么。而第三部分开始讨论的无监督学习则无需用户知道搜寻的目标，只需要从算法程序中得到这些数据的共同特征。第10章讨论的无监督学习算法是K-均值聚类算法；第11章研究用于关联分析的Apriori算法；第12章讨论如何使用FP-Growth算法改进关联分析。

第四部分　其他工具

本书的第四部分介绍机器学习算法使用到的附属工具。第13章和第14章引入的两个数学运算工具用于消除数据噪声，分别是主成分分析和奇异值分解。一旦机器学习算法处理的数据集扩张到无法在一台计算机上完全处理时，就必须引入分布式计算的概念，本书最后一章将介绍MapReduce架构。

示例

本书的许多示例演示了如何在现实世界中使用机器学习算法，通常我们按照下面的步骤保证算法应用的正确性：

(1) 确保算法应用可以正确处理简单的数据；

(2) 将现实世界中得到的数据格式化为算法可以处理的格式；

(3) 将步骤2得到的数据输入到步骤1的算法中，检验算法的运行结果。

千万不要忽略前两个步骤而直接跳到步骤3来检验算法处理真实数据的效果。任何复杂系统都是由基础工程构成的，尤其是算法出现问题时，增量地搭建系统可以确保我们及时找到问题出现的位置和原因。如果刚开始就把这些堆砌在一起，我们就很难发现到底是不准确的算法实现引发的问题还是数据格式的问题。此外，本书在实现算法的过程中，记录了很多注意事项，将有助于读者深入了解机器学习算法。

代码约定和下载

本书正文和程序清单中的源代码都使用等宽字体。一些程序清单中包含了代码注解，以突出其中蕴含的重要概念。在某些场合，带编号的程序注释会在程序清单之后进一步解释说明。

本书所有源代码均可在英文版出版商的网站上下载：www.manning.com/MachineLearninginAction 。①

作者在线

本书的读者还可以访问出版商Manning的网络论坛。在论坛上读者可以评论本书的内容，讨论技术问题，得到作者或其他用户的帮助。为了使用和订阅论坛，请访问http:/www.manning.com/MachineLearninginAction，该网页包含如何注册论坛、如何获取帮助以及论坛的行为规则。

出版商Manning对读者承诺，为读者和作者提供讨论的空间。作者自愿参与作者在线论坛，我们也不承诺作者参与论坛讨论的次数。建议读者尽量问作者具有挑战性的问题，以免浪费作者的宝贵时间。

只要本书英文版在销售，读者都可以访问英文版出版商的作者在线论坛，阅读以前的讨论文档。

① 读者也可以访问图灵社区本书页面提交勘误或下载源代码，网址是ituring.com.cn/book/1021。

致 谢

这是目前为止本书最容易写的部分……

首先，我要感谢Manning出版社的工作人员，尤其是本书的编辑Troy Mott，如果没有他的支持和热情帮助，本书不会出版。我还要感谢Maureen Spencer，她对最终稿进行了润色，和她在一起工作相当愉快。

其次，我要感谢Arizona州立大学的Jennie Si老师，她允许我在未注册的情况下听她的“离散随机系统”课。还要感谢MIT的Cynthia Rudin，他给我推荐了论文“Top 10 Algorithms in Data Mining”[①]（数据挖掘十大算法），促成了本书的写作思路。Mark Bauer、Jerry Barkely、Jose Zero、Doug Chang、Wayne Carter以及Tyler Neylon对本书亦有贡献，在此一并感谢。

特别要感谢在成书过程当中提供珍贵反馈意见的评阅人，他们是：Keith Kim、Franco Lombardo、Patrick Toohey、Josef Lauri、Ryan Riley、Peter Venable、Patrick Goetz、Jeroen Benckhuijsen、Ian McAllister、Orhan Alkan、Joseph Ottinger、Fred Law、Karsten Strøbæk、Brian Lau、Stephen McKamey、Michael Brennan、Kevin Jackson、John Griffin、Sumit Pal、Alex Alves、Justin Tyler Wiley和John Stevenson。

技术校对人员Tricia Hoffman和Alex Ott在本书出版之前对技术内容进行了快速审阅，对于他们的意见和反馈我表示感谢。当阅读书中的代码时，Alex表现得像一个冷血杀手！谢谢他对本书的贡献。

我还要感谢那些通过MEAP购买和阅读早期版本的读者，以及对作者在线论坛做出贡献的人们（甚至是发“钓鱼贴”的用户）。如果没有这些人的帮助，这本书就不是现在这个样子。

我还要感谢我的家庭在写书期间给予的支持。感谢我爱人的鼓励以及在写书期间对我的非规律生活的宽容。

最后，我要感谢硅谷这个伟大的地方，我和我爱人在这里工作、交流思想和情感。

---

① Xindong Wu等，“Top 10 Algorithms in Data Mining”，*Journal of Knowledge and Information Systems* 14, no. 1 (December 2007)。

关于封面

本书封面插画的标题为“伊斯特里亚人”（“Man from Istria”，伊斯特里亚是克罗地亚面向亚得里亚海的一个很大半岛）。该插画来自克罗地亚斯普利特民族博物馆2008年出版的Balthasar Hacquet的《图说西南及东汪达尔人、伊利里亚人和斯拉夫人》（*Images and Descriptions of Southwestern and Eastern Wenda, Illyrians, and Slavs*）的最新重印版本。Hacquet（1739—1815）是一名奥地利内科医生及科学家，他花费数年时间去研究各地的植物、地质和人种，这些地方包括奥匈帝国的多个地区，以及伊利里亚部落过去居住的（罗马帝国的）威尼托地区、尤里安阿尔卑斯山脉及西巴尔干等地区。Hacquet发表的很多论文和书籍中都有手绘插图。

Hacquet出版物中丰富多样的插图生动地描绘了200年前西阿尔卑斯和巴尔干西北地区的独特性和个体性。那时候相距几英里的两个村庄村民的衣着都迥然不同，当有社交活动或交易时，不同地区的人们很容易通过着装来辨别。从那之后着装的要求发生了改变，不同地区的多样性也逐渐消亡。现在很难说出不同大陆的居民有多大区别，比如，现在很难区分斯洛文尼亚的阿尔卑斯山地区或巴尔干沿海那些美丽小镇或村庄里的居民和欧洲其他地区或美国的居民。

Manning出版社利用两个世纪之前的服装来设计书籍封面，以此来赞颂计算机产业所具有的创造性、主动性和趣味性。正如本书封面的图片一样，这些图片也把我们带回到过去的生活中去。

目　录

Part 1 第一部分

分　类

本书前两部分主要探讨监督学习（supervised learning）。在监督学习的过程中，我们只需要给定输入样本集，机器就可以从中推演出指定目标变量的可能结果。监督学习相对比较简单，机器只需从输入数据中预测合适的模型，并从中计算出目标变量的结果。

监督学习一般使用两种类型的目标变量：标称型和数值型。标称型目标变量的结果只在有限目标集中取值，如真与假、动物分类集合{爬行类、鱼类、哺乳类、两栖类}；数值型目标变量则可以从无限的数值集合中取值，如0.100、42.001、1000.743等。数值型目标变量主要用于回归分析，将在本书的第二部分研究，第一部分主要介绍分类。

本书的前七章主要研究分类算法，第2章讲述最简单的分类算法：*k*-近邻算法，它使用某种距离计算方法进行分类；第3章引入了决策树，它比较直观，容易理解，但是相对难于实现；第4章将讨论如何使用概率论建立分类器；第5章将讨论Logistic回归，如何使用最优参数正确地分类原始数据，在搜索最优参数的过程中，将使用几个经常用到的优化算法；第6章介绍了非常流行的支持向量机；第一部分最后的第7章将介绍元算法——AdaBoost，它由若干个分类器构成，此外还总结了第一部分探讨的分类算法在实际使用中可能面对的非均衡分类问题，一旦训练样本某个分类的数据多于其他分类的数据，就会产生非均衡分类问题。

第1章 机器学习基础

本章内容

- ❑ 机器学习的简单概述
- ❑ 机器学习的主要任务
- ❑ 学习机器学习的原因
- ❑ Python语言的优势

最近我和一对夫妇共进晚餐，他们问我从事什么职业，我回应道："机器学习。"妻子回头问丈夫："亲爱的，什么是机器学习？"她的丈夫答道："T-800型终结者。"在《终结者》系列电影中，T-800是人工智能技术的反面样板工程。不过，这位朋友对机器学习的理解还是有所偏差的。本书既不会探讨与计算机程序进行对话交流，也不会与计算机探讨人生的意义。机器学习能让我们自数据集中受到启发，换句话说，我们会利用计算机来彰显数据背后的真实含义，这才是机器学习的真实含义。它既不是只会徒然模仿的机器人，也不是具有人类感情的仿生人。

现今，机器学习已应用于多个领域，远超出大多数人的想象，下面就是假想的一日，其中很多场景都会碰到机器学习：假设你想起今天是某位朋友的生日，打算通过邮局给她邮寄一张生日贺卡。你打开浏览器搜索趣味卡片，搜索引擎显示了10个最相关的链接。你认为第二个链接最符合你的要求，点击了这个链接，搜索引擎将记录这次点击，并从中学习以优化下次搜索结果。然后，你检查电子邮件系统，此时垃圾邮件过滤器已经在后台自动过滤垃圾广告邮件，并将其放在垃圾箱内。接着你去商店购买这张生日卡片，并给你朋友的孩子挑选了一些尿布。结账时，收银员给了你一张1美元的优惠券，可以用于购买6罐装的啤酒。之所以你会得到这张优惠券，是因为款台收费软件基于以前的统计知识，认为买尿布的人往往也会买啤酒。然后你去邮局邮寄这张贺卡，手写识别软件识别出邮寄地址，并将贺卡发送给正确的邮车。当天你还去了贷款申请机构，查看自己是否能够申请贷款，办事员并不是直接给出结果，而是将你最近的金融活动信息输入计算机，由软件来判定你是否合格。最后，你还去了赌场想找些乐子，当你步入前门时，尾随你进来的一个家伙被突然出现的保安给拦了下来。"对不起，索普先生，我们不得不请您离开赌场。我们不欢迎老千。"图1-1集中展示了使用到的机器学习应用。

上面提到的所有场景，都有机器学习软件的存在。现在很多公司使用机器学习软件改善商业决策、提高生产率、检测疾病、预测天气，等等。随着技术指数级增长，我们不仅需要使用更好的工具解析当前的数据，而且还要为将来可能产生的数据做好充分的准备。

图1-1 机器学习在日常生活中的应用，从左上角按照顺时针方向依次使用到的机器学习技术分别为：人脸识别、手写数字识别、垃圾邮件过滤和亚马逊公司的产品推荐

现在正式进入本书机器学习的主题。本章我们将首先介绍什么是机器学习，日常生活中何处将用到机器学习，以及机器学习如何改进我们的工作和生活；然后讨论使用机器学习解决问题的一般办法；最后介绍为什么本书使用Python语言来处理机器学习问题。我们将通过一个Python模块NumPy来简要介绍Python在抽象和处理矩阵运算上的优势。

1.1 何谓机器学习

除却一些无关紧要的情况，人们很难直接从原始数据本身获得所需信息。例如，对于垃圾邮件的检测，侦测一个单词是否存在并没有太大的作用，然而当某几个特定单词同时出现时，再辅以考察邮件长度及其他因素，人们就可以更准确地判定该邮件是否为垃圾邮件。简单地说，机器学习就是把无序的数据转换成有用的信息。

机器学习横跨计算机科学、工程技术和统计学等多个学科，需要多学科的专业知识。稍后你就能了解到，它也可以作为实际工具应用于从政治到地质学的多个领域，解决其中的很多问题。甚至可以这么说，机器学习对于任何需要解释并操作数据的领域都有所裨益。

机器学习用到了统计学知识。在多数人看来，统计学不过是企业用以炫耀产品功能的一种诡计而已。（Darell Huff曾写过一本《如何使用统计学说谎》（*How to Lie With Statistics*）的书，颇具讽刺意味的是，它也是有史以来卖得最好的统计学书。）那么我们这些人为什么还要利用统计学呢？拿工程实践来说，它要利用科学知识来解决具体问题，在该领域中，我们常会面对那种解法确凿不变的问题。假如要编写自动售货机的控制软件，那就最好能让它在任何时候都能正确运行，而不必让人们再考虑塞进的钱或按下的按钮。然而，在现实世界中，并不是每个问题都存在确定的解决方案。在很多时候，我们都无法透彻地理解问题，或者没有足够的计算资源为问题精确建立模型，例如我们无法给人类活动的动机建立模型。为了解决这些问题，我们就需要使用统计学知识。

在社会科学领域，正确率达60%以上的分析被认为是非常成功的。如果能准确地预测人类当下60%的行为，那就很棒了。这怎么可以呢？难道我们不应该一直都保持完美地预测吗？如果真的达不到，是否意味着我们做错了什么？

“能否实现个人的极乐？由此生发，我们为何不能准确地预测人们所参与事件的结果呢？”瞧！这些问题就十分经典。我们不可能对它们建立一种精确模型。如何能让众生以同样的方式获得幸福？很难，因为大家对幸福的理解都是迥异不同的。因此，即使人们能达到极乐境地这一假定是成立的，但如此复杂的幸福也使得我们很难对其建立正确的模型。除了人类行为，现实世界中存在着很多例子，我们无法为之建立精确的数学模型，而为了解决这类问题，我们就需要统计学工具。

1.1.1 传感器和海量数据

虽然我们已从互联网上获取了大量的人为数据，但最近却涌现了更多的非人为数据。传感器技术并不时髦，但如何将它们接入互联网确实是新的挑战。有预测表明，在本书出版后不久，20%的互联网非视频流量都将由物理传感器产生[①]。

地震预测就是一个很好的例子，传感器收集了海量的数据，如何从这些数据中抽取出有价值的信息是一个非常值得研究的课题。1989年，洛马·普列埃塔地震袭击了北加利福尼亚州，63人死亡，3757人受伤，成千上万人无家可归；然而，相同规模的地震2010年袭击了海地，死亡人数却超过23万。洛马·普列埃塔地震后不久，一份研究报告宣称低频磁场检测可以预测地震[②]，但后续的研究显示，最初的研究并没有考虑诸多环境因素，因而存在着明显的缺陷[③,④]。如果我们想要重做这个研究，以便更好地理解我们这个星球，寻找预测地震的方法，避免灾难性的后果，那么我们该如何入手才能更好地从事该研究呢？我们可以自己掏钱购买磁力计，然后再买一些地来安放它们，当然也可以寻求政府的帮助，让他们来处理这些事。但即便如此，我们也无法保证

① 参见http://www.gartner.com/it/page.jsp?id=876512，2010年7月29日早晨4点36分检索到的数据。

② Fraser-Smith et al., “Low-frequency magnetic field measurements near the epicenter of the Ms 7.1 Loma Prieta earthquake,” *Geophysical Research Letters* 17 , no. 9 (August 1990), 1465–68.

③ W. H. Campbell, “Natural magnetic disturbance fields, not precursors, preceding the Loma Prieta earthquake,” *Journal of Geophysical Research* 114, A05307, doi:10.1029/2008JA013932 (2009).

④ J. N. Thomas, J. J. Love, and M. J. S. Johnston, “On the reported magnetic precursor of the 1989 Loma Prieta earthquake,” *Physics of the Earth and Planetary Interiors* 173, no. 3–4 (2009), 207–15.

磁力计没有受到任何干扰，另外，我们又该如何获取磁力计的读数呢？这些都不是理想的解决方法，使用移动电话可以低成本的解决这个问题。

现今市面上销售的移动电话和智能手机均带有三轴磁力计，智能手机还有操作系统，可以运行我们编写的应用软件，十几行代码就可以让手机按照每秒上百次的频率读取磁力计的数据。此外，移动电话上已经安装了通信系统，如果可以说服人们安装运行磁力计读取软件，我们就可以记录下大量的磁力计数据，而附带的代价则是非常小的。除了磁力计，智能电话还封装了很多其他传感器，如偏航率陀螺仪、三轴加速计、温度传感器和GPS接收器，这些传感器都可以用于测量研究。

移动计算和传感器产生的海量数据意味着未来我们将面临着越来越多的数据，如何从海量数据中抽取到有价值的信息将是一个非常重要的课题。

1.1.2 机器学习非常重要

在过去的半个世纪里，发达国家的多数工作岗位都已从体力劳动转化为脑力劳动。过去的工作基本上都有明确的定义，类似于把物品从A处搬到B处，或者在这里打个洞，但是现在这类工作都在逐步消失。现今的情况具有很大的二义性，类似于“最大化利润”、“最小化风险”、“找到最好的市场策略”……诸如此类的任务要求都已成为常态。虽然可从互联网上获取到海量数据，但这并没有简化知识工人的工作难度。针对具体任务搞懂所有相关数据的意义所在，这正成为基本的技能要求。正如谷歌公司的首席经济学家Hal Varian所说的那样：

> “我不断地告诉大家，未来十年最热门的职业是统计学家。很多人认为我是开玩笑，谁又能想到计算机工程师会是20世纪90年代最诱人的职业呢？如何解释数据、处理数据、从中抽取价值、展示和交流数据结果，在未来十年将是最重要的职业技能，甚至是大学，中学，小学的学生也必需具备的技能，因为我们每时每刻都在接触大量的免费信息，如何理解数据、从中抽取有价值的信息才是其中的关键。这里统计学家只是其中的一个关键环节，我们还需要合理的展示数据、交流和利用数据。我确实认为，能够从数据分析中领悟到有价值信息是非常重要的。职业经理人尤其需要能够合理使用和理解自己部门产生的数据。”
>
> ——*McKinsey Quarterly*，2009年1月

大量的经济活动都依赖于信息，我们不能在海量的数据中迷失，机器学习将有助于我们穿越数据雾霭，从中抽取出有用的信息。在开始学习这方面的知识之前，我们必须掌握一些基本的术语，以方便后续章节的讨论。

1.2 关键术语

在开始研究机器学习算法之前，必须掌握一些基本的术语。通过构建下面的鸟类分类系统，我们将接触机器学习涉及的常用术语。这类系统非常有趣，通常与机器学习中的专家系统有关。

开发出能够识别鸟类的计算机软件，鸟类学者就可以退休了。因为鸟类学者是研究鸟类的专家，因此我们说创建的是一个专家系统。

表1-1是我们用于区分不同鸟类需要使用的四个不同的属性值，我们选用体重、翼展、有无脚蹼以及后背颜色作为评测基准。现实中，你可能会想测量更多的值。通常的做法是测量所有可测属性，而后再挑选出重要部分。下面测量的这四种值称之为特征，也可以称作属性，但本书一律将其称为特征。表1-1中的每一行都是一个具有相关特征的实例。

表1-1　基于四种特征的鸟物种分类表

	体重（克）	翼展（厘米）	脚　蹼	后背颜色	种　属
1	1000.1	125.0	无	棕色	红尾鵟
2	3000.7	200.0	无	灰色	鹭鹰
3	3300.0	220.3	无	灰色	鹭鹰
4	4100.0	136.0	有	黑色	普通潜鸟
5	3.0	11.0	无	绿色	瑰丽蜂鸟
6	570.0	75.0	无	黑色	象牙喙啄木鸟

表1-1的前两种特征是数值型，可以使用十进制数字；第三种特征（是否有脚蹼）是二值型，只可以取0或1；第四种特征（后背颜色）是基于自定义调色板的枚举类型，这里仅选择一些常用色彩。如果仅仅利用常见的七色作为评测特征，后背颜色也可以是一个整数。当然在七色之中选择一个作为后背颜色有些太简单了，但作为专家系统的演示用例，这已经足够了。

如果你看到了一只象牙喙啄木鸟，请马上通知我！而且千万不要告诉任何人。在我到达之前，一定要看住它，别让它飞跑了。（任何发现活的象牙喙啄木鸟的人都可以得到5万美元的奖励。）

机器学习的主要任务就是分类。本节我们讲述如何使用表1-1进行分类，标识出象牙喙啄木鸟从而获取5万美元的奖励。大家都想从众多其他鸟类中分辨出象牙喙啄木鸟，并从中获利。最简单的做法是安装一个喂食器，然后雇用一位鸟类学者，观察在附近进食的鸟类。如果发现象牙喙啄木鸟，则通知我们。这种方法太昂贵了，而且专家在同一时间只能出现在一个地方。我们可以自动化处理上述过程，安装多个带有照相机的喂食器，同时接入计算机用于标识前来进食的鸟。同样我们可以在喂食器中放置称重仪器以获取鸟的体重，利用计算机视觉技术来提取鸟的翅长、脚的类型和后背色彩。假定我们可以得到所需的全部特征信息，那该如何判断飞入进食器的鸟是不是象牙喙啄木鸟呢？这个任务就是分类，有很多机器学习算法非常善于分类。本例中的类别就是鸟的物种，更具体地说，就是区分是否为象牙喙啄木鸟。

最终我们决定使用某个机器学习算法进行分类，首先需要做的是算法训练，即学习如何分类。通常我们为算法输入大量已分类数据作为算法的**训练集**。训练集是用于训练机器学习算法的数据样本集合，表1-1是包含六个**训练样本**的训练集，每个训练样本有4种特征、一个**目标变量**，如图1-2所示。目标变量是机器学习算法的预测结果，在分类算法中目标变量的类型通常是标称型的，而在回归算法中通常是连续型的。训练样本集必须确定知道目标变量的值，以便机器学习算法可以发现特征和目标变量之间的关系。正如前文所述，这里的目标变量是物种，也可以简化为标称型的数值。我们通常将分类问题中的目标变量称为*类别*，并假定分类问题只存在有限个数的类别。

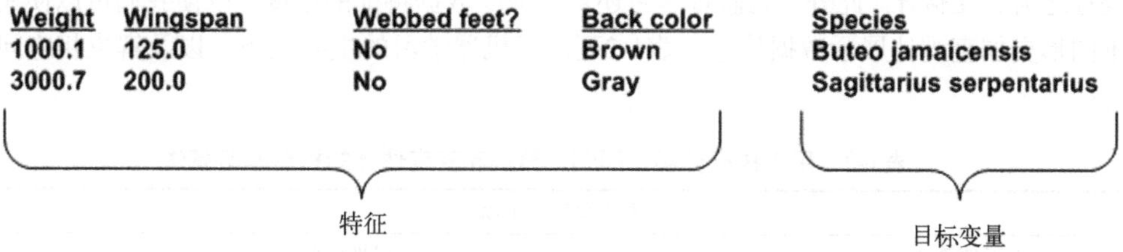

图1-2 特征和标识的目标变量

注意 特征或者属性通常是训练样本集的列，它们是独立测量得到的结果，多个特征联系在一起共同组成一个训练样本。

为了测试机器学习算法的效果，通常使用两套独立的样本集：*训练数据和测试数据*。当机器学习程序开始运行时，使用训练样本集作为算法的输入，训练完成之后输入测试样本。输入测试样本时并不提供测试样本的目标变量，由程序决定样本属于哪个类别。比较测试样本预测的目标变量值与实际样本类别之间的差别，就可以得出算法的实际精确度。本书的后续章节将会引入更好地使用测试样本和训练样本信息的方法，这里就不再详述。

假定这个鸟类分类程序，经过测试满足精确度要求，是否我们就可以看到机器已经学会了如何区分不同的鸟类了呢？这部分工作称之为*知识表示*，某些算法可以产生很容易理解的知识表示，而某些算法的知识表示也许只能为计算机所理解。知识表示可以采用规则集的形式，也可以采用概率分布的形式，甚至可以是训练样本集中的一个实例。在某些场合中，人们可能并不想建立一个专家系统，而仅仅对机器学习算法获取的信息感兴趣。此时，采用何种方式表示知识就显得非常重要了。

本节介绍了机器学习领域涉及的关键术语，后续章节将会在必要时引入其他的术语，这里就不再进一步说明。下一节将会介绍机器学习算法的主要任务。

1.3 机器学习的主要任务

本节主要介绍机器学习的主要任务，并给出一个表格，帮助读者将机器学习算法转化为可实际运作的应用程序。

上节的例子介绍了机器学习如何解决分类问题，它的主要任务是将实例数据划分到合适的分类中。机器学习的另一项任务是*回归*，它主要用于预测数值型数据。大多数人可能都见过回归的例子——数据拟合曲线：通过给定数据点的最优拟合曲线。分类和回归属于*监督学习*，之所以称之为监督学习，是因为这类算法必须知道预测什么，即目标变量的分类信息。

与监督学习相对应的是无监督学习，此时数据没有类别信息，也不会给定目标值。在无监督学习中，将数据集合分成由类似的对象组成的多个类的过程被称为聚类；将寻找描述数据统计值的过程称之为密度估计。此外，无监督学习还可以减少数据特征的维度，以便我们可以使用二维或三维图形更加直观地展示数据信息。表1-2列出了机器学习的主要任务，以及解决相应问题的算法。

表1-2　用于执行分类、回归、聚类和密度估计的机器学习算法

监督学习的用途	
k-近邻算法	线性回归
朴素贝叶斯算法	局部加权线性回归
支持向量机	Ridge 回归
决策树	Lasso 最小回归系数估计
无监督学习的用途	
K-均值	最大期望算法
DBSCAN	Parzen窗设计

你可能已经注意到表1-2中的很多算法都可以用于解决同样的问题，有心人肯定会问："为什么解决同一个问题存在四种方法？精通其中一种算法，是否可以处理所有的类似问题？"本书的下一节将回答这些疑问。

1.4　如何选择合适的算法

从表1-2中所列的算法中选择实际可用的算法，必须考虑下面两个问题：一、使用机器学习算法的目的，想要算法完成何种任务，比如是预测明天下雨的概率还是对投票者按照兴趣分组；二、需要分析或收集的数据是什么。

首先考虑使用机器学习算法的目的。如果想要预测目标变量的值，则可以选择监督学习算法，否则可以选择无监督学习算法。确定选择监督学习算法之后，需要进一步确定目标变量类型，如果目标变量是离散型，如是/否、1/2/3、A/B/C或者红/黄/黑等，则可以选择分类算法；如果目标变量是连续型的数值，如0.0～100.00、−999～999或者+∞～−∞等，则需要选择回归算法。

如果不想预测目标变量的值，则可以选择无监督学习算法。进一步分析是否需要将数据划分为离散的组。如果这是唯一的需求，则使用聚类算法；如果还需要估计数据与每个分组的相似程度，则需要使用密度估计算法。

在大多数情况下，上面给出的选择方法都能帮助读者选择恰当的机器学习算法，但这也并非一成不变。第9章我们就会使用分类算法来处理回归问题，显然这将与上面监督学习中处理回归问题的原则不同。

其次需要考虑的是数据问题。我们应该充分了解数据，对实际数据了解得越充分，越容易创建符合实际需求的应用程序。主要应该了解数据的以下特性：特征值是离散型变量还是连续型变

量，特征值中是否存在缺失的值，何种原因造成缺失值，数据中是否存在异常值，某个特征发生的频率如何（是否罕见得如同海底捞针），等等。充分了解上面提到的这些数据特性可以缩短选择机器学习算法的时间。

我们只能在一定程度上缩小算法的选择范围，一般并不存在最好的算法或者可以给出最好结果的算法，同时还要尝试不同算法的执行效果。对于所选的每种算法，都可以使用其他的机器学习技术来改进其性能。在处理输入数据之后，两个算法的相对性能也可能会发生变化。后续章节我们将进一步讨论此类问题，一般说来发现最好算法的关键环节是反复试错的迭代过程。

机器学习算法虽然各不相同，但是使用算法创建应用程序的步骤却基本类似，下一节将介绍如何使用机器学习算法的通用步骤。

1.5 开发机器学习应用程序的步骤

本书学习和使用机器学习算法开发应用程序，通常遵循以下的步骤。

(1) 收集数据。我们可以使用很多方法收集样本数据，如：制作网络爬虫从网站上抽取数据、从RSS反馈或者API中得到信息、设备发送过来的实测数据（风速、血糖等）。提取数据的方法非常多，为了节省时间与精力，可以使用公开可用的数据源。

(2) 准备输入数据。得到数据之后，还必须确保数据格式符合要求，本书采用的格式是Python语言的List。使用这种标准数据格式可以融合算法和数据源，方便匹配操作。本书使用Python语言构造算法应用，不熟悉的读者可以学习附录A。

此外还需要为机器学习算法准备特定的数据格式，如某些算法要求特征值使用特定的格式，一些算法要求目标变量和特征值是字符串类型，而另一些算法则可能要求是整数类型。后续章节我们还要讨论这个问题，但是与收集数据的格式相比，处理特殊算法要求的格式相对简单得多。

(3) 分析输入数据。此步骤主要是人工分析以前得到的数据。为了确保前两步有效，最简单的方法是用文本编辑器打开数据文件，查看得到的数据是否为空值。此外，还可以进一步浏览数据，分析是否可以识别出模式；数据中是否存在明显的异常值，如某些数据点与数据集中的其他值存在明显的差异。通过一维、二维或三维图形展示数据也是不错的方法，然而大多数时候我们得到数据的特征值都不会低于三个，无法一次图形化展示所有特征。本书的后续章节将会介绍提炼数据的方法，使得多维数据可以压缩到二维或三维，方便我们图形化展示数据。

这一步的主要作用是确保数据集中没有垃圾数据。如果是在产品化系统中使用机器学习算法并且算法可以处理系统产生的数据格式，或者我们信任数据来源，可以直接跳过第3步。此步骤需要人工干预，如果在自动化系统中还需要人工干预，显然就降低了系统的价值。

(4) 训练算法。机器学习算法从这一步才真正开始学习。根据算法的不同，第4步和第5步是机器学习算法的核心。我们将前两步得到的格式化数据输入到算法，从中抽取知识或信息。这里得到的知识需要存储为计算机可以处理的格式，方便后续步骤使用。

如果使用无监督学习算法，由于不存在目标变量值，故而也不需要训练算法，所有与算法相关的内容都集中在第5步。

(5) 测试算法。这一步将实际使用第4步机器学习得到的知识信息。为了评估算法，必须测试算法工作的效果。对于监督学习，必须已知用于评估算法的目标变量值；对于无监督学习，也必须用其他的评测手段来检验算法的成功率。无论哪种情形，如果不满意算法的输出结果，则可以回到第4步，改正并加以测试。问题常常会跟数据的收集和准备有关，这时你就必须跳回第1步重新开始。

(6) 使用算法。将机器学习算法转换为应用程序，执行实际任务，以检验上述步骤是否可以在实际环境中正常工作。此时如果碰到新的数据问题，同样需要重复执行上述的步骤。

下节我们将讨论实现机器学习算法的编程语言Python。之所以选择Python，是因为它具有其他编程语言不具备的优势，如易于理解、丰富的函数库（尤其是矩阵操作）、活跃的开发者社区等。

1.6　Python 语言的优势

基于以下三个原因，我们选择Python作为实现机器学习算法的编程语言：(1) Python的语法清晰；(2) 易于操作纯文本文件；(3) 使用广泛，存在大量的开发文档。

1.6.1　可执行伪代码

Python具有清晰的语法结构，大家也把它称作可执行伪代码（executable pseudo-code）。默认安装的Python开发环境已经附带了很多高级数据类型，如列表、元组、字典、集合、队列等，无需进一步编程就可以使用这些数据类型的操作。使用这些数据类型使得实现抽象的数学概念非常简单。此外，读者还可以使用自己熟悉的编程风格，如面向对象编程、面向过程编程、或者函数式编程。不熟悉Python的读者可以参阅附录A，该附录详细介绍了Python语言、Python使用的数据类型以及安装指南。

Python语言处理和操作文本文件非常简单，非常易于处理非数值型数据。Python语言提供了丰富的正则表达式函数以及很多访问Web页面的函数库，使得从HTML中提取数据变得非常简单直观。

1.6.2　Python 比较流行

Python语言使用广泛，代码范例也很多，便于读者快速学习和掌握。此外，在开发实际应用程序时，也可以利用丰富的模块库缩短开发周期。

在科学和金融领域，Python语言得到了广泛应用。SciPy和NumPy等许多科学函数库都实现了向量和矩阵操作，这些函数库增加了代码的可读性，学过线性代数的人都可以看懂代码的实际功能。另外，科学函数库SciPy和NumPy使用底层语言（C和Fortran）编写，提高了相关应用程序的计算性能。本书将大量使用Python的NumPy。

Python的科学工具可以与绘图工具Matplotlib协同工作。Matplotlib可以绘制2D、3D图形，也可以处理科学研究中经常使用到的图形，所以本书也将大量使用Matplotlib。

Python开发环境还提供了交互式shell环境，允许用户开发程序时查看和检测程序内容。

Python开发环境将来还会集成Pylab模块，它将NumPy、SciPy和Matplotlib合并为一个开发环境。在本书写作时，Pylab还没有并入Python环境，但是不远的将来我们肯定可以在Python开发环境找到它。

1.6.3 Python 语言的特色

诸如MATLAB和Mathematica等高级程序语言也允许用户执行矩阵操作，MATLAB甚至还有许多内嵌的特征可以轻松地构造机器学习应用，而且MATLAB的运算速度也很快。然而MATLAB的不足之处是软件费用太高，单个软件授权就要花费数千美元。虽然也有适合MATLAB的第三方插件，但是没有一个有影响力的大型开源项目。

Java和C等强类型程序设计语言也有矩阵数学库，然而对于这些程序设计语言来说，最大的问题是即使完成简单的操作也要编写大量的代码。程序员首先需要定义变量的类型，对于Java来说，每次封装属性时还需要实现getter和setter方法。另外还要记着实现子类，即使并不想使用子类，也必须实现子类方法。为了完成一个简单的工作，我们必须花费大量时间编写了很多无用冗长的代码。Python语言则与Java和C完全不同，它清晰简练，而且易于理解，即使不是编程人员也能够理解程序的含义，而Java和C对于非编程人员则像天书一样难于理解。

> 所有人在小学二年级已经学会了写作，然而大多数人必须从事其他更重要的工作。
>
> ——鲍比·奈特

也许某一天，我们可以在这句话中将“写作”替代为“编写代码”，虽然有些人对于编写代码很感兴趣，但是对于大多数人来说，编程仅是完成其他任务的工具而已。Python语言是高级编程语言，我们可以花费更多的时间处理数据的内在含义，而无须花费太多精力解决计算机如何得到数据结果。Python语言使得我们很容易表达自己的目的。

1.6.4 Python 语言的缺点

Python语言唯一的不足是性能问题。Python程序运行的效率不如Java或者C代码高，但是我们可以使用Python调用C编译的代码。这样，我们就可以同时利用C和Python的优点，逐步地开发机器学习应用程序。我们可以首先使用Python编写实验程序，如果进一步想要在产品中实现机器学习，转换成C代码也不困难。如果程序是按照模块化原则组织的，我们可以先构造可运行的Python程序，然后再逐步使用C代码替换核心代码以改进程序的性能。C++ Boost库就适合完成这个任务，其他类似于Cython和PyPy的工具也可以编写强类型的Python代码，改进一般Python程序的性能。

如果程序的算法或者思想有缺陷，则无论程序的性能如何，都无法得到正确的结果。如果解决问题的思想存在问题，那么单纯通过提高程序的运行效率，扩展用户规模都无法解决这个核心问题。从这个角度来看，Python快速实现系统的优势就更加明显了，我们可以快速地检验算法或者思想是否正确，如果需要，再进一步优化代码。

本节大致介绍了本书选择Python语言实现机器学习算法的原因，下节我们将学习Python语言的shell开发环境以及NumPy函数库。

1.7 NumPy函数库基础

机器学习算法涉及很多线性代数知识，因此本书在使用Python语言构造机器学习应用时，会经常使用NumPy函数库。如果不熟悉线性代数也不用着急，这里用到线性代数只是为了简化不同的数据点上执行的相同数学运算。将数据表示为矩阵形式，只需要执行简单的矩阵运算而不需要复杂的循环操作。在你使用本书开始学习机器学习算法之前，必须确保可以正确运行Python开发环境，同时正确安装了NumPy函数库。NumPy函数库是Python开发环境的一个独立模块，而且大多数Python发行版没有默认安装NumPy函数库，因此在安装Python之后必须单独安装NumPy函数库。在Windows命令行提示符下输入`c:\Python27\python.exe`，在Linux或者Mac OS的终端上输入`python`，进入Python shell开发环境。今后，一旦看到下述提示符就意味着我们已经进入Python shell开发环境：

```
>>>
```

在Python shell开发环境中输入下列命令：

```
>>> from numpy import *
```

上述命令将NumPy函数库中的所有模块引入当前的命名空间。Mac OS上输出结果如图1-3所示。

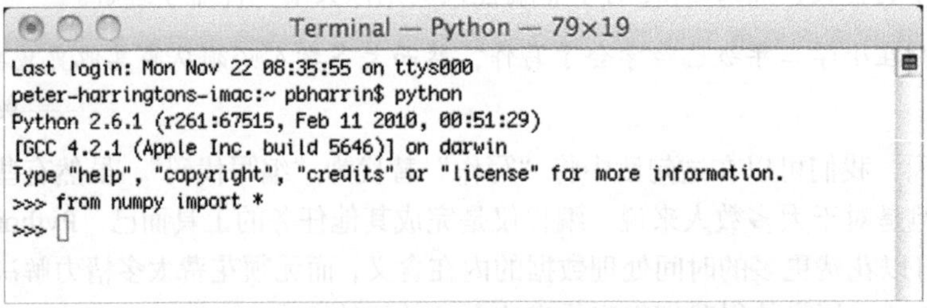

图1-3　命令行启动Python并在Python shell开发环境中导入模块

然后在Python shell开发环境中输入下述命令：

```
>>> random.rand(4,4)
array([[ 0.70328595,  0.40951383,  0.7475052 ,  0.07061094],
       [ 0.9571294 ,  0.97588446,  0.2728084 ,  0.5257719 ],
       [ 0.05431627,  0.01396732,  0.60304292,  0.19362288],
       [ 0.10648952,  0.27317698,  0.45582919,  0.04881605]])
```

上述命令构造了一个4×4的随机数组，因为产生的是随机数组，不同计算机的输出结果可能与上述结果完全不同。

> **NumPy矩阵与数组的区别**
>
> NumPy函数库中存在两种不同的数据类型（矩阵matrix和数组array），都可以用于处理行列表示的数字元素。虽然它们看起来很相似，但是在这两个数据类型上执行相同的数学运算可能得到不同的结果，其中NumPy函数库中的matrix与MATLAB中matrices等价。

调用`mat()`函数可以将数组转化为矩阵，输入下述命令：

```
>>> randMat = mat(random.rand(4,4))
```

由于使用随机函数产生矩阵，不同计算机上输出的值可能略有不同：

```
>>> randMat.I
matrix([[ 0.24497106,  1.75854497, -1.77728665, -0.0834912 ],
        [ 1.49792202,  2.12925479,  1.32132491, -9.75890849],
        [ 2.76042144,  1.67271779, -0.29226613, -8.45413693],
        [-2.03011142, -3.07832136,  1.4420448 ,  9.62598044]])
```

.I操作符实现了矩阵求逆的运算。非常简单吧？没有NumPy库，Python也不能这么容易算出来矩阵的逆运算。不记得或者没学过矩阵求逆也没关系，NumPy库帮我们做完了，执行下面的命令存储逆矩阵：

```
>>> invRandMat = randMat.I
```

接着执行矩阵乘法，得到矩阵与其逆矩阵相乘的结果：

```
>>> randMat*invRandMat
matrix([[  1.00000000e+00,   0.00000000e+00,   2.22044605e-16,
           1.77635684e-15],
        [  0.00000000e+00,   1.00000000e+00,   0.00000000e+00,
           0.00000000e+00],
        [  0.00000000e+00,   4.44089210e-16,   1.00000000e+00,
          -8.88178420e-16],
        [ -2.22044605e-16,   0.00000000e+00,   1.11022302e-16,
           1.00000000e+00]])
```

结果应该是单位矩阵，除了对角线元素是1，4×4矩阵的其他元素应该全是0。实际输出结果略有不同，矩阵里还留下了许多非常小的元素，这是计算机处理误差产生的结果。输入下述命令，得到误差值：

```
>>> myEye = randMat*invRandMat
>>> myEye - eye(4)
matrix([[  0.00000000e+00,  -6.59194921e-17,  -4.85722573e-17,
          -4.99600361e-16],
        [  2.22044605e-16,   0.00000000e+00,  -6.03683770e-16,
          -7.77156117e-16],
        [ -5.55111512e-17,  -1.04083409e-17,  -3.33066907e-16,
          -2.22044605e-16],
        [  5.55111512e-17,   1.56125113e-17,  -5.55111512e-17,
```

函数eye(4)创建4×4的单位矩阵。

只要能够顺利地完成上述例子，就说明已经正确地安装了NumPy函数库，以后我们就可以利用它构造机器学习应用程序。即使没有提前学习所有的函数也没有关系，本书将在需要的时候介绍更多的NumPy函数库的功能。

1.8 本章小结

尽管没有引起大多数人的注意，但是机器学习算法已经广泛应用于我们的日常生活之中。每天我们需要处理的数据在不断地增加，能够深入理解数据背后的真实含义，是数据驱动产业必须具备的基本技能。

学习机器学习算法，必须了解数据实例，每个数据实例由多个特征值组成。分类是基本的机器学习任务，它分析未分类数据，以确定如何将其放入已知群组中。为了构建和训练分类器，必须首先输入大量已知分类的数据，我们将这些数据称为训练样本集。

尽管我们构造的鸟类识别专家系统无法像人类专家一样精确地识别不同的鸟类，然而构建接近专家水平的机器系统可以显著地改进我们的生活质量。如果我们可以构造的医生专家系统能够达到人类医生的准确率，则病人可以得到快速的治疗；如果我们可以改进天气预报，则可以减少水资源的短缺，提高食物供给。我们可以列举许许多多这样的例子，机器学习的应用前景几乎是无限的。

第一部分的后续6章主要研究分类问题，它是监督学习算法的一个分支，下一章我们将介绍第一个分类算法——*k*-近邻算法。

第2章 k-近邻算法

本章内容
- k-近邻分类算法
- 从文本文件中解析和导入数据
- 使用Matplotlib创建扩散图
- 归一化数值

众所周知，电影可以按照题材分类，然而题材本身是如何定义的?由谁来判定某部电影属于哪个题材?也就是说同一题材的电影具有哪些公共特征?这些都是在进行电影分类时必须要考虑的问题。没有哪个电影人会说自己制作的电影和以前的某部电影类似，但我们确实知道每部电影在风格上的确有可能会和同题材的电影相近。那么动作片具有哪些共有特征，使得动作片之间非常类似，而与爱情片存在着明显的差别呢？动作片中也会存在接吻镜头，爱情片中也会存在打斗场景，我们不能单纯依靠是否存在打斗或者亲吻来判断影片的类型。但是爱情片中的亲吻镜头更多，动作片中的打斗场景也更频繁，基于此类场景在某部电影中出现的次数可以用来进行电影分类。本章第一节基于电影中出现的亲吻、打斗出现的次数，使用k-近邻算法构造程序，自动划分电影的题材类型。我们首先使用电影分类讲解k-近邻算法的基本概念，然后学习如何在其他系统上使用k-近邻算法。

本章介绍第一个机器学习算法：k-近邻算法，它非常有效而且易于掌握。首先，我们将探讨k-近邻算法的基本理论，以及如何使用距离测量的方法分类物品；其次我们将使用Python从文本文件中导入并解析数据；再次，本书讨论了当存在许多数据来源时，如何避免计算距离时可能碰到的一些常见错误；最后，利用实际的例子讲解如何使用k-近邻算法改进约会网站和手写数字识别系统。

2.1 k-近邻算法概述

简单地说，k-近邻算法采用测量不同特征值之间的距离方法进行分类。

k-近邻算法

优点：精度高、对异常值不敏感、无数据输入假定。
缺点：计算复杂度高、空间复杂度高。
适用数据范围：数值型和标称型。

本书讲解的第一个机器学习算法是k-近邻算法（kNN），它的工作原理是：存在一个样本数据集合，也称作训练样本集，并且样本集中每个数据都存在标签，即我们知道样本集中每一数据与所属分类的对应关系。输入没有标签的新数据后，将新数据的每个特征与样本集中数据对应的特征进行比较，然后算法提取样本集中特征最相似数据（最近邻）的分类标签。一般来说，我们只选择样本数据集中前k个最相似的数据，这就是k-近邻算法中k的出处，通常k是不大于20的整数。最后，选择k个最相似数据中出现次数最多的分类，作为新数据的分类。

现在我们回到前面电影分类的例子，使用k-近邻算法分类爱情片和动作片。有人曾经统计过很多电影的打斗镜头和接吻镜头，图2-1显示了6部电影的打斗和接吻镜头数。假如有一部未看过的电影，如何确定它是爱情片还是动作片呢？我们可以使用kNN来解决这个问题。

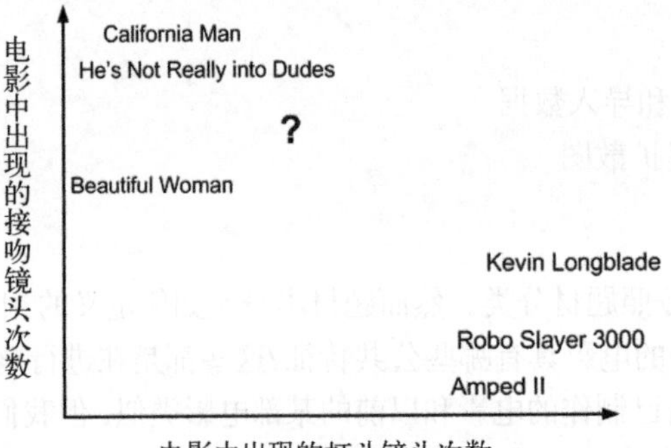

图2-1　使用打斗和接吻镜头数分类电影

首先我们需要知道这个未知电影存在多少个打斗镜头和接吻镜头，图2-1中问号位置是该未知电影出现的镜头数图形化展示，具体数字参见表2-1。

表2-1　每部电影的打斗镜头数、接吻镜头数以及电影评估类型

电影名称	打斗镜头	接吻镜头	电影类型
California Man	3	104	爱情片
He's Not Really into Dudes	2	100	爱情片
Beautiful Woman	1	81	爱情片
Kevin Longblade	101	10	动作片
Robo Slayer 3000	99	5	动作片
Amped II	98	2	动作片
?	18	90	未知

即使不知道未知电影属于哪种类型，我们也可以通过某种方法计算出来。首先计算未知电影与样本集中其他电影的距离，如表2-2所示。此处暂时不要关心如何计算得到这些距离值，使用Python实现电影分类应用时，会提供具体的计算方法。

表2-2 已知电影与未知电影的距离

电影名称	与未知电影的距离
California Man	20.5
He's Not Really into Dudes	18.7
Beautiful Woman	19.2
Kevin Longblade	115.3
Robo Slayer 3000	117.4
Amped II	118.9

现在我们得到了样本集中所有电影与未知电影的距离，按照距离递增排序，可以找到k个距离最近的电影。假定k=3，则三个最靠近的电影依次是*He's Not Really into Dudes*、*Beautiful Woman*和*California Man*。*k*-近邻算法按照距离最近的三部电影的类型，决定未知电影的类型，而这三部电影全是爱情片，因此我们判定未知电影是爱情片。

本章主要讲解如何在实际环境中应用*k*-近邻算法，同时涉及如何使用Python工具和相关的机器学习术语。按照1.5节开发机器学习应用的通用步骤，我们使用Python语言开发*k*-近邻算法的简单应用，以检验算法使用的正确性。

k-近邻算法的一般流程

(1) 收集数据：可以使用任何方法。
(2) 准备数据：距离计算所需要的数值，最好是结构化的数据格式。
(3) 分析数据：可以使用任何方法。
(4) 训练算法：此步骤不适用于*k*-近邻算法。
(5) 测试算法：计算错误率。
(6) 使用算法：首先需要输入样本数据和结构化的输出结果，然后运行*k*-近邻算法判定输入数据分别属于哪个分类，最后应用对计算出的分类执行后续的处理。

2.1.1 准备：使用 Python 导入数据

首先，创建名为kNN.py的Python模块，本章使用的所有代码都在这个文件中。读者可以按照自己的习惯学习代码，既可以按照本书学习的进度，在自己创建的Python文件中编写代码，也可以直接从本书的源代码中复制kNN.py文件。我推荐读者从头开始创建模块，按照学习的进度编写代码。

无论大家采用何种方法，我们现在已经有了kNN.py文件。在构造完整的*k*-近邻算法之前，我们还需要编写一些基本的通用函数，在kNN.py文件中增加下面的代码：

```
from numpy import *
import operator

def createDataSet():
    group = array([[1.0,1.1],[1.0,1.0],[0,0],[0,0.1]])
    labels = ['A','A','B','B']
    return group, labels
```

在上面的代码中，我们导入了两个模块：第一个是科学计算包NumPy；第二个是运算符模块，

k-近邻算法执行排序操作时将使用这个模块提供的函数，后面我们将进一步介绍。

为了方便使用`createDataSet()`函数，它创建数据集和标签，如图2-1所示。然后依次执行以下步骤：保存kNN.py文件，改变当前路径到存储kNN.py文件的位置，打开Python开发环境。无论是Linux、Mac OS还是Windows都需要打开终端，在命令提示符下完成上述操作。只要我们按照默认配置安装Python，在Linux/Mac OS终端内都可以直接输入`python`，而在Windows命令提示符下需要输入`c:\Python2.6\python.exe`，进入Python交互式开发环境。

进入Python开发环境之后，输入下列命令导入上面编辑的程序模块：

```
>>> import kNN
```

上述命令导入kNN模块。为了确保输入相同的数据集，kNN模块中定义了函数`createDataSet`，在Python命令提示符下输入下列命令：

```
>>> group,labels = kNN.createDataSet()
```

上述命令创建了变量`group`和`labels`，在Python命令提示符下，输入变量的名字以检验是否正确地定义变量：

```
>>> group
array([[ 1. ,  1.1],
       [ 1. ,  1. ],
       [ 0. ,  0. ],
       [ 0. ,  0.1]])
>>> labels
['A', 'A', 'B', 'B']
```

这里有4组数据，每组数据有两个我们已知的属性或者特征值。上面的`group`矩阵每行包含一个不同的数据，我们可以把它想象为某个日志文件中不同的测量点或者入口。由于人类大脑的限制，我们通常只能可视化处理三维以下的事务。因此为了简单地实现数据可视化，对于每个数据点我们通常只使用两个特征。

向量`labels`包含了每个数据点的标签信息，`labels`包含的元素个数等于`group`矩阵行数。这里我们将数据点(1, 1.1)定义为类A，数据点(0, 0.1)定义为类B。为了说明方便，例子中的数值是任意选择的，并没有给出轴标签，图2-2是带有类标签信息的四个数据点。

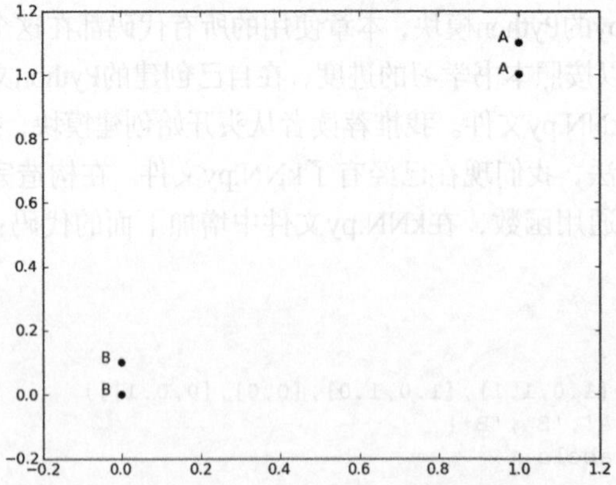

图2-2　*k*-近邻算法：带有4个数据点的简单例子

现在我们已经知道Python如何解析数据，如何加载数据，以及kNN算法的工作原理，接下来我们将使用这些方法完成分类任务。

2.1.2　实施 kNN 分类算法

本节使用程序清单2-1的函数运行kNN算法，为每组数据分类。这里首先给出*k*-近邻算法的伪代码和实际的Python代码，然后详细地解释每行代码的含义。该函数的功能是使用*k*-近邻算法将每组数据划分到某个类中，其伪代码如下：

对未知类别属性的数据集中的每个点依次执行以下操作：
(1) 计算已知类别数据集中的点与当前点之间的距离；
(2) 按照距离递增次序排序；
(3) 选取与当前点距离最小的*k*个点；
(4) 确定前*k*个点所在类别的出现频率；
(5) 返回前*k*个点出现频率最高的类别作为当前点的预测分类。

Python函数`classify0()`如程序清单2-1所示。

程序清单2-1　*k*-近邻算法

```
def classify0(inX, dataSet, labels, k):
    dataSetSize = dataSet.shape[0]
    diffMat = tile(inX, (dataSetSize,1)) - dataSet
    sqDiffMat = diffMat**2
    sqDistances = sqDiffMat.sum(axis=1)
    distances = sqDistances**0.5
    sortedDistIndicies = distances.argsort()
    classCount={}
    for i in range(k):
        voteIlabel = labels[sortedDistIndicies[i]]
        classCount[voteIlabel] = classCount.get(voteIlabel,0) + 1
    sortedClassCount = sorted(classCount.iteritems(),
     key=operator.itemgetter(1), reverse=True)
    return sortedClassCount[0][0]
```

❶ 距离计算
❷ 选择距离最小的*k*个点
❸ 排序

`classify0()`函数有4个输入参数：用于分类的输入向量是inX，输入的训练样本集为dataSet，标签向量为`labels`，最后的参数k表示用于选择最近邻居的数目，其中标签向量的元素数目和矩阵`dataSet`的行数相同。程序清单2-1使用欧氏距离公式，计算两个向量点*xA*和*xB*之间的距离❶：

$$d = \sqrt{(xA_0 - xB_0)^2 + (xA_1 - xB_1)^2}$$

例如，点(0, 0)与(1, 2)之间的距离计算为：

$$\sqrt{(1-0)^2 + (2-0)^2}$$

如果数据集存在4个特征值，则点(1, 0, 0, 1)与(7, 6, 9, 4)之间的距离计算为：

$$\sqrt{(7-1)^2+(6-0)^2+(9-0)^2+(4-1)^2}$$

计算完所有点之间的距离后，可以对数据按照从小到大的次序排序。然后，确定前k个距离最小元素所在的主要分类❷，输入k总是正整数；最后，将classCount字典分解为元组列表，然后使用程序第二行导入运算符模块的itemgetter方法，按照第二个元素的次序对元组进行排序❸。此处的排序为逆序，即按照从最大到最小次序排序，最后返回发生频率最高的元素标签。

为了预测数据所在分类，在Python提示符中输入下列命令：

```
>>> kNN.classify0([0,0], group, labels, 3)
```

输出结果应该是B，大家也可以改变输入[0, 0]为其他值，测试程序的运行结果。

到现在为止，我们已经构造了第一个分类器，使用这个分类器可以完成很多分类任务。从这个实例出发，构造使用分类算法将会更加容易。

2.1.3　如何测试分类器

上文我们已经使用k-近邻算法构造了第一个分类器，也可以检验分类器给出的答案是否符合我们的预期。读者可能会问："分类器何种情况下会出错？"或者"答案是否总是正确的？"答案是否定的，分类器并不会得到百分百正确的结果，我们可以使用多种方法检测分类器的正确率。此外分类器的性能也会受到多种因素的影响，如分类器设置和数据集等。不同的算法在不同数据集上的表现可能完全不同，这也是本部分的6章都在讨论分类算法的原因所在。

为了测试分类器的效果，我们可以使用已知答案的数据，当然答案不能告诉分类器，检验分类器给出的结果是否符合预期结果。通过大量的测试数据，我们可以得到分类器的错误率——分类器给出错误结果的次数除以测试执行的总数。错误率是常用的评估方法，主要用于评估分类器在某个数据集上的执行效果。完美分类器的错误率为0，最差分类器的错误率是1.0，在这种情况下，分类器根本就无法找到一个正确答案。读者可以在后面章节看到实际的数据例子。

上一节介绍的例子已经可以正常运转了，但是并没有太大的实际用处，本章的后两节将在现实世界中使用k-近邻算法。首先，我们将使用k-近邻算法改进约会网站的效果，然后使用k-近邻算法改进手写识别系统。本书将使用手写识别系统的测试程序检测k-近邻算法的效果。

2.2　示例：使用 k-近邻算法改进约会网站的配对效果

我的朋友海伦一直使用在线约会网站寻找适合自己的约会对象。尽管约会网站会推荐不同的人选，但她并不是喜欢每一个人。经过一番总结，她发现曾交往过三种类型的人：

- 不喜欢的人
- 魅力一般的人
- 极具魅力的人

尽管发现了上述规律，但海伦依然无法将约会网站推荐的匹配对象归入恰当的类别。她觉得可以在周一到周五约会那些魅力一般的人，而周末则更喜欢与那些极具魅力的人为伴。海伦希望我们的分类软件可以更好地帮助她将匹配对象划分到确切的分类中。此外海伦还收集了一些约会网站未曾记录的数据信息，她认为这些数据更有助于匹配对象的归类。

示例：在约会网站上使用k-近邻算法

(1) 收集数据：提供文本文件。

(2) 准备数据：使用Python解析文本文件。

(3) 分析数据：使用Matplotlib画二维扩散图。

(4) 训练算法：此步骤不适用于k-近邻算法。

(5) 测试算法：使用海伦提供的部分数据作为测试样本。

测试样本和非测试样本的区别在于：测试样本是已经完成分类的数据，如果预测分类与实际类别不同，则标记为一个错误。

(6) 使用算法：产生简单的命令行程序，然后海伦可以输入一些特征数据以判断对方是否为自己喜欢的类型。

2.2.1 准备数据：从文本文件中解析数据

海伦收集约会数据已经有了一段时间，她把这些数据存放在文本文件datingTestSet2.txt中，每个样本数据占据一行，总共有1000行。海伦的样本主要包含以下3种特征：

- 每年获得的飞行常客里程数
- 玩视频游戏所耗时间百分比
- 每周消费的冰淇淋公升数

在将上述特征数据输入到分类器之前，必须将待处理数据的格式改变为分类器可以接受的格式。在kNN.py中创建名为`file2matrix`的函数，以此来处理输入格式问题。该函数的输入为文件名字符串，输出为训练样本矩阵和类标签向量。

将下面的代码增加到kNN.py中。

程序清单2-2 将文本记录转换为NumPy的解析程序

```
def file2matrix(filename):
    fr = open(filename)
    arrayOLines = fr.readlines()
    numberOfLines = len(arrayOLines)                 ❶ 得到文件行数
    returnMat = zeros((numberOfLines,3))             ❷ 创建返回的NumPy矩阵
    classLabelVector = []
    index = 0
    for line in arrayOLines:
        line = line.strip()                          ❸ 解析文件数据到列表
        listFromLine = line.split('\t')
        returnMat[index,:] = listFromLine[0:3]
        classLabelVector.append(int(listFromLine[-1]))
        index += 1
    return returnMat,classLabelVector
```

从上面的代码可以看到，Python处理文本文件非常容易。首先我们需要知道文本文件包含多少行。打开文件，得到文件的行数❶。然后创建以零填充的矩阵NumPy❷（实际上，NumPy是一个二维数组，这里暂时不用考虑其用途）。为了简化处理，我们将该矩阵的另一维度设置为固定值3，你可以按照自己的实际需求增加相应的代码以适应变化的输入值。循环处理文件中的每行数据❸，首先使用函数`line.strip()`截取掉所有的回车字符，然后使用tab字符`\t`将上一步得到的整行数据分割成一个元素列表。接着，我们选取前3个元素，将它们存储到特征矩阵中。Python语言可以使用索引值-1表示列表中的最后一列元素，利用这种负索引，我们可以很方便地将列表的最后一列存储到向量`classLabelVector`中。需要注意的是，我们必须明确地通知解释器，告诉它列表中存储的元素值为整型，否则Python语言会将这些元素当作字符串处理。以前我们必须自己处理这些变量值类型问题，现在这些细节问题完全可以交给NumPy函数库来处理。

在Python命令提示符下输入下面命令：

```
>>> reload(kNN)
>>> datingDataMat,datingLabels = kNN.file2matrix('datingTestSet2.txt')
```

使用函数`file2matrix`读取文件数据，必须确保文件datingTestSet.txt存储在我们的工作目录中。此外在执行这个函数之前，我们重新加载了kNN.py模块，以确保更新的内容可以生效，否则Python将继续使用上次加载的kNN模块。

成功导入datingTestSet.txt文件中的数据之后，可以简单检查一下数据内容。Python的输出结果大致如下：

```
>>> datingDataMat
array([[  7.29170000e+04,   7.10627300e+00,   2.23600000e-01],
       [  1.42830000e+04,   2.44186700e+00,   1.90838000e-01],
       [  7.34750000e+04,   8.31018900e+00,   8.52795000e-01],
       ...,
       [  1.24290000e+04,   4.43233100e+00,   9.24649000e-01],
       [  2.52880000e+04,   1.31899030e+01,   1.05013800e+00],
       [  4.91800000e+03,   3.01112400e+00,   1.90663000e-01]])
>>> datingLabels[0:20]
[3, 2, 1, 1, 1, 1, 3, 3, 1, 3, 1, 1, 2, 1, 1, 1, 1, 1, 2, 3]
```

现在已经从文本文件中导入了数据，并将其格式化为想要的格式，接着我们需要了解数据的真实含义。当然我们可以直接浏览文本文件，但是这种方法非常不友好，一般来说，我们会采用图形化的方式直观地展示数据。下面就用Python工具来图形化展示数据内容，以便辨识出一些数据模式。

NumPy数组和Python数组

本书将大量使用NumPy数组，你既可以直接在Python命令行环境中输入`from numpy import array`将其导入，也可以通过直接导入所有NumPy库内容来将其导入。由于NumPy库提供的数组操作并不支持Python自带的数组类型，因此在编写代码时要注意不要使用错误的数组类型。

2.2.2 分析数据：使用 Matplotlib 创建散点图

首先我们使用Matplotlib制作原始数据的散点图，在Python命令行环境中，输入下列命令：

```
>>> import matplotlib
>>> import matplotlib.pyplot as plt
>>> fig = plt.figure()
>>> ax = fig.add_subplot(111)
>>> ax.scatter(datingDataMat[:,1], datingDataMat[:,2])
>>> plt.show()
```

输出效果如图2-3所示。散点图使用datingDataMat矩阵的第二、第三列数据，分别表示特征值“玩视频游戏所耗时间百分比”和“每周所消费的冰淇淋公升数”。

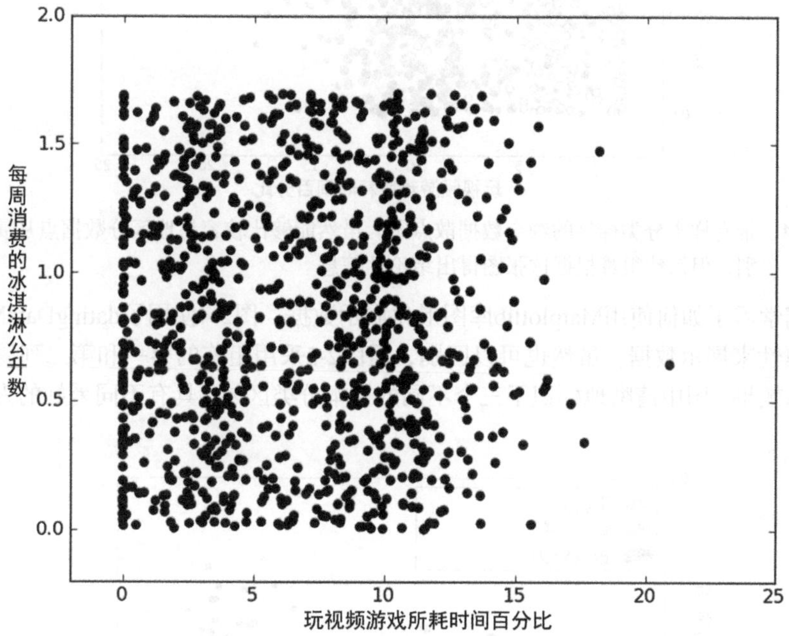

图2-3 没有样本类别标签的约会数据散点图。难以辨识图中的点究竟属于哪个样本分类

由于没有使用样本分类的特征值，我们很难从图2-3中看到任何有用的数据模式信息。一般来说，我们会采用色彩或其他的记号来标记不同样本分类，以便更好地理解数据信息。Matplotlib库提供的`scatter`函数支持个性化标记散点图上的点。重新输入上面的代码，调用`scatter`函数时使用下列参数：

```
>>> ax.scatter(datingDataMat[:,1], datingDataMat[:,2],
15.0*array(datingLabels), 15.0*array(datingLabels))
```

上述代码利用变量datingLabels存储的类标签属性，在散点图上绘制了色彩不等、尺寸不同的点。你可以看到一个与图2-3类似的散点图。从图2-3中，我们很难看到任何有用的信息，然而由于图2-4利用颜色及尺寸标识了数据点的属性类别，因而我们基本上可以从图2-4中看到数据点所属三个样本分类的区域轮廓。

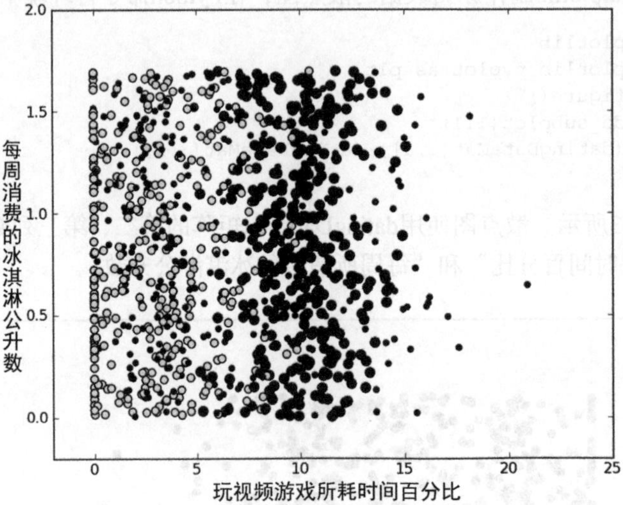

图2-4　带有样本分类标签的约会数据散点图。虽然能够比较容易地区分数据点从属类别，但依然很难根据这张图得出结论性信息

本节我们学习了如何使用Matplotlib库图形化展示数据，图2-4使用了datingDataMat矩阵的第二和第三列属性来展示数据，虽然也可以区别，但图2-5采用矩阵的第一和第二列属性却可以得到更好的展示效果，图中清晰地标识了三个不同的样本分类区域，具有不同爱好的人其类别区域也不同。

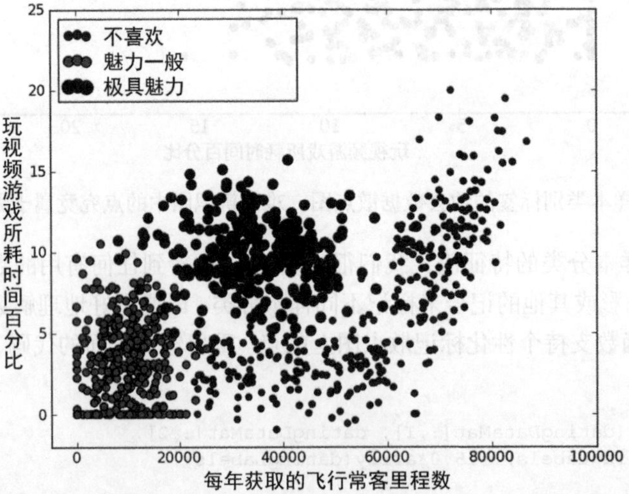

图2-5　每年赢得的飞行常客里程数与玩视频游戏所占百分比的约会数据散点图。约会数据有三个特征，通过图中展示的两个特征更容易区分数据点从属的类别

2.2.3 准备数据：归一化数值

表2-3给出了提取的四组数据，如果想要计算样本3和样本4之间的距离，可以使用下面的方法：

$$\sqrt{(0-67)^2+(20\,000-32\,000)^2+(1.1-0.1)^2}$$

我们很容易发现，上面方程中数字差值最大的属性对计算结果的影响最大，也就是说，每年获取的飞行常客里程数对于计算结果的影响将远远大于表2-3中其他两个特征——玩视频游戏所耗时间百分比和每周消费冰淇淋公升数——的影响。而产生这种现象的唯一原因，仅仅是因为飞行常客里程数远大于其他特征值。但海伦认为这三种特征是同等重要的，因此作为三个等权重的特征之一，飞行常客里程数并不应该如此严重地影响到计算结果。

表2-3 约会网站原始数据改进之后的样本数据

	玩视频游戏所耗时间百分比	每年获得的飞行常客里程数	每周消费的冰淇淋公升数	样本分类
1	0.8	400	0.5	1
2	12	134 000	0.9	3
3	0	20 000	1.1	2
4	67	32 000	0.1	2

在处理这种不同取值范围的特征值时，我们通常采用的方法是将数值归一化，如将取值范围处理为0到1或者-1到1之间。下面的公式可以将任意取值范围的特征值转化为0到1区间内的值：

```
newValue = (oldValue-min)/(max-min)
```

其中min和max分别是数据集中的最小特征值和最大特征值。虽然改变数值取值范围增加了分类器的复杂度，但为了得到准确结果，我们必须这样做。我们需要在文件kNN.py中增加一个新函数autoNorm()，该函数可以自动将数字特征值转化为0到1的区间。

程序清单2-3提供了函数autoNorm()的代码。

程序清单2-3 归一化特征值

```
def autoNorm(dataSet):
    minVals = dataSet.min(0)
    maxVals = dataSet.max(0)
    ranges = maxVals - minVals
    normDataSet = zeros(shape(dataSet))
    m = dataSet.shape[0]
    normDataSet = dataSet - tile(minVals, (m,1))
    normDataSet = normDataSet/tile(ranges, (m,1))     ❶ 特征值相除
    return normDataSet, ranges, minVals
```

在函数autoNorm()中，我们将每列的最小值放在变量minVals中，将最大值放在变量maxVals中，其中dataSet.min(0)中的参数0使得函数可以从列中选取最小值，而不是选取当前行的最小值。然后，函数计算可能的取值范围，并创建新的返回矩阵。正如前面给出的公式，

为了归一化特征值，我们必须使用当前值减去最小值，然后除以取值范围。需要注意的是，特征值矩阵有1000 × 3个值，而`minVals`和`range`的值都为1 × 3。为了解决这个问题，我们使用NumPy库中`tile()`函数将变量内容复制成输入矩阵同样大小的矩阵，注意这是具体特征值相除❶，而对于某些数值处理软件包，`/`可能意味着矩阵除法，但在NumPy库中，矩阵除法需要使用函数`linalg.solve(matA,matB)`。

在Python命令提示符下，重新加载kNN.py模块，执行`autoNorm`函数，检测函数的执行结果：

```
>>> reload(kNN)
>>> normMat, ranges, minVals = kNN.autoNorm(datingDataMat)
>>> normMat
array([[ 0.33060119,  0.58918886,  0.69043973],
     [ 0.49199139,  0.50262471,  0.13468257],
       [ 0.34858782,  0.68886842,  0.59540619],
       ...,
       [ 0.93077422,  0.52696233,  0.58885466],
       [ 0.76626481,  0.44109859,  0.88192528],
       [ 0.0975718 , 0.02096883, 0.02443895]])
>>> ranges
array([  8.78430000e+04,   2.02823930e+01,   1.69197100e+00])
>>> minVals
array([ 0.       ,  0.       ,  0.001818])
```

这里我们也可以只返回`normMat`矩阵，但是下一节我们将需要取值范围和最小值归一化测试数据。

2.2.4　测试算法：作为完整程序验证分类器

上节我们已经将数据按照需求做了处理，本节我们将测试分类器的效果，如果分类器的正确率满足要求，海伦就可以使用这个软件来处理约会网站提供的约会名单了。机器学习算法一个很重要的工作就是评估算法的正确率，通常我们只提供已有数据的90%作为训练样本来训练分类器，而使用其余的10%数据去测试分类器，检测分类器的正确率。本书后续章节还会介绍一些高级方法完成同样的任务，这里我们还是采用最原始的做法。需要注意的是，10%的测试数据应该是随机选择的，由于海伦提供的数据并没有按照特定目的来排序，所以我们可以随意选择10%数据而不影响其随机性。

前面我们已经提到可以使用错误率来检测分类器的性能。对于分类器来说，错误率就是分类器给出错误结果的次数除以测试数据的总数，完美分类器的错误率为0，而错误率为1.0的分类器不会给出任何正确的分类结果。代码里我们定义一个计数器变量，每次分类器错误地分类数据，计数器就加1，程序执行完成之后计数器的结果除以数据点总数即是错误率。

为了测试分类器效果，在kNN.py文件中创建函数`datingClassTest`，该函数是自包含的，你可以在任何时候在Python运行环境中使用该函数测试分类器效果。在kNN.py文件中输入下面的程序代码。

程序清单2-4 分类器针对约会网站的测试代码

```
def datingClassTest():
    hoRatio = 0.10
    datingDataMat,datingLabels = file2matrix('datingTestSet.txt')
    normMat, ranges, minVals = autoNorm(datingDataMat)
    m = normMat.shape[0]
    numTestVecs = int(m*hoRatio)
    errorCount = 0.0
    for i in range(numTestVecs):
        classifierResult = classify0(normMat[i,:],normMat[numTestVecs:m,:],\
                    datingLabels[numTestVecs:m],3)
        print "the classifier came back with: %d, the real answer is: %d"\
                    % (classifierResult, datingLabels[i])
        if (classifierResult != datingLabels[i]): errorCount += 1.0
    print "the total error rate is: %f" % (errorCount/float(numTestVecs))
```

函数datingClassTest如程序清单2-4所示，它首先使用了file2matrix和autoNorm函数从文件中读取数据并将其转换为归一化特征值。接着计算测试向量的数量，此步决定了normMat向量中哪些数据用于测试，哪些数据用于分类器的训练样本；然后将这两部分数据输入到原始kNN分类器函数classify0。最后，函数计算错误率并输出结果。注意此处我们使用原始分类器，本章花费了大量的篇幅在讲解如何处理数据，如何将数据改造为分类器可以使用的特征值。得到可靠的数据同样重要，本书后续的章节将介绍这个主题。

在Python命令提示符下重新加载kNN模块，并输入kNN.datingClassTest()，执行分类器测试程序，我们将得到下面的输出结果：

```
>>> kNN.datingClassTest()
the classifier came back with: 1, the real answer is: 1
the classifier came back with: 2, the real answer is: 2
.
.
the classifier came back with: 1, the real answer is: 1
the classifier came back with: 2, the real answer is: 2
the classifier came back with: 3, the real answer is: 3
the classifier came back with: 3, the real answer is: 1
the classifier came back with: 2, the real answer is: 2
the total error rate is: 0.024000
```

分类器处理约会数据集的错误率是2.4%，这是一个相当不错的结果。我们可以改变函数datingClassTest内变量hoRatio和变量k的值，检测错误率是否随着变量值的变化而增加。依赖于分类算法、数据集和程序设置，分类器的输出结果可能有很大的不同。

这个例子表明我们可以正确地预测分类，错误率仅仅是2.4%。海伦完全可以输入未知对象的属性信息，由分类软件来帮助她判定某一对象的可交往程度：讨厌、一般喜欢、非常喜欢。

2.2.5 使用算法：构建完整可用系统

上面我们已经在数据上对分类器进行了测试，现在终于可以使用这个分类器为海伦来对人们分类。我们会给海伦一小段程序，通过该程序海伦会在约会网站上找到某个人并输入他的信息。程序会给出她对对方喜欢程度的预测值。

将下列代码加入到kNN.py并重新载入kNN。

程序清单2-5　约会网站预测函数

```
def classifyPerson():
    resultList = ['not at all', 'in small doses', 'in large doses']
    percentTats = float(raw_input(\
                 "percentage of time spent playing video games?"))
    ffMiles = float(raw_input("frequent flier miles earned per year?"))
    iceCream = float(raw_input("liters of ice cream consumed per year?"))
    datingDataMat,datingLabels = file2matrix('datingTestSet2.txt')
    normMat, ranges, minVals = autoNorm(datingDataMat)
    inArr = array([ffMiles, percentTats, iceCream])
    classifierResult = classify0((inArr-\
                   minVals)/ranges,normMat,datingLabels,3)
    print "You will probably like this person: ",\
                   resultList[classifierResult - 1]
```

上述程序清单中的大部分代码我们在前面都见过。唯一新加入的代码是函数raw_input()。该函数允许用户输入文本行命令并返回用户所输入的命令。为了解程序的实际运行效果，输入如下命令：

```
>>> kNN.classifyPerson()
percentage of time spent playing video games?10
frequent flier miles earned per year?10000
liters of ice cream consumed per year?0.5
You will probably like this person:  in small doses
```

目前为止，我们已经看到如何在数据上构建分类器。这里所有的数据让人看起来都很容易，但是如何在人不太容易看懂的数据上使用分类器呢？从下一节的例子中，我们会看到如何在二进制存储的图像数据上使用kNN。

2.3　示例：手写识别系统

本节我们一步步地构造使用*k*-近邻分类器的手写识别系统。为了简单起见，这里构造的系统只能识别数字0到9，参见图2-6。需要识别的数字已经使用图形处理软件，处理成具有相同的色彩和大小[①]：宽高是32像素×32像素的黑白图像。尽管采用文本格式存储图像不能有效地利用内存空间，但是为了方便理解，我们还是将图像转换为文本格式。

示例：使用*k*-近邻算法的手写识别系统

(1) 收集数据：提供文本文件。

(2) 准备数据：编写函数img2vector()，将图像格式转换为分类器使用的向量格式。

(3) 分析数据：在Python命令提示符中检查数据，确保它符合要求。

① 该数据集合修改自“手写数字数据集的光学识别”一文中的数据集合，该文登载于2010年10月3日的UCI机器学习资料库中http://archive.ics.uci.edu/ml。作者是土耳其伊斯坦布尔海峡大学计算机工程系的E. Alpaydin与C. Kaynak。

(4) 训练算法：此步骤不适用于k-近邻算法。

(5) 测试算法：编写函数使用提供的部分数据集作为测试样本，测试样本与非测试样本的区别在于测试样本是已经完成分类的数据，如果预测分类与实际类别不同，则标记为一个错误。

(6) 使用算法：本例没有完成此步骤，若你感兴趣可以构建完整的应用程序，从图像中提取数字，并完成数字识别，美国的邮件分拣系统就是一个实际运行的类似系统。

2.3.1 准备数据：将图像转换为测试向量

实际图像存储在第2章源代码的两个子目录内：目录trainingDigits中包含了大约2000个例子，每个例子的内容如图2-6所示，每个数字大约有200个样本；目录testDigits中包含了大约900个测试数据。我们使用目录trainingDigits中的数据训练分类器，使用目录testDigits中的数据测试分类器的效果。两组数据没有重叠，你可以检查一下这些文件夹的文件是否符合要求。

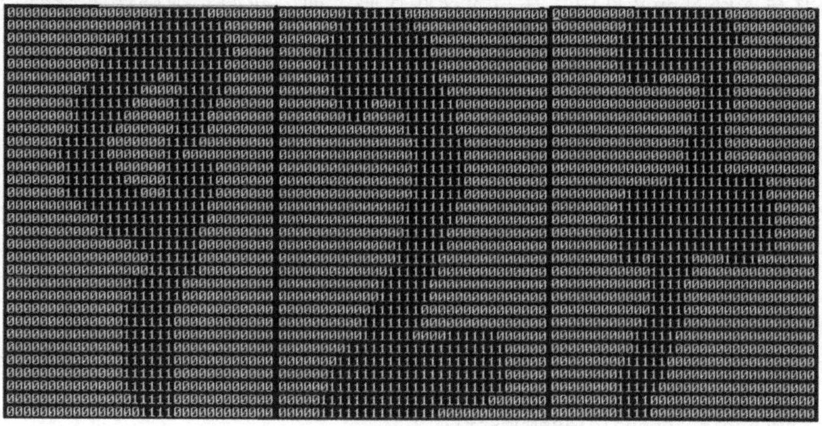

图2-6 手写数字数据集的例子

为了使用前面两个例子的分类器，我们必须将图像格式化处理为一个向量。我们将把一个32×32的二进制图像矩阵转换为1×1024的向量，这样前两节使用的分类器就可以处理数字图像信息了。

我们首先编写一段函数`img2vector`，将图像转换为向量：该函数创建1×1024的NumPy数组，然后打开给定的文件，循环读出文件的前32行，并将每行的头32个字符值存储在NumPy数组中，最后返回数组。

```
def img2vector(filename):
    returnVect = zeros((1,1024))
    fr = open(filename)
    for i in range(32):
        lineStr = fr.readline()
        for j in range(32):
            returnVect[0,32*i+j] = int(lineStr[j])
    return returnVect
```

将上述代码输入到kNN.py文件中，在Python命令行中输入下列命令测试img2vector函数，然后与文本编辑器打开的文件进行比较：

```
>>> testVector = kNN.img2vector('testDigits/0_13.txt')
>>> testVector[0,0:31]
array([ 0.,  0.,  0.,  0.,  0.,  0.,  0.,  0.,  0.,  0.,  0.,  0.,  0.,
        0.,  1.,  1.,  1.,  1.,  0.,  0.,  0.,  0.,  0.,  0.,  0.,  0.,
        0.,  0.,  0.,  0.,  0.])
>>> testVector[0,32:63]
array([ 0.,  0.,  0.,  0.,  0.,  0.,  0.,  0.,  0.,  0.,  0.,  0.,  1.,
        1.,  1.,  1.,  1.,  1.,  1.,  0.,  0.,  0.,  0.,  0.,  0.,  0.,
        0.,  0.,  0.,  0.,  0.])
```

2.3.2 测试算法：使用 k-近邻算法识别手写数字

上节我们已经将数据处理成分类器可以识别的格式，本节我们将这些数据输入到分类器，检测分类器的执行效果。程序清单2-6所示的自包含函数handwritingClassTest()是测试分类器的代码，将其写入kNN.py文件中。在写入这些代码之前，我们必须确保将from os import listdir写入文件的起始部分，这段代码的主要功能是从os模块中导入函数listdir，它可以列出给定目录的文件名。

程序清单2-6 手写数字识别系统的测试代码

```
def handwritingClassTest():
    hwLabels = []
    trainingFileList = listdir('trainingDigits')          ❶ 获取目录内容
    m = len(trainingFileList)
    trainingMat = zeros((m,1024))
    for i in range(m):
        fileNameStr = trainingFileList[i]
        fileStr = fileNameStr.split('.')[0]                ❷ 从文件名解析分类数字
        classNumStr = int(fileStr.split('_')[0])
        hwLabels.append(classNumStr)
        trainingMat[i,:] = img2vector('trainingDigits/%s' % fileNameStr)
    testFileList = listdir('testDigits')
    errorCount = 0.0
    mTest = len(testFileList)
    for i in range(mTest):
        fileNameStr = testFileList[i]
        fileStr = fileNameStr.split('.')[0]
        classNumStr = int(fileStr.split('_')[0])
        vectorUnderTest = img2vector('testDigits/%s' % fileNameStr)
        classifierResult = classify0(vectorUnderTest, \
                                    trainingMat, hwLabels, 3)
        print "the classifier came back with: %d, the real answer is: %d"\
                                    % (classifierResult, classNumStr)
        if (classifierResult != classNumStr): errorCount += 1.0
    print "\nthe total number of errors is: %d" % errorCount
    print "\nthe total error rate is: %f" % (errorCount/float(mTest))
```

在程序清单2-6中，将trainingDigits目录中的文件内容存储在列表中❶，然后可以得到目录中有多少文件，并将其存储在变量m中。接着，代码创建一个m行1024列的训练矩阵，该矩阵的每行数据存储一个图像。我们可以从文件名中解析出分类数字❷。该目录下的文件按照规则命名，如文件9_45.txt的分类是9，它是数字9的第45个实例。然后我们可以将类代码存储在hwLabels向量中，使用前面讨论的img2vector函数载入图像。在下一步中，我们对testDigits目录中的文件执行相似的操作，不同之处是我们并不将这个目录下的文件载入矩阵中，而是使用classify0()函数测试该目录下的每个文件。由于文件中的值已经在0和1之间，本节并不需要使用2.2节的autoNorm()函数。

在Python命令提示符中输入kNN.handwritingClassTest()，测试该函数的输出结果。依赖于机器速度，加载数据集可能需要花费很长时间，然后函数开始依次测试每个文件，输出结果如下所示：

```
>>> kNN.handwritingClassTest()
the classifier came back with: 0, the real answer is: 0
the classifier came back with: 0, the real answer is: 0
.
.
the classifier came back with: 7, the real answer is: 7
the classifier came back with: 7, the real answer is: 7
the classifier came back with: 8, the real answer is: 8
the classifier came back with: 8, the real answer is: 8
the classifier came back with: 8, the real answer is: 8
the classifier came back with: 6, the real answer is: 8
.
.
the classifier came back with: 9, the real answer is: 9
the total number of errors is: 11
the total error rate is: 0.011628
```

k-近邻算法识别手写数字数据集，错误率为1.2%。改变变量k的值、修改函数handwriting-ClassTest随机选取训练样本、改变训练样本的数目，都会对*k*-近邻算法的错误率产生影响，感兴趣的话可以改变这些变量值，观察错误率的变化。

实际使用这个算法时，算法的执行效率并不高。因为算法需要为每个测试向量做2000次距离计算，每个距离计算包括了1024个维度浮点运算，总计要执行900次，此外，我们还需要为测试向量准备2MB的存储空间。是否存在一种算法减少存储空间和计算时间的开销呢？k决策树就是*k*-近邻算法的优化版，可以节省大量的计算开销。

2.4 本章小结

k-近邻算法是分类数据最简单最有效的算法，本章通过两个例子讲述了如何使用*k*-近邻算法构造分类器。*k*-近邻算法是基于实例的学习，使用算法时我们必须有接近实际数据的训练样本数据。*k*-近邻算法必须保存全部数据集，如果训练数据集的很大，必须使用大量的存储空间。此外，由于必须对数据集中的每个数据计算距离值，实际使用时可能非常耗时。

k-近邻算法的另一个缺陷是它无法给出任何数据的基础结构信息，因此我们也无法知晓平均实例样本和典型实例样本具有什么特征。下一章我们将使用概率测量方法处理分类问题，该算法可以解决这个问题。

第3章 决策树

本章内容

- 决策树简介
- 在数据集中度量一致性
- 使用递归构造决策树
- 使用Matplotlib绘制树形图

你是否玩过二十个问题的游戏，游戏的规则很简单：参与游戏的一方在脑海里想某个事物，其他参与者向他提问题，只允许提20个问题，问题的答案也只能用对或错回答。问问题的人通过推断分解，逐步缩小待猜测事物的范围。决策树的工作原理与20个问题类似，用户输入一系列数据，然后给出游戏的答案。

我们经常使用决策树处理分类问题，近来的调查表明决策树也是最经常使用的数据挖掘算法①。它之所以如此流行，一个很重要的原因就是不需要了解机器学习的知识，就能搞明白决策树是如何工作的。

如果你以前没有接触过决策树，完全不用担心，它的概念非常简单。即使不知道它也可以通过简单的图形了解其工作原理，图3-1所示的流程图就是一个决策树，长方形代表判断模块（decision block），椭圆形代表终止模块（terminating block），表示已经得出结论，可以终止运行。从判断模块引出的左右箭头称作分支（branch），它可以到达另一个判断模块或者终止模块。图3-1构造了一个假想的邮件分类系统，它首先检测发送邮件域名地址。如果地址为myEmployer.com，则将其放在分类“无聊时需要阅读的邮件”中。如果邮件不是来自这个域名，则检查邮件内容里是否包含单词曲棍球，如果包含则将邮件归类到“需要及时处理的朋友邮件”，如果不包含则将邮件归类到“无需阅读的垃圾邮件”。

第2章介绍的*k*-近邻算法可以完成很多分类任务，但是它最大的缺点就是无法给出数据的内在含义，决策树的主要优势就在于数据形式非常容易理解。

本章构造的决策树算法能够读取数据集合，构建类似于图3-1的决策树。决策树的一个重要任务是为了理解数据中所蕴含的知识信息，因此决策树可以使用不熟悉的数据集合，并从中提取

① Giovanni Seni and John Elder, *Ensemble Methods in Data Mining: Improving Accuracy Through Combining Predictins*, Synthesis Lectures on Data Mining and Knowledge Discovery (Morgan and Claypool, 2010), 28.

出一系列规则，这些机器根据数据集创建规则的过程，就是机器学习的过程。专家系统中经常使用决策树，而且决策树给出结果往往可以匹敌在当前领域具有几十年工作经验的人类专家。

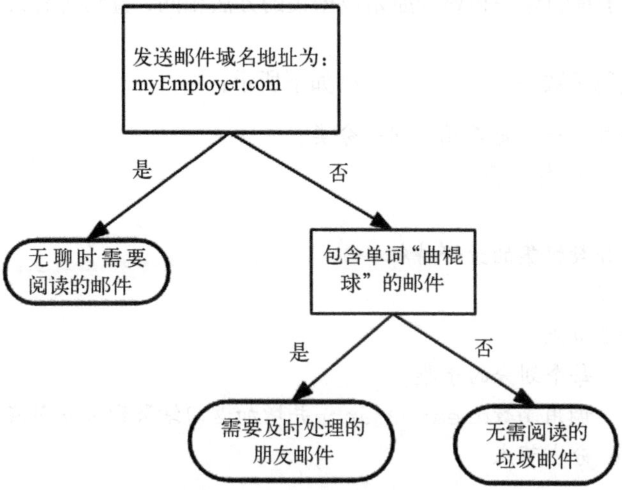

图3-1 流程图形式的决策树

现在我们已经大致了解了决策树可以完成哪些任务，接下来我们将学习如何从一堆原始数据中构造决策树。首先我们讨论构造决策树的方法，以及如何编写构造树的Python代码；接着提出一些度量算法成功率的方法；最后使用递归建立分类器，并且使用Matplotlib绘制决策树图。构造完成决策树分类器之后，我们将输入一些隐形眼镜的处方数据，并由决策树分类器预测需要的镜片类型。

3.1 决策树的构造

决策树

优点：计算复杂度不高，输出结果易于理解，对中间值的缺失不敏感，可以处理不相关特征数据。

缺点：可能会产生过度匹配问题。

适用数据类型：数值型和标称型。

本节将通过算法一步步地构造决策树，并会涉及许多有趣的细节。首先我们讨论数学上如何使用信息论划分数据集，然后编写代码将理论应用到具体的数据集上，最后编写代码构建决策树。

在构造决策树时，我们需要解决的第一个问题就是，当前数据集上哪个特征在划分数据分类时起决定性作用。为了找到决定性的特征，划分出最好的结果，我们必须评估每个特征。完成测试之后，原始数据集就被划分为几个数据子集。这些数据子集会分布在第一个决策点的所有分支上。如果某个分支下的数据属于同一类型，则当前无需阅读的垃圾邮件已经正确地划分数据分类，无需进一步对数据集进行分割。如果数据子集内的数据不属于同一类型，则需要重复划分数据子集的过程。划分数据子集的算法和划分原始数据集的方法相同，直到所有具有相同类型的数据均在一个数据子集内。

创建分支的伪代码函数createBranch()如下所示：

```
检测数据集中的每个子项是否属于同一分类：
    If so return 类标签
    Else
        寻找划分数据集的最好特征
        划分数据集
        创建分支节点
            for 每个划分的子集
                调用函数createBranch并增加返回结果到分支节点中
        return 分支节点
```

上面的伪代码createBranch是一个递归函数，在倒数第二行直接调用了它自己。后面我们将把上面的伪代码转换为Python代码，这里我们需要进一步了解算法是如何划分数据集的。

决策树的一般流程

(1) 收集数据：可以使用任何方法。
(2) 准备数据：树构造算法只适用于标称型数据，因此数值型数据必须离散化。
(3) 分析数据：可以使用任何方法，构造树完成之后，我们应该检查图形是否符合预期。
(4) 训练算法：构造树的数据结构。
(5) 测试算法：使用经验树计算错误率。
(6) 使用算法：此步骤可以适用于任何监督学习算法，而使用决策树可以更好地理解数据的内在含义。

一些决策树算法采用二分法划分数据，本书并不采用这种方法。如果依据某个属性划分数据将会产生4个可能的值，我们将把数据划分成四块，并创建四个不同的分支。本书将使用ID3算法划分数据集，该算法处理如何划分数据集，何时停止划分数据集（进一步的信息可以参见http://en.wikipedia.org/wiki/ID3_algorithm）。每次划分数据集时我们只选取一个特征属性，如果训练集中存在20个特征，第一次我们选择哪个特征作为划分的参考属性呢？

表3-1的数据包含5个海洋动物，特征包括：不浮出水面是否可以生存，以及是否有脚蹼。我们可以将这些动物分成两类：鱼类和非鱼类。现在我们想要决定依据第一个特征还是第二个特征划分数据。在回答这个问题之前，我们必须采用量化的方法判断如何划分数据。下一小节将详细讨论这个问题。

表3-1 海洋生物数据

	不浮出水面是否可以生存	是否有脚蹼	属于鱼类
1	是	是	是
2	是	是	是
3	是	否	否
4	否	是	否
5	否	是	否

3.1.1 信息增益

划分数据集的大原则是：将无序的数据变得更加有序。我们可以使用多种方法划分数据集，但是每种方法都有各自的优缺点。组织杂乱无章数据的一种方法就是使用信息论度量信息，信息论是量化处理信息的分支科学。我们可以在划分数据之前或之后使用信息论量化度量信息的内容。

在划分数据集之前之后信息发生的变化称为信息增益，知道如何计算信息增益，我们就可以计算每个特征值划分数据集获得的信息增益，获得信息增益最高的特征就是最好的选择。

在可以评测哪种数据划分方式是最好的数据划分之前，我们必须学习如何计算信息增益。集合信息的度量方式称为香农熵或者简称为熵，这个名字来源于信息论之父克劳德·香农。

克劳德·香农

克劳德·香农被公认为是二十世纪最聪明的人之一，威廉·庞德斯通在其2005年出版的《财富公式》一书中是这样描写克劳德·香农的：

"贝尔实验室和MIT有很多人将香农和爱因斯坦相提并论，而其他人则认为这种对比是不公平的——对香农是不公平的。"①

如果看不明白什么是信息增益（information gain）和熵（entropy），请不要着急——它们自诞生的那一天起，就注定会令世人十分费解。克劳德·香农写完信息论之后，约翰·冯·诺依曼建议使用"熵"这个术语，因为大家都不知道它是什么意思。

熵定义为信息的期望值，在明晰这个概念之前，我们必须知道信息的定义。如果待分类的事务可能划分在多个分类之中，则符号x_i的信息定义为

$$l(x_i) = -\log_2 p(x_i)$$

其中$p(x_i)$是选择该分类的概率。

为了计算熵，我们需要计算所有类别所有可能值包含的信息期望值，通过下面的公式得到：

$$H = -\sum_{i=1}^{n} p(x_i)\log_2 p(x_i)$$

① 威廉·庞德斯通的《财富公式：击败赌场和华尔街的不为人知的科学投注系统》（*Fortune's Formula: The Untold Story of the Scientific Betting System that Beat the Casinos and Wall Street*）[Hill and Wang，2005]第15页。

其中n是分类的数目。

下面我们将学习如何使用Python计算信息熵，创建名为trees.py的文件，将程序清单3-1的代码内容录入到trees.py文件中，此代码的功能是计算给定数据集的熵。

程序清单3-1　计算给定数据集的香农熵

```
from math import log

def calcShannonEnt(dataSet):
    numEntries = len(dataSet)
    labelCounts = {}
    for featVec in dataSet:
        currentLabel = featVec[-1]
        if currentLabel not in labelCounts.keys():
            labelCounts[currentLabel] = 0
        labelCounts[currentLabel] += 1
    shannonEnt = 0.0
    for key in labelCounts:
        prob = float(labelCounts[key])/numEntries
        shannonEnt -= prob * log(prob,2)
    return shannonEnt
```

❶ 为所有可能分类创建字典

❷ 以2为底求对数

程序清单3-1的代码非常简单。首先，计算数据集中实例的总数。我们也可以在需要时再计算这个值，但是由于代码中多次用到这个值，为了提高代码效率，我们显式地声明一个变量保存实例总数。然后，创建一个数据字典，它的键值是最后一列的数值❶。如果当前键值不存在，则扩展字典并将当前键值加入字典。每个键值都记录了当前类别出现的次数。最后，使用所有类标签的发生频率计算类别出现的概率。我们将用这个概率计算香农熵❷，统计所有类标签发生的次数。下面我们看看如何使用熵划分数据集。

在trees.py文件中，我们可以利用`createDataSet()`函数得到表3-1所示的简单鱼鉴定数据集，你可以输入自己的`createDataSet()`函数：

```
def createDataSet():
    dataSet = [[1, 1, 'yes'],
               [1, 1, 'yes'],
               [1, 0, 'no'],
               [0, 1, 'no'],
               [0, 1, 'no']]
    labels = ['no surfacing','flippers']
    return dataSet, labels
```

在Python命令提示符下输入下列命令：

```
>>> reload(trees)
>>> myDat,labels=trees.createDataSet()
>>> myDat
[[1, 1, 'yes'], [1, 1, 'yes'], [1, 0, 'no'], [0, 1, 'no'], [0, 1, 'no']]
>>> trees.calcShannonEnt(myDat)
0.97095059445466858
```

熵越高，则混合的数据也越多，我们可以在数据集中添加更多的分类，观察熵是如何变化的。这里我们增加第三个名为`maybe`的分类，测试熵的变化：

```
>>> myDat[0][-1]='maybe'
>>> myDat
[[1, 1, 'maybe'], [1, 1, 'yes'], [1, 0, 'no'], [0, 1, 'no'], [0, 1, 'no']]
>>> trees.calcShannonEnt(myDat)
1.3709505944546687
```

得到熵之后，我们就可以按照获取最大信息增益的方法划分数据集，下一节我们将具体学习如何划分数据集以及如何度量信息增益。

另一个度量集合无序程度的方法是基尼不纯度[①]（Gini impurity），简单地说就是从一个数据集中随机选取子项，度量其被错误分类到其他分组里的概率。本书不采用基尼不纯度方法，这里就不再做进一步的介绍。下面我们将学习如何划分数据集，并创建决策树。

3.1.2 划分数据集

上节我们学习了如何度量数据集的无序程度，分类算法除了需要测量信息熵，还需要划分数据集，度量划分数据集的熵，以便判断当前是否正确地划分了数据集。我们将对每个特征划分数据集的结果计算一次信息熵，然后判断按照哪个特征划分数据集是最好的划分方式。想象一个分布在二维空间的数据散点图，需要在数据之间划条线，将它们分成两部分，我们应该按照x轴还是y轴划线呢？答案就是本节讲述的内容。

要划分数据集，打开文本编辑器，在trees.py文件中输入下列的代码：

程序清单3-2　按照给定特征划分数据集

```
def splitDataSet(dataSet, axis, value):
    retDataSet = []                                    ❶ 创建新的list对象
    for featVec in dataSet:
        if featVec[axis] == value:
            reducedFeatVec = featVec[:axis]
            reducedFeatVec.extend(featVec[axis+1:])    ❷ 抽取
            retDataSet.append(reducedFeatVec)
    return retDataSet
```

程序清单3-2的代码使用了三个输入参数：待划分的数据集、划分数据集的特征、需要返回的特征的值。需要注意的是，Python语言不用考虑内存分配问题。Python语言在函数中传递的是列表的引用，在函数内部对列表对象的修改，将会影响该列表对象的整个生存周期。为了消除这个不良影响，我们需要在函数的开始声明一个新列表对象。因为该函数代码在同一数据集上被调用多次，为了不修改原始数据集，创建一个新的列表对象❶。数据集这个列表中的各个元素也是列表，我们要遍历数据集中的每个元素，一旦发现符合要求的值，则将其添加到新创建的列表中。在`if`语句中，程序将符合特征的数据抽取出来❷。后面讲述得更简单，这里我们可以这样理解这段代码：当我们按照某个特征划分数据集时，就需要将所有符合要求的元素抽取出来。代码中使用了Python语言列表类型自带的`extend()`和`append()`方法。这两个方法功能类似，但是在处理多个列表时，这两个方法的处理结果是完全不同的。

---

① 要了解更多信息，请参考 Pan-Ning Tan, Vipin Kumar and Michael Steinbach , *Introduction to Data Mining*. Pearson Education (Addison-Wesley, 2005), 158.

假定存在两个列表，a和b：

```
>>> a=[1,2,3]
>>> b=[4,5,6]
>>> a.append(b)
>>> a
[1, 2, 3, [4, 5, 6]]
```

如果执行a.append(b)，则列表得到了第四个元素，而且第四个元素也是一个列表。然而如果使用extend方法：

```
>>> a=[1,2,3]
>>> a.extend(b)
>>> a
[1, 2, 3, 4, 5, 6]
```

则得到一个包含a和b所有元素的列表。

我们可以在前面的简单样本数据上测试函数splitDataSet()。首先还是要将程序清单3-2的代码增加到trees.py文件中，然后在Python命令提示符内输入下述命令：

```
>>> reload(trees)
<module 'trees' from 'trees.pyc'>
>>> myDat,labels=trees.createDataSet()
>>> myDat
[[1, 1, 'yes'], [1, 1, 'yes'], [1, 0, 'no'], [0, 1, 'no'], [0, 1, 'no']]
>>> trees.splitDataSet(myDat,0,1)
[[1, 'yes'], [1, 'yes'], [0, 'no']]
>>> trees.splitDataSet(myDat,0,0)
[[1, 'no'], [1, 'no']]
```

接下来我们将遍历整个数据集，循环计算香农熵和splitDataSet()函数，找到最好的特征划分方式。熵计算将会告诉我们如何划分数据集是最好的数据组织方式。

打开文本编辑器，在trees.py文件中输入下面的程序代码。

程序清单3-3　选择最好的数据集划分方式

```
def chooseBestFeatureToSplit(dataSet):
    numFeatures = len(dataSet[0]) - 1
    baseEntropy = calcShannonEnt(dataSet)
    bestInfoGain = 0.0; bestFeature = -1
    for i in range(numFeatures):
        featList = [example[i] for example in dataSet]      ❶ 创建唯一的分类标签列表
        uniqueVals = set(featList)
        newEntropy = 0.0
        for value in uniqueVals:
            subDataSet = splitDataSet(dataSet, i, value)    ❷ 计算每种划分方式
            prob = len(subDataSet)/float(len(dataSet))         的信息熵
            newEntropy += prob * calcShannonEnt(subDataSet)
        infoGain = baseEntropy - newEntropy
        if (infoGain > bestInfoGain):
            bestInfoGain = infoGain                          ❸ 计算最好的信息增益
            bestFeature = i
    return bestFeature
```

程序清单3-3给出了函数chooseBestFeatureToSplit()的完整代码，该函数实现选取特

征，划分数据集，计算得出最好的划分数据集的特征。函数chooseBestFeatureToSplit()使用了程序清单3-1和程序清单3-2中的函数。在函数中调用的数据需要满足一定的要求：第一个要求是，数据必须是一种由列表元素组成的列表，而且所有的列表元素都要具有相同的数据长度；第二个要求是，数据的最后一列或者每个实例的最后一个元素是当前实例的类别标签。数据集一旦满足上述要求，我们就可以在函数的第一行判定当前数据集包含多少特征属性。我们无需限定list中的数据类型，它们既可以是数字也可以是字符串，并不影响实际计算。

在开始划分数据集之前，程序清单3-3的第3行代码计算了整个数据集的原始香农熵，我们保存最初的无序度量值，用于与划分完之后的数据集计算的熵值进行比较。第1个for循环遍历数据集中的所有特征。使用列表推导（List Comprehension）来创建新的列表，将数据集中所有第i个特征值或者所有可能存在的值写入这个新list中❶。然后使用Python语言原生的集合（set）数据类型。集合数据类型与列表类型相似，不同之处仅在于集合类型中的每个值互不相同。从列表中创建集合是Python语言得到列表中唯一元素值的最快方法。

遍历当前特征中的所有唯一属性值，对每个唯一属性值划分一次数据集❷，然后计算数据集的新熵值，并对所有唯一特征值得到的熵求和。信息增益是熵的减少或者是数据无序度的减少，大家肯定对于将熵用于度量数据无序度的减少更容易理解。最后，比较所有特征中的信息增益，返回最好特征划分的索引值❸。

现在我们可以测试上面代码的实际输出结果，首先将程序清单3-3的内容输入到文件trees.py中，然后在Python命令提示符下输入下列命令：

```
>>> reload(trees)
<module 'trees' from 'trees.py'>
>>> myDat,labels=trees.createDataSet()
>>> trees.chooseBestFeatureToSplit(myDat)
0
>>> myDat
[[1, 1, 'yes'], [1, 1, 'yes'], [1, 0, 'no'], [0, 1, 'no'], [0, 1, 'no']]
```

代码运行结果告诉我们，第0个特征是最好的用于划分数据集的特征。结果是否正确呢？这个结果又有什么实际意义呢？数据集中的数据来源于表3-1，让我们回头再看一下表3-1或者变量myDat中的数据。如果我们按照第一个特征属性划分数据，也就是说第一个特征是1的放在一个组，第一个特征是0的放在另一个组，数据一致性如何？按照上述的方法划分数据集，第一个特征为1的海洋生物分组将有两个属于鱼类，一个属于非鱼类；另一个分组则全部属于非鱼类。如果按照第二个特征分组，结果又是怎么样呢？第一个海洋动物分组将有两个属于鱼类，两个属于非鱼类；另一个分组则只有一个非鱼类。第一种划分很好地处理了相关数据。如果不相信目测结果，读者可以使用程序清单3-1的calcShannonEntropy()函数测试不同特征分组的输出结果。

本节我们学习了如何度量数据集的信息熵，如何有效地划分数据集，下一节我们将介绍如何将这些函数功能放在一起，构建决策树。

3.1.3 递归构建决策树

目前我们已经学习了从数据集构造决策树算法所需要的子功能模块，其工作原理如下：得到原始数据集，然后基于最好的属性值划分数据集，由于特征值可能多于两个，因此可能存在大于两个分支的数据集划分。第一次划分之后，数据将被向下传递到树分支的下一个节点，在这个节点上，我们可以再次划分数据。因此我们可以采用递归的原则处理数据集。

递归结束的条件是：程序遍历完所有划分数据集的属性，或者每个分支下的所有实例都具有相同的分类。如果所有实例具有相同的分类，则得到一个叶子节点或者终止块。任何到达叶子节点的数据必然属于叶子节点的分类，参见图3-2所示。

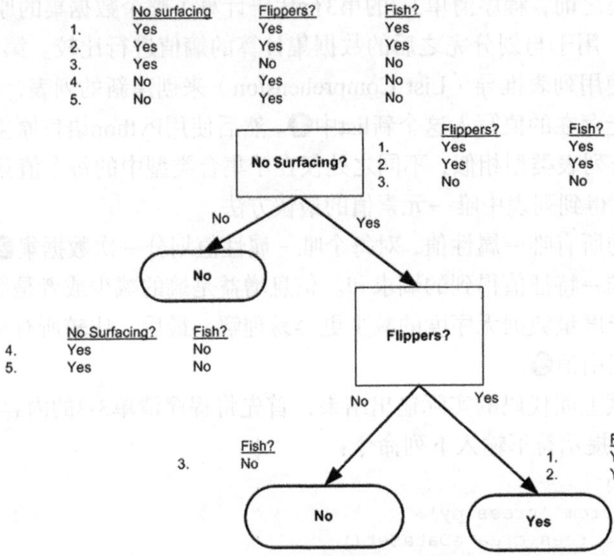

图3-2　划分数据集时的数据路径

第一个结束条件使得算法可以终止，我们甚至可以设置算法可以划分的最大分组数目。后续章节还会介绍其他决策树算法，如C4.5和CART，这些算法在运行时并不总是在每次划分分组时都会消耗特征。由于特征数目并不是在每次划分数据分组时都减少，因此这些算法在实际使用时可能引起一定的问题。目前我们并不需要考虑这个问题，只需要在算法开始运行前计算列的数目，查看算法是否使用了所有属性即可。如果数据集已经处理了所有属性，但是类标签依然不是唯一的，此时我们需要决定如何定义该叶子节点，在这种情况下，我们通常会采用多数表决的方法决定该叶子节点的分类。

打开文本编辑器，在增加下面的函数之前，在trees.py文件顶部增加一行代码：`import operator`，然后添加下面的代码到trees.py文件中：

```
def majorityCnt(classList):
    classCount={}
    for vote in classList:
        if vote not in classCount.keys(): classCount[vote] = 0
        classCount[vote] += 1
    sortedClassCount = sorted(classCount.iteritems(), \
     key=operator.itemgetter(1), reverse=True)
    return sortedClassCount[0][0]
```

上面的代码与第2章classify0部分的投票表决代码非常类似，该函数使用分类名称的列表，然后创建键值为classList中唯一值的数据字典，字典对象存储了classList中每个类标签出现的频率，最后利用operator操作键值排序字典，并返回出现次数最多的分类名称。

在文本编辑器中打开trees.py文件，添加下面的程序代码。

程序清单3-4 创建树的函数代码

```
def createTree(dataSet,labels):
    classList = [example[-1] for example in dataSet]
    if classList.count(classList[0]) == len(classList):
        return classList[0]
    if len(dataSet[0]) == 1:
        return majorityCnt(classList)
    bestFeat = chooseBestFeatureToSplit(dataSet)
    bestFeatLabel = labels[bestFeat]
    myTree = {bestFeatLabel:{}}
    del(labels[bestFeat])
    featValues = [example[bestFeat] for example in dataSet]
    uniqueVals = set(featValues)
    for value in uniqueVals:
        subLabels = labels[:]
        myTree[bestFeatLabel][value] = createTree(splitDataSet\
                            (dataSet, bestFeat, value),subLabels)
    return myTree
```

❶ 类别完全相同则停止继续划分

❷ 遍历完所有特征时返回出现次数最多的类别

❸ 得到列表包含的所有属性值

程序清单3-4的代码使用两个输入参数：数据集和标签列表。标签列表包含了数据集中所有特征的标签，算法本身并不需要这个变量，但是为了给出数据明确的含义，我们将它作为一个输入参数提供。此外，前面提到的对数据集的要求这里依然需要满足。上述代码首先创建了名为classList的列表变量，其中包含了数据集的所有类标签。递归函数的第一个停止条件是所有的类标签完全相同，则直接返回该类标签❶。递归函数的第二个停止条件是使用完了所有特征，仍然不能将数据集划分成仅包含唯一类别的分组❷。由于第二个条件无法简单地返回唯一的类标签，这里使用前面介绍的majorityCnt函数挑选出现次数最多的类别作为返回值。

下一步程序开始创建树，这里使用Python语言的字典类型存储树的信息，当然也可以声明特殊的数据类型存储树，但是这里完全没有必要。字典变量myTree存储了树的所有信息，这对于其后绘制树形图非常重要。当前数据集选取的最好特征存储在变量bestFeat中，得到列表包含的所有属性值❸。这部分代码与程序清单3-3中的部分代码类似，这里就不再进一步解释了。

最后代码遍历当前选择特征包含的所有属性值，在每个数据集划分上递归调用函数createTree()，得到的返回值将被插入到字典变量myTree中，因此函数终止执行时，字典中将会嵌套很多代表叶子节点信息的字典数据。在解释这个嵌套数据之前，我们先看一下循环的第一行subLabels = labels[:]，这行代码复制了类标签，并将其存储在新列表变量subLabels中。之所以这样做，是因为在Python语言中函数参数是列表类型时，参数是按照引用方式传递的。为了保证每次调用函数createTree()时不改变原始列表的内容，使用新变量subLabels代替原始列表。

现在我们可以测试上面代码的实际输出结果，首先将程序清单3-4的内容输入到文件trees.py中，然后在Python命令提示符下输入下列命令：

```
>>> reload(trees)
<module 'trees' from 'trees.pyc'>
>>> myDat,labels=trees.createDataSet()
>>> myTree = trees.createTree(myDat,labels)
>>> myTree
{'no surfacing': {0: 'no', 1: {'flippers': {0: 'no', 1: 'yes'}}}}
```

变量myTree包含了很多代表树结构信息的嵌套字典，从左边开始，第一个关键字no surfacing是第一个划分数据集的特征名称，该关键字的值也是另一个数据字典。第二个关键字是no surfacing特征划分的数据集，这些关键字的值是no surfacing节点的子节点。这些值可能是类标签，也可能是另一个数据字典。如果值是类标签，则该子节点是叶子节点；如果值是另一个数据字典，则子节点是一个判断节点，这种格式结构不断重复就构成了整棵树。本节的例子中，这棵树包含了3个叶子节点以及2个判断节点。

本节讲述了如何正确地构造树，下一节将介绍如何绘制图形，方便我们正确理解数据信息的内在含义。

3.2　在 Python 中使用 Matplotlib 注解绘制树形图

上节我们已经学习了如何从数据集中创建树，然而字典的表示形式非常不易于理解，而且直接绘制图形也比较困难。本节我们将使用Matplotlib库创建树形图。决策树的主要优点就是直观易于理解，如果不能将其直观地显示出来，就无法发挥其优势。虽然前面章节我们使用的图形库已经非常强大，但是Python并没有提供绘制树的工具，因此我们必须自己绘制树形图。本节我们将学习如何编写代码绘制如图3-3所示的决策树。

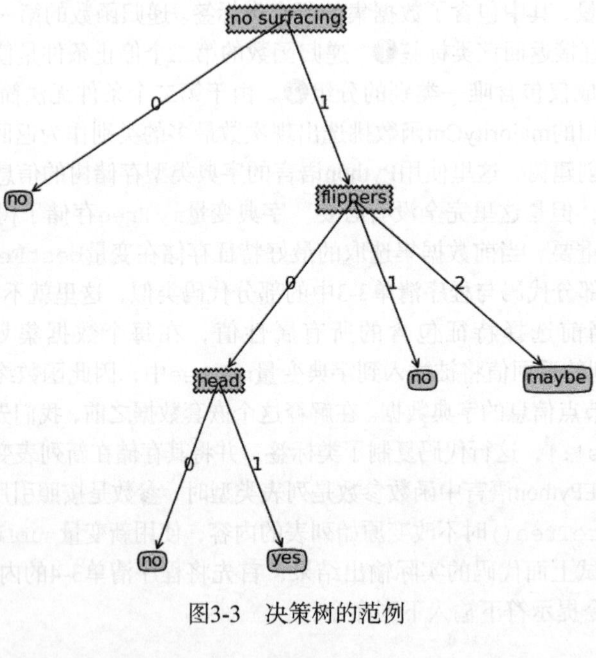

图3-3　决策树的范例

3.2.1 Matplotlib 注解

Matplotlib提供了一个非常有用的注解工具annotations，它可以在数据图形上添加文本注解。注解通常用于解释数据的内容。由于数据上面直接存在文本描述非常丑陋，因此工具内嵌支持带箭头的划线工具，使得我们可以在其他恰当的地方指向数据位置，并在此处添加描述信息，解释数据内容。如图3-4所示，在坐标(0.2, 0.1)的位置有一个点，我们将对该点的描述信息放在(0.35, 0.3)的位置，并用箭头指向数据点(0.2, 0.1)。

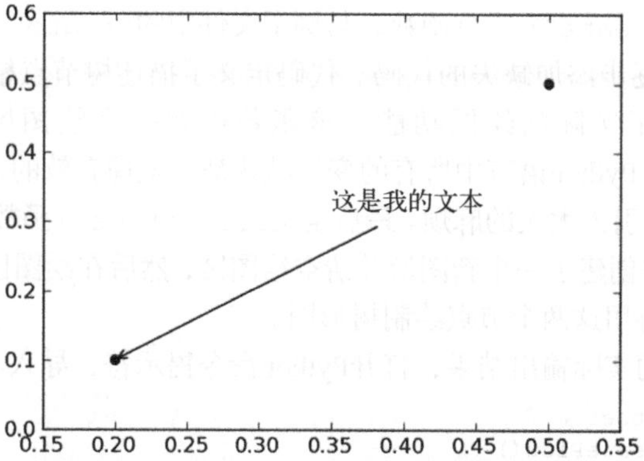

图3-4 Matplotlib注解示例

绘制还是图形化

为什么使用单词“绘制”（plot）？为什么在讨论如何在图形上显示数据的时候不使用单词“图形化”（graph）？这里存在一些语言上的差别，英语单词graph在某些学科中具有特定的含义，如在应用数学中，一系列由边连接在一起的对象或者节点称为图。节点间的任意联系都可以通过边来表示。在计算机科学中，图是一种数据结构，用于表示数学上的概念。好在汉语并不存在这些混淆的概念，这里就统一使用绘制树形图。

本书将使用Matplotlib的注解功能绘制树形图，它可以对文字着色并提供多种形状以供选择，而且我们还可以反转箭头，将它指向文本框而不是数据点。打开文本编辑器，创建名为treePlotter.py的新文件，然后输入下面的程序代码。

程序清单3-5 使用文本注解绘制树节点

```
import matplotlib.pyplot as plt

decisionNode = dict(boxstyle="sawtooth", fc="0.8")
leafNode = dict(boxstyle="round4", fc="0.8")
arrow_args = dict(arrowstyle="<-")

def plotNode(nodeTxt, centerPt, parentPt, nodeType):
    createPlot.ax1.annotate(nodeTxt, xy=parentPt,\
    xycoords='axes fraction',
```

❶ 定义文本框和箭头格式

❷ 绘制带箭头的注解

```
        xytext=centerPt, textcoords='axes fraction', \
        va="center", ha="center", bbox=nodeType, arrowprops=arrow_args)
def createPlot():
    fig = plt.figure(1, facecolor='white')
    fig.clf()
    createPlot.ax1 = plt.subplot(111, frameon=False)
    plotNode('决策节点', (0.5, 0.1), (0.1, 0.5), decisionNode)
    plotNode('叶节点', (0.8, 0.1), (0.3, 0.8), leafNode)
    plt.show()
```

这是第一个版本的`createPlot()`函数，与例子文件中的`createPlot()`函数有些不同，随着内容的深入，我们将逐步添加缺失的代码。代码定义了描述树节点格式的常量❶。然后定义`plotNode()`函数执行了实际的绘图功能，该函数需要一个绘图区，该区域由全局变量`createPlot.ax1`定义。Python语言中所有的变量默认都是全局有效的，只要我们清楚知道当前代码的主要功能，并不会引入太大的麻烦。最后定义`createPlot()`函数，它是这段代码的核心。`createPlot()`函数首先创建了一个新图形并清空绘图区，然后在绘图区上绘制两个代表不同类型的树节点，后面我们将用这两个节点绘制树形图。

为了测试上面代码的实际输出结果，打开Python命令提示符，导入`treePlotter`模块：

```
>>> import treePlotter
>>> treePlotter.createPlot()
```

程序的输出结果如图3-5所示，我们也可以改变函数`plotNode()`❷，观察图中x、y位置如何变化。

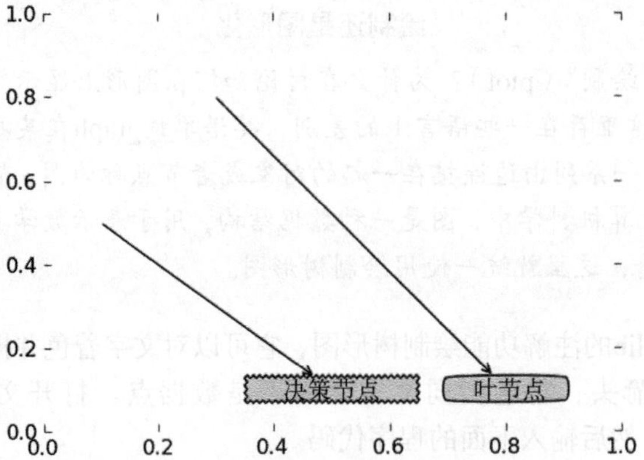

图3-5 函数`plotNode`的例子

现在我们已经掌握了如何绘制树节点，下面将学习如何绘制整棵树。

3.2.2 构造注解树

绘制一棵完整的树需要一些技巧。我们虽然有x、y坐标，但是如何放置所有的树节点却是个问题。我们必须知道有多少个叶节点，以便可以正确确定x轴的长度；我们还需要知道树有多少层，以便可以正确确定y轴的高度。这里我们定义两个新函数getNumLeafs()和getTreeDepth()，来获取叶节点的数目和树的层数，参见程序清单3-6，并将这两个函数添加到文件treePlotter.py中。

程序清单3-6　获取叶节点的数目和树的层数

```
def getNumLeafs(myTree):
    numLeafs = 0
    firstStr = myTree.keys()[0]
    secondDict = myTree[firstStr]
    for key in secondDict.keys():
        if type(secondDict[key]).__name__=='dict':
            numLeafs += getNumLeafs(secondDict[key])
        else:   numLeafs +=1
    return numLeafs

def getTreeDepth(myTree):
    maxDepth = 0
    firstStr = myTree.keys()[0]
    secondDict = myTree[firstStr]
    for key in secondDict.keys():
        if type(secondDict[key]).__name__=='dict':
            thisDepth = 1 + getTreeDepth(secondDict[key])
        else:   thisDepth = 1
        if thisDepth > maxDepth: maxDepth = thisDepth
    return maxDepth
```

❶ 测试节点的数据类型是否为字典

上述程序中的两个函数具有相同的结构，后面我们也将使用到这两个函数。这里使用的数据结构说明了如何在Python字典类型中存储树信息。第一个关键字是第一次划分数据集的类别标签，附带的数值表示子节点的取值。从第一个关键字出发，我们可以遍历整棵树的所有子节点。使用Python提供的type()函数可以判断子节点是否为字典类型❶。如果子节点是字典类型，则该节点也是一个判断节点，需要递归调用getNumLeafs()函数。getNumLeafs()函数遍历整棵树，累计叶子节点的个数，并返回该数值。第2个函数getTreeDepth()计算遍历过程中遇到判断节点的个数。该函数的终止条件是叶子节点，一旦到达叶子节点，则从递归调用中返回，并将计算树深度的变量加一。为了节省大家的时间，函数retrieveTree输出预先存储的树信息，避免了每次测试代码时都要从数据中创建树的麻烦。

添加下面的代码到文件treePlotter.py中：

```
def retrieveTree(i):
    listOfTrees =[{'no surfacing': {0: 'no', 1: {'flippers': \
                      {0: 'no', 1: 'yes'}}}},
                  {'no surfacing': {0: 'no', 1: {'flippers': \
                      {0: {'head': {0: 'no', 1: 'yes'}}, 1: 'no'}}}}
                  ]
    return listOfTrees[i]
```

保存文件treePlotter.py，在Python命令提示符下输入下列命令：

```
>>> reload(treePlotter)
<module 'treePlotter' from 'treePlotter.py'>
>>> treePlotter.retrieveTree(1)
```

```
{'no surfacing': {0: 'no', 1: {'flippers': {0: {'head': {0: 'no', 1:
    'yes'}}, 1: 'no'}}}}
>>> myTree = treePlotter.retrieveTree(0)
>>> treePlotter.getNumLeafs(myTree)
3
>>> treePlotter.getTreeDepth(myTree)
2
```

函数`retrieveTree()`主要用于测试，返回预定义的树结构。上述命令中调用`getNumLeafs()`函数返回值为3，等于树0的叶子节点数；调用`getTreeDepths()`函数也能够正确返回树的层数。

现在我们可以将前面学到的方法组合在一起，绘制一棵完整的树。最终的结果如图3-6所示，但是没有x和y轴标签。

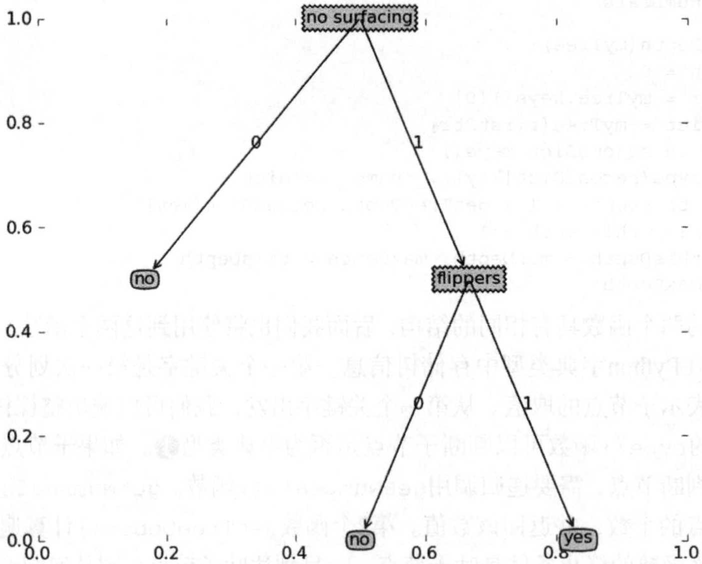

图3-6　简单数据集绘制的树形图

打开文本编辑器，将程序清单3-7的内容添加到treePlotter.py文件中。注意，前文已经在文件中定义了函数`createPlot()`，此处我们需要更新这部分代码。

程序清单3-7　`plotTree`函数

```
def plotMidText(cntrPt, parentPt, txtString):
    xMid = (parentPt[0]-cntrPt[0])/2.0 + cntrPt[0]
    yMid = (parentPt[1]-cntrPt[1])/2.0 + cntrPt[1]
    createPlot.ax1.text(xMid, yMid, txtString)

def plotTree(myTree, parentPt, nodeTxt):
    numLeafs = getNumLeafs(myTree)
    depth = getTreeDepth(myTree)
    firstStr = myTree.keys()[0]
    cntrPt = (plotTree.xOff + (1.0 + float(numLeafs))/2.0/plotTree.totalW,\
                             plotTree.yOff)
```

❶ 在父子节点间填充文本信息

❷ 计算宽与高

```
        plotMidText(cntrPt, parentPt, nodeTxt)                      ❸ 标记子节点属性值
        plotNode(firstStr, cntrPt, parentPt, decisionNode)
        secondDict = myTree[firstStr]
        plotTree.yOff = plotTree.yOff - 1.0/plotTree.totalD         ❹ 减少y偏移
        for key in secondDict.keys():
            if type(secondDict[key]).__name__=='dict':
                plotTree(secondDict[key],cntrPt,str(key))
            else:
                plotTree.xOff = plotTree.xOff + 1.0/plotTree.totalW
                plotNode(secondDict[key], (plotTree.xOff, plotTree.yOff), \
                    cntrPt, leafNode)
                plotMidText((plotTree.xOff, plotTree.yOff), cntrPt, str(key))
        plotTree.yOff = plotTree.yOff + 1.0/plotTree.totalD

    def createPlot(inTree):
        fig = plt.figure(1, facecolor='white')
        fig.clf()
        axprops = dict(xticks=[], yticks=[])
        createPlot.ax1 = plt.subplot(111, frameon=False, **axprops)
        plotTree.totalW = float(getNumLeafs(inTree))
        plotTree.totalD = float(getTreeDepth(inTree))
        plotTree.xOff = -0.5/plotTree.totalW; plotTree.yOff = 1.0;
        plotTree(inTree, (0.5,1.0), '')
        plt.show()
```

函数`createPlot()`是我们使用的主函数，它调用了`plotTree()`，函数`plotTree`又依次调用了前面介绍的函数和`plotMidText()`。绘制树形图的很多工作都是在函数`plotTree()`中完成的，函数`plotTree()`首先计算树的宽和高❷。全局变量`plotTree.totalW`存储树的宽度，全局变量`plotTree.totalD`存储树的深度，我们使用这两个变量计算树节点的摆放位置，这样可以将树绘制在水平方向和垂直方向的中心位置。与程序清单3-6中的函数`getNumLeafs()`和`getTreeDepth()`类似，函数`plotTree()`也是个递归函数。树的宽度用于计算放置判断节点的位置，主要的计算原则是将它放在所有叶子节点的中间，而不仅仅是它子节点的中间。同时我们使用两个全局变量`plotTree.xOff`和`plotTree.yOff`追踪已经绘制的节点位置，以及放置下一个节点的恰当位置。另一个需要说明的问题是，绘制图形的x轴有效范围是0.0到1.0，y轴有效范围也是0.0 ~ 1.0。为了方便起见，图3-6给出具体坐标值，实际输出的图形中并没有x、y坐标。通过计算树包含的所有叶子节点数，划分图形的宽度，从而计算得到当前节点的中心位置，也就是说，我们按照叶子节点的数目将x轴划分为若干部分。按照图形比例绘制树形图的最大好处是无需关心实际输出图形的大小，一旦图形大小发生了变化，函数会自动按照图形大小重新绘制。如果以像素为单位绘制图形，则缩放图形就不是一件简单的工作。

接着，绘出子节点具有的特征值，或者沿此分支向下的数据实例必须具有的特征值❸。使用函数`plotMidText()`计算父节点和子节点的中间位置，并在此处添加简单的文本标签信息❶。

然后，按比例减少全局变量`plotTree.yOff`，并标注此处将要绘制子节点❹，这些节点既可以是叶子节点也可以是判断节点，此处需要只保存绘制图形的轨迹。因为我们是自顶向下绘制图形，因此需要依次递减y坐标值，而不是递增y坐标值。然后程序采用函数`getNumLeafs()`和`getTreeDepth()`以相同的方式递归遍历整棵树，如果节点是叶子节点则在图形上画出叶子节点，

如果不是叶子节点则递归调用plotTree()函数。在绘制了所有子节点之后，增加全局变量Y的偏移。

程序清单3-7的最后一个函数是createPlot()，它创建绘图区，计算树形图的全局尺寸，并调用递归函数plotTree()。

现在我们可以验证一下实际的输出效果。添加上述代码到文件treePlotter.py之后，在Python命令提示符下输入下列命令：

```
>>> reload(treePlotter)
<module 'treePlotter' from 'treePlotter.pyc'>
>>> myTree=treePlotter.retrieveTree (0)
>>> treePlotter.createPlot(myTree)
```

输出效果如图3-6所示，但是没有坐标轴标签。接着按照如下命令变更字典，重新绘制树形图：

```
>>> myTree['no surfacing'][3]='maybe'
>>> myTree
{'no surfacing ': {0: 'no', 1: {'flippers': {0: 'no', 1: 'yes'}}, 3:
    'maybe'}}
>>> treePlotter.createPlot(myTree)
```

输出效果如图3-7所示，有点像一个无头的简笔画。你也可以在树字典中随意添加一些数据，并重新绘制树形图观察输出结果的变化。

到目前为止，我们已经学习了如何构造决策树以及绘制树形图的方法，下节我们将实际使用这些方法，并从数据和算法中得到某些新知识。

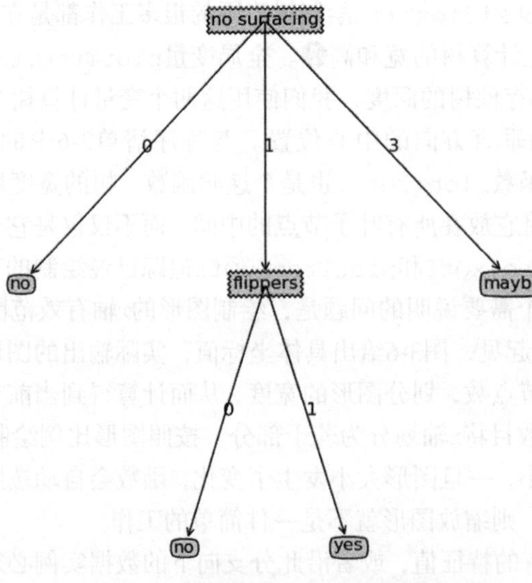

图3-7　超过两个分支的树形图

3.3　测试和存储分类器

本书第一部分主要讲解机器学习的分类算法，然而到目前为止，本章学习的主要内容是如何从原始数据集中创建决策树，并使用Python函数库绘制树形图，方便我们了解数据的真实含义，下面我们将把重点转移到如何利用决策树执行数据分类上。

本节我们将使用决策树构建分类器，并介绍实际应用中如何存储分类器。下一节我们将在真实数据上使用决策树分类算法，验证它是否可以正确预测出患者应该使用的隐形眼镜类型。

3.3.1 测试算法：使用决策树执行分类

依靠训练数据构造了决策树之后，我们可以将它用于实际数据的分类。在执行数据分类时，需要使用决策树以及用于构造决策树的标签向量。然后，程序比较测试数据与决策树上的数值，递归执行该过程直到进入叶子节点；最后将测试数据定义为叶子节点所属的类型。

为了验证算法的实际效果，打开文本编辑器，将程序清单3-8包含的代码添加到文件trees.py中。

程序清单3-8 使用决策树的分类函数

```
def classify(inputTree,featLabels,testVec):
    firstStr = inputTree.keys()[0]
    secondDict = inputTree[firstStr]
    featIndex = featLabels.index(firstStr)          ❶ 将标签字符串转换为索引
    for key in secondDict.keys():
        if testVec[featIndex] == key:
            if type(secondDict[key]).__name__=='dict':
                classLabel = classify(secondDict[key],featLabels,testVec)
            else:   classLabel = secondDict[key]
    return classLabel
```

程序清单3-8定义的函数也是一个递归函数，在存储带有特征的数据会面临一个问题：程序无法确定特征在数据集中的位置，例如前面例子的第一个用于划分数据集的特征是`no surfacing`属性，但是在实际数据集中该属性存储在哪个位置？是第一个属性还是第二个属性？特征标签列表将帮助程序处理这个问题。使用`index`方法查找当前列表中第一个匹配`firstStr`变量的元素❶。然后代码递归遍历整棵树，比较`testVec`变量中的值与树节点的值，如果到达叶子节点，则返回当前节点的分类标签。

将程序清单3-8包含的代码添加到文件trees.py之后，打开Python命令提示符，输入下列命令：

```
>>> myDat,labels=trees.createDataSet()
>>> labels
['no surfacing', 'flippers']
>>> myTree=treePlotter.retrieveTree (0)
>>> myTree
{'no surfacing': {0: 'no', 1: {'flippers': {0: 'no', 1: 'yes'}}}}
>>> trees.classify(myTree,labels,[1,0])
'no'
>>> trees.classify(myTree,labels,[1,1])
'yes'
```

与图3-6比较上述输出结果。第一节点名为no surfacing，它有两个子节点：一个是名字为0的叶子节点，类标签为no；另一个是名为flippers的判断节点，此处进入递归调用，flippers节点有两个子节点。以前绘制的树形图和此处代表树的数据结构完全相同。

现在我们已经创建了使用决策树的分类器，但是每次使用分类器时，必须重新构造决策树，下一节我们将介绍如何在硬盘上存储决策树分类器。

3.3.2　使用算法：决策树的存储

构造决策树是很耗时的任务，即使处理很小的数据集，如前面的样本数据，也要花费几秒的时间，如果数据集很大，将会耗费很多计算时间。然而用创建好的决策树解决分类问题，则可以很快完成。因此，为了节省计算时间，最好能够在每次执行分类时调用已经构造好的决策树。为了解决这个问题，需要使用Python模块pickle序列化对象，参见程序清单3-9。序列化对象可以在磁盘上保存对象，并在需要的时候读取出来。任何对象都可以执行序列化操作，字典对象也不例外。

程序清单3-9　使用pickle模块存储决策树

```
def storeTree(inputTree,filename):
    import pickle
    fw = open(filename,'w')
    pickle.dump(inputTree,fw)
    fw.close()

def grabTree(filename):
    import pickle
    fr = open(filename)
    return pickle.load(fr)
```

在Python命令提示符中输入下列命令验证上述代码的效果：

```
>>> trees.storeTree(myTree,'classifierStorage.txt')
>>> trees.grabTree('classifierStorage.txt')
{'no surfacing': {0: 'no', 1: {'flippers': {0: 'no', 1: 'yes'}}}}
```

通过上面的代码，我们可以将分类器存储在硬盘上，而不用每次对数据分类时重新学习一遍，这也是决策树的优点之一，像第2章介绍了*k*-近邻算法就无法持久化分类器。我们可以预先提炼并存储数据集中包含的知识信息，在需要对事物进行分类时再使用这些知识。下节我们将使用这些工具处理隐形眼镜数据集。

3.4　示例：使用决策树预测隐形眼镜类型

本节我们将通过一个例子讲解决策树如何预测患者需要佩戴的隐形眼镜类型。使用小数据集，我们就可以利用决策树学到很多知识：眼科医生是如何判断患者需要佩戴的镜片类型的；一旦理解了决策树的工作原理，我们甚至也可以帮助人们判断需要佩戴的镜片类型。

示例：使用决策树预测隐形眼镜类型

(1) 收集数据：提供的文本文件。
(2) 准备数据：解析tab键分隔的数据行。
(3) 分析数据：快速检查数据，确保正确地解析数据内容，使用createPlot()函数绘制最终的树形图。

(4) 训练算法：使用3.1节的createTree()函数。

(5) 测试算法：编写测试函数验证决策树可以正确分类给定的数据实例。

(6) 使用算法：存储树的数据结构，以便下次使用时无需重新构造树。

隐形眼镜数据集[①]是非常著名的数据集，它包含很多患者眼部状况的观察条件以及医生推荐的隐形眼镜类型。隐形眼镜类型包括硬材质、软材质以及不适合佩戴隐形眼镜。数据来源于UCI数据库，为了更容易显示数据，本书对数据做了简单的更改，数据存储在源代码下载路径的文本文件中。

可以在Python命令提示符中输入下列命令加载数据：

```
>>> fr=open('lenses.txt')
>>> lenses=[inst.strip().split('\t') for inst in fr.readlines()]
>>> lensesLabels=['age', 'prescript', 'astigmatic', 'tearRate']
>>> lensesTree = trees.createTree(lenses,lensesLabels)
>>> lensesTree
{'tearRate': {'reduced': 'no lenses', 'normal': {'astigmatic': {'yes':
{'prescript': {'hyper': {'age': {'pre': 'no lenses', 'presbyopic':
'no lenses', 'young':'hard'}}, 'myope': 'hard'}}, 'no': {'age': {'pre':
'soft', 'presbyopic': {'prescript': {'hyper': 'soft', 'myope':
'no lenses'}}, 'young': 'soft'}}}}}}
>>> treePlotter.createPlot(lensesTree)
```

采用文本方式很难分辨出决策树的模样，最后一行命令调用createPlot()函数绘制了如图3-8所示的树形图。沿着决策树的不同分支，我们可以得到不同患者需要佩戴的隐形眼镜类型。从图3-8上我们也可以发现，医生最多需要问四个问题就能确定患者需要佩戴哪种类型的隐形眼镜。

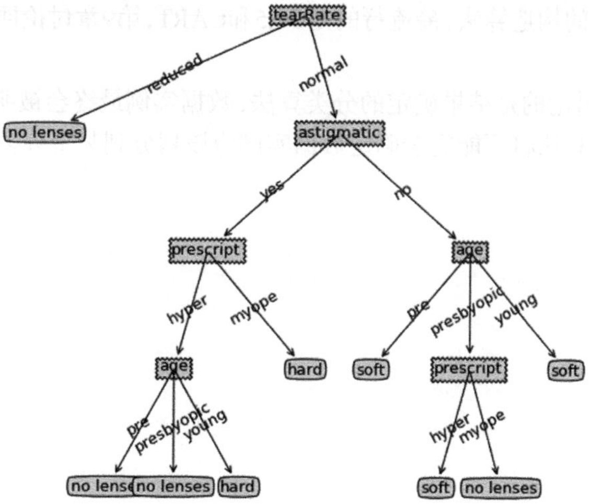

图3-8　由ID3算法产生的决策树

① The dataset is a modified version of the Lenses dataset retrieved from the UCI Machine Learning Repository November 3, 2010 [http://archive.ics.uci.edu/ml/machine-learning-databases/lenses/]. The source of the data is Jadzia Cendrowska and was originally published in "PRISM: An algorithm for inducing modular rules," in *International Journal of Man-Machine Studies* (1987), 27, 349–70.)

图3-8所示的决策树非常好地匹配了实验数据，然而这些匹配选项可能太多了。我们将这种问题称之为过度匹配（overfitting）。为了减少过度匹配问题，我们可以裁剪决策树，去掉一些不必要的叶子节点。如果叶子节点只能增加少许信息，则可以删除该节点，将它并入到其他叶子节点中。第9章将进一步讨论这个问题。

第9章将学习另一个决策树构造算法CART，本章使用的算法称为ID3，它是一个好的算法但并不完美。ID3算法无法直接处理数值型数据，尽管我们可以通过量化的方法将数值型数据转化为标称型数值，但是如果存在太多的特征划分，ID3算法仍然会面临其他问题。

3.5 本章小结

决策树分类器就像带有终止块的流程图，终止块表示分类结果。开始处理数据集时，我们首先需要测量集合中数据的不一致性，也就是熵，然后寻找最优方案划分数据集，直到数据集中的所有数据属于同一分类。ID3算法可以用于划分标称型数据集。构建决策树时，我们通常采用递归的方法将数据集转化为决策树。一般我们并不构造新的数据结构，而是使用Python语言内嵌的数据结构字典存储树节点信息。

使用Matplotlib的注解功能，我们可以将存储的树结构转化为容易理解的图形。Python语言的pickle模块可用于存储决策树的结构。隐形眼镜的例子表明决策树可能会产生过多的数据集划分，从而产生过度匹配数据集的问题。我们可以通过裁剪决策树，合并相邻的无法产生大量信息增益的叶节点，消除过度匹配问题。

还有其他的决策树的构造算法，最流行的是C4.5和CART，第9章讨论回归问题时将介绍CART算法。

本书第2章、第3章讨论的是结果确定的分类算法，数据实例最终会被明确划分到某个分类中。下一章我们讨论的分类算法将不能完全确定数据实例应该划分到某个分类，或者只能给出数据实例属于给定分类的概率。

第 4 章

基于概率论的分类方法：朴素贝叶斯

本章内容

- 使用概率分布进行分类
- 学习朴素贝叶斯分类器
- 解析RSS源数据
- 使用朴素贝叶斯来分析不同地区的态度

前两章我们要求分类器做出艰难决策，给出 “该数据实例属于哪一类” 这类问题的明确答案。不过，分类器有时会产生错误结果，这时可以要求分类器给出一个最优的类别猜测结果，同时给出这个猜测的概率估计值。

概率论是许多机器学习算法的基础，所以深刻理解这一主题就显得十分重要。第3章在计算特征值取某个值的概率时涉及了一些概率知识，在那里我们先统计特征在数据集中取某个特定值的次数，然后除以数据集的实例总数，就得到了特征取该值的概率。我们将在此基础上深入讨论。

本章会给出一些使用概率论进行分类的方法。首先从一个最简单的概率分类器开始，然后给出一些假设来学习朴素贝叶斯分类器。我们称之为“朴素”，是因为整个形式化过程只做最原始、最简单的假设。不必担心，你会详细了解到这些假设。我们将充分利用Python的文本处理能力将文档切分成词向量，然后利用词向量对文档进行分类。我们还将构建另一个分类器，观察其在真实的垃圾邮件数据集中的过滤效果，必要时还会回顾一下条件概率。最后，我们将介绍如何从个人发布的大量广告中学习分类器，并将学习结果转换成人类可理解的信息。

4.1 基于贝叶斯决策理论的分类方法

朴素贝叶斯
优点：在数据较少的情况下仍然有效，可以处理多类别问题。
缺点：对于输入数据的准备方式较为敏感。
适用数据类型：标称型数据。

朴素贝叶斯是贝叶斯决策理论的一部分，所以讲述朴素贝叶斯之前有必要快速了解一下贝叶斯决策理论。

假设现在我们有一个数据集，它由两类数据组成，数据分布如图4-1所示。

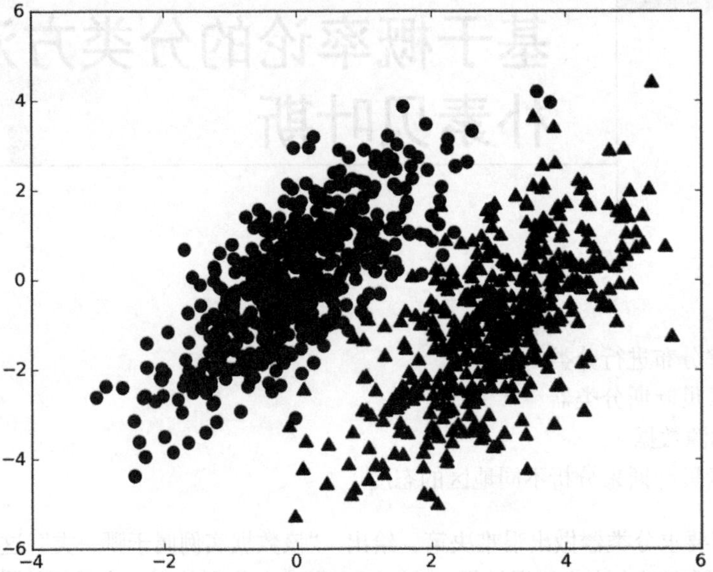

图4-1　两个参数已知的概率分布，参数决定了分布的形状

假设有位读者找到了描述图中两类数据的统计参数。（暂且不用管如何找到描述这类数据的统计参数，第10章会详细介绍。）我们现在用`p1(x,y)`表示数据点(x,y)属于类别1（图中用圆点表示的类别）的概率，用`p2(x,y)`表示数据点(x,y)属于类别2（图中用三角形表示的类别）的概率，那么对于一个新数据点(x,y)，可以用下面的规则来判断它的类别：

- 如果`p1(x,y) > p2(x,y)`，那么类别为1。
- 如果`p2(x,y) > p1(x,y)`，那么类别为2。

也就是说，我们会选择高概率对应的类别。这就是贝叶斯决策理论的核心思想，即选择具有最高概率的决策。回到图4-1，如果该图中的整个数据使用6个浮点数[①]来表示，并且计算类别概率的Python代码只有两行，那么你会更倾向于使用下面哪种方法来对该数据点进行分类？

(1) 使用第1章的kNN，进行1000次距离计算；

(2) 使用第2章的决策树，分别沿x轴、y轴划分数据；

(3) 计算数据点属于每个类别的概率，并进行比较。

使用决策树不会非常成功；而和简单的概率计算相比，kNN的计算量太大。因此，对于上述问题，最佳选择是使用刚才提到的概率比较方法。

① 整个数据由两类不同分布的数据构成，有可能只需要6个统计参数来描述。——译者注

接下来，我们必须要详述p1及p1概率计算方法。为了能够计算p1与p2，有必要讨论一下条件概率。如果你觉得自己已经相当了解条件概率了，那么可以直接跳过下一节。

贝叶斯？

这里使用的概率解释属于贝叶斯概率理论的范畴，该理论非常流行且效果良好。贝叶斯概率以18世纪的一位神学家托马斯·贝叶斯（Thomas Bayes）的名字命名。贝叶斯概率引入先验知识和逻辑推理来处理不确定命题。另一种概率解释称为频数概率（frequency probability），它只从数据本身获得结论，并不考虑逻辑推理及先验知识。

4.2 条件概率

接下来花点时间讲讲概率与条件概率。如果你对$p(x,y|c_1)$符号很熟悉，那么可以跳过本节。

假设现在有一个装了7块石头的罐子，其中3块是灰色的，4块是黑色的（如图4-2所示）。如果从罐子中随机取出一块石头，那么是灰色石头的可能性是多少？由于取石头有7种可能，其中3种为灰色，所以取出灰色石头的概率为3/7。那么取到黑色石头的概率又是多少呢？很显然，是4/7。我们使用P(gray)来表示取到灰色石头的概率，其概率值可以通过灰色石头数目除以总的石头数目来得到。

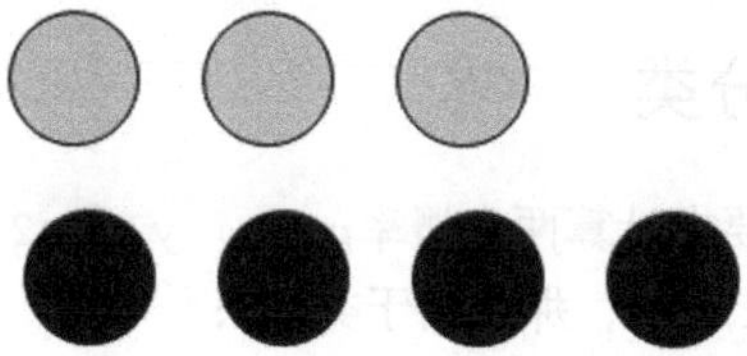

图4-2　一个包含7块石头的集合，石头的颜色为灰色或者黑色。如果随机从中取一块石头，那么取到灰色石头的概率为3/7。类似地，取到黑色石头的概率为4/7

如果这7块石头如图4-3所示放在两个桶中，那么上述概率应该如何计算？

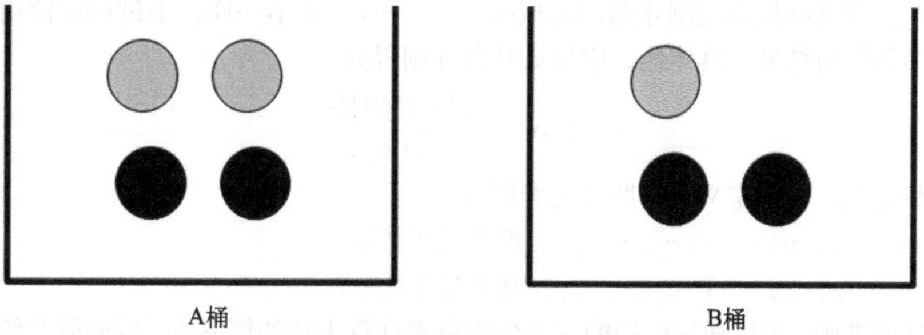

图4-3　落到两个桶中的7块石头

要计算P(gray)或者P(black)，事先得知道石头所在桶的信息会不会改变结果？你有可能已经想到计算从B桶中取到灰色石头的概率的办法，这就是所谓的条件概率（conditional probability）。假定计算的是从B桶取到灰色石头的概率，这个概率可以记作P(gray|bucketB)，我们称之为“在已知石头出自B桶的条件下，取出灰色石头的概率”。不难得到，P(gray|bucketA)值为2/4，P(gray|bucketB)的值为1/3。

条件概率的计算公式如下所示：

```
P(gray|bucketB) = P(gray and bucketB)/P(bucketB)
```

我们来看看上述公式是否合理。首先，用B桶中灰色石头的个数除以两个桶中总的石头数，得到P(gray and bucketB) = 1/7。其次，由于B桶中有3块石头，而总石头数为7，于是P(bucketB)就等于3/7。于是有P(gray|bucketB) = P(gray and bucketB)/P(bucketB) = (1/7) / (3/7) = 1/3。这个公式虽然对于这个简单例子来说有点复杂，但当存在更多特征时是非常有效的。用代数方法计算条件概率时，该公式也很有用。

另一种有效计算条件概率的方法称为贝叶斯准则。贝叶斯准则告诉我们如何交换条件概率中的条件与结果，即如果已知P(x|c)，要求P(c|x)，那么可以使用下面的计算方法：

$$p(c|x) = \frac{p(x|c)p(c)}{p(x)}$$

我们讨论了条件概率，接下来的问题是如何将其应用到分类器中。下一节将讨论如何结合贝叶斯决策理论使用条件概率。

4.3　使用条件概率来分类

4.1节提到贝叶斯决策理论要求计算两个概率p1(x, y)和p2(x, y)：

- 如果p1(x, y) > p2(x, y)，那么属于类别1；
- 如果p2(x, y) > p1(x, y)，那么属于类别2。

但这两个准则并不是贝叶斯决策理论的所有内容。使用p1( )和p2( )只是为了尽可能简化描述，而真正需要计算和比较的是$p(c_1|x, y)$和$p(c_2|x, y)$。这些符号所代表的具体意义是：给定某个由x、y表示的数据点，那么该数据点来自类别c_1的概率是多少？数据点来自类别c_2的概率又是多少？注意这些概率与刚才给出的概率$p(x, y|c_1)$并不一样，不过可以使用贝叶斯准则来交换概率中条件与结果。具体地，应用贝叶斯准则得到：

$$p(c_i|x,y) = \frac{p(x,y|c_i)p(c_i)}{p(x,y)}$$

使用这些定义，可以定义贝叶斯分类准则为：

- 如果$P(c_1|x, y) > P(c_2|x, y)$，那么属于类别$c_1$；
- 如果$P(c_1|x, y) < P(c_2|x, y)$，那么属于类别$c_2$。

使用贝叶斯准则，可以通过已知的三个概率值来计算未知的概率值。后面就会给出利用贝叶斯准则来计算概率并对数据进行分类的代码。现在介绍了一些概率理论，你也了解了基于这些理论构建分类器的方法，接下来就要将它们付诸实践。下一节会介绍一个简单但功能强大的贝叶斯分类器的应用案例。

4.4 使用朴素贝叶斯进行文档分类

机器学习的一个重要应用就是文档的自动分类。在文档分类中，整个文档（如一封电子邮件）是实例，而电子邮件中的某些元素则构成特征。虽然电子邮件是一种会不断增加的文本，但我们同样也可以对新闻报道、用户留言、政府公文等其他任意类型的文本进行分类。我们可以观察文档中出现的词，并把每个词的出现或者不出现作为一个特征，这样得到的特征数目就会跟词汇表中的词目一样多。朴素贝叶斯是上节介绍的贝叶斯分类器的一个扩展，是用于文档分类的常用算法。

使用每个词作为特征并观察它们是否出现，这样得到的特征数目会有多少呢？针对的是哪一种人类语言呢？当然不止一种语言。据估计，仅在英语中，单词的总数就有500 000[①]之多。为了能进行英文阅读，估计需要掌握数千单词。

朴素贝叶斯的一般过程

(1) 收集数据：可以使用任何方法。本章使用RSS源。
(2) 准备数据：需要数值型或者布尔型数据。
(3) 分析数据：有大量特征时，绘制特征作用不大，此时使用直方图效果更好。
(4) 训练算法：计算不同的独立特征的条件概率。
(5) 测试算法：计算错误率。
(6) 使用算法：一个常见的朴素贝叶斯应用是文档分类。可以在任意的分类场景中使用朴素贝叶斯分类器，不一定非要是文本。

假设词汇表中有1000个单词。要得到好的概率分布，就需要足够的数据样本，假定样本数为N。前面讲到的约会网站示例中有1000个实例，手写识别示例中每个数字有200个样本，而决策树示例中有24个样本。其中，24个样本有点少，200个样本好一些，而1000个样本就非常好了。约会网站例子中有三个特征。由统计学知，如果每个特征需要N个样本，那么对于10个特征将需要N^{10}个样本，对于包含1000个特征的词汇表将需要N^{1000}个样本。可以看到，所需要的样本数会随着特征数目增大而迅速增长。

如果特征之间相互独立，那么样本数就可以从N^{1000}减少到$1000\times N$。所谓独立（independence）指的是统计意义上的独立，即一个特征或者单词出现的可能性与它和其他单词相邻没有关系。举个例子讲，假设单词bacon出现在unhealthy后面与出现在delicious后面的概率相同。当然，我们知道这种假设并不正确，bacon常常出现在delicious附近，而很少出现在unhealthy附近，这个假设正是朴素贝叶斯分类器中朴素（naive）一词的含义。朴素贝叶斯分类器中的另一个假设是，每个特

① http://hypertextbook.com/facts/2001/JohnnyLing.shtml, 2010年10月20日检索结果。

征同等重要[①]。其实这个假设也有问题。如果要判断留言板的留言是否得当，那么可能不需要看完所有的1000个单词，而只需要看10 ~ 20个特征就足以做出判断了。尽管上述假设存在一些小的瑕疵，但朴素贝叶斯的实际效果却很好。

到目前为止，你已经了解了足够的知识，可以开始编写代码了。如果还不清楚，那么了解代码的实际效果会有助于理解。下一节将使用Python来实现朴素贝叶斯分类器，实现中会涉及利用Python进行文本分类的所有相关内容。

4.5 使用Python进行文本分类

要从文本中获取特征，需要先拆分文本。具体如何做呢？这里的特征是来自文本的词条（token），一个词条是字符的任意组合。可以把词条想象为单词，也可以使用非单词词条，如URL、IP地址或者任意其他字符串。然后将每一个文本片段表示为一个词条向量，其中值为1表示词条出现在文档中，0表示词条未出现。

以在线社区的留言板为例。为了不影响社区的发展，我们要屏蔽侮辱性的言论，所以要构建一个快速过滤器，如果某条留言使用了负面或者侮辱性的语言，那么就将该留言标识为内容不当。过滤这类内容是一个很常见的需求。对此问题建立两个类别：侮辱类和非侮辱类，使用1和0分别表示。

接下来首先给出将文本转换为数字向量的过程，然后介绍如何基于这些向量来计算条件概率，并在此基础上构建分类器，最后还要介绍一些利用Python实现朴素贝叶斯过程中需要考虑的问题。

4.5.1 准备数据：从文本中构建词向量

我们将把文本看成单词向量或者词条向量，也就是说将句子转换为向量。考虑出现在所有文档中的所有单词，再决定将哪些词纳入词汇表或者说所要的词汇集合，然后必须要将每一篇文档转换为词汇表上的向量。接下来我们正式开始。打开文本编辑器，创建一个叫bayes.py的新文件，然后将下面的程序清单添加到文件中。

程序清单4-1　词表到向量的转换函数

```
def loadDataSet():
    postingList=[['my', 'dog', 'has', 'flea', \
        'problems', 'help', 'please'],
                 ['maybe', 'not', 'take', 'him', \
                  'to', 'dog', 'park', 'stupid'],
                 ['my', 'dalmation', 'is', 'so', 'cute', \
                  'I', 'love', 'him'],
                 ['stop', 'posting', 'stupid', 'worthless', 'garbage'],
                 ['mr', 'licks', 'ate', 'my', 'steak', 'how',\
                  'to', 'stop', 'him'],
```

① 朴素贝叶斯分类器通常有两种实现方式：一种基于贝努利模型实现，一种基于多项式模型实现。这里采用前一种实现方式。该实现方式中并不考虑词在文档中出现的次数，只考虑出不出现，因此在这个意义上相当于假设词是等权重的。4.5.4节给出的实际上是多项式模型，它考虑词在文档中的出现次数。——译者注

```
                 ['quit', 'buying', 'worthless', 'dog', 'food', 'stupid']]
    classVec = [0,1,0,1,0,1]     #1 代表侮辱性文字，0代表正常言论
    return postingList,classVec

def createVocabList(dataSet):
    vocabSet = set([])                              ❶ 创建一个空集
    for document in dataSet:
        vocabSet = vocabSet | set(document)         ❷ 创建两个集合的并集
    return list(vocabSet)

def setOfWords2Vec(vocabList, inputSet):
    returnVec = [0]*len(vocabList)                  ❸ 创建一个其中所含元素都为0的向量
    for word in inputSet:
        if word in vocabList:
            returnVec[vocabList.index(word)] = 1
        else: print "the word: %s is not in my Vocabulary!" % word
    return returnVec
```

第一个函数`loadDataSet()`创建了一些实验样本。该函数返回的第一个变量是进行词条切分后的文档集合，这些文档来自斑点犬爱好者留言板。这些留言文本被切分成一系列的词条集合，标点符号从文本中去掉，后面会探讨文本处理的细节。`loadDataSet( )`函数返回的第二个变量是一个类别标签的集合。这里有两类，侮辱性和非侮辱性。这些文本的类别由人工标注，这些标注信息用于训练程序以便自动检测侮辱性留言。

下一个函数`createVocabList()`会创建一个包含在所有文档中出现的不重复词的列表，为此使用了Python的`set`数据类型。将词条列表输给`set`构造函数，`set`就会返回一个不重复词表。首先，创建一个空集合❶，然后将每篇文档返回的新词集合添加到该集合中❷。操作符`|`用于求两个集合的并集，这也是一个按位或（`OR`）操作符（参见附录C）。在数学符号表示上，按位或操作与集合求并操作使用相同记号。

获得词汇表后，便可以使用函数`setOfWords2Vec()`，该函数的输入参数为词汇表及某个文档，输出的是文档向量，向量的每一元素为1或0，分别表示词汇表中的单词在输入文档中是否出现。函数首先创建一个和词汇表等长的向量，并将其元素都设置为0❸。接着，遍历文档中的所有单词，如果出现了词汇表中的单词，则将输出的文档向量中的对应值设为1。一切都顺利的话，就不需要检查某个词是否还在`vocabList`中，后边可能会用到这一操作。

现在看一下这些函数的执行效果，保存`bayes.py`文件，然后在Python提示符下输入：

```
>>> import bayes
>>> listOPosts,listClasses = bayes.loadDataSet()
>>> myVocabList = bayes.createVocabList(listOPosts)
>>> myVocabList
['cute', 'love', 'help', 'garbage', 'quit', 'I', 'problems', 'is', 'park',
'stop', 'flea', 'dalmation', 'licks', 'food', 'not', 'him', 'buying',
'posting', 'has', 'worthless', 'ate', 'to', 'maybe', 'please', 'dog',
'how', 'stupid', 'so', 'take', 'mr', 'steak', 'my']
```

检查上述词表，就会发现这里不会出现重复的单词。目前该词表还没有排序，需要的话，稍后可以对其排序。

下面看一下函数`setOfWords2Vec()`的运行效果：

4

```
>>> bayes.setOfWords2Vec(myVocabList, listOPosts[0])
[0, 0, 1, 0, 0, 0, 1, 0, 0, 0, 1, 0, 0, 0, 0, 0, 0, 0, 1, 0, 0, 0, 0, 1, 1,
0, 0, 0, 0, 0, 0, 1]
>>> bayes.setOfWords2Vec(myVocabList, listOPosts[3])
[0, 0, 0, 1, 0, 0, 0, 0, 0, 1, 0, 0, 0, 0, 0, 0, 0, 1, 0, 1, 0, 0, 0, 0, 0,
0, 1, 0, 0, 0, 0, 0]
```

该函数使用词汇表或者想要检查的所有单词作为输入，然后为其中每一个单词构建一个特征。一旦给定一篇文档（斑点犬网站上的一条留言），该文档就会被转换为词向量。接下来检查一下函数的有效性。myVocabList中索引为2的元素是什么单词？应该是单词help。该单词在第一篇文档中出现，现在检查一下看看它是否出现在第四篇文档中。

4.5.2　训练算法：从词向量计算概率

前面介绍了如何将一组单词转换为一组数字，接下来看看如何使用这些数字计算概率。现在已经知道一个词是否出现在一篇文档中，也知道该文档所属的类别。还记得4.2节提到的贝叶斯准则？我们重写贝叶斯准则，将之前的x、y 替换为***w***。粗体***w***表示这是一个向量，即它由多个数值组成。在这个例子中，数值个数与词汇表中的词个数相同。

$$p(c_i \mid \boldsymbol{w}) = \frac{p(\boldsymbol{w} \mid c_i)p(c_i)}{p(\boldsymbol{w})}$$

我们将使用上述公式，对每个类计算该值，然后比较这两个概率值的大小。如何计算呢？首先可以通过类别i（侮辱性留言或非侮辱性留言）中文档数除以总的文档数来计算概率$p(c_i)$。接下来计算$p(\mathbf{w}|c_i)$，这里就要用到朴素贝叶斯假设。如果将**w**展开为一个个独立特征，那么就可以将上述概率写作$p(w_0,w_1,w_2..w_N|c_i)$。这里假设所有词都互相独立，该假设也称作条件独立性假设，它意味着可以使用$p(w_0|c_i)p(w_1|c_i)p(w_2|c_i)...p(w_N|c_i)$来计算上述概率，这就极大地简化了计算的过程。

该函数的伪代码如下：

```
计算每个类别中的文档数目
对每篇训练文档：
    对每个类别：
        如果词条出现在文档中→ 增加该词条的计数值
        增加所有词条的计数值
对每个类别：
    对每个词条：
        将该词条的数目除以总词条数目得到条件概率
返回每个类别的条件概率
```

我们利用下面的代码来实现上述伪码。打开文本编辑器，将这些代码添加到bayes.py文件中。该函数使用了NumPy的一些函数，故应确保将from numpy import *语句添加到bayes.py文件的最前面。

程序清单4-2 朴素贝叶斯分类器训练函数

```
def trainNB0(trainMatrix,trainCategory):
    numTrainDocs = len(trainMatrix)
    numWords = len(trainMatrix[0])
    pAbusive = sum(trainCategory)/float(numTrainDocs)
    p0Num = zeros(numWords); p1Num = zeros(numWords)
    p0Denom = 0.0; p1Denom = 0.0
    for i in range(numTrainDocs):
        if trainCategory[i] == 1:
            p1Num += trainMatrix[i]
            p1Denom += sum(trainMatrix[i])
        else:
            p0Num += trainMatrix[i]
            p0Denom += sum(trainMatrix[i])
    p1Vect = p1Num/p1Denom          #change to log()
    p0Vect = p0Num/p0Denom          #change to log()
    return p0Vect,p1Vect,pAbusive
```

❶ 初始化概率
❷ 向量相加
❸ 对每个元素做除法

代码函数中的输入参数为文档矩阵`trainMatrix`，以及由每篇文档类别标签所构成的向量`trainCategory`。首先，计算文档属于侮辱性文档（`class=1`）的概率，即`P(1)`。因为这是一个二类分类问题，所以可以通过`1-P(1)`得到`P(0)`。对于多于两类的分类问题，则需要对代码稍加修改。

计算$p(w_i|c_1)$和$p(w_i|c_0)$，需要初始化程序中的分子变量和分母变量❶。由于w中元素如此众多，因此可以使用NumPy数组快速计算这些值。上述程序中的分母变量是一个元素个数等于词汇表大小的NumPy数组。在`for`循环中，要遍历训练集`trainMatrix`中的所有文档。一旦某个词语（侮辱性或正常词语）在某一文档中出现，则该词对应的个数（`p1Num`或者`p0Num`）就加1，而且在所有的文档中，该文档的总词数也相应加1❷。对于两个类别都要进行同样的计算处理。

最后，对每个元素除以该类别中的总词数❸。利用NumPy可以很好实现，用一个数组除以浮点数即可，若使用常规的Python列表则难以完成这种任务，读者可以自己尝试一下。最后，函数会返回两个向量和一个概率。

接下来试验一下。将程序清单4-2中的代码添加到bayes.py文件中，在Python提示符下输入：

```
>>> from numpy import *
>>> reload(bayes)
<module 'bayes' from 'bayes.py'>
>>> listOPosts,listClasses = bayes.loadDataSet()
```

该语句从预先加载值中调入数据。

```
>>> myVocabList = bayes.createVocabList(listOPosts)
```

至此我们构建了一个包含所有词的列表`myVocabList`。

```
>>> trainMat=[]
>>> for postinDoc in listOPosts:
...     trainMat.append(bayes.setOfWords2Vec(myVocabList, postinDoc))
...
```

该`for`循环使用词向量来填充`trainMat`列表。下面给出属于侮辱性文档的概率以及两个类别的概率向量。

```
>>> p0V,p1V,pAb=bayes.trainNB0(trainMat,listClasses)
```

接下来看这些变量的内部值：

```
>>> pAb
0.5
```

这就是任意文档属于侮辱性文档的概率。

```
>>> p0V
array([ 0.04166667,  0.04166667,  0.04166667,  0.        ,  0.        ,
        .
        .
        0.04166667,  0.        ,  0.04166667,  0.        ,  0.04166667,
        0.04166667,  0.125     ])
>>> p1V
array([ 0.        ,  0.        ,  0.        ,  0.05263158,  0.05263158,
        .
        .
        0.        ,  0.15789474,  0.        ,  0.05263158,  0.        ,
        0.        ,  0.        ])
```

首先，我们发现文档属于侮辱类的概率pAb为0.5，该值是正确的。接下来，看一看在给定文档类别条件下词汇表中单词的出现概率，看看是否正确。词汇表中的第一个词是cute，其在类别0中出现1次，而在类别1中从未出现。对应的条件概率分别为0.041 666 67与0.0。该计算是正确的。我们找找所有概率中的最大值，该值出现在P(1)数组第26个下标位置，大小为0.157 894 74。在myVocabList的第26个下标位置上可以查到该单词是stupid。这意味着stupid是最能表征类别1（侮辱性文档类）的单词。

使用该函数进行分类之前，还需解决函数中的一些缺陷。

4.5.3　测试算法：根据现实情况修改分类器

利用贝叶斯分类器对文档进行分类时，要计算多个概率的乘积以获得文档属于某个类别的概率，即计算 $p(w_0|1)p(w_1|1)p(w_2|1)$。如果其中一个概率值为0，那么最后的乘积也为0。为降低这种影响，可以将所有词的出现数初始化为1，并将分母初始化为2。

在文本编辑器中打开bayes.py文件，并将trainNB0()的第4行和第5行修改为：

```
p0Num = ones(numWords); p1Num = ones(numWords)
p0Denom = 2.0; p1Denom = 2.0
```

另一个遇到的问题是下溢出，这是由于太多很小的数相乘造成的。当计算乘积 $p(w_0|c_i)p(w_1|c_i)p(w_2|c_i)...p(w_N|c_i)$ 时，由于大部分因子都非常小，所以程序会下溢出或者得到不正确的答案。（读者可以用Python尝试相乘许多很小的数，最后四舍五入后会得到0。）一种解决办法是对乘积取自然对数。在代数中有ln(a*b) = ln(a)+ln(b)，于是通过求对数可以避免下溢出或者浮点数舍入导致的错误。同时，采用自然对数进行处理不会有任何损失。图4-4给出函数f(x)与ln(f(x))的曲线。检查这两条曲线，就会发现它们在相同区域内同时增加或者减少，并且在相同点上取到极值。它们的取值虽然不同，但不影响最终结果。通过修改return前的两行代码，将上述做法用到分类器中：

```
p1Vect = log(p1Num/p1Denom)
p0Vect = log(p0Num/p0Denom)
```

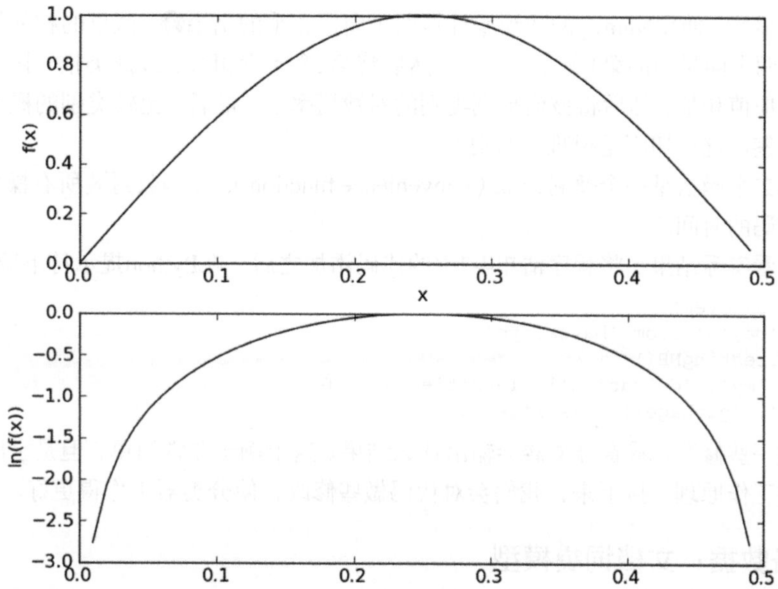

图4-4 函数f(x)与ln(f(x))会一块增大。这表明想求函数的最大值时，可以使用该函数的自然对数来替换原函数进行求解

现在已经准备好构建完整的分类器了。当使用NumPy向量处理功能时，这一切变得十分简单。打开文本编辑器，将下面的代码添加到bayes.py中：

程序清单4-3 朴素贝叶斯分类函数

```
def classifyNB(vec2Classify, p0Vec, p1Vec, pClass1):
    p1 = sum(vec2Classify * p1Vec) + log(pClass1)          ❶ 元素相乘
    p0 = sum(vec2Classify * p0Vec) + log(1.0 - pClass1)
    if p1 > p0:
        return 1
    else:
        return 0

def testingNB():
    listOPosts,listClasses = loadDataSet()
    myVocabList = createVocabList(listOPosts)
    trainMat=[]
    for postinDoc in listOPosts:
        trainMat.append(setOfWords2Vec(myVocabList, postinDoc))
    p0V,p1V,pAb = trainNB0(array(trainMat),array(listClasses))
    testEntry = ['love', 'my', 'dalmation']
    thisDoc = array(setOfWords2Vec(myVocabList, testEntry))
    print testEntry,'classified as: ',classifyNB(thisDoc,p0V,p1V,pAb)
    testEntry = ['stupid', 'garbage']
    thisDoc = array(setOfWords2Vec(myVocabList, testEntry))
    print testEntry,'classified as: ',classifyNB(thisDoc,p0V,p1V,pAb)
```

程序清单4-3的代码有4个输入：要分类的向量vec2Classify以及使用函数trainNB0()计

算得到的三个概率。使用NumPy的数组来计算两个向量相乘的结果❶。这里的相乘是指对应元素相乘，即先将两个向量中的第1个元素相乘，然后将第2个元素相乘，以此类推。接下来将词汇表中所有词的对应值相加，然后将该值加到类别的对数概率上。最后，比较类别的概率返回大概率对应的类别标签。这一切不是很难，对吧？

代码的第二个函数是一个*便利函数*（convenience function），该函数封装所有操作，以节省输入4.3.1节中代码的时间。

下面来看看实际结果。将程序清单4-3中的代码添加之后，在Python提示符下输入：

```
>>> reload(bayes)
<module 'bayes' from 'bayes.pyc'>
>>>bayes.testingNB()
['love', 'my', 'dalmation'] classified as:  0
['stupid', 'garbage'] classified as:  1
```

对文本做一些修改，看看分类器会输出什么结果。这个例子非常简单，但是它展示了朴素贝叶斯分类器的工作原理。接下来，我们会对代码做些修改，使分类器工作得更好。

4.5.4　准备数据：文档词袋模型

目前为止，我们将每个词的出现与否作为一个特征，这可以被描述为*词集模型*（set-of-words model）。如果一个词在文档中出现不止一次，这可能意味着包含该词是否出现在文档中所不能表达的某种信息，这种方法被称为*词袋模型*（bag-of-words model）。在词袋中，每个单词可以出现多次，而在词集中，每个词只能出现一次。为适应词袋模型，需要对函数`setOfWords2Vec()`稍加修改，修改后的函数称为`bagOfWords2Vec()`。

下面的程序清单给出了基于词袋模型的朴素贝叶斯代码。它与函数`setOfWords2Vec()`几乎完全相同，唯一不同的是每当遇到一个单词时，它会增加词向量中的对应值，而不只是将对应的数值设为1。

程序清单4-4　朴素贝叶斯词袋模型

```
def bagOfWords2VecMN(vocabList, inputSet):
    returnVec = [0]*len(vocabList)
    for word in inputSet:
        if word in vocabList:
            returnVec[vocabList.index(word)] += 1
    return returnVec
```

现在分类器已经构建好了，下面我们将利用该分类器来过滤垃圾邮件。

4.6　示例：使用朴素贝叶斯过滤垃圾邮件

在前面那个简单的例子中，我们引入了字符串列表。使用朴素贝叶斯解决一些现实生活中的问题时，需要先从文本内容得到字符串列表，然后生成词向量。下面这个例子中，我们将了解朴素贝叶斯的一个最著名的应用：电子邮件垃圾过滤。首先看一下如何使用通用框架来解决该问题。

示例：使用朴素贝叶斯对电子邮件进行分类

(1) 收集数据：提供文本文件。
(2) 准备数据：将文本文件解析成词条向量。
(3) 分析数据：检查词条确保解析的正确性。
(4) 训练算法：使用我们之前建立的trainNB0()函数。
(5) 测试算法：使用classifyNB()，并且构建一个新的测试函数来计算文档集的错误率。
(6) 使用算法：构建一个完整的程序对一组文档进行分类，将错分的文档输出到屏幕上。

下面首先给出将文本解析为词条的代码。然后将该代码和前面的分类代码集成为一个函数，该函数在测试分类器的同时会给出错误率。

4.6.1 准备数据：切分文本

前一节介绍了如何创建词向量，并基于这些词向量进行朴素贝叶斯分类的过程。前一节中的词向量是预先给定的，下面介绍如何从文本文档中构建自己的词列表。

对于一个文本字符串，可以使用Python的string.split()方法将其切分。下面看看实际的运行效果。在Python提示符下输入：

```
>>> mySent='This book is the best book on Python or M.L. I have ever laid
➥ eyes upon.'
>>> mySent.split()
['This', 'book', 'is', 'the', 'best', 'book', 'on', 'Python', 'or', 'M.L.',
 'I', 'have', 'ever', 'laid', 'eyes', 'upon.']
```

可以看到，切分的结果不错，但是标点符号也被当成了词的一部分。可以使用正则表示式来切分句子，其中分隔符是除单词、数字外的任意字符串。

```
>>> import re
>>> regEx = re.compile('\\W*')
>>> listOfTokens = regEx.split(mySent)
>>> listOfTokens
['This', 'book', 'is', 'the', 'best', 'book', 'on', 'Python', 'or', 'M',
'L', '', 'I', 'have', 'ever', 'laid', 'eyes', 'upon', '']
```

现在得到了一系列词组成的词表，但是里面的空字符串需要去掉。可以计算每个字符串的长度，只返回长度大于0的字符串。

```
>>> [tok for tok in listOfTokens if len(tok) > 0]
```

最后，我们发现句子中的第一个单词是大写的。如果目的是句子查找，那么这个特点会很有用。但这里的文本只看成词袋，所以我们希望所有词的形式都是统一的，不论它们出现在句子中间、结尾还是开头。

Python中有一些内嵌的方法，可以将字符串全部转换成小写（.lower()）或者大写（.upper()），借助这些方法可以达到目的。于是，可以进行如下处理：

```
>>> [tok.lower() for tok in listOfTokens if len(tok) > 0]
['this', 'book', 'is', 'the', 'best', 'book', 'on', 'python', 'or', 'm',
```

```
'l', 'i', 'have', 'ever', 'laid', 'eyes', 'upon']
```

现在来看数据集中一封完整的电子邮件的实际处理结果。该数据集放在email文件夹中，该文件夹又包含两个子文件夹，分别是spam与ham。

```
>>> emailText = open('email/ham/6.txt').read()
>>> listOfTokens=regEx.split(emailText)
```

文件夹ham下的6.txt文件非常长，这是某公司告知我他们不再进行某些支持的一封邮件。需要注意的是，由于是URL：answer.py?hl=en&answer=174623的一部分，因而会出现en和py这样的单词。当对URL进行切分时，会得到很多的词。我们是想去掉这些单词，因此在实现时会过滤掉长度小于3的字符串。本例使用一个通用的文本解析规则来实现这一点。在实际的解析程序中，要用更高级的过滤器来对诸如HTML和URI的对象进行处理。目前，一个URI最终会解析成词汇表中的单词，比如www.whitehouse.gov会被解析为三个单词。文本解析可能是一个相当复杂的过程。接下来将构建一个极其简单的函数，你可以根据情况自行修改。

4.6.2　测试算法：使用朴素贝叶斯进行交叉验证

下面将文本解析器集成到一个完整分类器中。打开文本编辑器，将下面程序清单中的代码添加到bayes.py文件中。

程序清单4-5　文件解析及完整的垃圾邮件测试函数

```
def textParse(bigString):
    import re
    listOfTokens = re.split(r'\W*', bigString)
    return [tok.lower() for tok in listOfTokens if len(tok) > 2]

def spamTest():
    docList=[]; classList = []; fullText =[]
    for i in range(1,26):
        wordList = textParse(open('email/spam/%d.txt' % i).read())
        docList.append(wordList)
        fullText.extend(wordList)
        classList.append(1)
        wordList = textParse(open('email/ham/%d.txt' % i).read())
        docList.append(wordList)
        fullText.extend(wordList)                    导入并解析文本文件 ❶
        classList.append(0)
    vocabList = createVocabList(docList)
    trainingSet = range(50); testSet=[]
    for i in range(10):                                    ❷ 随机构建训练集
        randIndex = int(random.uniform(0,len(trainingSet)))
        testSet.append(trainingSet[randIndex])
        del(trainingSet[randIndex])
    trainMat=[]; trainClasses = []
    for docIndex in trainingSet:
        trainMat.append(setOfWords2Vec(vocabList, docList[docIndex]))
        trainClasses.append(classList[docIndex])
    p0V,p1V,pSpam = trainNB0(array(trainMat),array(trainClasses))
    errorCount = 0
```

```
    for docIndex in testSet:
        wordVector = setOfWords2Vec(vocabList, docList[docIndex])
        if classifyNB(array(wordVector),p0V,p1V,pSpam) !=
        classList[docIndex]:                                  对测试集分类 ❸
            errorCount += 1
    print 'the error rate is: ',float(errorCount)/len(testSet)
```

第一个函数`textParse()`接受一个大字符串并将其解析为字符串列表。该函数去掉少于两个字符的字符串，并将所有字符串转换为小写。你可以在函数中添加更多的解析操作，但是目前的实现对于我们的应用足够了。

第二个函数`spamTest()`对贝叶斯垃圾邮件分类器进行自动化处理。导入文件夹`spam`与`ham`下的文本文件，并将它们解析为词列表❶。接下来构建一个测试集与一个训练集，两个集合中的邮件都是随机选出的。本例中共有50封电子邮件，并不是很多，其中的10封电子邮件被随机选择为测试集。分类器所需要的概率计算只利用训练集中的文档来完成。Python变量`trainingSet`是一个整数列表，其中的值从0到49。接下来，随机选择其中10个文件❷。选择出的数字所对应的文档被添加到测试集，同时也将其从训练集中剔除。这种随机选择数据的一部分作为训练集，而剩余部分作为测试集的过程称为*留存交叉验证*（hold-out cross validation）。假定现在只完成了一次迭代，那么为了更精确地估计分类器的错误率，就应该进行多次迭代后求出平均错误率。

接下来的`for`循环遍历训练集的所有文档，对每封邮件基于词汇表并使用`setOfWords2Vec()`函数来构建词向量。这些词在`trainNB0()`函数中用于计算分类所需的概率。然后遍历测试集，对其中每封电子邮件进行分类❸。如果邮件分类错误，则错误数加1，最后给出总的错误百分比。

下面对上述过程进行尝试。输入程序清单4-5的代码之后，在Python提示符下输入：

```
>>> bayes.spamTest()
the error rate is:  0.0
>>> bayes.spamTest()
classification error ['home', 'based', 'business', 'opportunity',
'knocking', 'your', 'door', 'don', 'rude', 'and', 'let', 'this', 'chance',
'you', 'can', 'earn', 'great', 'income', 'and', 'find', 'your',
'financial', 'life', 'transformed', 'learn', 'more', 'here', 'your',
'success', 'work', 'from', 'home', 'finder', 'experts']
the error rate is:  0.1
```

函数`spamTest()`会输出在10封随机选择的电子邮件上的分类错误率。既然这些电子邮件是随机选择的，所以每次的输出结果可能有些差别。如果发现错误的话，函数会输出错分文档的词表，这样就可以了解到底是哪篇文档发生了错误。如果想要更好地估计错误率，那么就应该将上述过程重复多次，比如说10次，然后求平均值。我这么做了一下，获得的平均错误率为6%。

这里一直出现的错误是将垃圾邮件误判为正常邮件。相比之下，将垃圾邮件误判为正常邮件要比将正常邮件归到垃圾邮件好。为避免错误，有多种方式可以用来修正分类器，这些将在第7章中进行讨论。

目前我们已经使用朴素贝叶斯来对文档进行分类，接下来将介绍它的另一个应用。下一个例子还会展示如何解释朴素贝叶斯分类器训练所得到的知识。

4

4.7　示例：使用朴素贝叶斯分类器从个人广告中获取区域倾向

本章的最后一个例子非常有趣。我们前面介绍了朴素贝叶斯的两个实际应用的例子，第一个例子是过滤网站的恶意留言，第二个是过滤垃圾邮件。分类还有大量的其他应用。我曾经见过有人使用朴素贝叶斯从他喜欢及不喜欢的女性的社交网络档案中学习相应的分类器，然后利用该分类器测试他是否会喜欢一个陌生女人。分类的可能应用确实有很多，比如有证据表示，人的年龄越大，他所用的词也越好。那么，可以基于一个人的用词来推测他的年龄吗？除了年龄之外，还能否推测其他方面？广告商往往想知道关于一个人的一些特定人口统计信息，以便能够更好地定向推销广告。从哪里可以获得这些训练数据呢？事实上，互联网上拥有大量的训练数据。几乎任一个能想到的利基市场①都有专业社区，很多人会认为自己属于该社区。4.5.1节中的斑点犬爱好者网站就是一个非常好的例子。

在这个最后的例子当中，我们将分别从美国的两个城市中选取一些人，通过分析这些人发布的征婚广告信息，来比较这两个城市的人们在广告用词上是否不同。如果结论确实是不同，那么他们各自常用的词是哪些？从人们的用词当中，我们能否对不同城市的人所关心的内容有所了解？

示例：使用朴素贝叶斯来发现地域相关的用词

(1) 收集数据：从RSS源收集内容，这里需要对RSS源构建一个接口。

(2) 准备数据：将文本文件解析成词条向量。

(3) 分析数据：检查词条确保解析的正确性。

(4) 训练算法：使用我们之前建立的`trainNB0()`函数。

(5) 测试算法：观察错误率，确保分类器可用。可以修改切分程序，以降低错误率，提高分类结果。

(6) 使用算法：构建一个完整的程序，封装所有内容。给定两个RSS源，该程序会显示最常用的公共词。

下面将使用来自不同城市的广告训练一个分类器，然后观察分类器的效果。我们的目的并不是使用该分类器进行分类，而是通过观察单词和条件概率值来发现与特定城市相关的内容。

4.7.1　收集数据：导入RSS源

接下来要做的第一件事是使用Python下载文本。幸好，利用RSS，这些文本很容易得到。现在所需要的是一个RSS阅读器。Universal Feed Parser是Python中最常用的RSS程序库。

① 利基（niche）是指针对企业的优势细分出来的市场，这个市场不大，而且没有得到令人满意的服务。产品推进这个市场，有盈利的基础。在这里特指针对性和专业性都很强的产品。也就是说，利基是细分市场没有被服务好的群体。——译者注

你可以在http://code.google.com/p/feedparser/下浏览相关文档，然后和其他Python包一样来安装feedparse。首先解压下载的包，并将当前目录切换到解压文件所在的文件夹，然后在Python提示符下敲入>>python setup.py install。

下面使用Craigslist上的个人广告，当然希望是在服务条款允许的条件下。打开Craigslist上的RSS源，在Python提示符下输入：

```
>>> import feedparser
>>> ny=feedparser.parse('http://newyork.craigslist.org/stp/index.rss')
```

我决定使用Craigslist中比较纯洁的那部分内容，其他内容稍显少儿不宜。你可以查阅feedparser.org中出色的说明文档以及RSS源。要访问所有条目的列表，输入：

```
>>> ny['entries']
>>> len(ny['entries'])
100
```

可以构建一个类似于spamTest()的函数来对测试过程自动化。打开文本编辑器，输入下列程序清单中的代码。

4

程序清单4-6 RSS源分类器及高频词去除函数

```
def calcMostFreq(vocabList,fullText):
    import operator
    freqDict = {}
    for token in vocabList:
        freqDict[token]=fullText.count(token)
    sortedFreq = sorted(freqDict.iteritems(), key=operator.itemgetter(1),\
                        reverse=True)
    return sortedFreq[:30]

def localWords(feed1,feed0):
    import feedparser
    docList=[]; classList = []; fullText =[]
    minLen = min(len(feed1['entries']),len(feed0['entries']))
    for i in range(minLen):
        wordList = textParse(feed1['entries'][i]['summary'])
        docList.append(wordList)
        fullText.extend(wordList)
        classList.append(1)
        wordList = textParse(feed0['entries'][i]['summary'])
        docList.append(wordList)
        fullText.extend(wordList)
        classList.append(0)
    vocabList = createVocabList(docList)
    top30Words = calcMostFreq(vocabList,fullText)
    for pairW in top30Words:
        if pairW[0] in vocabList: vocabList.remove(pairW[0])
    trainingSet = range(2*minLen); testSet=[]
    for i in range(20):
        randIndex = int(random.uniform(0,len(trainingSet)))
        testSet.append(trainingSet[randIndex])
        del(trainingSet[randIndex])
    trainMat=[]; trainClasses = []
    for docIndex in trainingSet:
```

❶ 计算出现频率

❷ 每次访问一条RSS源

❸ 去掉出现次数最高的那些词

```
        trainMat.append(bagOfWords2VecMN(vocabList, docList[docIndex]))
        trainClasses.append(classList[docIndex])
    p0V,p1V,pSpam = trainNB0(array(trainMat),array(trainClasses))
    errorCount = 0
    for docIndex in testSet:
        wordVector = bagOfWords2VecMN(vocabList, docList[docIndex])
        if classifyNB(array(wordVector),p0V,p1V,pSpam) != \
            classList[docIndex]:
            errorCount += 1
    print 'the error rate is: ',float(errorCount)/len(testSet)
    return vocabList,p0V,p1V
```

上述代码类似程序清单4-5中的函数spamTest()，不过添加了新的功能。代码中引入了一个辅助函数calcMostFreq()❶。该函数遍历词汇表中的每个词并统计它在文本中出现的次数，然后根据出现次数从高到低对词典进行排序，最后返回排序最高的30个单词。你很快就会明白这个函数的重要性。

下一个函数localWords()使用两个RSS源作为参数。RSS源要在函数外导入，这样做的原因是RSS源会随时间而改变。如果想通过改变代码来比较程序执行的差异，就应该使用相同的输入。重新加载RSS源就会得到新的数据，但很难确定是代码原因还是输入原因导致输出结果的改变。函数localWords()与程序清单4-5中的spamTest()函数几乎相同，区别在于这里访问的是RSS源❷而不是文件。然后调用函数calcMostFreq()来获得排序最高的30个单词并随后将它们移除❸。函数的剩余部分与spamTest()基本类似，不同的是最后一行要返回下面要用到的值。

你可以注释掉用于移除高频词的三行代码，然后比较注释前后的分类性能❸。我自己也尝试了一下，去掉这几行代码之后，我发现错误率为54%，而保留这些代码得到的错误率为70%。这里观察到的一个有趣现象是，这些留言中出现次数最多的前30个词涵盖了所有用词的30%。我在进行测试的时候，vocabList的大小约为3000个词。也就是说，词汇表中的一小部分单词却占据了所有文本用词的一大部分。产生这种现象的原因是因为语言中大部分都是冗余和结构辅助性内容。另一个常用的方法是不仅移除高频词，同时从某个预定词表中移除结构上的辅助词。该词表称为停用词表（stop word list），目前可以找到许多停用词表（在本书写作期间，http://www.ranks.nl/resources/stopwords.html 上有一个很好的多语言停用词列表）。

将程序清单4-6中的代码加入到bayes.py文件之后，可以通过输入如下命令在Python中进行测试：

```
>>> reload(bayes)
<module 'bayes' from 'bayes.py'>
>>> ny=feedparser.parse('http://newyork.craigslist.org/stp/index.rss')
>>> sf=feedparser.parse('http://sfbay.craigslist.org/stp/index.rss')
>>> vocabList,pSF,pNY=bayes.localWords(ny,sf)
the error rate is:  0.1
>>> vocabList,pSF,pNY=bayes.localWords(ny,sf)
the error rate is:  0.35
```

为了得到错误率的精确估计，应该多次进行上述实验，然后取平均值。这里的错误率要远高于垃圾邮件中的错误率。由于这里关注的是单词概率而不是实际分类，因此这个问题倒不严重。可以通过函数caclMostFreq()改变要移除的单词数目，然后观察错误率的变化情况。

4.7.2 分析数据：显示地域相关的用词

可以先对向量pSF与pNY进行排序，然后按照顺序将词打印出来。下面的最后一段代码会完成这部分工作。再次打开bayes.py文件，将下面的代码添加到文件中。

程序清单4-7 最具表征性的词汇显示函数

```
def getTopWords(ny,sf):
    import operator
    vocabList,p0V,p1V=localWords(ny,sf)
    topNY=[]; topSF=[]
    for i in range(len(p0V)):
        if p0V[i] > -6.0 : topSF.append((vocabList[i],p0V[i]))
        if p1V[i] > -6.0 : topNY.append((vocabList[i],p1V[i]))
    sortedSF = sorted(topSF, key=lambda pair: pair[1], reverse=True)
    print "SF**SF**SF**SF**SF**SF**SF**SF**SF**SF**SF**SF**SF**SF**
    for item in sortedSF:
        print item[0]
    sortedNY = sorted(topNY, key=lambda pair: pair[1], reverse=True)
    print "NY**NY**NY**NY**NY**NY**NY**NY**NY**NY**NY**NY**NY**NY**"
    for item in sortedNY:
        print item[0]
```

程序清单4-7中的函数`getTopWords()`使用两个RSS源作为输入，然后训练并测试朴素贝叶斯分类器，返回使用的概率值。然后创建两个列表用于元组的存储。与之前返回排名最高的X个单词不同，这里可以返回大于某个阈值的所有词。这些元组会按照它们的条件概率进行排序。

下面看一下实际的运行效果，保存bayes.py文件，在Python提示符下输入：

```
>>> reload(bayes)
<module 'bayes' from 'bayes.pyc'>
>>> bayes.getTopWords(ny,sf)
the error rate is:  0.2
SF**SF**SF**SF**SF**SF**SF**SF**SF**SF**SF**SF**SF**SF**SF**SF**
love
time
will
there
hit
send
francisco
female
NY**NY**NY**NY**NY**NY**NY**NY**NY**NY**NY**NY**NY**NY**NY**NY**
friend
people
will
single
sex
female
night
420
relationship
play
hope
```

最后输出的单词很有意思。值得注意的现象是，程序输出了大量的停用词。移除固定的停用词看看结果会如何变化也十分有趣。依我的经验来看，这样做的话，分类错误率也会降低。

4.8　本章小结

对于分类而言，使用概率有时要比使用硬规则更为有效。贝叶斯概率及贝叶斯准则提供了一种利用已知值来估计未知概率的有效方法。

可以通过特征之间的条件独立性假设，降低对数据量的需求。独立性假设是指一个词的出现概率并不依赖于文档中的其他词。当然我们也知道这个假设过于简单。这就是之所以称为朴素贝叶斯的原因。尽管条件独立性假设并不正确，但是朴素贝叶斯仍然是一种有效的分类器。

利用现代编程语言来实现朴素贝叶斯时需要考虑很多实际因素。下溢出就是其中一个问题，它可以通过对概率取对数来解决。词袋模型在解决文档分类问题上比词集模型有所提高。还有其他一些方面的改进，比如说移除停用词，当然也可以花大量时间对切分器进行优化。

本章学习到的概率理论将在后续章节中用到，另外本章也给出了有关贝叶斯概率理论全面具体的介绍。接下来的一章将暂时不再讨论概率理论这一话题，介绍另一种称作Logistic回归的分类方法及一些优化算法。

第 5 章

Logistic回归

5

本章内容

- ❑ Sigmoid函数和Logistic回归分类器
- ❑ 最优化理论初步
- ❑ 梯度下降最优化算法
- ❑ 数据中的缺失项处理

这会是激动人心的一章，因为我们将首次接触到最优化算法。仔细想想就会发现，其实我们日常生活中遇到过很多最优化问题，比如如何在最短时间内从A点到达B点？如何投入最少工作量却获得最大的效益？如何设计发动机使得油耗最少而功率最大？可见，最优化的作用十分强大。接下来，我们介绍几个最优化算法，并利用它们训练出一个非线性函数用于分类。

读者不熟悉回归也没关系，第8章起会深入介绍这一主题。假设现在有一些数据点，我们用一条直线对这些点进行拟合（该线称为最佳拟合直线），这个拟合过程就称作回归。利用Logistic回归进行分类的主要思想是：根据现有数据对分类边界线建立回归公式，以此进行分类。这里的“回归”一词源于最佳拟合，表示要找到最佳拟合参数集，其背后的数学分析将在下一部分介绍。训练分类器时的做法就是寻找最佳拟合参数，使用的是最优化算法。接下来介绍这个二值型输出分类器的数学原理。

Logistic回归的一般过程

(1) 收集数据：采用任意方法收集数据。
(2) 准备数据：由于需要进行距离计算，因此要求数据类型为数值型。另外，结构化数据格式则最佳。
(3) 分析数据：采用任意方法对数据进行分析。
(4) 训练算法：大部分时间将用于训练，训练的目的是为了找到最佳的分类回归系数。
(5) 测试算法：一旦训练步骤完成，分类将会很快。
(6) 使用算法：首先，我们需要输入一些数据，并将其转换成对应的结构化数值；接着，基于训练好的回归系数就可以对这些数值进行简单的回归计算，判定它们属于哪个类别；在这之后，我们就可以在输出的类别上做一些其他分析工作。

本章首先阐述Logistic回归的定义，然后介绍一些最优化算法，其中包括基本的梯度上升法和一个改进的随机梯度上升法，这些最优化算法将用于分类器的训练。本章最后会给出一个Logistic回归的实例，预测一匹病马是否能被治愈。

5.1 基于 Logistic 回归和 Sigmoid 函数的分类

Logistic回归

优点：计算代价不高，易于理解和实现。

缺点：容易欠拟合，分类精度可能不高。

适用数据类型：数值型和标称型数据。

我们想要的函数应该是，能接受所有的输入然后预测出类别。例如，在两个类的情况下，上述函数输出0或1。或许你之前接触过具有这种性质的函数，该函数称为*海维塞德阶跃函数*（Heaviside step function），或者直接称为*单位阶跃函数*。然而，海维塞德阶跃函数的问题在于：该函数在跳跃点上从0瞬间跳跃到1，这个瞬间跳跃过程有时很难处理。幸好，另一个函数也有类似的性质[①]，且数学上更易处理，这就是Sigmoid函数[②]。Sigmoid函数具体的计算公式如下：

$$\sigma(z)=\frac{1}{1+\mathrm{e}^{-z}}$$

图5-1给出了Sigmoid函数在不同坐标尺度下的两条曲线图。当x为0时，Sigmoid函数值为0.5。随着x的增大，对应的Sigmoid值将逼近于1；而随着x的减小，Sigmoid值将逼近于0。如果横坐标刻度足够大（图5-1下图），Sigmoid函数看起来很像一个阶跃函数。

因此，为了实现Logistic回归分类器，我们可以在每个特征上都乘以一个回归系数，然后把所有的结果值相加，将这个总和代入Sigmoid函数中，进而得到一个范围在0~1之间的数值。任何大于0.5的数据被分入1类，小于0.5即被归入0类。所以，Logistic回归也可以被看成是一种概率估计。

确定了分类器的函数形式之后，现在的问题变成了：最佳回归系数[③]是多少？ 如何确定它们的大小？这些问题将在下一节解答。

---

① 这里指的是可以输出0或者1的这种性质。——译者注

② Sigmoid函数是一种阶跃函数（step function）。在数学中，如果实数域上的某个函数可以用半开区间上的指示函数的有限次线性组合来表示，那么这个函数就是阶跃函数。而数学中指示函数（indicator function）是定义在某集合X上的函数，表示其中有哪些元素属于某一子集A。——译者注

③ 将这里的weight 翻译为“回归系数”，是为了与后面的局部加权线性回归中的“权重”一词区分开来，在不会引起混淆的时候也会简称为“系数”。——译者注

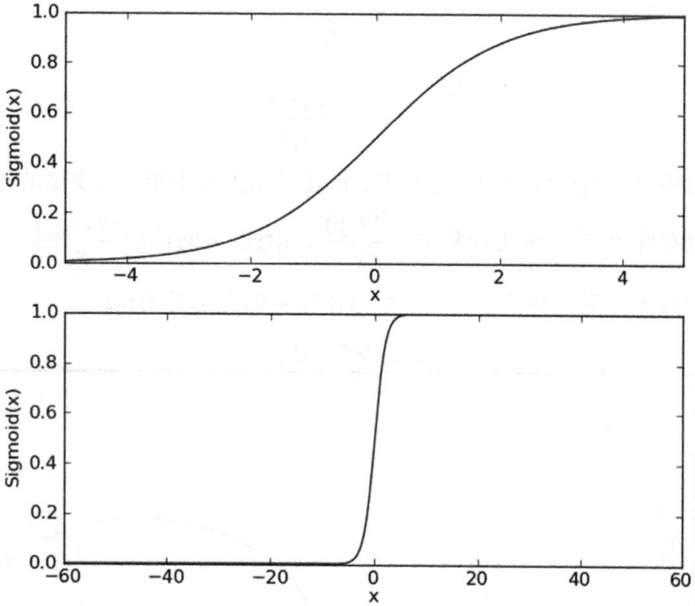

图5-1 两种坐标尺度下的Sigmoid函数图。上图的横坐标为−5到5，这时的曲线变化较为平滑；下图横坐标的尺度足够大，可以看到，在x = 0点处Sigmoid函数看起来很像阶跃函数

5.2 基于最优化方法的最佳回归系数确定

Sigmoid函数的输入记为z，由下面公式得出：

$$z = w_0x_0 + w_1x_1 + w_2x_2 + \cdots + w_nx_n$$

如果采用向量的写法，上述公式可以写成 $z = w^Tx$，它表示将这两个数值向量对应元素相乘然后全部加起来即得到z值。其中的向量**x**是分类器的输入数据，向量**w**也就是我们要找到的最佳参数（系数），从而使得分类器尽可能地精确。为了寻找该最佳参数，需要用到最优化理论的一些知识。

下面首先介绍梯度上升这一最优化方法，我们将学习到如何使用该方法求得数据集的最佳参数。接下来，展示如何绘制梯度上升法产生的决策边界图，该图能将梯度上升法的分类效果可视化地呈现出来。最后我们将学习随机梯度上升算法，以及如何对其进行修改以获得更好的结果。

5.2.1 梯度上升法

我们介绍的第一个最优化算法叫做梯度上升法。梯度上升法基于的思想是：要找到某函数的最大值，最好的方法是沿着该函数的梯度方向探寻。如果梯度记为∇，则函数f(x,y)的梯度由下式表示：

$$\nabla f(x,y)=\begin{pmatrix}\dfrac{\partial f(x,y)}{\partial x}\\ \dfrac{\partial f(x,y)}{\partial y}\end{pmatrix}$$

这是机器学习中最易造成混淆的一个地方，但在数学上并不难，需要做的只是牢记这些符号的意义。这个梯度意味着要沿x的方向移动$\dfrac{\partial f(x,y)}{\partial x}$，沿$y$的方向移动$\dfrac{\partial f(x,y)}{\partial y}$。其中，函数$f(x,y)$必须要在待计算的点上有定义并且可微。一个具体的函数例子见图5-2。

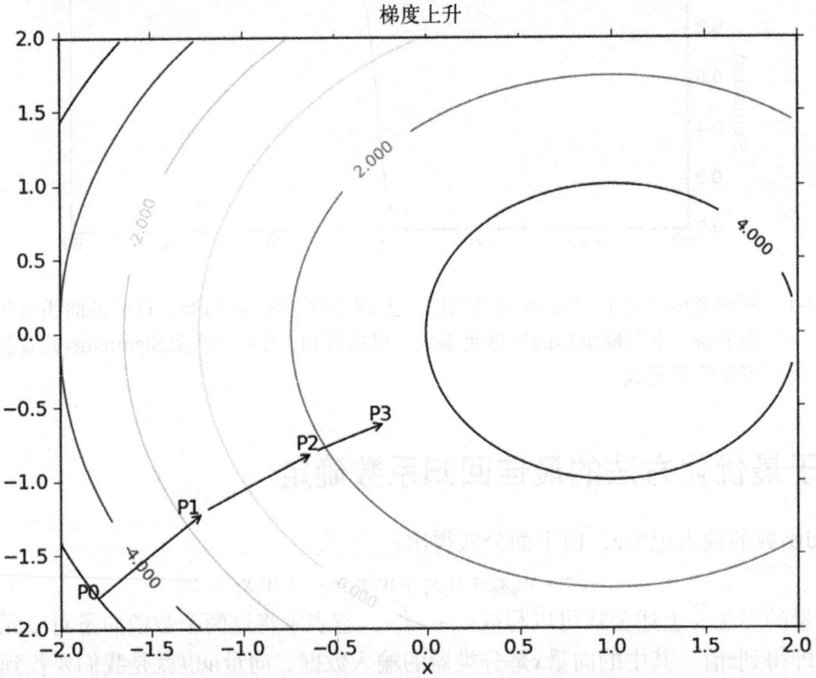

图5-2　梯度上升算法到达每个点后都会重新估计移动的方向。从P0开始，计算完该点的梯度，函数就根据梯度移动到下一点P1。在P1点，梯度再次被重新计算，并沿新的梯度方向移动到P2。如此循环迭代，直到满足停止条件。迭代的过程中，梯度算子总是保证我们能选取到最佳的移动方向

图5-2中的梯度上升算法沿梯度方向移动了一步。可以看到，梯度算子总是指向函数值增长最快的方向。这里所说的是移动方向，而未提到移动量的大小。该量值称为步长，记做α。用向量来表示的话，梯度上升算法的迭代公式如下：

$$w:=w+\alpha\nabla_w f(w)$$

该公式将一直被迭代执行，直至达到某个停止条件为止，比如迭代次数达到某个指定值或算法达到某个可以允许的误差范围。

梯度下降算法

你最经常听到的应该是梯度下降算法，它与这里的梯度上升算法是一样的，只是公式中的加法需要变成减法。因此，对应的公式可以写成

$$w := w - \alpha \nabla_w f(w)$$

梯度上升算法用来求函数的最大值，而梯度下降算法用来求函数的最小值。

基于上面的内容，我们来看一个Logistic回归分类器的应用例子，从图5-3可以看到我们采用的数据集。

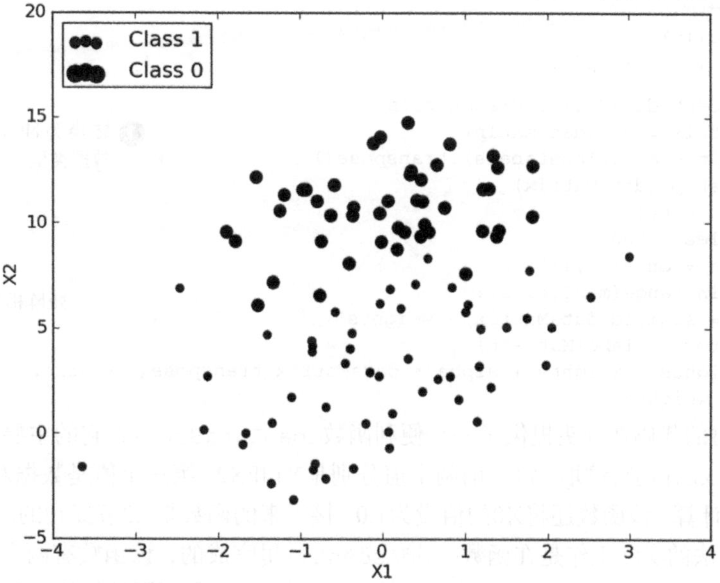

图5-3 一个简单数据集，下面将采用梯度上升法找到Logistic回归分类器在此数据集上的最佳回归系数

5.2.2 训练算法：使用梯度上升找到最佳参数

图5-3中有100个样本点，每个点包含两个数值型特征：X1和X2。在此数据集上，我们将通过使用梯度上升法找到最佳回归系数，也就是拟合出Logistic回归模型的最佳参数。

梯度上升法的伪代码如下：

```
每个回归系数初始化为1
重复R次：
    计算整个数据集的梯度
    使用alpha × gradient更新回归系数的向量
返回回归系数
```

下面的代码是梯度上升算法的具体实现。为了解实际效果，打开文本编辑器并创建一个名为logRegres.py的文件，输入下列代码：

程序清单5-1　Logistic 回归梯度上升优化算法

```
def loadDataSet():
    dataMat = []; labelMat = []
    fr = open('testSet.txt')
    for line in fr.readlines():
        lineArr = line.strip().split()
        dataMat.append([1.0, float(lineArr[0]), float(lineArr[1])])
        labelMat.append(int(lineArr[2]))
    return dataMat,labelMat

def sigmoid(inX):
    return 1.0/(1+exp(-inX))

def gradAscent(dataMatIn, classLabels):
    dataMatrix = mat(dataMatIn)                    ❶ 转换为NumPy矩阵数据类型
    labelMat = mat(classLabels).transpose()
    m,n = shape(dataMatrix)
    alpha = 0.001
    maxCycles = 500
    weights = ones((n,1))
    for k in range(maxCycles):                     矩阵相乘 ❷
        h = sigmoid(dataMatrix * weights)
        error = (labelMat - h)
        weights = weights + alpha * dataMatrix.transpose() * error
    return weights
```

程序清单5-1的代码在开头提供了一个便利函数`loadDataSet()`，它的主要功能是打开文本文件`testSet.txt`并逐行读取。每行前两个值分别是X1和X2，第三个值是数据对应的类别标签。此外，为了方便计算，该函数还将X0的值设为1.0。接下来的函数是5.2节提到的函数`sigmoid()`。

梯度上升算法的实际工作是在函数`gradAscent()`里完成的，该函数有两个参数。第一个参数是`dataMatIn`，它是一个2维NumPy数组，每列分别代表每个不同的特征，每行则代表每个训练样本。我们现在采用的是100个样本的简单数据集，它包含了两个特征X1和X2，再加上第0维特征X0，所以`dataMatIn`里存放的将是100×3的矩阵。在❶处，我们获得输入数据并将它们转换成NumPy矩阵。这是本书首次使用NumPy矩阵，如果你对矩阵数学不太熟悉，那么一些运算可能就会不易理解。比如，NumPy对2维数组和矩阵都提供一些操作支持，如果混淆了数据类型和对应的操作，执行结果将与预期截然不同。对此，本书附录A给出了对NumPy矩阵的介绍。第二个参数是类别标签，它是一个1×100的行向量。为了便于矩阵运算，需要将该行向量转换为列向量，做法是将原向量转置，再将它赋值给`labelMat`。接下来的代码是得到矩阵大小，再设置一些梯度上升算法所需的参数。

变量`alpha`是向目标移动的步长，`maxCycles`是迭代次数。在`for`循环迭代完成后，将返回训练好的回归系数。需要强调的是，在❷处的运算是矩阵运算。变量`h`不是一个数而是一个列向量，列向量的元素个数等于样本个数，这里是100。对应地，运算`dataMatrix * weights`代表不止一次乘积计算，事实上该运算包含了300次的乘积。

最后还需说明一点，你可能对❷中公式的前两行觉得陌生。此处略去了一个简单的数学推导，我把它留给有兴趣的读者。定性地说，这里是在计算真实类别与预测类别的差值，接下来就是按照该差值的方向调整回归系数。

接下来看看实际效果，打开文本编辑器，添加程序清单5-1的代码。

在Python提示符下，敲入下面的代码：

```
>>> import logRegres
>>> dataArr,labelMat=logRegres.loadDataSet()
>>> logRegres.gradAscent(dataArr,labelMat)
matrix([[ 4.12414349],
        [ 0.48007329],
        [-0.6168482 ]])
```

5.2.3 分析数据：画出决策边界

5

上面已经解出了一组回归系数，它确定了不同类别数据之间的分隔线。那么怎样画出该分隔线，从而使得优化的过程便于理解呢？下面将解决这个问题，打开logRegres.py并添加如下代码。

程序清单5-2 画出数据集和Logistic回归最佳拟合直线的函数

```
def plotBestFit(weights):
    import matplotlib.pyplot as plt
    dataMat,labelMat=loadDataSet()
    dataArr = array(dataMat)
    n = shape(dataArr)[0]
    xcord1 = []; ycord1 = []
    xcord2 = []; ycord2 = []
    for i in range(n):
        if int(labelMat[i])== 1:
            xcord1.append(dataArr[i,1]); ycord1.append(dataArr[i,2])
        else:
            xcord2.append(dataArr[i,1]); ycord2.append(dataArr[i,2])
    fig = plt.figure()
    ax = fig.add_subplot(111)
    ax.scatter(xcord1, ycord1, s=30, c='red', marker='s')
    ax.scatter(xcord2, ycord2, s=30, c='green')
    x = arange(-3.0, 3.0, 0.1)
    y = (-weights[0]-weights[1]*x)/weights[2]          ❶ 最佳拟合直线
    ax.plot(x, y)
    plt.xlabel('X1'); plt.ylabel('X2');
    plt.show()
```

程序清单5-2中的代码是直接用Matplotlib画出来的。唯一要指出的是，❶处设置了sigmoid函数为0。回忆5.2节，0是两个分类（类别1和类别0）的分界处。因此，我们设定 $0 = w_0x_0 + w_1x_1 + w_2x_2$，然后解出X2和X1的关系式（即分隔线的方程，注意X0 = 1）。

运行程序清单5-2的代码，在Python提示符下输入：

```
>>> from numpy import *
>>> reload(logRegres)
```

```
>>> <module 'logRegres' from 'logRegres.py'>
>>> weights = logRegres.gradAscent(dataArr, LabelMat)
>>> logRegres.plotBestFit(weights.getA())
```

输出的结果如图5-4所示。

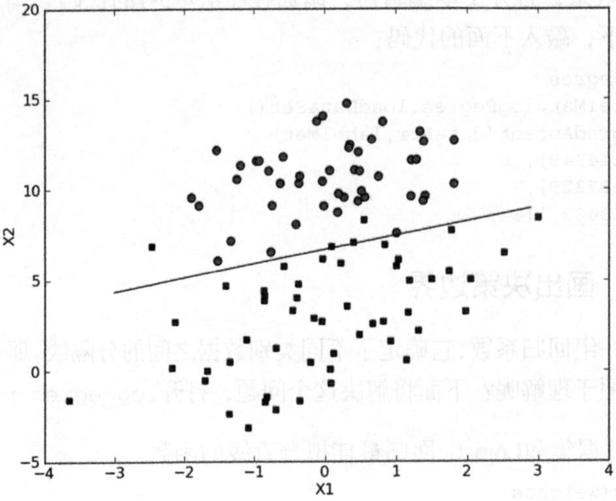

图5-4　梯度上升算法在500次迭代后得到的Logistic回归最佳拟合直线

这个分类结果相当不错，从图上看只错分了两到四个点。但是，尽管例子简单且数据集很小，这个方法却需要大量的计算（300次乘法）。因此下一节将对该算法稍作改进，从而使它可以用在真实数据集上。

5.2.4　训练算法：随机梯度上升

梯度上升算法在每次更新回归系数时都需要遍历整个数据集，该方法在处理100个左右的数据集时尚可，但如果有数十亿样本和成千上万的特征，那么该方法的计算复杂度就太高了。一种改进方法是一次仅用一个样本点来更新回归系数，该方法称为随机梯度上升算法。由于可以在新样本到来时对分类器进行增量式更新，因而随机梯度上升算法是一个在线学习算法。与“在线学习”相对应，一次处理所有数据被称作是“批处理”。

随机梯度上升算法可以写成如下的伪代码：

```
所有回归系数初始化为1
对数据集中每个样本
        计算该样本的梯度
        使用alpha × gradient更新回归系数值
返回回归系数值
```

以下是随机梯度上升算法的实现代码。

程序清单5-3 随机梯度上升算法

```
def stocGradAscent0(dataMatrix, classLabels):
    m,n = shape(dataMatrix)
    alpha = 0.01
    weights = ones(n)
    for i in range(m):
        h = sigmoid(sum(dataMatrix[i]*weights))
        error = classLabels[i] - h
        weights = weights + alpha * error * dataMatrix[i]
    return weights
```

可以看到，随机梯度上升算法与梯度上升算法在代码上很相似，但也有一些区别：第一，后者的变量h和误差error都是向量，而前者则全是数值；第二，前者没有矩阵的转换过程，所有变量的数据类型都是NumPy数组。

为了验证该方法的结果，我们将程序清单5-3的代码添加到logRegres.py中，并在Python提示符下输入如下命令：

```
>>> from numpy import*
>>> reload(logRegres)
<module 'logRegres' from 'logRegres.py'>
>>> dataArr,labelMat=logRegres.loadDataSet()
>>> weights=logRegres.stocGradAscent0(array(dataArr),labelMat)
>>> logRegres.plotBestFit(weights)
```

执行完毕后将得到图5-5所示的最佳拟合直线图，该图与图5-4有一些相似之处。可以看到，拟合出来的直线效果还不错，但并不像图5-4那样完美。这里的分类器错分了三分之一的样本。

直接比较程序清单5-3和程序清单5-1的代码结果是不公平的，后者的结果是在整个数据集上迭代了500次才得到的。一个判断优化算法优劣的可靠方法是看它是否收敛，也就是说参数是否达到了稳定值，是否还会不断地变化？对此，我们在程序清单5-3中随机梯度上升算法上做了些修改，使其在整个数据集上运行200次。最终绘制的三个回归系数的变化情况如图5-6所示。

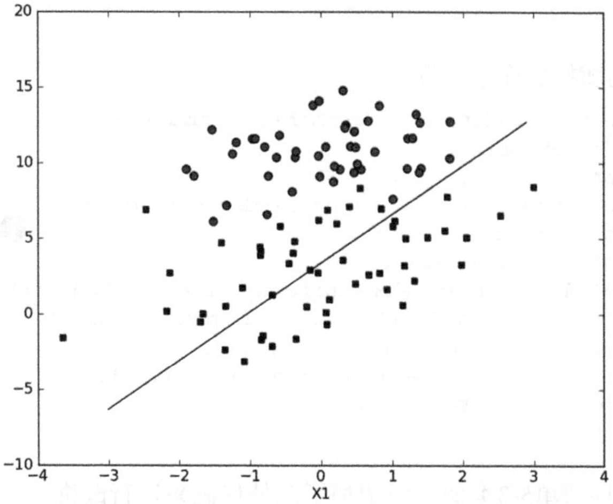

图5-5 随机梯度上升算法在上述数据集上的执行结果，最佳拟合直线并非最佳分类线

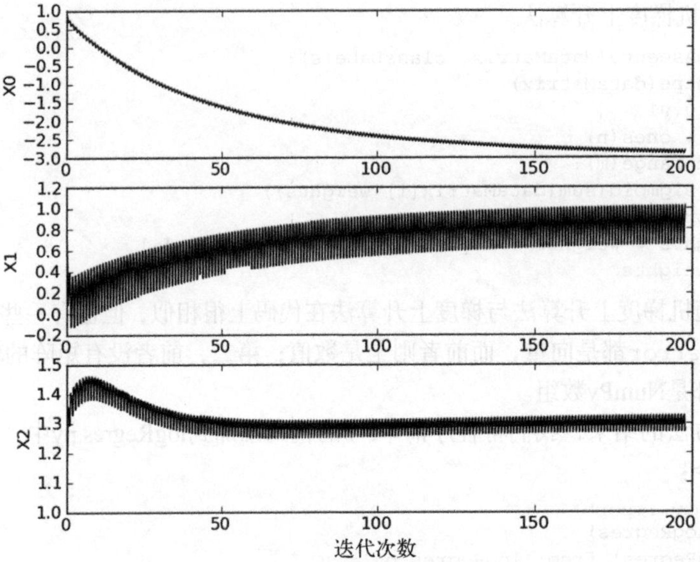

图5-6　运行随机梯度上升算法，在数据集的一次遍历中回归系数与迭代次数的关系图。回归系数经过大量迭代才能达到稳定值，并且仍然有局部的波动现象

图5-6展示了随机梯度上升算法在200次迭代过程中回归系数的变化情况。其中的系数2，也就是图5-6中的X2只经过了50次迭代就达到了稳定值，但系数1和0则需要更多次的迭代。另外值得注意的是，在大的波动停止后，还有一些小的周期性波动。不难理解，产生这种现象的原因是存在一些不能正确分类的样本点（数据集并非线性可分），在每次迭代时会引发系数的剧烈改变。我们期望算法能避免来回波动，从而收敛到某个值。另外，收敛速度也需要加快。

对于图5-6存在的问题，可以通过修改程序清单5-3的随机梯度上升算法来解决，具体代码如下。

程序清单5-4　改进的随机梯度上升算法

```
def stocGradAscent1(dataMatrix, classLabels, numIter=150):
    m,n = shape(dataMatrix)
    weights = ones(n)
    for j in range(numIter):        dataIndex = range(m)
        for i in range(m):
            alpha = 4/(1.0+j+i)+0.01
            randIndex = int(random.uniform(0,len(dataIndex)))
            h = sigmoid(sum(dataMatrix[randIndex]*weights))
            error = classLabels[randIndex] - h
            weights = weights + alpha * error * dataMatrix[randIndex]
            del(dataIndex[randIndex])
    return weights
```

❶ alpha每次迭代时需要调整

❷ 随机选取更新

程序清单5-4与程序清单5-3类似，但增加了两处代码来进行改进。

第一处改进在❶处。一方面，alpha在每次迭代的时候都会调整，这会缓解图5-6上的数据波动或者高频波动。另外，虽然alpha会随着迭代次数不断减小，但永远不会减小到0，这是因为❶中还存在一个常数项。必须这样做的原因是为了保证在多次迭代之后新数据仍然具有一定的影响。如果要处理的问题是动态变化的，那么可以适当加大上述常数项，来确保新的值获得更大的回归系数。另一点值得注意的是，在降低alpha的函数中，alpha每次减少`1/(j+i)`，其中`j`是迭代次数，`i`是样本点的下标[①]。这样当`j<<max(i)`时，alpha就不是严格下降的。避免参数的严格下降也常见于模拟退火算法等其他优化算法中。

程序清单5-4第二个改进的地方在❷处，这里通过随机选取样本来更新回归系数。这种方法将减少周期性的波动（如图5-6中的波动）。具体实现方法与第3章类似，这种方法每次随机从列表中选出一个值，然后从列表中删掉该值（再进行下一次迭代）。

此外，改进算法还增加了一个迭代次数作为第3个参数。如果该参数没有给定的话，算法将默认迭代150次。如果给定，那么算法将按照新的参数值进行迭代。

与`stocGradAscent1()`类似，图5-7显示了每次迭代时各个回归系数的变化情况。

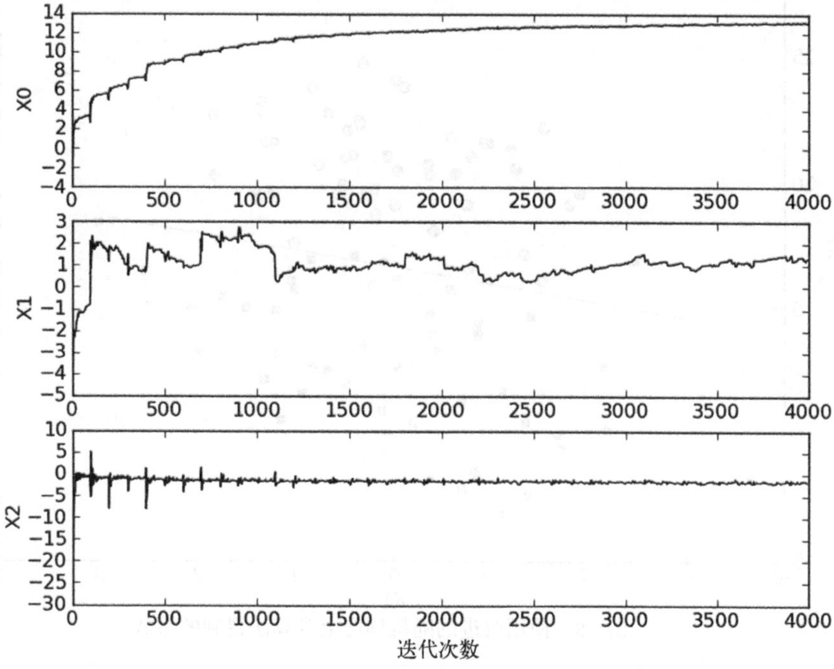

图5-7 使用样本随机选择和alpha动态减少机制的随机梯度上升算法`stocGradAscent1()`所生成的系数收敛示意图。该方法比采用固定alpha的方法收敛速度更快

比较图5-7和图5-6可以看到两点不同。第一点是，图5-7中的系数没有像图5-6里那样出现周期性的波动，这归功于`stocGradAscent1()`里的样本随机选择机制；第二点是，图5-7的水平轴

① 要注意区分这里的下标与样本编号，编号表示了样本在矩阵中的位置（代码中为randIndex），而这里的下标i表示本次迭代中第i个选出来的样本。——译者注

比图5-6短了很多，这是由于`stocGradAscent1()`可以收敛得更快。这次我们仅仅对数据集做了20次遍历，而之前的方法是500次。

下面看看在同一个数据集上的分类效果。将程序清单5-4的代码添加到logRegres.py文件中，并在Python提示符下输入：

```
>>> reload(logRegres)
<module 'logRegres' from 'logRegres.py'>
>>> dataArr,labelMat=logRegres.loadDataSet()
>>> weights=logRegres.stocGradAscent1(array(dataArr),labelMat)
>>> logRegres.plotBestFit(weights)
```

程序运行之后应该能看到类似图5-8的结果图。该分隔线达到了与`gradAscent()`差不多的效果，但是所使用的计算量更少。

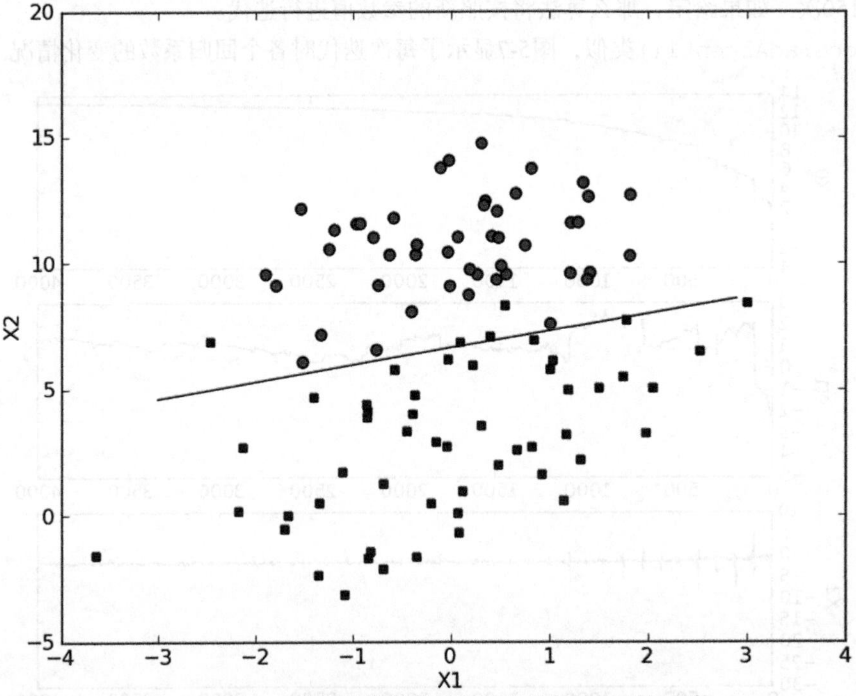

图5-8　使用改进的随机梯度上升算法得到的系数

默认迭代次数是150，可以通过`stocGradAscent()`的第3个参数来对此进行修改，例如：

```
>>> weights=logRegres.stocGradAscent1(array(dataArr),labelMat, 500)
```

目前，我们已经学习了几个优化算法，但还有很多优化算法值得探讨，所幸这方面已有大量的文献可供参考。另外再说明一下，针对给定的数据集，读者完全可以对算法的各种参数进行调整，从而达到更好的效果。

迄今为止我们分析了回归系数的变化情况，但还没有达到本章的最终目标，即完成具体的分类任务。下一节将使用随机梯度上升算法来解决病马的生死预测问题。

5.3 示例：从疝气病症预测病马的死亡率

本节将使用Logistic回归来预测患有疝病的马的存活问题。这里的数据[①]包含368个样本和28个特征。我并非育马专家，从一些文献中了解到，疝病是描述马胃肠痛的术语。然而，这种病不一定源自马的胃肠问题，其他问题也可能引发马疝病。该数据集中包含了医院检测马疝病的一些指标，有的指标比较主观，有的指标难以测量，例如马的疼痛级别。

示例：使用Logistic回归估计马疝病的死亡率

(1) 收集数据：给定数据文件。

(2) 准备数据：用Python解析文本文件并填充缺失值。

(3) 分析数据：可视化并观察数据。

(4) 训练算法：使用优化算法，找到最佳的系数。

(5) 测试算法：为了量化回归的效果，需要观察错误率。根据错误率决定是否回退到训练阶段，通过改变迭代的次数和步长等参数来得到更好的回归系数。

(6) 使用算法：实现一个简单的命令行程序来收集马的症状并输出预测结果并非难事，这可以做为留给读者的一道习题。

另外需要说明的是，除了部分指标主观和难以测量外，该数据还存在一个问题，数据集中有30%的值是缺失的。下面将首先介绍如何处理数据集中的数据缺失问题，然后再利用Logistic回归和随机梯度上升算法来预测病马的生死。

5.3.1 准备数据：处理数据中的缺失值

数据中的缺失值是个非常棘手的问题，有很多文献都致力于解决这个问题。那么，数据缺失究竟带来了什么问题？假设有100个样本和20个特征，这些数据都是机器收集回来的。若机器上的某个传感器损坏导致一个特征无效时该怎么办？此时是否要扔掉整个数据？这种情况下，另外19个特征怎么办？它们是否还可用？答案是肯定的。因为有时候数据相当昂贵，扔掉和重新获取都是不可取的，所以必须采用一些方法来解决这个问题。

下面给出了一些可选的做法：

- 使用可用特征的均值来填补缺失值；
- 使用特殊值来填补缺失值，如–1；
- 忽略有缺失值的样本；
- 使用相似样本的均值添补缺失值；
- 使用另外的机器学习算法预测缺失值。

① 数据集来自2010年1月11日的UCI机器学习数据库（http://archive.ics.uci.edu/ml/datasets/Horse+Colic）。该数据最早由加拿大安大略省圭尔夫大学计算机系的Mary McLeish和Matt Cecile收集。

现在，我们对下一节要用的数据集进行预处理，使其可以顺利地使用分类算法。在预处理阶段需要做两件事：第一，所有的缺失值必须用一个实数值来替换，因为我们使用的NumPy数据类型不允许包含缺失值。这里选择实数0来替换所有缺失值，恰好能适用于Logistic回归。这样做的直觉在于，我们需要的是一个在更新时不会影响系数的值。回归系数的更新公式如下：

```
weights = weights + alpha * error * dataMatrix[randIndex]
```

如果dataMatrix的某特征对应值为0，那么该特征的系数将不做更新，即：

```
weights = weights
```

另外，由于sigmoid(0)=0.5，即它对结果的预测不具有任何倾向性，因此上述做法也不会对误差项造成任何影响。基于上述原因，将缺失值用0代替既可以保留现有数据，也不需要对优化算法进行修改。此外，该数据集中的特征取值一般不为0，因此在某种意义上说它也满足“特殊值”这个要求。

预处理中做的第二件事是，如果在测试数据集中发现了一条数据的类别标签已经缺失，那么我们的简单做法是将该条数据丢弃。这是因为类别标签与特征不同，很难确定采用某个合适的值来替换。采用Logistic回归进行分类时这种做法是合理的，而如果采用类似kNN的方法就可能不太可行。

原始的数据集经过预处理之后保存成两个文件：horseColicTest.txt和horseColicTraining.txt。如果想对原始数据和预处理后的数据做个比较，可以在http://archive.ics.uci.edu/ml/datasets/Horse+Colic浏览这些数据。

现在我们有一个“干净”可用的数据集和一个不错的优化算法，下面将把这些部分融合在一起训练出一个分类器，然后利用该分类器来预测病马的生死问题。

5.3.2　测试算法：用 Logistic 回归进行分类

本章前面几节介绍了优化算法，但目前为止还没有在分类上做任何实际尝试。使用Logistic回归方法进行分类并不需要做很多工作，所需做的只是把测试集上每个特征向量乘以最优化方法得来的回归系数，再将该乘积结果求和，最后输入到Sigmoid函数中即可。如果对应的Sigmoid值大于0.5就预测类别标签为1，否则为0。

下面看看实际运行效果，打开文本编辑器并将下列代码添加到logRegres.py文件中。

程序清单5-5　Logistic回归分类函数

```
def classifyVector(inX, weights):
    prob = sigmoid(sum(inX*weights))
    if prob > 0.5: return 1.0
    else: return 0.0

def colicTest():
    frTrain = open('horseColicTraining.txt')
    frTest = open('horseColicTest.txt')
    trainingSet = []; trainingLabels = []
    for line in frTrain.readlines():
        currLine = line.strip().split('\t')
        lineArr =[]
```

```
        for i in range(21):
            lineArr.append(float(currLine[i]))
        trainingSet.append(lineArr)
        trainingLabels.append(float(currLine[21]))
    trainWeights = stocGradAscent1(array(trainingSet), trainingLabels, 500)
    errorCount = 0; numTestVec = 0.0
    for line in frTest.readlines():
        numTestVec += 1.0
        currLine = line.strip().split('\t')
        lineArr =[]
        for i in range(21):
            lineArr.append(float(currLine[i]))
        if int(classifyVector(array(lineArr), trainWeights))!=
            int(currLine[21]):
            errorCount += 1
    errorRate = (float(errorCount)/numTestVec)
    print "the error rate of this test is: %f" % errorRate
    return errorRate
def multiTest():
    numTests = 10; errorSum=0.0
    for k in range(numTests):
        errorSum += colicTest()
    print "after %d iterations the average error rate is:
        %f" % (numTests, errorSum/float(numTests))
```

程序清单5-5的第一个函数是`classifyVector()`，它以回归系数和特征向量作为输入来计算对应的Sigmoid值。如果Sigmoid值大于0.5函数返回1，否则返回0。

接下来的函数是`colicTest()`，是用于打开测试集和训练集，并对数据进行格式化处理的函数。该函数首先导入训练集，同前面一样，数据的最后一列仍然是类别标签。数据最初有三个类别标签，分别代表马的三种情况："仍存活"、"已经死亡"和"已经安乐死"。这里为了方便，将"已经死亡"和"已经安乐死"合并成"未能存活"这个标签 。数据导入之后，便可以使用函数`stocGradAscent1()`来计算回归系数向量。这里可以自由设定迭代的次数，例如在训练集上使用500次迭代，实验结果表明这比默认迭代150次的效果更好。在系数计算完成之后，导入测试集并计算分类错误率。整体看来，`colicTest()`具有完全独立的功能，多次运行得到的结果可能稍有不同，这是因为其中有随机的成分在里面。如果在`stocGradAscent1()`函数中回归系数已经完全收敛，那么结果才将是确定的。

最后一个函数是`multiTest()`，其功能是调用函数`colicTest()`10次并求结果的平均值。下面看一下实际的运行效果，在Python提示符下输入：

```
>>> reload(logRegres)
<module 'logRegres' from 'logRegres.py'>
>>> logRegres.multiTest()
the error rate of this test is: 0.358209
the error rate of this test is: 0.432836
the error rate of this test is: 0.373134
                        .
                        .
```

```
the error rate of this test is: 0.298507
the error rate of this test is: 0.313433
after 10 iterations the average error rate is: 0.353731
```

从上面的结果可以看到，10次迭代之后的平均错误率为35%。事实上，这个结果并不差，因为有30%的数据缺失。当然，如果调整colicTest()中的迭代次数和stocGradAscent1()中的步长，平均错误率可以降到20%左右。第7章中我们还会再次使用到这个数据集。

5.4 本章小结

Logistic回归的目的是寻找一个非线性函数Sigmoid的最佳拟合参数，求解过程可以由最优化算法来完成。在最优化算法中，最常用的就是梯度上升算法，而梯度上升算法又可以简化为随机梯度上升算法。

随机梯度上升算法与梯度上升算法的效果相当，但占用更少的计算资源。此外，随机梯度上升是一个在线算法，它可以在新数据到来时就完成参数更新，而不需要重新读取整个数据集来进行批处理运算。

机器学习的一个重要问题就是如何处理缺失数据。这个问题没有标准答案，取决于实际应用中的需求。现有一些解决方案，每种方案都各有优缺点。

下一章将介绍与Logistic回归类似的另一种分类算法：支持向量机，它被认为是目前最好的现成的算法之一。

第6章

支持向量机

6

本章内容

- 简单介绍支持向量机
- 利用SMO进行优化
- 利用核函数对数据进行空间转换
- 将SVM和其他分类器进行对比

“由于理解支持向量机（Support Vector Machines，SVM）需要掌握一些理论知识，而这对于读者来说有一定难度，于是建议读者直接下载LIBSVM使用。”我发现，在介绍SVM时，不止一本书都采用了以上这种模式。本书并不打算沿用这种模式。我认为，如果对SVM的理论不甚了解就去阅读其产品级C++代码，那么读懂的难度很大。但如果将产品级代码和速度提升部分剥离出去，那么代码就会变得可控，或许这样的代码就可以读懂了。

有些人认为，SVM是最好的现成的分类器，这里说的“现成”指的是分类器不加修改即可直接使用。同时，这就意味着在数据上应用基本形式的SVM分类器就可以得到低错误率的结果。SVM能够对训练集之外的数据点做出很好的分类决策。

本章首先讲述SVM的基本概念，书中会引入一些关键术语。SVM有很多实现，但是本章只关注其中最流行的一种实现，即*序列最小优化*[①]（Sequential Minimal Optimization，SMO）算法。在此之后，将介绍如何使用一种称为*核函数*（kernel）的方式将SVM扩展到更多数据集上。最后会回顾第1章中手写识别的例子，并考察其能否通过SVM来提高识别的效果。

6.1 基于最大间隔分隔数据

支持向量机

优点：泛化错误率低，计算开销不大，结果易解释。

缺点：对参数调节和核函数的选择敏感，原始分类器不加修改仅适用于处理二类问题。

适用数据类型：数值型和标称型数据。

① 一种求解支持向量机二次规划的算法。——译者注

在介绍SVM这个主题之前，先解释几个概念。考虑图6-1中A-D共4个方框中的数据点分布，一个问题就是，能否画出一条直线将圆形点和方形点分开呢？先考虑图6-2方框A中的两组数据，它们之间已经分隔得足够开，因此很容易就可以在图中画出一条直线将两组数据点分开。在这种情况下，这组数据被称为线性可分（linearly separable）数据。读者先不必担心上述假设是否过于完美，稍后当直线不能将数据点分开时，我们会对上述假设做一些修改。

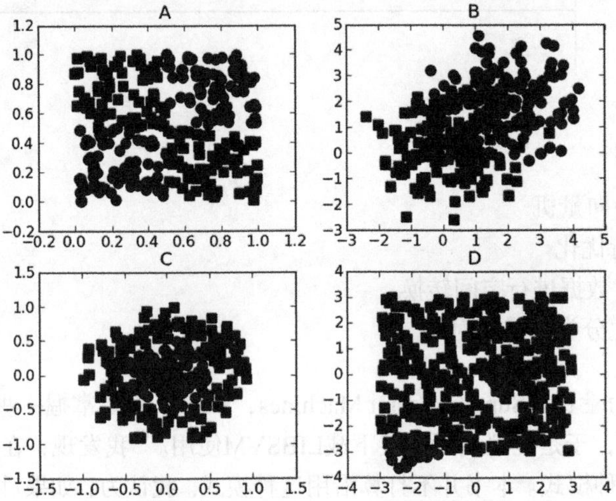

图6-1 4个线性不可分的数据集

上述将数据集分隔开来的直线称为*分隔超平面*（separating hyperplane）。在上面给出的例子中，由于数据点都在二维平面上，所以此时分隔超平面就只是一条直线。但是，如果所给的数据集是三维的，那么此时用来分隔数据的就是一个平面。显而易见，更高维的情况可以依此类推。如果数据集是1024维的，那么就需要一个1023维的某某对象来对数据进行分隔。这个1023维的某某对象到底应该叫什么？$N-1$维呢？该对象被称为*超平面*（hyperplane），也就是分类的决策边界。分布在超平面一侧的所有数据都属于某个类别，而分布在另一侧的所有数据则属于另一个类别。

我们希望能采用这种方式来构建分类器，即如果数据点离决策边界越远，那么其最后的预测结果也就越可信。考虑图6-2框B到框D中的三条直线，它们都能将数据分隔开，但是其中哪一条最好呢？是否应该最小化数据点到分隔超平面的平均距离来求最佳直线？如果是那样，图6-2的B和C框中的直线是否真的就比D框中的直线好呢？如果这样做，是不是有点寻找最佳拟合直线的感觉？是的，上述做法确实有点像直线拟合，但这并非最佳方案。我们希望找到离分隔超平面最近的点，确保它们离分隔面的距离尽可能远。这里点到分隔面的距离被称为*间隔*[①]（margin）。我们希望间隔尽可能地大，这是因为如果我们犯错或者在有限数据上训练分类器的话，我们希望分

① 本书中有两个间隔的概念：一个是点到分隔面的距离，称为点相对于分隔面的间隔；另一个是数据集中所有点到分隔面的最小间隔的2倍，称为分类器或数据集的间隔。一般论文书籍中所提到的“间隔”多指后者。SVM分类器是要找最大的数据集间隔。书中没有特意区分上述两个概念，请根据上下文理解。——译者注

类器尽可能健壮。

支持向量（support vector）就是离分隔超平面最近的那些点。接下来要试着最大化支持向量到分隔面的距离，需要找到此问题的优化求解方法。

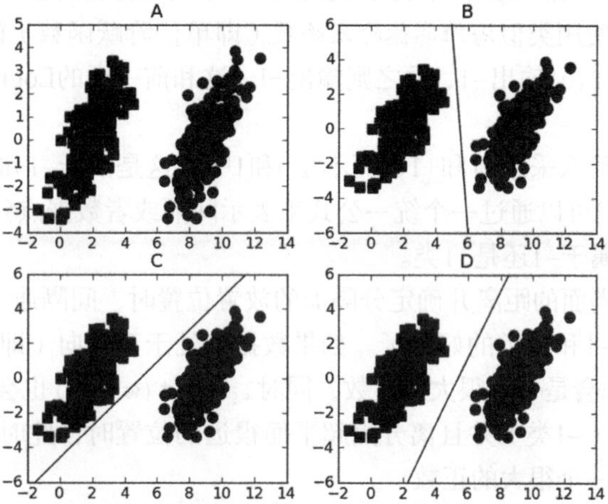

图6-2 A框中给出了一个线性可分的数据集，B、C、D框中各自给出了一条可以将两类数据分开的直线

6.2 寻找最大间隔

如何求解数据集的最佳分隔直线？先来看看图6-3。分隔超平面的形式可以写成$\mathbf{w}^T\mathbf{x}+b$。要计算点A到分隔超平面的距离，就必须给出点到分隔面的法线或垂线的长度，该值为$|\mathbf{w}^T\mathbf{A}+b|/||\mathbf{w}||$。这里的常数b类似于Logistic回归中的截距$w_0$。这里的向量**w**和常数b一起描述了所给数据的分隔线或超平面。接下来我们讨论分类器。

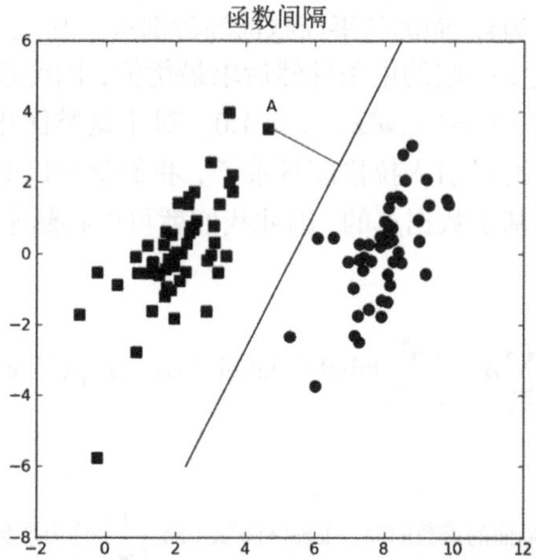

图6-3 点A到分隔平面的距离就是该点到分隔面的法线长度

6.2.1 分类器求解的优化问题

前面已经提到了分类器，但还没有介绍它的工作原理。理解其工作原理将有助于理解基于优化问题的分类器求解过程。输入数据给分类器会输出一个类别标签，这相当于一个类似于Sigmoid的函数在作用。下面将使用类似海维赛德阶跃函数（即单位阶跃函数）的函数对$\mathbf{w}^{\mathrm{T}}\mathbf{x}$+b作用得到f($\mathbf{w}^{\mathrm{T}}\mathbf{x}$+b)，其中当u<0时f(u)输出-1，反之则输出+1。这和前一章的Logistic回归有所不同，那里的类别标签是0或1。

这里的类别标签为什么采用-1和+1，而不是0和1呢？这是由于-1和+1仅仅相差一个符号，方便数学上的处理。我们可以通过一个统一公式来表示间隔或者数据点到分隔超平面的距离，同时不必担心数据到底是属于-1还是+1类。

当计算数据点到分隔面的距离并确定分隔面的放置位置时，间隔通过label * ($\mathbf{w}^{\mathrm{T}}\mathbf{x}$+b)①来计算，这时就能体现出-1和+1类的好处了。如果数据点处于正方向（即+1类）并且离分隔超平面很远的位置时，$\mathbf{w}^{\mathrm{T}}\mathbf{x}$+b会是一个很大的正数，同时label*($\mathbf{w}^{\mathrm{T}}\mathbf{x}$+b)也会是一个很大的正数。而如果数据点处于负方向（-1类）并且离分隔超平面很远的位置时，此时由于类别标签为-1，则label*($\mathbf{w}^{\mathrm{T}}\mathbf{x}$+b)仍然是一个很大的正数。

现在的目标就是找出分类器定义中的w和b。为此，我们必须找到具有最小间隔的数据点，而这些数据点也就是前面提到的支持向量。一旦找到具有最小间隔的数据点，我们就需要对该间隔最大化。这就可以写作：

$$\arg\max_{w,b}\left\{\min_{n}(\text{label}\cdot(\boldsymbol{w}^{\mathrm{T}}\boldsymbol{x}+b))\cdot\frac{1}{\|\boldsymbol{w}\|}\right\}$$

直接求解上述问题相当困难，所以我们将它转换成为另一种更容易求解的形式。首先考察一下上式中大括号内的部分。由于对乘积进行优化是一件很讨厌的事情，因此我们要做的是固定其中一个因子而最大化其他因子。如果令所有支持向量的label*($\mathbf{w}^{\mathrm{T}}\mathbf{x}$+b)都为1，那么就可以通过求||$\mathbf{w}$||$^{-1}$的最大值来得到最终解。但是，并非所有数据点的label*($\mathbf{w}^{\mathrm{T}}\mathbf{x}$+b)都等于1，只有那些离分隔超平面最近的点得到的值才为1。而离超平面越远的数据点，其label*($\mathbf{w}^{\mathrm{T}}\mathbf{x}$+b)的值也就越大。

在上述优化问题中，给定了一些约束条件然后求最优值，因此该问题是一个带约束条件的优化问题。这里的约束条件就是label*($\mathbf{w}^{\mathrm{T}}\mathbf{x}$+b) ≥ 1.0。对于这类优化问题，有一个非常著名的求解方法，即拉格朗日乘子法。通过引入拉格朗日乘子，我们就可以基于约束条件来表述原来的问题。由于这里的约束条件都是基于数据点的，因此我们就可以将超平面写成数据点的形式。于是，优化目标函数最后可以写成：

$$\max_{\alpha}\left[\sum_{i=1}^{m}\alpha-\frac{1}{2}\sum_{i,j=1}^{m}\text{label}^{(i)}\cdot\text{label}^{(j)}\cdot\alpha_i\cdot\alpha_j\left\langle x^{(i)},x^{(j)}\right\rangle\right]$$ ②

① label * ($\mathbf{w}^{\mathrm{T}}\mathbf{x}$+b)被称为点到分隔面的函数间隔，$\text{label}*(\mathbf{w}^{\mathrm{T}}\mathbf{x}+\mathrm{b})\cdot\frac{1}{\|\mathbf{w}\|}$称为点到分隔面的几何间隔。——译者注

② 尖括号表示$x^{(i)}$和$x^{(j)}$两个向量的内积。——译者注

其约束条件为：

$$\alpha \geqslant 0 \text{，和} \sum_{i-1}^{m} \alpha_i \cdot \text{label}^{(i)} = 0$$

至此，一切都很完美，但是这里有个假设：数据必须100%线性可分。目前为止，我们知道几乎所有数据都不那么“干净”。这时我们就可以通过引入所谓**松弛变量**（slack variable），来允许有些数据点可以处于分隔面的错误一侧。这样我们的优化目标就能保持仍然不变，但是此时新的约束条件则变为：

$$C \geqslant \alpha \geqslant 0 \text{，和} \sum_{i-1}^{m} \alpha_i \cdot \text{label}^{(i)} = 0$$

这里的常数C用于控制“最大化间隔”和“保证大部分点的函数间隔小于1.0”这两个目标的权重。在优化算法的实现代码中，常数C是一个参数，因此我们就可以通过调节该参数得到不同的结果。一旦求出了所有的alpha，那么分隔超平面就可以通过这些alpha来表达。这一结论十分直接，SVM中的主要工作就是求解这些alpha。

要理解刚才给出的这些公式还需要大量的知识。如果你有兴趣，我强烈建议去查阅相关的教材[①,②]，以获得上述公式的推导细节。

6.2.2 SVM 应用的一般框架

在第1章中，我们定义了构建机器学习应用的一般步骤，但是这些步骤会随机器学习任务或算法的不同而有所改变，因此有必要在此探讨如何在本章中实现它们。

> **SVM的一般流程**
>
> (1) 收集数据：可以使用任意方法。
> (2) 准备数据：需要数值型数据。
> (3) 分析数据：有助于可视化分隔超平面。
> (4) 训练算法：SVM的大部分时间都源自训练，该过程主要实现两个参数的调优。
> (5) 测试算法：十分简单的计算过程就可以实现。
> (6) 使用算法：几乎所有分类问题都可以使用SVM，值得一提的是，SVM本身是一个二类分类器，对多类问题应用SVM需要对代码做一些修改。

到目前为止，我们已经了解了一些理论知识，我们当然希望能够通过编程，在数据集上将这些理论付诸实践。下一节将介绍一个简单但很强大的实现算法。

① Christopher M. Bishop, *Pattern Recognition and Machine Learning* (Springer, 2006).

② Bernhard Schlkopf and Alexander J. Smola, *Learning with Kernels: Support Vector Machines, Regularization, Optimization, and Beyond* (MIT Press, 2001).

6.3 SMO高效优化算法

接下来，我们根据6.2.1节中的最后两个式子进行优化，其中一个是最小化的目标函数，一个是在优化过程中必须遵循的约束条件。不久之前，人们还在使用二次规划求解工具（quadratic solver）来求解上述最优化问题，这种工具是一种用于在线性约束下优化具有多个变量的二次目标函数的软件。而这些二次规划求解工具则需要强大的计算能力支撑，另外在实现上也十分复杂。所有需要做的围绕优化的事情就是训练分类器，一旦得到alpha的最优值，我们就得到了分隔超平面（2维平面中就是直线）并能够将之用于数据分类。

下面我们就开始讨论SMO算法，然后给出一个简化的版本，以便读者能够正确理解它的工作流程。后一节将会给出SMO算法的完整版，它比简化版的运行速度要快很多。

6.3.1 Platt的SMO算法

1996年，John Platt发布了一个称为SMO①的强大算法，用于训练SVM。SMO表示序列最小优化（Sequential Minimal Optimization）。Platt的SMO算法是将大优化问题分解为多个小优化问题来求解的。这些小优化问题往往很容易求解，并且对它们进行顺序求解的结果与将它们作为整体来求解的结果是完全一致的。在结果完全相同的同时，SMO算法的求解时间短很多。

SMO算法的目标是求出一系列alpha和b，一旦求出了这些alpha，就很容易计算出权重向量w并得到分隔超平面。

SMO算法的工作原理是：每次循环中选择两个alpha进行优化处理。一旦找到一对合适的alpha，那么就增大其中一个同时减小另一个。这里所谓的“合适”就是指两个alpha必须要符合一定的条件，条件之一就是这两个alpha必须要在间隔边界之外，而其第二个条件则是这两个alpha还没有进行过区间化处理或者不在边界上。

6.3.2 应用简化版SMO算法处理小规模数据集

Platt SMO算法的完整实现需要大量代码。在接下来的第一个例子中，我们将会对算法进行简化处理，以便了解算法的基本工作思路，之后再基于简化版给出完整版。简化版代码虽然量少但执行速度慢。Platt SMO算法中的外循环确定要优化的最佳alpha对。而简化版却会跳过这一部分，首先在数据集上遍历每一个alpha，然后在剩下的alpha集合中随机选择另一个alpha，从而构建alpha对。这里有一点相当重要，就是我们要同时改变两个alpha。之所以这样做是因为我们有一个约束条件：

$$\sum \alpha_i \cdot \text{label}^{(i)} = 0$$

由于改变一个alpha可能会导致该约束条件失效，因此我们总是同时改变两个alpha。

---

① John C. Platt, “Using Analytic QP and Sparseness to Speed Training of Support Vector Machines” in *Advances in Neural Information Processing Systems* 11, M. S. Kearns, S. A. Solla, D. A. Cohn, eds(MIT Press, 1999), 557–63.

为此，我们将构建一个辅助函数，用于在某个区间范围内随机选择一个整数。同时，我们也需要另一个辅助函数，用于在数值太大时对其进行调整。下面的程序清单给出了这两个函数的实现。读者可以打开一个文本编辑器将这些代码加入到svmMLiA.py文件中。

程序清单6-1 SMO算法中的辅助函数

```
def loadDataSet(fileName):
    dataMat = []; labelMat = []
    fr = open(fileName)
    for line in fr.readlines():
        lineArr = line.strip().split('\t')
        dataMat.append([float(lineArr[0]), float(lineArr[1])])
        labelMat.append(float(lineArr[2]))
    return dataMat,labelMat

def selectJrand(i,m):
    j=i
    while (j==i):
        j = int(random.uniform(0,m))
    return j

def clipAlpha(aj,H,L):
    if aj > H:
        aj = H
    if L > aj:
        aj = L
    return aj
```

在testSet.txt文件中保存了图6-3所给出的数据。接下来，我们就将在这个文件上应用SMO算法。程序清单6-1中的第一个函数就是我们所熟知的`loadDataSet()`函数，该函数打开文件并对其进行逐行解析，从而得到每行的类标签和整个数据矩阵。

下一个函数`selectJrand()`有两个参数值，其中`i`是第一个alpha的下标，`m`是所有alpha的数目。只要函数值不等于输入值`i`，函数就会进行随机选择。

最后一个辅助函数就是`clipAlpha()`，它是用于调整大于`H`或小于`L`的alpha值。尽管上述3个辅助函数本身做的事情不多，但在分类器中却很有用处。

在输入并保存程序清单6-1中的代码之后，运行如下命令：

```
>>> import svmMLiA
>>> dataArr,labelArr = svmMLiA.loadDataSet('testSet.txt')
>>> labelArr
[-1.0, -1.0, 1.0, -1.0, 1.0, 1.0, 1.0, -1.0, -1.0, -1.0, -1.0, -1.0, -1.0,
1.0...
```

可以看得出来，这里采用的类别标签是-1和1，而不是0和1。

上述工作完成之后，就可以使用SMO算法的第一个版本了。

该SMO函数的伪代码大致如下：

创建一个alpha向量并将其初始化为0向量
当迭代次数小于最大迭代次数时（外循环）：
　　对数据集中的每个数据向量（内循环）：

如果该数据向量可以被优化：
　　随机选择另外一个数据向量
　　同时优化这两个向量
　　如果两个向量都不能被优化，退出内循环
如果所有向量都没被优化，增加迭代数目，继续下一次循环

程序清单6-2中的代码是SMO算法的一个有效版本。在Python中，如果某行以\符号结束，那么就意味着该行语句没有结束并会在下一行延续。下面的代码当中有很多很长的语句必须要分成多行来写。因此，下面的程序中使用了多个\符号。打开文件svmMLiA.py之后输入如下程序清单中的代码。

程序清单6-2　简化版SMO算法

```
def smoSimple(dataMatIn, classLabels, C, toler, maxIter):
    dataMatrix = mat(dataMatIn); labelMat = mat(classLabels).transpose()
    b = 0; m,n = shape(dataMatrix)
    alphas = mat(zeros((m,1)))
    iter = 0
    while (iter < maxIter):
        alphaPairsChanged = 0
        for i in range(m):
            fXi = float(multiply(alphas,labelMat).T*\
                        (dataMatrix*dataMatrix[i,:].T)) + b
            Ei = fXi - float(labelMat[i])
            if ((labelMat[i]*Ei < -toler) and (alphas[i] < C)) or \
                ((labelMat[i]*Ei > toler) and \
                (alphas[i] > 0)):
                j = selectJrand(i,m)
                fXj = float(multiply(alphas,labelMat).T*\
                            (dataMatrix*dataMatrix[j,:].T)) + b
                Ej = fXj - float(labelMat[j])
                alphaIold = alphas[i].copy();
                alphaJold = alphas[j].copy();
                if (labelMat[i] != labelMat[j]):
                    L = max(0, alphas[j] - alphas[i])
                    H = min(C, C + alphas[j] - alphas[i])
                else:
                    L = max(0, alphas[j] + alphas[i] - C)
                    H = min(C, alphas[j] + alphas[i])
                if L==H: print "L==H"; continue
                eta = 2.0 * dataMatrix[i,:]*dataMatrix[j,:].T - \
                      dataMatrix[i,:]*dataMatrix[i,:].T - \
                      dataMatrix[j,:]*dataMatrix[j,:].T
                if eta >= 0: print "eta>=0"; continue
                alphas[j] -= labelMat[j]*(Ei - Ej)/eta
                alphas[j] = clipAlpha(alphas[j],H,L)
                if (abs(alphas[j] - alphaJold) < 0.00001): print \
                                  "j not moving enough"; continue
                alphas[i] += labelMat[j]*labelMat[i]*\
                            (alphaJold - alphas[j])
                b1 = b - Ei- labelMat[i]*(alphas[i]-alphaIold)*\
```

❶ 如果alpha可以更改进入优化过程

❷ 随机选择第二个alpha

❸ 保证alpha在0与C之间

❹ 对i进行修改，修改量与j相同，但方向相反

```
                    dataMatrix[i,:]*dataMatrix[i,:].T - \
                    labelMat[j]*(alphas[j]-alphaJold)*\
                    dataMatrix[i,:]*dataMatrix[j,:].T
                b2 = b - Ej- labelMat[i]*(alphas[i]-alphaIold)*\
                    dataMatrix[i,:]*dataMatrix[j,:].T - \
                    labelMat[j]*(alphas[j]-alphaJold)*\          设置常数项 ❺
                    dataMatrix[j,:]*dataMatrix[j,:].T
                if (0 < alphas[i]) and (C > alphas[i]): b = b1
                elif (0 < alphas[j]) and (C > alphas[j]): b = b2
                else: b = (b1 + b2)/2.0
                alphaPairsChanged += 1
                print "iter: %d i:%d, pairs changed %d" % \
                                    (iter,i,alphaPairsChanged)
        if (alphaPairsChanged == 0): iter += 1
        else: iter = 0
        print "iteration number: %d" % iter
    return b,alphas
```

这个函数比较大，或许是我所知道的本书中最大的一个函数。该函数有5个输入参数，分别是：数据集、类别标签、常数C、容错率和退出前最大的循环次数。在本书，我们构建函数时采用了通用的接口，这样就可以对算法和数据源进行组合或配对处理。上述函数将多个列表和输入参数转换成NumPy矩阵，这样就可以简化很多数学处理操作。由于转置了类别标签，因此我们得到的就是一个列向量而不是列表。于是类别标签向量的每行元素都和数据矩阵中的行一一对应。我们也可以通过矩阵dataMatIn的shape属性得到常数m和n。最后，我们就可以构建一个alpha列矩阵，矩阵中元素都初始化为0，并建立一个iter变量。该变量存储的则是在没有任何alpha改变的情况下遍历数据集的次数。当该变量达到输入值maxIter时，函数结束运行并退出。

每次循环当中，将alphaPairsChanged先设为0，然后再对整个集合顺序遍历。变量alphaPairsChanged用于记录alpha是否已经进行优化。当然，在循环结束时就会得知这一点。首先，fXi能够计算出来，这就是我们预测的类别。然后，基于这个实例的预测结果和真实结果的比对，就可以计算误差Ei。如果误差很大，那么可以对该数据实例所对应的alpha值进行优化。对该条件的测试处于上述程序清单的❶处。在if语句中，不管是正间隔还是负间隔都会被测试。并且在该if语句中，也要同时检查alpha值，以保证其不能等于0或C。由于后面alpha小于0或大于C时将被调整为0或C，所以一旦在该if语句中它们等于这两个值的话，那么它们就已经在“边界”上了，因而不再能够减小或增大，因此也就不值得再对它们进行优化了。

接下来，可以利用程序清单6-1中的辅助函数来随机选择第二个alpha值，即alpha[j] ❷。同样，可以采用第一个alpha值（alpha[i]）的误差计算方法，来计算这个alpha值的误差。这个过程可以通过copy()的方法来实现，因此稍后可以将新的alpha值与老的alpha值进行比较。Python则会通过引用的方式传递所有列表，所以必须明确地告知Python要为alphaIold和alphaJold分配新的内存；否则的话，在对新值和旧值进行比较时，我们就看不到新旧值的变化。之后我们开始计算L和H❸，它们用于将alpha[j]调整到0到C之间。如果L和H相等，就不做任何改变，直接执行continue语句。这在Python中，则意味着本次循环结束直接运行下一次for的循环。

Eta是alpha[j]的最优修改量，在那个很长的计算代码行中得到。如果eta为0，那就是说需要退出for循环的当前迭代过程。该过程对真实SMO算法进行了简化处理。如果eta为0，那么计算新的alpha[j]就比较麻烦了，这里我们就不对此进行详细的介绍了。有需要的读者可以阅读Platt的原文来了解更多的细节。现实中，这种情况并不常发生，因此忽略这一部分通常也无伤大雅。于是，可以计算出一个新的alpha[j]，然后利用程序清单6-1中的辅助函数以及L与H值对其进行调整。

然后，就是需要检查alpha[j]是否有轻微改变。如果是的话，就退出for循环。然后，alpha[i]和alpha[j]同样进行改变，虽然改变的大小一样，但是改变的方向正好相反（即如果一个增加，那么另外一个减少）❹。在对alpha[i]和alpha[j]进行优化之后，给这两个alpha值设置一个常数项b❺。

最后，在优化过程结束的同时，必须确保在合适的时机结束循环。如果程序执行到for循环的最后一行都不执行continue语句，那么就已经成功地改变了一对alpha，同时可以增加alphaPairsChanged的值。在for循环之外，需要检查alpha值是否做了更新，如果有更新则将iter设为0后继续运行程序。只有在所有数据集上遍历maxIter次，且不再发生任何alpha修改之后，程序才会停止并退出while循环。

为了解实际效果，可以运行如下命令：

```
>>> b,alphas = svmMLiA.smoSimple(dataArr, labelArr, 0.6, 0.001, 40)
```

运行后输出类似如下结果：

```
iteration number: 29
j not moving enough
iteration number: 30
iter: 30 i:17, pairs changed 1
j not moving enough
iteration number: 0
j not moving enough
iteration number: 1
```

上述运行过程需要几分钟才会收敛。一旦运行结束，我们可以对结果进行观察：

```
>>> b
matrix([[-3.84064413]])
```

我们可以直接观察alpha矩阵本身，但是其中的零元素太多。为了观察大于0的元素的数量，可以输入如下命令：

```
>>> alphas[alphas>0]
matrix([[ 0.12735413,  0.24154794,  0.36890208]])
```

由于SMO算法的随机性，读者运行后所得到的结果可能会与上述结果不同。alphas[alphas>0]命令是数组过滤（array filtering）的一个实例，而且它只对NumPy类型有用，却并不适用于Python中的正则表（regular list）。如果输入alpha>0，那么就会得到一个布尔数组，并且在不等式成立的情况下，其对应值为正确的。于是，在将该布尔数组应用到原始的矩阵当中时，就会得到一个NumPy矩阵，并且其中矩阵仅仅包含大于0的值。

为了得到支持向量的个数，输入：

```
>>> shape(alphas[alphas>0])
```

为了解哪些数据点是支持向量，输入：

```
>>> for i in range(100):
...     if alphas[i]>0.0: print dataArr[i],labelArr[i]
```

得到的结果类似如下：

```
...
[4.6581910000000004, 3.507396] -1.0
[3.4570959999999999, -0.082215999999999997] -1.0
[6.0805730000000002, 0.41888599999999998] 1.0
```

在原始数据集上对这些支持向量画圈之后的结果如图6-4所示。

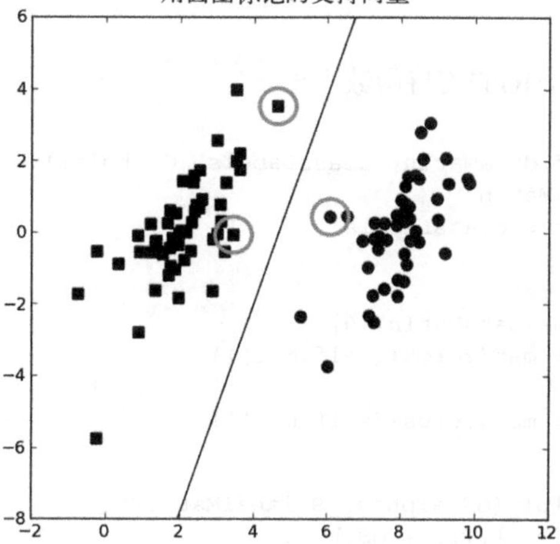

图6-4　示例数据集上运行简化版SMO算法后得到的结果，包括画圈的支持向量与分隔超平面

利用前面的设置，我运行了10次程序并取其平均时间。结果是，这个过程在一台性能较差的笔记本上需要14.5秒。虽然结果看起来并不是太差，但是别忘了这只是一个仅有100个点的小规模数据集而已。在更大的数据集上，收敛时间会变得更长。在下一节中，我们将通过构建完整SMO算法来加快其运行速度。

6.4 利用完整 Platt SMO 算法加速优化

在几百个点组成的小规模数据集上，简化版SMO算法的运行是没有什么问题的，但是在更大的数据集上的运行速度就会变慢。刚才已经讨论了简化版SMO算法，下面我们就讨论完整版的Platt SMO算法。在这两个版本中，实现alpha的更改和代数运算的优化环节一模一样。在优化过程中，唯一的不同就是选择alpha的方式。完整版的Platt SMO算法应用了一些能够提速的启发方法。或许读者已经意识到，上一节的例子在执行时存在一定的时间提升空间。

Platt SMO算法是通过一个外循环来选择第一个alpha值的，并且其选择过程会在两种方式之间进行交替：一种方式是在所有数据集上进行单遍扫描，另一种方式则是在非边界alpha中实现单遍扫描。而所谓非边界alpha指的就是那些不等于边界0或C的alpha值。对整个数据集的扫描相当容易，而实现非边界alpha值的扫描时，首先需要建立这些alpha值的列表，然后再对这个表进行遍历。同时，该步骤会跳过那些已知的不会改变的alpha值。

在选择第一个alpha值后，算法会通过一个内循环来选择第二个alpha值。在优化过程中，会通过最大化步长的方式来获得第二个alpha值。在简化版SMO算法中，我们会在选择j之后计算错误率Ej。但在这里，我们会建立一个全局的缓存用于保存误差值，并从中选择使得步长或者说Ei-Ej最大的alpha值。

在讲述改进后的代码之前，我们必须要对上节的代码进行清理。下面的程序清单中包含1个用于清理代码的数据结构和3个用于对E进行缓存的辅助函数。我们可以打开一个文本编辑器，输入如下代码。

程序清单6-3　完整版Platt SMO的支持函数

```
class optStruct:
    def __init__(self,dataMatIn, classLabels, C, toler):
        self.X = dataMatIn
        self.labelMat = classLabels
        self.C = C
        self.tol = toler
        self.m = shape(dataMatIn)[0]
        self.alphas = mat(zeros((self.m,1)))
        self.b = 0
        self.eCache = mat(zeros((self.m,2)))          ❶ 误差缓存

def calcEk(oS, k):
    fXk = float(multiply(oS.alphas,oS.labelMat).T*\
          (oS.X*oS.X[k,:].T)) + oS.b
    Ek = fXk - float(oS.labelMat[k])
    return Ek
                                                      ❷ 内循环中的启发式方法
def selectJ(i, oS, Ei):
    maxK = -1; maxDeltaE = 0; Ej = 0
    oS.eCache[i] = [1,Ei]
    validEcacheList = nonzero(oS.eCache[:,0].A)[0]
    if (len(validEcacheList)) > 1:
        for k in validEcacheList:
            if k == i: continue
            Ek = calcEk(oS, k)
            deltaE = abs(Ei - Ek)
            if (deltaE > maxDeltaE):                  ❸ 选择具有最大
                maxK = k; maxDeltaE = deltaE; Ej = Ek    步长的j
        return maxK, Ej
    else:
        j = selectJrand(i, oS.m)
        Ej = calcEk(oS, j)
    return j, Ej

def updateEk(oS, k):
    Ek = calcEk(oS, k)
    oS.eCache[k] = [1,Ek]
```

首要的事情就是建立一个数据结构来保存所有的重要值，而这个过程可以通过一个对象来完成。这里使用对象的目的并不是为了面向对象的编程，而只是作为一个数据结构来使用对象。在将值传给函数时，我们可以通过将所有数据移到一个结构中来实现，这样就可以省掉手工输入的麻烦了。而此时，数据就可以通过一个对象来进行传递。实际上，当完成其实现时，可以很容易通过Python的字典来完成。但是在访问对象成员变量时，这样做会有更多的手工输入操作，对比一下`myObject.X`和`myObject['X']`就可以知道这一点。为达到这个目的，需要构建一个仅包含`init`方法的`optStruct`类。该方法可以实现其成员变量的填充。除了增加了一个m×2的矩阵成员变量`eCache`之外❶，这些做法和简化版SMO一模一样。`eCache`的第一列给出的是`eCache`是否有效的标志位，而第二列给出的是实际的`E`值。

对于给定的alpha值，第一个辅助函数`calcEk()`能够计算`E`值并返回。以前，该过程是采用内嵌的方式来完成的，但是由于该过程在这个版本的SMO算法中出现频繁，这里必须要将其单独拎出来。

下一个函数`selectJ()`用于选择第二个alpha或者说内循环的alpha值❷。回想一下，这里的目标是选择合适的第二个alpha值以保证在每次优化中采用最大步长。该函数的误差值与第一个alpha值`Ei`和下标`i`有关。首先将输入值`Ei`在缓存中设置成为有效的。这里的有效（valid）意味着它已经计算好了。在`eCache`中，代码`nonzero(oS.eCache[:,0].A)[0]`构建出了一个非零表。NumPy函数`nonzero()`返回了一个列表，而这个列表中包含以输入列表为目录的列表值，当然读者可以猜得到，这里的值并非零。`nonzero()`语句返回的是非零`E`值所对应的alpha值，而不是`E`值本身。程序会在所有的值上进行循环并选择其中使得改变最大的那个值❸。如果这是第一次循环的话，那么就随机选择一个alpha值。当然，也存在有许多更复杂的方式来处理第一次循环的情况，而上述做法就能够满足我们的目的。

程序清单6-3的最后一个辅助函数是`updateEk()`，它会计算误差值并存入缓存当中。在对alpha值进行优化之后会用到这个值。

程序清单6-3中的代码本身的作用并不大，但是当和优化过程及外循环组合在一起时，就能组成强大的SMO算法。

接下来将简单介绍一下用于寻找决策边界的优化例程。打开文本编辑器，添加下列清单中的代码。在前面，读者已经看到过下列代码的另外一种形式。

程序清单6-4　完整Platt SMO算法中的优化例程

```
def innerL(i, oS):                               第二个alpha选择中的启发式方法 ❶
    Ei = calcEk(oS, i)
    if ((oS.labelMat[i]*Ei < -oS.tol) and (oS.alphas[i] < oS.C)) or\
        ((oS.labelMat[i]*Ei > oS.tol) and (oS.alphas[i] > 0)):
        j,Ej = selectJ(i, oS, Ei)                                          <-
        alphaIold = oS.alphas[i].copy(); alphaJold = oS.alphas[j].copy();
        if (oS.labelMat[i] != oS.labelMat[j]):
            L = max(0, oS.alphas[j] - oS.alphas[i])
            H = min(oS.C, oS.C + oS.alphas[j] - oS.alphas[i])
        else:
            L = max(0, oS.alphas[j] + oS.alphas[i] - oS.C)
            H = min(oS.C, oS.alphas[j] + oS.alphas[i])
```

```
        if L==H: print "L==H"; return 0
        eta = 2.0 * oS.X[i,:]*oS.X[j,:].T - oS.X[i,:]*oS.X[i,:].T - \
              oS.X[j,:]*oS.X[j,:].T
        if eta >= 0: print "eta>=0"; return 0
        oS.alphas[j] -= oS.labelMat[j]*(Ei - Ej)/eta
        oS.alphas[j] = clipAlpha(oS.alphas[j],H,L)
        updateEk(oS, j)                                    ❷ 更新误差缓存
        if (abs(oS.alphas[j] - alphaJold) < 0.00001):
            print "j not moving enough"; return 0
        oS.alphas[i] += oS.labelMat[j]*oS.labelMat[i]*\
                        (alphaJold - oS.alphas[j])
        updateEk(oS, i)                                    ❷ 更新误差缓存
        b1 = oS.b - Ei- oS.labelMat[i]*(oS.alphas[i]-alphaIold)*\
             oS.X[i,:]*oS.X[i,:].T - oS.labelMat[j]*\
             (oS.alphas[j]-alphaJold)*oS.X[i,:]*oS.X[j,:].T
        b2 = oS.b - Ej- oS.labelMat[i]*(oS.alphas[i]-alphaIold)*\
             oS.X[i,:]*oS.X[j,:].T - oS.labelMat[j]*\
             (oS.alphas[j]-alphaJold)*oS.X[j,:]*oS.X[j,:].T
        if (0 < oS.alphas[i]) and (oS.C > oS.alphas[i]): oS.b = b1
        elif (0 < oS.alphas[j]) and (oS.C > oS.alphas[j]): oS.b = b2
        else: oS.b = (b1 + b2)/2.0
        return 1
    else: return 0
```

程序清单6-4中的代码几乎和程序清单6-2中给出的`smoSimple()`函数一模一样，但是这里的代码已经使用了自己的数据结构。该结构在参数`oS`中传递。第二个重要的修改就是使用程序清单6-3中的`selectJ()`而不是`selectJrand()`来选择第二个alpha的值❶。最后，在alpha值改变时更新`Ecache`❷。程序清单6-5将给出把上述过程打包在一起的代码片段。这就是选择第一个alpha值的外循环。打开文本编辑器将下列代码加入到svmMLiA.py文件中。

程序清单6-5　完整版Platt SMO的外循环代码

```
def smoP(dataMatIn, classLabels, C, toler, maxIter, kTup=('lin', 0)):
    oS = optStruct(mat(dataMatIn),mat(classLabels).transpose(),C,toler)
    iter = 0
    entireSet = True; alphaPairsChanged = 0
    while (iter < maxIter) and ((alphaPairsChanged > 0) or (entireSet)):
        alphaPairsChanged = 0
        if entireSet:                                      ❶ 遍历所有的值
            for i in range(oS.m):
                alphaPairsChanged += innerL(i,oS)
                print "fullSet, iter: %d i:%d, pairs changed %d" %\
        (iter,i,alphaPairsChanged)
            iter += 1
        else:                                              ❷ 遍历非边界值
            nonBoundIs = nonzero((oS.alphas.A > 0) * (oS.alphas.A < C))[0]
            for i in nonBoundIs:
                alphaPairsChanged += innerL(i,oS)
                print "non-bound, iter: %d i:%d, pairs changed %d" % \
                 (iter,i,alphaPairsChanged)
            iter += 1
        if entireSet: entireSet = False
        elif (alphaPairsChanged == 0): entireSet = True
```

```
        print "iteration number: %d" % iter
    return oS.b,oS.alphas
```

程序清单6-5给出的是完整版的Platt SMO算法，其输入和函数smoSimple()完全一样。函数一开始构建一个数据结构来容纳所有的数据，然后需要对控制函数退出的一些变量进行初始化。整个代码的主体是while循环，这与smoSimple()有些类似，但是这里的循环退出条件更多一些。当迭代次数超过指定的最大值，或者遍历整个集合都未对任意alpha对进行修改时，就退出循环。这里的maxIter变量和函数smoSimple()中的作用有一点不同，后者当没有任何alpha发生改变时会将整个集合的一次遍历过程计成一次迭代，而这里的一次迭代定义为一次循环过程，而不管该循环具体做了什么事。此时，如果在优化过程中存在波动就会停止，因此这里的做法优于smoSimple()函数中的计数方法。

while循环的内部与smoSimple()中有所不同，一开始的for循环在数据集上遍历任意可能的alpha❶。我们通过调用innerL()来选择第二个alpha，并在可能时对其进行优化处理。如果有任意一对alpha值发生改变，那么会返回1。第二个for循环遍历所有的非边界alpha值，也就是不在边界0或C上的值❷。

接下来，我们对for循环在非边界循环和完整遍历之间进行切换，并打印出迭代次数。最后程序将会返回常数b和alpha值。

为观察上述执行效果，在Python提示符下输入如下命令：

```
>>> dataArr,labelArr = svmMLiA.loadDataSet('testSet.txt')
>>> b,alphas = svmMLiA.smoP(dataArr, labelArr, 0.6, 0.001, 40)
non-bound, iter: 2 i:54, pairs changed 0
non-bound, iter: 2 i:55, pairs changed 0
iteration number: 3
fullSet, iter: 3 i:0, pairs changed 0
fullSet, iter: 3 i:1, pairs changed 0
fullSet, iter: 3 i:2, pairs changed 0
```

类似地，读者也可以检查b和多个alpha的值。那么，相对于简化版SMO算法，上述方法是否更快？基于前面给出的设置在我自己简陋的笔记本上运行10次算法，然后求平均值，最后得到的结果是0.78秒。而在同样的数据集上，smoSimple()函数平均需要14.5秒。在更大规模的数据集上结果可能更好，另外也存在很多方法可以进一步提升其运行速度。

如果修改容错值结果会怎样？如果改变C的值又如何呢？在6.2节末尾曾经粗略地提到，常数C给出的是不同优化问题的权重。常数C一方面要保障所有样例的间隔不小于1.0，另一方面又要使得分类间隔要尽可能大，并且要在这两方面之间平衡。如果C很大，那么分类器将力图通过分隔超平面对所有的样例都正确分类。这种优化的运行结果如图6-5所示。与图6-4相比，会发现图6-5中的支持向量更多。如果回想一下，就会记得图6-4实际来自于简化版算法，该算法是通过随机的方式选择alpha对的。这种简单的方式也可以工作，但是效果却不如完整版本好，后者覆盖了整个数据集。读者可能还认为选出的支持向量应该始终最接近分隔超平面。给定C的设置，图中画圈的支持向量就给出了满足算法的一种解。如果数据集非线性可分，就会发现支持向量会在超平面附近聚集成团。

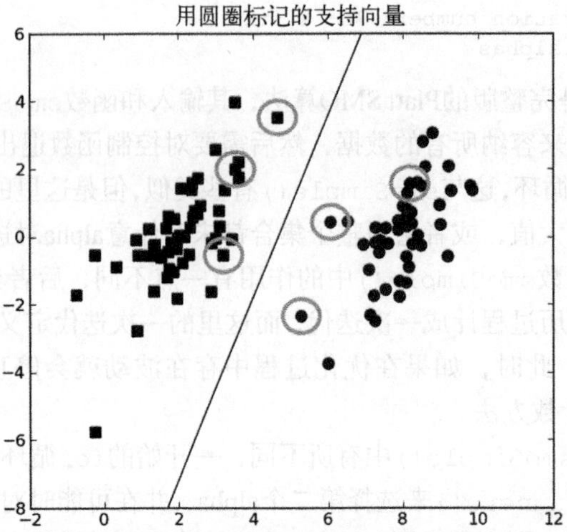

图6-5　在数据集上运行完整版SMO算法之后得到的支持向量，其结果与图6-4稍有不同

读者可能会想，刚才我们花了大量时间来计算那些alpha值，但是如何利用它们进行分类呢？这不成问题，首先必须基于alpha值得到超平面，这也包括了w的计算。下面列出的一个小函数可以用于实现上述任务：

```
def calcWs(alphas,dataArr,classLabels):
    X = mat(dataArr); labelMat = mat(classLabels).transpose()
    m,n = shape(X)
    w = zeros((n,1))
    for i in range(m):
        w += multiply(alphas[i]*labelMat[i],X[i,:].T)
    return w
```

上述代码中最重要的部分是for循环，虽然在循环中实现的仅仅是多个数的乘积。看一下前面计算出的任何一个alpha，就不会忘记大部分alpha值为0。而非零alpha所对应的也就是支持向量。虽然上述for循环遍历了数据集中的所有数据，但是最终起作用的只有支持向量。由于对w计算毫无作用，所以数据集的其他数据点也就会很容易地被舍弃。

为了使用前面给出的函数，输入如下命令：

```
>>> ws=svmMLiA.calcWs(alphas,dataArr,labelArr)
>>> ws
array([[ 0.65307162],
       [-0.17196128]])
```

现在对数据进行分类处理，比如对说第一个数据点分类，可以这样输入：

```
>>> datMat=mat(dataArr)
>>> datMat[0]*mat(ws)+b
matrix([[-0.92555695]])
```

如果该值大于0，那么其属于1类；如果该值小于0，那么则属于-1类。对于数据点0，应该得到的类别标签是-1，可以通过如下的命令来确认分类结果的正确性：

```
>>> labelArr[0]
-1.0
```

还可以继续检查其他数据分类结果的正确性：

```
>>> datMat[2]*mat(ws)+b
matrix([[ 2.30436336]])
>>> labelArr[2]
1.0
>>> datMat[1]*mat(ws)+b
matrix([[-1.36706674]])
>>> labelArr[1]
-1.0
```

读者可将该结果与图6-5进行比较以确认其有效性。

我们现在可以成功训练出分类器了，我想指出的就是，这里两个类中的数据点分布在一条直线的两边。看一下图6-1，大概就可以得到两类的分隔线形状。但是，倘若两类数据点分别分布在一个圆的内部和外部，那么会得到什么样的分类面呢？下一节将会介绍一种方法对分类器进行修改，以说明类别区域形状不同情况下的数据集分隔问题。

6

6.5 在复杂数据上应用核函数

考虑图6-6给出的数据，这有点像图6-1的方框C中的数据。前面我们用这类数据来描述非线性可分的情况。显而易见，在该数据中存在某种可以识别的模式。其中一个问题就是，我们能否像线性情况一样，利用强大的工具来捕捉数据中的这种模式？显然，答案是肯定的。接下来，我们就要使用一种称为*核函数*（kernel）的工具将数据转换成易于分类器理解的形式。本节首先解释核函数的概念，并介绍它们在支持向量机中的使用方法。然后，介绍一种称为*径向基函数*（radial basis function）的最流行的核函数。最后，将该核函数应用于我们前面得到的分类器。

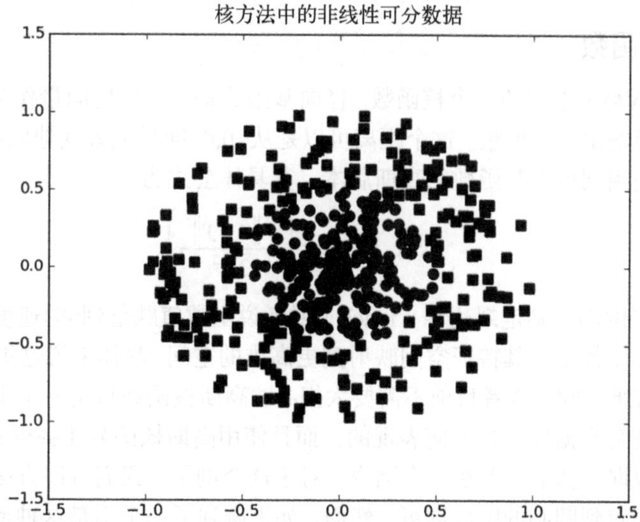

图6-6 这个数据在二维平面中很难用一条直线分隔，不过很明显，这里存在分隔方形点和圆形点的模式

6.5.1　利用核函数将数据映射到高维空间

在图6-6中，数据点处于一个圆中，人类的大脑能够意识到这一点。然而，对于分类器而言，它只能识别分类器的结果是大于0还是小于0。如果只在x和y轴构成的坐标系中插入直线进行分类的话，我们并不会得到理想的结果。我们或许可以对圆中的数据进行某种形式的转换，从而得到某些新的变量来表示数据。在这种表示情况下，我们就更容易得到大于0或者小于0的测试结果。在这个例子中，我们将数据从一个特征空间转换到另一个特征空间。在新空间下，我们可以很容易利用已有的工具对数据进行处理。数学家们喜欢将这个过程称之为从一个特征空间到另一个特征空间的映射。在通常情况下，这种映射会将低维特征空间映射到高维空间。

这种从某个特征空间到另一个特征空间的映射是通过核函数来实现的。读者可以把核函数想象成一个包装器（wrapper）或者是接口（interface），它能把数据从某个很难处理的形式转换成为另一个较容易处理的形式。如果上述特征空间映射的说法听起来很让人迷糊的话，那么可以将它想象成为另外一种距离计算的方法。前面我们提到过距离计算的方法。距离计算的方法有很多种，不久我们也将看到，核函数一样具有多种类型。经过空间转换之后，我们可以在高维空间中解决线性问题，这也就等价于在低维空间中解决非线性问题。

SVM优化中一个特别好的地方就是，所有的运算都可以写成内积（inner product，也称点积）的形式。向量的内积指的是两个向量相乘，之后得到单个标量或者数值。我们可以把内积运算替换成核函数，而不必做简化处理。将内积替换成核函数的方式被称为核技巧（kernel trick）或者核“变电”（kernel substation）。

核函数并不仅仅应用于支持向量机，很多其他的机器学习算法也都用到核函数。接下来，我们将要来介绍一个流行的核函数，那就是径向基核函数。

6.5.2　径向基核函数

径向基函数是SVM中常用的一个核函数。径向基函数是一个采用向量作为自变量的函数，能够基于向量距离运算输出一个标量。这个距离可以是从<0,0>向量或者其他向量开始计算的距离。接下来，我们将会使用到径向基函数的高斯版本，其具体公式为：

$$k(x,y)=\exp\left(\frac{-\|x-y\|^2}{2\sigma^2}\right)$$

其中，σ是用户定义的用于确定到达率（reach）或者说函数值跌落到0的速度参数。

上述高斯核函数将数据从其特征空间映射到更高维的空间，具体来说这里是映射到一个无穷维的空间。关于无穷维空间，读者目前不需要太担心。高斯核函数只是一个常用的核函数，使用者并不需要确切地理解数据到底是如何表现的，而且使用高斯核函数还会得到一个理想的结果。在上面的例子中，数据点基本上都在一个圆内。对于这个例子，我们可以直接检查原始数据，并意识到只要度量数据点到圆心的距离即可。然而，如果碰到了一个不是这种形式的新数据集，那么我们就会陷入困境。在该数据集上，使用高斯核函数可以得到很好的结果。当然，该函数也可以用于许多其他的数据集，并且也能得到低错误率的结果。

如果在svmMLiA.py文件中添加一个函数并稍做修改，那么我们就能够在已有代码中使用核函数。首先，打开svmMLiA.py代码文件并输入函数kernelTrans()。然后，对optStruct类进行修改，得到类似如下程序清单6-6的代码。

程序清单6-6 核转换函数

```
def kernelTrans(X, A, kTup):
    m,n = shape(X)
    K = mat(zeros((m,1)))
    if kTup[0]=='lin': K = X * A.T
    elif kTup[0]=='rbf':
        for j in range(m):
            deltaRow = X[j,:] - A
            K[j] = deltaRow*deltaRow.T
        K = exp(K /(-1*kTup[1]**2))        ❶ 元素间的除法
    else: raise NameError('Houston We Have a Problem -- \
    That Kernel is not recognized')
    return K

class optStruct:
    def __init__(self,dataMatIn, classLabels, C, toler, kTup):
        self.X = dataMatIn
        self.labelMat = classLabels
        self.C = C
        self.tol = toler
        self.m = shape(dataMatIn)[0]
        self.alphas = mat(zeros((self.m,1)))
        self.b = 0
        self.eCache = mat(zeros((self.m,2)))
        self.K = mat(zeros((self.m,self.m)))
        for i in range(self.m):
            self.K[:,i] = kernelTrans(self.X, self.X[i,:], kTup)
```

我建议读者最好看一下optStruct类的新版本。除了引入了一个新变量kTup之外，该版本和原来的optStruct一模一样。kTup是一个包含核函数信息的元组，待会儿我们就能看到它的作用了。在初始化方法结束时，矩阵K先被构建，然后再通过调用函数kernelTrans()进行填充。全局的K值只需计算一次。然后，当想要使用核函数时，就可以对它进行调用。这也省去了很多冗余的计算开销。

当计算矩阵K时，该过程多次调用了函数kernelTrans()。该函数有3个输入参数：2个数值型变量和1个元组。元组kTup给出的是核函数的信息。元组的第一个参数是描述所用核函数类型的一个字符串，其他2个参数则都是核函数可能需要的可选参数。该函数首先构建出了一个列向量，然后检查元组以确定核函数的类型。这里只给出了2种选择，但是依然可以很容易地通过添加elif语句来扩展到更多选项。

在线性核函数的情况下，内积计算在“所有数据集”和“数据集中的一行”这两个输入之间展开。在径向基核函数的情况下，在for循环中对于矩阵的每个元素计算高斯函数的值。而在for循环结束之后，我们将计算过程应用到整个向量上去。值得一提的是，在NumPy矩阵中，除法符号意味着对矩阵元素展开计算而不像在MATLAB中一样计算矩阵的逆❶。

最后，如果遇到一个无法识别的元组，程序就会抛出异常，因为在这种情况下不希望程序再继续运行，这一点相当重要。

为了使用核函数，先期的两个函数innerL()和calcEk()的代码需要做些修改。修改的结果参见程序清单6-7。本来我并不想这样列出代码，但是重新列出函数的所有代码需要超过90行，我想任何人都不希望这样。读者可以直接从下载的源码中复制代码段，而不必对修改片段进行手工输入。下面列出的就是修改的代码片段。

程序清单6-7　使用核函数时需要对innerL()及calcEk()函数进行的修改

```
innerL():
                        .
                        .
                        .
eta = 2.0 * oS.K[i,j] - oS.K[i,i] - oS.K[j,j]
                        .
                        .
                        .
b1 = oS.b - Ei- oS.labelMat[i]*(oS.alphas[i]-alphaIold)*oS.K[i,i] -\
                  oS.labelMat[j]*(oS.alphas[j]-alphaJold)*oS.K[i,j]
b2 = oS.b - Ej- oS.labelMat[i]*(oS.alphas[i]-alphaIold)*oS.K[i,j]-\
                  oS.labelMat[j]*(oS.alphas[j]-alphaJold)*oS.K[j,j]
                        .
                        .
                        .

def calcEk(oS, k):
    fXk = float(multiply(oS.alphas,oS.labelMat).T*oS.K[:,k] + oS.b)
    Ek = fXk - float(oS.labelMat[k])
    return Ek
```

你已经了解了如何在训练过程中使用核函数，接下来我们就去了解如何在测试过程中使用核函数。

6.5.3　在测试中使用核函数

接下来我们将构建一个对图6-6中的数据点进行有效分类的分类器，该分类器使用了径向基核函数。前面提到的径向基函数有一个用户定义的输入σ。首先，我们需要确定它的大小，然后利用该核函数构建出一个分类器。整个测试函数将如程序清单6-8所示。读者也可以打开一个文本编辑器，并且加入函数testRbf()。

程序清单6-8　利用核函数进行分类的径向基测试函数

```
def testRbf(k1=1.3):
    dataArr,labelArr = loadDataSet('testSetRBF.txt')
    b,alphas = smoP(dataArr, labelArr, 200, 0.0001, 10000, ('rbf', k1))
    datMat=mat(dataArr); labelMat = mat(labelArr).transpose()
    svInd=nonzero(alphas.A>0)[0]
    sVs=datMat[svInd]                          ❶ 构建支持向量矩阵
    labelSV = labelMat[svInd];
```

```
    print "there are %d Support Vectors" % shape(sVs)[0]
    m,n = shape(datMat)
    errorCount = 0
    for i in range(m):
        kernelEval = kernelTrans(sVs,datMat[i,:],('rbf', k1))
        predict=kernelEval.T * multiply(labelSV,alphas[svInd]) + b
        if sign(predict)!=sign(labelArr[i]): errorCount += 1
    print "the training error rate is: %f" % (float(errorCount)/m)
    dataArr,labelArr = loadDataSet('testSetRBF2.txt')
    errorCount = 0
    datMat=mat(dataArr); labelMat = mat(labelArr).transpose()
    m,n = shape(datMat)
    for i in range(m):
        kernelEval = kernelTrans(sVs,datMat[i,:],('rbf', k1))
        predict=kernelEval.T * multiply(labelSV,alphas[svInd]) + b
        if sign(predict)!=sign(labelArr[i]): errorCount += 1
    print "the test error rate is: %f" % (float(errorCount)/m)
```

上述代码只有一个可选的输入参数，该输入参数是高斯径向基函数中的一个用户定义变量。整个代码主要是由以前定义的函数集合构成的。首先，程序从文件中读入数据集，然后在该数据集上运行Platt SMO算法，其中核函数的类型为`'rbf'`。

6

优化过程结束后，在后面的矩阵数学运算中建立了数据的矩阵副本，并且找出那些非零的alpha值，从而得到所需要的支持向量；同时，也就得到了这些支持向量和alpha的类别标签值。这些值仅仅是需要分类的值。

整个代码中最重要的是`for`循环开始的那两行，它们给出了如何利用核函数进行分类。首先利用结构初始化方法中使用过的`kernelTrans()`函数，得到转换后的数据。然后，再用其与前面的alpha及类别标签值求积。其中需要特别注意的另一件事是，在这几行代码中，是如何做到只需要支持向量数据就可以进行分类的。除此之外，其他数据都可以直接舍弃。

与第一个`for`循环相比，第二个`for`循环仅仅只有数据集不同，后者采用的是测试数据集。读者可以比较不同的设置在测试集和训练集上表现出的性能。

为测试程序清单6-8的代码，可以在Python提示符下输入命令：

```
>>> reload(svmMLiA)
<module 'svmMLiA' from 'svmMLiA.pyc'>
>>> svmMLiA.testRbf()
                              .
                              .
fullSet, iter: 11 i:497, pairs changed 0
fullSet, iter: 11 i:498, pairs changed 0
fullSet, iter: 11 i:499, pairs changed 0
iteration number: 12
there are 27 Support Vectors
the training error rate is: 0.030000
the test error rate is: 0.040000
```

你可以尝试更换不同的`k1`参数以观察测试错误率、训练错误率、支持向量个数随`k1`的变化情况。图6-7给出了当`k1`非常小（=0.1）时的结果。

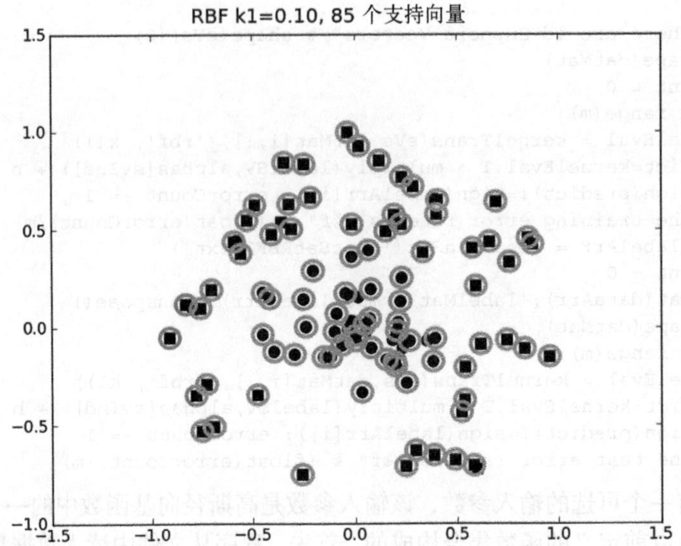

图6-7　在用户自定义参数k1 = 0.1时的径向基函数。该参数此时减少了每个支持向量的影响程度，因此需要更多的支持向量

图6-7中共有100个数据点，其中的85个为支持向量。优化算法发现，必须使用这些支持向量才能对数据进行正确分类。这就可能给了读者径向基函数到达率太小的直觉。我们可以通过增加σ来观察错误率的变化情况。增加σ之后得到的另一个结果如图6-8所示。

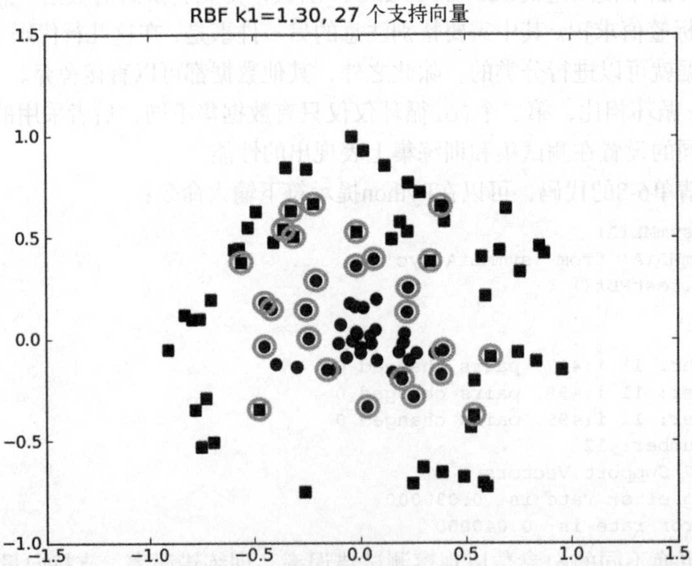

图6-8　在用户自定义参数k1=1.3时的径向基函数。这里的支持向量个数少于图6-7的，而这些支持向量在决策边界周围聚集

同图6-7相比，图6-8中只有27个支持向量，其数目少了很多。这时观察一下函数`testRbf()`的输出结果就会发现，此时的测试错误率也在下降。该数据集在这个设置的某处存在着最优值。如果降低σ，那么训练错误率就会降低，但是测试错误率却会上升。

支持向量的数目存在一个最优值。SVM的优点在于它能对数据进行高效分类。如果支持向量太少，就可能会得到一个很差的决策边界（下个例子会说明这一点）；如果支持向量太多，也就相当于每次都利用整个数据集进行分类，这种分类方法称为k近邻。

我们可以对SMO算法中的其他设置进行随意地修改或者建立新的核函数。接下来，我们将在一个更大的数据上应用支持向量机，并与以前介绍的一个分类器进行对比。

6.6 示例：手写识别问题回顾

考虑这样一个假想的场景。你的老板过来对你说："你写的那个手写体识别程序非常好，但是它占用的内存太大了。顾客不能通过无线的方式下载我们的应用（在写本书时，无线下载的限制容量为10MB，可以肯定，这将来会成为笑料的。）我们必须在保持其性能不变的同时，使用更少的内存。我呢，告诉了CEO，你会在一周内准备好，但你到底还得多长时间才能搞定这件事？"我不确定你到底会如何回答，但是如果想要满足他们的需求，你可以考虑使用支持向量机。尽管第2章所使用的kNN方法效果不错，但是需要保留所有的训练样本。而对于支持向量机而言，其需要保留的样本少了很多（即只保留支持向量），但是能获得可比的效果。

示例：基于SVM的数字识别

(1) 收集数据：提供的文本文件。
(2) 准备数据：基于二值图像构造向量。
(3) 分析数据：对图像向量进行目测。
(4) 训练算法：采用两种不同的核函数，并对径向基核函数采用不同的设置来运行SMO算法。
(5) 测试算法：编写一个函数来测试不同的核函数并计算错误率。
(6) 使用算法：一个图像识别的完整应用还需要一些图像处理的知识，这里并不打算深入介绍。

使用第2章中的一些代码和SMO算法，可以构建一个系统去测试手写数字上的分类器。打开svmMLiA.py并将第2章knn.py中的`img2vector()`函数复制过来。然后，加入程序清单6-9中的代码。

程序清单6-9 基于SVM的手写数字识别

```
def loadImages(dirName):
    from os import listdir
    hwLabels = []
    trainingFileList = listdir(dirName)
    m = len(trainingFileList)
    trainingMat = zeros((m,1024))
    for i in range(m):
```

```
            fileNameStr = trainingFileList[i]
            fileStr = fileNameStr.split('.')[0]
            classNumStr = int(fileStr.split('_')[0])
            if classNumStr == 9: hwLabels.append(-1)
            else: hwLabels.append(1)
            trainingMat[i,:] = img2vector('%s/%s' % (dirName, fileNameStr))
        return trainingMat, hwLabels
    def testDigits(kTup=('rbf', 10)):
        dataArr,labelArr = loadImages('trainingDigits')
        b,alphas = smoP(dataArr, labelArr, 200, 0.0001, 10000, kTup)
        datMat=mat(dataArr); labelMat = mat(labelArr).transpose()
        svInd=nonzero(alphas.A>0)[0]
        sVs=datMat[svInd]
        labelSV = labelMat[svInd];
        print "there are %d Support Vectors" % shape(sVs)[0]
        m,n = shape(datMat)
        errorCount = 0
        for i in range(m):
            kernelEval = kernelTrans(sVs,datMat[i,:],kTup)
            predict=kernelEval.T * multiply(labelSV,alphas[svInd]) + b
            if sign(predict)!=sign(labelArr[i]): errorCount += 1
        print "the training error rate is: %f" % (float(errorCount)/m)
        dataArr,labelArr = loadImages('testDigits')
        errorCount = 0
        datMat=mat(dataArr); labelMat = mat(labelArr).transpose()
        m,n = shape(datMat)
        for i in range(m):
            kernelEval = kernelTrans(sVs,datMat[i,:],kTup)
            predict=kernelEval.T * multiply(labelSV,alphas[svInd]) + b
            if sign(predict)!=sign(labelArr[i]): errorCount += 1
        print "the test error rate is: %f" % (float(errorCount)/m)
```

函数loadImages()是作为前面kNN.py中的handwritingClassTest()的一部分出现的。它已经被重构为自身的一个函数。其中仅有的一个大区别在于，在kNN.py中代码直接应用类别标签，而同支持向量机一起使用时，类别标签为-1或者+1。因此，一旦碰到数字9，则输出类别标签-1，否则输出+1。本质上，支持向量机是一个二类分类器，其分类结果不是+1就是-1。基于SVM构建多类分类器已有很多研究和对比了，如果读者感兴趣，建议阅读C. W. Huset等人发表的一篇论文“A Comparison of Methods for Multiclass Support Vector Machines”①。由于这里我们只做二类分类，因此除了1和9之外的数字都被去掉了。

下一个函数testDigits()并不是全新的函数，它和testRbf()的代码几乎一样，唯一的大区别就是它调用了loadImages()函数来获得类别标签和数据。另一个细小的不同是现在这里的函数元组kTup是输入参数，而在testRbf()中默认的就是使用rbf核函数。如果对于函数testDigits()不增加任何输入参数的话，那么kTup的默认值就是('rbf' ,10)。

输入程序清单6-9中的代码之后，将之保存为svmMLiA.py并输入如下命令：

① C. W. Hus, and C. J. Lin, “A Comparison of Methods for Multiclass Support Vector Machines,” *IEEE Transactions on Neural Networks* 13, no. 2 (March 2002), 415–25。

```
>>> svmMLiA.testDigits(('rbf', 20))
                    .
                    .
                    .
L==H
fullSet, iter: 3 i:401, pairs changed 0
iteration number: 4
there are 43 Support Vectors
the training error rate is: 0.017413
the test error rate is: 0.032258
```

我尝试了不同的σ值，并尝试了线性核函数，总结得到的结果如表6-1所示。

表6-1 不同σ值的手写数字识别性能

内核，设置	训练错误率（%）	测试错误率（%）	支持向量数
RBF, 0.1	0	52	402
RBF, 5	0	3.2	402
RBF, 10	0	0.5	99
RBF, 50	0.2	2.2	41
RBF, 100	4.5	4.3	26
Linear	2.7	2.2	38

6

表6-1给出的结果表明，当径向基核函数中的参数σ取10左右时，就可以得到最小的测试错误率。该参数值比前面例子中的取值大得多，而前面的测试错误率在1.3左右。为什么差距如此之大？原因就在于数据的不同。在手写识别的数据中，有1024个特征，而这些特征的值有可能高达1.0。而在6.5节的例子中，所有数据从–1到1变化，但是只有2个特征。如何才能知道该怎么设置呢？说老实话，在写这个例子时我也不知道。我只是对不同的设置进行了多次尝试。C的设置也会影响到分类的结果。当然，存在另外的SVM形式，它们把C同时考虑到了优化过程中，例如v-SVM。有关v-SVM的一个较好的讨论可以参考本书第3章介绍过的Sergios Theodoridis和Konstantinos Koutroumbas撰写的*Pattern Recognition*①。

你可能注意到了一个有趣的现象，即最小的训练错误率并不对应于最小的支持向量数目。另一个值得注意的就是，线性核函数的效果并不是特别的糟糕。可以以牺牲线性核函数的错误率来换取分类速度的提高。尽管这一点在实际中是可以接受的，但是还得取决于具体的应用。

6.7 本章小结

支持向量机是一种分类器。之所以称为“机”是因为它会产生一个二值决策结果，即它是一种决策“机”。支持向量机的泛化错误率较低，也就是说它具有良好的学习能力，且学到的结果具有很好的推广性。这些优点使得支持向量机十分流行，有些人认为它是监督学习中最好的定式算法。

支持向量机试图通过求解一个二次优化问题来最大化分类间隔。在过去，训练支持向量机常采用非常复杂并且低效的二次规划求解方法。John Platt引入了SMO算法，此算法可以通过每次只优化2个alpha值来加快SVM的训练速度。本章首先讨论了一个简化版本所实现的SMO优化过程，

① Sergios Theodoridis and Konstantinos Koutroumbas, *Pattern Recognition*, 4th ed. (Academic Press, 2009), 133.

接着给出了完整的Platt SMO算法。相对于简化版而言，完整版算法不仅大大地提高了优化的速度，还使其存在一些进一步提高运行速度的空间。有关这方面的工作，一个经常被引用的参考文献就是“Improvements to Platt's SMO Algorithm for SVM Classifier Design”①。

核方法或者说核技巧会将数据（有时是非线性数据）从一个低维空间映射到一个高维空间，可以将一个在低维空间中的非线性问题转换成高维空间下的线性问题来求解。核方法不止在SVM中适用，还可以用于其他算法中。而其中的径向基函数是一个常用的度量两个向量距离的核函数。

支持向量机是一个二类分类器。当用其解决多类问题时，则需要额外的方法对其进行扩展。SVM的效果也对优化参数和所用核函数中的参数敏感。

下一章将通过介绍一个称为boosting的方法来结束我们有关分类的介绍。读者不久就会看到，在boosting和SVM之间存在着许多相似之处。

① S. S. Keerthi, S. K. Shevade, C. Bhattacharyya, and K. R. K. Murthy, “Improvements to Platt's SMO Algorithm for SVM Classifier Design,” *Neural Computation* 13, no. 3,(2001), 637–49.

第 7 章

利用AdaBoost元算法提高分类性能

本章内容

- 组合相似的分类器来提高分类性能
- 应用AdaBoost算法
- 处理非均衡分类问题

当做重要决定时，大家可能都会考虑吸取多个专家而不只是一个人的意见。机器学习处理问题时又何尝不是如此？这就是元算法（meta-algorithm）背后的思路。元算法是对其他算法进行组合的一种方式。接下来我们将集中关注一个称作AdaBoost的最流行的元算法。由于某些人认为AdaBoost是最好的监督学习的方法，所以该方法是机器学习工具箱中最强有力的工具之一。

本章首先讨论不同分类器的集成方法，然后主要关注boosting方法及其代表分类器Adaboost。再接下来，我们就会建立一个单层决策树（decision stump）分类器。实际上，它是一个单节点的决策树。AdaBoost算法将应用在上述单层决策树分类器之上。我们将在一个难数据集上应用AdaBoost分类器，以了解该算法是如何迅速超越其他分类器的。

最后，在结束分类话题之前，我们将讨论所有分类器都会遇到的一个通用问题：非均衡分类问题。当我们试图对样例数目不均衡的数据进行分类时，就会遇到这个问题。信用卡使用中的欺诈检测就是非均衡问题中的一个极好的例子，此时我们可能会对每一个正例样本都有1000个反例样本。在这种情况下，分类器将如何工作？读者将会了解到，可能需要利用修改后的指标来评价分类器的性能。而就这个问题而言，并非AdaBoost所独用，只是因为这是分类的最后一章，因此到了讨论这个问题的最佳时机。

7.1 基于数据集多重抽样的分类器

前面已经介绍了五种不同的分类算法，它们各有优缺点。我们自然可以将不同的分类器组合起来，而这种组合结果则被称为*集成方法*（ensemble method）或者*元算法*（meta-algorithm）。使用集成方法时会有多种形式：可以是不同算法的集成，也可以是同一算法在不同设置下的集成，还可以是数据集不同部分分配给不同分类器之后的集成。接下来，我们将介绍基于同一种分类器多个不同实例的两种计算方法。在这些方法当中，数据集也会不断变化，而后应用于不同的实例分类器上。最后，我们会讨论如何利用机器学习问题的通用框架来应用AdaBoost算法。

AdaBoost

优点：泛化错误率低，易编码，可以应用在大部分分类器上，无参数调整。

缺点：对离群点敏感。

适用数据类型：数值型和标称型数据。

7.1.1　bagging：基于数据随机重抽样的分类器构建方法

自举汇聚法（bootstrap aggregating），也称为bagging方法，是在从原始数据集选择*S*次后得到*S*个新数据集的一种技术。新数据集和原数据集的大小相等。每个数据集都是通过在原始数据集中随机选择一个样本来进行替换而得到的①。这里的替换就意味着可以多次地选择同一样本。这一性质就允许新数据集中可以有重复的值，而原始数据集的某些值在新集合中则不再出现。

在*S*个数据集建好之后，将某个学习算法分别作用于每个数据集就得到了*S*个分类器。当我们要对新数据进行分类时，就可以应用这*S*个分类器进行分类。与此同时，选择分类器投票结果中最多的类别作为最后的分类结果。

当然，还有一些更先进的bagging方法，比如随机森林（random forest）。有关这些方法的一个很好的讨论材料参见网页http://www.stat.berkeley.edu/~breiman/RandomForests/cc_home.htm。接下来我们将注意力转向一个与bagging类似的集成分类器方法boosting。

7.1.2　boosting

boosting是一种与bagging很类似的技术。不论是在boosting还是bagging当中，所使用的多个分类器的类型都是一致的。但是在前者当中，不同的分类器是通过串行训练而获得的，每个新分类器都根据已训练出的分类器的性能来进行训练。boosting是通过集中关注被已有分类器错分的那些数据来获得新的分类器。

由于boosting分类的结果是基于所有分类器的加权求和结果的，因此boosting与bagging不太一样。bagging中的分类器权重是相等的，而boosting中的分类器权重并不相等，每个权重代表的是其对应分类器在上一轮迭代中的成功度。

boosting方法拥有多个版本，本章将只关注其中一个最流行的版本AdaBoost。

① 这里的意思是从原始集合中随机选择一个样本，然后随机选择一个样本来代替这个样本。在其他书中，bagging中的数据集通常被认为是放回取样得到的，比如要得到一个大小为n的新数据集，该数据集中的每个样本都是在原始数据集中随机抽样（即抽样之后又放回）得到的。——译者注

AdaBoost的一般流程

(1) 收集数据：可以使用任意方法。
(2) 准备数据：依赖于所使用的弱分类器类型，本章使用的是单层决策树，这种分类器可以处理任何数据类型。当然也可以使用任意分类器作为弱分类器，第2章到第6章中的任一分类器都可以充当弱分类器。作为弱分类器，简单分类器的效果更好。
(3) 分析数据：可以使用任意方法。
(4) 训练算法：AdaBoost的大部分时间都用在训练上，分类器将多次在同一数据集上训练弱分类器。
(5) 测试算法：计算分类的错误率。
(6) 使用算法：同SVM一样，AdaBoost预测两个类别中的一个。如果想把它应用到多个类别的场合，那么就要像多类SVM中的做法一样对AdaBoost进行修改。

下面我们将要讨论AdaBoost背后的一些理论，并揭示其效果不错的原因。

7.2　训练算法：基于错误提升分类器的性能

能否使用弱分类器和多个实例来构建一个强分类器？这是一个非常有趣的理论问题。这里的"弱"意味着分类器的性能比随机猜测要略好，但是也不会好太多。这就是说，在二分类情况下弱分类器的错误率会高于50%，而"强"分类器的错误率将会低很多。AdaBoost算法即脱胎于上述理论问题。

AdaBoost是adaptive boosting（自适应boosting）的缩写，其运行过程如下：训练数据中的每个样本，并赋予其一个权重，这些权重构成了向量D。一开始，这些权重都初始化成相等值。首先在训练数据上训练出一个弱分类器并计算该分类器的错误率，然后在同一数据集上再次训练弱分类器。在分类器的第二次训练当中，将会重新调整每个样本的权重，其中第一次分对的样本的权重将会降低，而第一次分错的样本的权重将会提高。为了从所有弱分类器中得到最终的分类结果，AdaBoost为每个分类器都分配了一个权重值alpha，这些alpha值是基于每个弱分类器的错误率进行计算的。其中，错误率ε的定义为：

$$\varepsilon=\frac{\text{未正确分类的样本数目}}{\text{所有样本数目}}$$

而alpha的计算公式如下：

$$\alpha=\frac{1}{2}\ln\left(\frac{1-\varepsilon}{\varepsilon}\right)$$

AdaBoost算法的流程如图7-1所示。

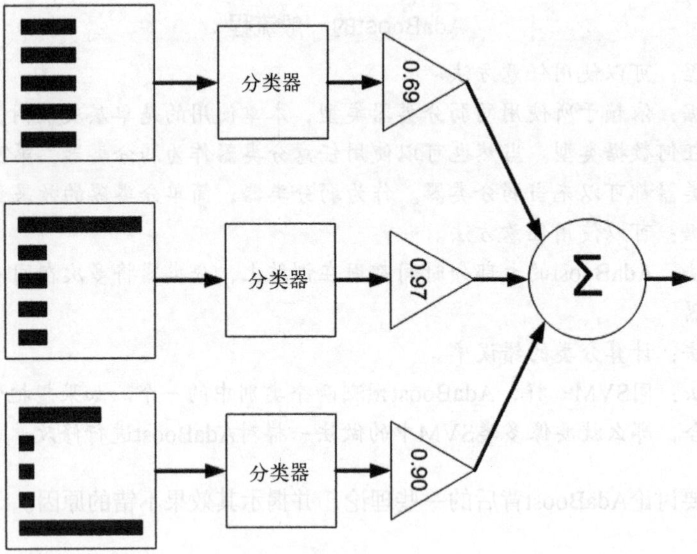

图7-1　AdaBoost算法的示意图。左边是数据集，其中直方图的不同宽度表示每个样例上的不同权重。在经过一个分类器之后，加权的预测结果会通过三角形中的alpha值进行加权。每个三角形中输出的加权结果在圆形中求和，从而得到最终的输出结果

计算出alpha值之后，可以对权重向量D进行更新，以使得那些正确分类的样本的权重降低而错分样本的权重升高。D的计算方法如下。

如果某个样本被正确分类，那么该样本的权重更改为：

$$D_i^{(t+1)} = \frac{D_i^{(t)} e^{-\alpha}}{\mathrm{Sum}(D)}$$

而如果某个样本被错分，那么该样本的权重更改为：

$$D_i^{(t+1)} = \frac{D_i^{(t)} e^{\alpha}}{\mathrm{Sum}(D)}$$

在计算出D之后，AdaBoost又开始进入下一轮迭代。AdaBoost算法会不断地重复训练和调整权重的过程，直到训练错误率为0或者弱分类器的数目达到用户的指定值为止。

接下来，我们将建立完整的AdaBoost算法。在这之前，我们首先必须通过一些代码来建立弱分类器及保存数据集的权重。

7.3　基于单层决策树构建弱分类器

单层决策树（decision stump，也称决策树桩）是一种简单的决策树。前面我们已经介绍了决策树的工作原理，接下来将构建一个单层决策树，而它仅基于单个特征来做决策。由于这棵树只有一次分裂过程，因此它实际上就是一个树桩。

在构造AdaBoost的代码时，我们将首先通过一个简单数据集来确保在算法实现上一切就绪。然后，建立一个叫adaboost.py的新文件并加入如下代码：

```
def loadSimpData():
    datMat = matrix([[ 1. ,  2.1],
        [ 2. ,  1.1],
        [ 1.3,  1. ],
        [ 1. ,  1. ],
        [ 2. ,  1. ]])
    classLabels = [1.0, 1.0, -1.0, -1.0, 1.0]
  return datMat,classLabels
```

图7-2给出了上述数据集的示意图。如果想要试着从某个坐标轴上选择一个值（即选择一条与坐标轴平行的直线）来将所有的圆形点和方形点分开，这显然是不可能的。这就是单层决策树难以处理的一个著名问题。通过使用多棵单层决策树，我们就可以构建出一个能够对该数据集完全正确分类的分类器。

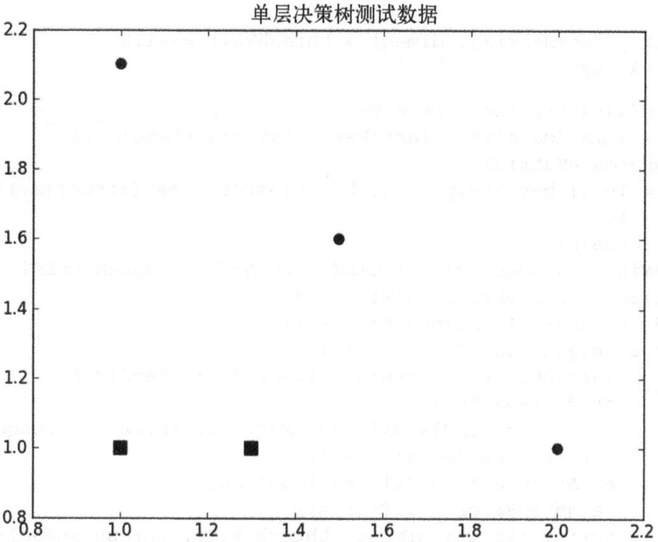

图7-2 用于检测AdaBoost构建函数的简单数据。这不可能仅仅通过在某个坐标轴上选择某个阈值来将圆形点和方形点分开。AdaBoost需要将多个单层决策树组合起来才能对该数据集进行正确分类

通过键入如下命令可以实现数据集和类标签的导入：

```
>>> import adaboost
>>> datMat,classLabels=adaboost.loadSimpData()
```

有了数据，接下来就可以通过构建多个函数来建立单层决策树。

第一个函数将用于测试是否有某个值小于或者大于我们正在测试的阈值。第二个函数则更加复杂一些，它会在一个加权数据集中循环，并找到具有最低错误率的单层决策树。

这个程序的伪代码看起来大致如下：

将最小错误率minError设为+∞
对数据集中的每一个特征（第一层循环）：
　　对每个步长（第二层循环）：
　　　　对每个不等号（第三层循环）：
　　　　　　建立一棵单层决策树并利用加权数据集对它进行测试
　　　　　　如果错误率低于minError，则将当前单层决策树设为最佳单层决策树
返回最佳单层决策树

接下来，我们开始构建这个函数。将程序清单7-1中的代码输入到boost.py中并保存文件。

程序清单7-1　单层决策树生成函数

```
def stumpClassify(dataMatrix,dimen,threshVal,threshIneq):
    retArray = ones((shape(dataMatrix)[0],1))
    if threshIneq == 'lt':
        retArray[dataMatrix[:,dimen] <= threshVal] = -1.0
    else:
        retArray[dataMatrix[:,dimen] > threshVal] = -1.0
    return retArray

def buildStump(dataArr,classLabels,D):
    dataMatrix = mat(dataArr); labelMat = mat(classLabels).T
    m,n = shape(dataMatrix)
    numSteps = 10.0; bestStump = {}; bestClasEst = mat(zeros((m,1)))
    minError = inf
    for i in range(n):
        rangeMin = dataMatrix[:,i].min(); rangeMax = dataMatrix[:,i].max();
        stepSize = (rangeMax-rangeMin)/numSteps
        for j in range(-1,int(numSteps)+1):
            for inequal in ['lt', 'gt']:
                threshVal = (rangeMin + float(j) * stepSize)
                predictedVals = \
                        stumpClassify(dataMatrix,i,threshVal,inequal)
                errArr = mat(ones((m,1)))
                errArr[predictedVals == labelMat] = 0
                weightedError = D.T*errArr        ← ❶ 计算加权错误率
                #print "split: dim %d, thresh %.2f, thresh ineqal: \
                       %s, the weighted error is %.3f" %\
                       (i, threshVal, inequal, weightedError)
                if weightedError < minError:
                    minError = weightedError
                    bestClasEst = predictedVals.copy()
                    bestStump['dim'] = i
                    bestStump['thresh'] = threshVal
                    bestStump['ineq'] = inequal
    return bestStump,minError,bestClasEst
```

上述程序包含两个函数。第一个函数stumpClassify()是通过阈值比较对数据进行分类的。所有在阈值一边的数据会分到类别-1，而在另外一边的数据分到类别+1。该函数可以通过数组过滤来实现，首先将返回数组的全部元素设置为1，然后将所有不满足不等式要求的元素设置为-1。可以基于数据集中的任一元素进行比较，同时也可以将不等号在大于、小于之间切换。

第二个函数buildStump()将会遍历stumpClassify()函数所有的可能输入值，并找到数据集上最佳的单层决策树。这里的“最佳”是基于数据的权重向量D来定义的，读者很快就会看到其具体定义了。在确保输入数据符合矩阵格式之后，整个函数就开始执行了。然后，函数将构建一个称为bestStump的空字典，这个字典用于存储给定权重向量D时所得到的最佳单层决策树的相关信息。变量numSteps用于在特征的所有可能值上进行遍历。而变量minError则在一开始就初始化成正无穷大，之后用于寻找可能的最小错误率。

三层嵌套的for循环是程序最主要的部分。第一层for循环在数据集的所有特征上遍历。考虑到数值型的特征，我们就可以通过计算最小值和最大值来了解应该需要多大的步长。然后，第二层for循环再在这些值上遍历。甚至将阈值设置为整个取值范围之外也是可以的。因此，在取值范围之外还应该有两个额外的步骤。最后一个for循环则是在大于和小于之间切换不等式。

在嵌套的三层for循环之内，我们在数据集及三个循环变量上调用stumpClassify()函数。基于这些循环变量，该函数将会返回分类预测结果。接下来构建一个列向量errArr，如果predictedVals中的值不等于labelMat中的真正类别标签值，那么errArr的相应位置为1。将错误向量errArr和权重向量D的相应元素相乘并求和，就得到了数值weightedError❶。这就是AdaBoost和分类器交互的地方。这里，我们是基于权重向量*D*而不是其他错误计算指标来评价分类器的。如果需要使用其他分类器的话，就需要考虑*D*上最佳分类器所定义的计算过程。

7

程序接下来输出所有的值。虽然这一行后面可以注释掉，但是它对理解函数的运行还是很有帮助的。最后，将当前的错误率与已有的最小错误率进行对比，如果当前的值较小，那么就在词典bestStump中保存该单层决策树。字典、错误率和类别估计值都会返回给AdaBoost算法。

为了解实际运行过程，在Python提示符下输入如下命令：

```
>>> D = mat(ones((5,1))/5)
>>> adaboost.buildStump(datMat,classLabels,D)
split: dim 0, thresh 0.90, thresh ineqal: lt, the weighted error is 0.400
split: dim 0, thresh 0.90, thresh ineqal: gt, the weighted error is 0.600
split: dim 0, thresh 1.00, thresh ineqal: lt, the weighted error is 0.400
split: dim 0, thresh 1.00, thresh ineqal: gt, the weighted error is 0.600
                                    .
split: dim 1, thresh 2.10, thresh ineqal: lt, the weighted error is 0.600
split: dim 1, thresh 2.10, thresh ineqal: gt, the weighted error is 0.400
({'dim': 0, 'ineq': 'lt', 'thresh': 1.3}, matrix([[ 0.2]]), array([[-1.],
       [ 1.],
       [-1.],
       [-1.],
       [ 1.]]))
```

buildStump在所有可能的值上遍历的同时，我们也可以看到输出的结果，并且最后会看到返回的字典。读者可以思考一下，该词典是否对应了最小可能的加权错误率？是否存在其他的设置也能得到相同的错误率？

上述单层决策树的生成函数是决策树的一个简化版本。它就是所谓的弱学习器，即弱分类算法。到现在为止，我们已经构建了单层决策树，并生成了程序，做好了过渡到完整AdaBoost算法的准备。在下一节当中，我们将使用多个弱分类器来构建AdaBoost代码。

7.4 完整 AdaBoost 算法的实现

在上一节，我们构建了一个基于加权输入值进行决策的分类器。现在，我们拥有了实现一个完整AdaBoost算法所需要的所有信息。我们将利用7.3节构建的单层决策树来实现7.2节中给出提纲的算法。

整个实现的伪代码如下：

对每次迭代：
  利用buildStump()函数找到最佳的单层决策树
  将最佳单层决策树加入到单层决策树数组
  计算alpha
  计算新的权重向量*D*
  更新累计类别估计值
  如果错误率等于0.0，则退出循环

为了将该函数放入Python中，打开adaboost.py文件并将程序清单7-2的代码加入其中。

程序清单7-2　基于单层决策树的AdaBoost训练过程

```
def adaBoostTrainDS(dataArr,classLabels,numIt=40):
    weakClassArr = []
    m = shape(dataArr)[0]
    D = mat(ones((m,1))/m)
    aggClassEst = mat(zeros((m,1)))
    for i in range(numIt):
        bestStump,error,classEst = buildStump(dataArr,classLabels,D)
        print "D:",D.T
        alpha = float(0.5*log((1.0-error)/max(error,1e-16)))
        bestStump['alpha'] = alpha
        weakClassArr.append(bestStump)
        print "classEst: ",classEst.T
        expon = multiply(-1*alpha*mat(classLabels).T,classEst)
        D = multiply(D,exp(expon))
        D = D/D.sum()
        aggClassEst += alpha*classEst
        print "aggClassEst: ",aggClassEst.T
        aggErrors = multiply(sign(aggClassEst) !=
                    mat(classLabels).T,ones((m,1)))
        errorRate = aggErrors.sum()/m
        print "total error: ",errorRate,"\n"
        if errorRate == 0.0: break
    return weakClassArr
```

❶ 为下一次迭代计算*D*

❷ 错误率累加计算

```
>>> classifierArray = adaboost.adaBoostTrainDS(datMat,classLabels,9)
D: [[ 0.2  0.2  0.2  0.2  0.2]]
classEst:    [[-1.  1. -1. -1.  1.]]
aggClassEst:  [[-0.69314718  0.69314718 -0.69314718 -0.69314718
  0.69314718]]
total error:  0.2
```

```
D: [[ 0.5     0.125  0.125  0.125  0.125]]
classEst:  [[ 1.  1. -1. -1. -1.]]
aggClassEst:  [[ 0.27980789  1.66610226 -1.66610226 -1.66610226
              -0.27980789]]
total error:  0.2
D: [[ 0.28571429  0.07142857  0.07142857  0.07142857  0.5       ]]
classEst:  [[ 1.  1.  1.  1.  1.]]
aggClassEst:  [[ 1.17568763  2.56198199 -0.77022252 -0.77022252
              0.61607184]]
total error:  0.0
```

AdaBoost算法的输入参数包括数据集、类别标签以及迭代次数numIt，其中numIt是在整个AdaBoost算法中唯一需要用户指定的参数。

我们假定迭代次数设为9，如果算法在第三次迭代之后错误率为0，那么就会退出迭代过程，因此，此时就不需要执行所有的9次迭代过程。每次迭代的中间结果都会通过print语句进行输出。后面，读者可以把print输出语句注释掉，但是现在可以通过中间结果来了解AdaBoost算法的内部运行过程。

函数名称尾部的DS代表的就是*单层决策树*（decision stump），它是AdaBoost中最流行的弱分类器，当然并非唯一可用的弱分类器。上述函数确实是建立于单层决策树之上的，但是我们也可以很容易对此进行修改以引入其他基分类器。实际上，任意分类器都可以作为基分类器，本书前面讲到的任何一个算法都行。上述算法会输出一个单层决策树的数组，因此首先需要建立一个新的Python表来对其进行存储。然后，得到数据集中的数据点的数目m，并建立一个列向量*D*。

向量*D*非常重要，它包含了每个数据点的权重。一开始，这些权重都赋予了相等的值。在后续的迭代中，AdaBoost算法会在增加错分数据的权重的同时，降低正确分类数据的权重。*D*是一个概率分布向量，因此其所有的元素之和为1.0。为了满足此要求，一开始的所有元素都会被初始化成1/m。同时，程序还会建立另一个列向量aggClassEst，记录每个数据点的类别估计累计值。

AdaBoost算法的核心在于for循环，该循环运行numIt次或者直到训练错误率为0为止。循环中的第一件事就是利用前面介绍的buildStump()函数建立一个单层决策树。该函数的输入为权重向量*D*，返回的则是利用D而得到的具有最小错误率的单层决策树，同时返回的还有最小的错误率以及估计的类别向量。

接下来，需要计算的则是alpha值。该值会告诉总分类器本次单层决策树输出结果的权重。其中的语句max(error, 1e-16)用于确保在没有错误时不会发生除零溢出。而后，alpha值加入到bestStump字典中，该字典又添加到列表中。该字典包括了分类所需要的所有信息。

接下来的三行❶则用于计算下一次迭代中的新权重向量*D*。在训练错误率为0时，就要提前结束for循环。此时程序是通过aggClassEst变量保持一个运行时的类别估计值来实现的❷。该值只是一个浮点数，为了得到二值分类结果还需要调用sign()函数。如果总错误率为0，则由break语句中止for循环。

接下来我们观察一下中间的运行结果。还记得吗，数据的类别标签为[1.0, 1.0, –1.0, –1.0, 1.0]。在第一轮迭代中，*D*中的所有值都相等。于是，只有第一个数据点被错分了。因此在第二轮迭代中，D向量给第一个数据点0.5的权重。这就可以通过变量aggClassEst的符号来了解总的类别。第二次迭代之后，我们就会发现第一个数据点已经正确分类了，但此时最后一个数据点却是错分了。D向量中的最后一个元素变成0.5，而D向量中的其他值都变得非常小。最后，第三次迭代之后aggClassEst所有值的符号和真实类别标签都完全吻合，那么训练错误率为0，程序就此退出。

为了观察classifierArray的值，键入：

```
>>> classifierArray
[{'dim': 0, 'ineq': 'lt', 'thresh': 1.3, 'alpha': 0.69314718055994529},
    {'dim': 1, 'ineq': 'lt', 'thresh': 1.0, 'alpha': 0.97295507452765665},
    {'dim': 0,'ineq': 'lt', 'thresh': 0.90000000000000002, 'alpha':
      0.89587973461402726}]
```

该数组包含三部词典，其中包含了分类所需要的所有信息。此时，一个分类器已经构建成功，而且只要我们愿意，随时都可以将训练错误率降到0。那么测试错误率会如何呢？为了观察测试错误率，我们需要编写分类的一些代码。下一节我们将讨论分类。

7.5 测试算法：基于 AdaBoost 的分类

一旦拥有了多个弱分类器以及其对应的alpha值，进行测试就变得相当容易了。在程序清单7-2的adaBoostTrainDS()中，我们实际已经写完了大部分的代码。现在，需要做的就只是将弱分类器的训练过程从程序中抽出来，然后应用到某个具体的实例上去。每个弱分类器的结果以其对应的alpha值作为权重。所有这些弱分类器的结果加权求和就得到了最后的结果。在程序清单7-3中列出了实现这一过程的所有代码。然后，将下列代码添加到adaboost.py中，就可以利用它基于adaboostTrainDS()中的弱分类器对数据进行分类。

程序清单7-3　AdaBoost分类函数

```
def adaClassify(datToClass,classifierArr):
    dataMatrix = mat(datToClass)
    m = shape(dataMatrix)[0]
    aggClassEst = mat(zeros((m,1)))
    for i in range(len(classifierArr)):
        classEst = stumpClassify(dataMatrix,classifierArr[i]['dim'],\
                                 classifierArr[i]['thresh'],\
                                 classifierArr[i]['ineq'])
        aggClassEst += classifierArr[i]['alpha']*classEst
        print aggClassEst
    return sign(aggClassEst)
```

读者也许可以猜到，上述的adaClassify()函数就是利用训练出的多个弱分类器进行分类的函数。该函数的输入是由一个或者多个待分类样例datToClass以及多个弱分类器组成的数组classifierArr。函数adaClassify()首先将datToClass转换成了一个NumPy矩阵，并且得到datToClass中的待分类样例的个数m。然后构建一个0列向量aggClassEst，这个列向量与adaBoostTrainDS()中的含义一样。

接下来，遍历classifierArr中的所有弱分类器，并基于stumpClassify()对每个分类器得到一个类别的估计值。在前面构建单层决策树时，我们已经见过了stumpClassify()函数，在那里，我们在所有可能的树桩值上进行迭代来得到具有最小加权错误率的单层决策树。而这里我们只是简单地应用了单层决策树。输出的类别估计值乘上该单层决策树的alpha权重然后累加到aggClassEst上，就完成了这一过程。上述程序中加入了一条print语句，以便我们了解aggClassEst每次迭代后的变化结果。最后，程序返回aggClassEst的符号，即如果aggClassEst大于0则返回+1，而如果小于0则返回-1。

我们再看看实际中的运行效果。加入程序清单7-3中的代码之后，在Python提示符下输入：

```
>>> reload(adaboost)
<module 'adaboost' from 'adaboost.py'>
```

如果没有弱分类器数组，可以输入如下命令：

```
>>> datArr,labelArr=adaboost.loadSimpData()
>>> classifierArr = adaboost.adaBoostTrainDS(datArr,labelArr,30)
```

于是，可以输入如下命令进行分类：

```
>>> adaboost.adaClassify([0, 0],classifierArr)
[[-0.69314718]]
[[-1.66610226]]
[[-2.56198199]]
matrix([[-1.]])
```

可以发现，随着迭代的进行，数据点[0,0]的分类结果越来越强。当然，我们也可以在其他点上进行分类：

```
>>> adaboost.adaClassify([[5, 5],[0,0]],classifierArr)
[[ 0.69314718]
              .
              .
[-2.56198199]]
matrix([[ 1.],
        [-1.]])
```

这两个点的分类结果也会随着迭代的进行而越来越强。在下一节中，我们会将该分类器应用到一个规模更大、难度也更大的真实数据集中。

7.6 示例：在一个难数据集上应用 AdaBoost

本节我们将在第5章给出的马疝病数据集上应用AdaBoost分类器。在第5章，我们曾经利用Logistic回归来预测患有疝病的马是否能够存活。而在本节，我们则想要知道如果利用多个单层决策树和AdaBoost能不能预测得更准。

示例：在一个难数据集上的AdaBoost应用

(1) 收集数据：提供的文本文件。
(2) 准备数据：确保类别标签是+1和-1而非1和0。
(3) 分析数据：手工检查数据。
(4) 训练算法：在数据上，利用adaBoostTrainDS()函数训练出一系列的分类器。

(5) 测试算法：我们拥有两个数据集。在不采用随机抽样的方法下，我们就会对AdaBoost和Logistic回归的结果进行完全对等的比较。

(6) 使用算法：观察该例子上的错误率。不过，也可以构建一个Web网站，让驯马师输入马的症状然后预测马是否会死去。

在使用上述程序清单中的代码之前，必须要有向文件中加载数据的方法。一个常见的`loadDataset()`的程序如下所示。

程序清单7-4　自适应数据加载函数

```
def loadDataSet(fileName):
    numFeat = len(open(fileName).readline().split('\t'))
    dataMat = []; labelMat = []
    fr = open(fileName)
    for line in fr.readlines():
        lineArr =[]
        curLine = line.strip().split('\t')
        for i in range(numFeat-1):
            lineArr.append(float(curLine[i]))
        dataMat.append(lineArr)
        labelMat.append(float(curLine[-1]))
    return dataMat,labelMat
```

之前，读者可能多次见过了上述程序清单中的`loadDataSet()`函数。在这里，并不必指定每个文件中的特征数目，所以这里的函数与前面的稍有不同。该函数能够自动检测出特征的数目。同时，该函数也假定最后一个特征是类别标签。

将上述代码添加到`adaboost.py`文件中并且将其保存之后，就可以输入如下命令来使用上述函数：

```
>>> datArr,labelArr = adaboost.loadDataSet('horseColicTraining2.txt')
>>> classifierArray = adaboost.adaBoostTrainDS(datArr,labelArr,10)
total error: 0.284280936455
total error: 0.284280936455
                        .
                        .
total error: 0.230769230769
>>> testArr,testLabelArr = adaboost.loadDataSet('horseColicTest2.txt')
>>> prediction10 = adaboost.adaClassify(testArr,classifierArray)
To get the number of misclassified examples type in:
>>> errArr=mat(ones((67,1)))
>>> errArr[prediction10!=mat(testLabelArr).T].sum()
16.0
```

要得到错误率，只需将上述错分样例的个数除以67即可。

将弱分类器的数目设定为1到10 000之间的几个不同数字，并运行上述过程。这时，得到的结果就会如表7-1所示。在该数据集上得到的错误率相当低。如果没忘的话，在第5章中，我们在同一数据集上采用Logistic回归得到的平均错误率为0.35。而采用AdaBoost，得到的错误率就永远不会那么高了。从表中可以看出，我们仅仅使用50个弱分类器，就达到了较高的性能。

表7-1 不同弱分类器数目情况下的AdaBoost测试和分类错误率。该数据集是个难数据集。通常情况下，AdaBoost会达到一个稳定的测试错误率，而并不会随分类器数目的增多而提高

分类器数目	训练错误率（%）	测试错误率（%）
1	0.28	0.27
10	0.23	0.24
50	0.19	0.21
100	0.19	0.22
500	0.16	0.25
1000	0.14	0.31
10000	0.11	0.33

观察表7-1中的测试错误率一栏，就会发现测试错误率在达到了一个最小值之后又开始上升了。这类现象称之为过拟合（overfitting，也称过学习）。有文献声称，对于表现好的数据集，AdaBoost的测试错误率就会达到一个稳定值，并不会随着分类器的增多而上升。或许在本例子中的数据集也称不上"表现好"。该数据集一开始有30%的缺失值，对于Logistic回归而言，这些缺失值的假设就是有效的，而对于决策树却可能并不合适。如果回到数据集，将所有的0值替换成其他值，或者给定类别的平均值，那么能否得到更好的性能？

很多人都认为，AdaBoost和SVM是监督机器学习中最强大的两种方法。实际上，这两者之间拥有不少相似之处。我们可以把弱分类器想象成SVM中的一个核函数，也可以按照最大化某个最小间隔的方式重写AdaBoost算法。而它们的不同就在于其所定义的间隔计算方式有所不同，因此导致的结果也不同。特别是在高维空间下，这两者之间的差异就会更加明显。

在下一节中，我们不再讨论AdaBoost，而是转而关注所有分类器中的一个普遍问题。

7.7 非均衡分类问题

在我们结束分类这个主题之前，还必须讨论一个问题。在前面六章的所有分类介绍中，我们都假设所有类别的分类代价是一样的。例如在第5章，我们构建了一个用于检测患疝病的马匹是否存活的系统。在那里，我们构建了分类器，但是并没有对分类后的情形加以讨论。假如某人给我们牵来一匹马，他希望我们能预测这匹马能否生存。我们说马会死，那么他们就可能会对马实施安乐死，而不是通过给马喂药来延缓其不可避免的死亡过程。我们的预测也许是错误的，马本来是可以继续活着的。毕竟，我们的分类器只有80%的精确率（accuracy）。如果我们预测错误，那么我们将会错杀了一个如此昂贵的动物，更不要说人对马还存在情感上的依恋。

如何过滤垃圾邮件呢？如果收件箱中会出现某些垃圾邮件，但合法邮件永远不会扔进垃圾邮件夹中，那么人们是否会满意呢？癌症检测又如何呢？只要患病的人不会得不到治疗，那么再找一个医生来看看会不会更好呢（即情愿误判也不漏判）？

还可以举出很多很多这样的例子，坦白地说，在大多数情况下不同类别的分类代价并不相等。在本节中，我们将会考察一种新的分类器性能度量方法，并通过图像技术来对在上述非均衡问题下不同分类器的性能进行可视化处理。然后，我们考察这两种分类器的变换算法，它们能够将不同决策的代价考虑在内。

7.7.1　其他分类性能度量指标：正确率、召回率及 ROC 曲线

到现在为止，本书都是基于错误率来衡量分类器任务的成功程度的。错误率指的是在所有测试样例中错分的样例比例。实际上，这样的度量错误掩盖了样例如何被分错的事实。在机器学习中，有一个普遍适用的称为*混淆矩阵*（confusion matrix）的工具，它可以帮助人们更好地了解分类中的错误。有这样一个关于在房子周围可能发现的动物类型的预测，这个预测的三类问题的混淆矩阵如表7-2所示。

表7-2　一个三类问题的混淆矩阵

		预测结果		
		狗	猫	鼠
真实结果	狗	24	2	5
	猫	2	27	0
	鼠	4	2	30

利用混淆矩阵就可以更好地理解分类中的错误了。如果矩阵中的非对角元素均为0，就会得到一个完美的分类器。

接下来，我们考虑另外一个混淆矩阵，这次的矩阵只针对一个简单的二类问题。在表7-3中，给出了该混淆矩阵。在这个二类问题中，如果将一个正例判为正例，那么就可以认为产生了一个*真正例*（True Positive，TP，也称真阳）；如果对一个反例正确地判为反例，则认为产生了一个*真反例*（True Negative，TN，也称真阴）。相应地，另外两种情况则分别称为*伪反例*（False Negative，FN，也称假阴）和*伪正例*（False Positive，FP，也称假阳）。这4种情况如表7-3所示。

表7-3　一个二类问题的混淆矩阵，其中的输出采用了不同的类别标签

		预测结果	
		+1	−1
真实结果	+1	真正例（TP）	伪反例（FN）
	−1	伪正例（FP）	真反例（TN）

在分类中，当某个类别的重要性高于其他类别时，我们就可以利用上述定义来定义出多个比错误率更好的新指标。第一个指标是*正确率*（Precision），它等于TP/(TP+FP)，给出的是预测为正例的样本中的真正正例的比例。第二个指标是*召回率*（Recall），它等于TP/(TP+FN)，给出的是预测为正例的真实正例占所有真实正例的比例。在召回率很大的分类器中，真正判错的正例的数目并不多。

我们可以很容易构造一个高正确率或高召回率的分类器，但是很难同时保证两者成立。如果将任何样本都判为正例，那么召回率达到百分之百而此时正确率很低。构建一个同时使正确率和召回率最大的分类器是具有挑战性的。

另一个用于度量分类中的非均衡性的工具是ROC曲线（ROC curve），ROC代表接收者操作特征（receiver operating characteristic），它最早在二战期间由电气工程师构建雷达系统时使用过。图7-3给出了一条ROC曲线的例子。

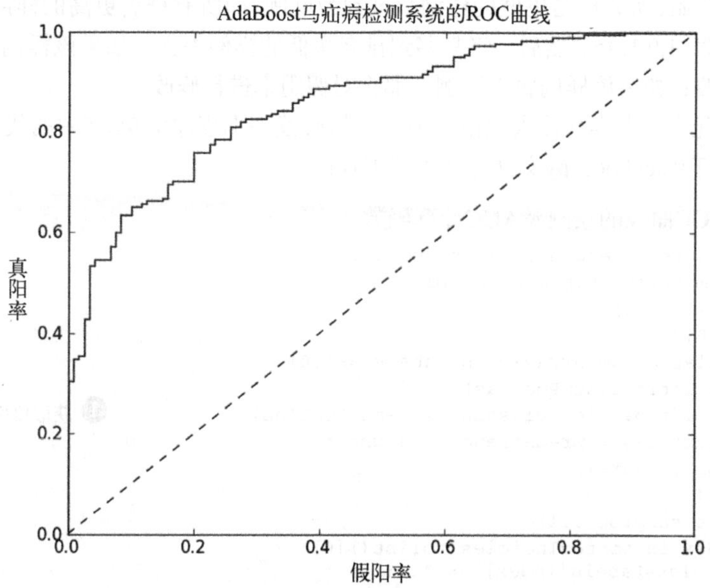

图7-3 利用10个单层决策树的AdaBoost马疝病检测系统的ROC曲线

在图7-3的ROC曲线中，给出了两条线，一条虚线一条实线。图中的横轴是伪正例的比例（假阳率=FP/(FP+TN)），而纵轴是真正例的比例（真阳率=TP/(TP+FN)）。ROC曲线给出的是当阈值变化时假阳率和真阳率的变化情况。左下角的点所对应的是将所有样例判为反例的情况，而右上角的点对应的则是将所有样例判为正例的情况。虚线给出的是随机猜测的结果曲线。

ROC曲线不但可以用于比较分类器，还可以基于*成本效益*（cost-versus-benefit）分析来做出决策。由于在不同的阈值下，不同的分类器的表现情况可能各不相同，因此以某种方式将它们组合起来或许会更有意义。如果只是简单地观察分类器的错误率，那么我们就难以得到这种更深入的洞察效果了。

在理想的情况下，最佳的分类器应该尽可能地处于左上角，这就意味着分类器在假阳率很低的同时获得了很高的真阳率。例如在垃圾邮件的过滤中，这就相当于过滤了所有的垃圾邮件，但没有将任何合法邮件误识为垃圾邮件而放入垃圾邮件的文件夹中。

对不同的ROC曲线进行比较的一个指标是*曲线下的面积*（Area Unser the Curve，AUC）。AUC给出的是分类器的平均性能值，当然它并不能完全代替对整条曲线的观察。一个完美分类器的AUC为1.0，而随机猜测的AUC则为0.5。

为了画出ROC曲线，分类器必须提供每个样例被判为阳性或者阴性的可信程度值。尽管大多数分类器都能做到这一点，但是通常情况下，这些值会在最后输出离散分类标签之前被清除。朴素贝叶斯能够提供一个可能性，而在Logistic回归中输入到Sigmoid函数中的是一个数值。在AdaBoost和SVM中，都会计算出一个数值然后输入到`sign()`函数中。所有的这些值都可以用于衡量给定分类器的预测强度。为了创建ROC曲线，首先要将分类样例按照其预测强度排序。先从排名最低的样例开始，所有排名更低的样例都被判为反例，而所有排名更高的样例都被判为正例。该情况的对应点为<1.0,1.0>。然后，将其移到排名次低的样例中去，如果该样例属于正例，那么对真阳率进行修改；如果该样例属于反例，那么对假阴率进行修改。

上述过程听起来有点容易让人混淆，但是如果阅读一下程序清单7-5中的代码，一切就会变得一目了然了。打开adaboost.py文件并加入如下代码。

程序清单7-5　ROC曲线的绘制及AUC计算函数

```
def plotROC(predStrengths, classLabels):
    import matplotlib.pyplot as plt
    cur = (1.0,1.0)
    ySum = 0.0
    numPosClas = sum(array(classLabels)==1.0)
    yStep = 1/float(numPosClas)
    xStep = 1/float(len(classLabels)-numPosClas)
    sortedIndicies = predStrengths.argsort()          ❶ 获取排好序的索引
    fig = plt.figure()
    fig.clf()
    ax = plt.subplot(111)
    for index in sortedIndicies.tolist()[0]:
        if classLabels[index] == 1.0:
            delX = 0; delY = yStep;
        else:
            delX = xStep; delY = 0;
            ySum += cur[1]
        ax.plot([cur[0],cur[0]-delX],[cur[1],cur[1]-delY], c='b')
        cur = (cur[0]-delX,cur[1]-delY)
    ax.plot([0,1],[0,1],'b--')
    plt.xlabel('False Positive Rate'); plt.ylabel('True Positive Rate')
    plt.title('ROC curve for AdaBoost Horse Colic Detection System')
    ax.axis([0,1,0,1])
    plt.show()
    print "the Area Under the Curve is: ",ySum*xStep
```

上述程序中的函数有两个输入参数，第一个参数是一个NumPy数组或者一个行向量组成的矩阵。该参数代表的则是分类器的预测强度。在分类器和训练函数将这些数值应用到`sign()`函数之前，它们就已经产生了。尽管很快就可以看到该函数的实际执行效果，但是我们还是要先讨论一下这段代码。函数的第二个输入参数是先前使用过的`classLabels`。我们首先导入`pyplot`，然后构建一个浮点数二元组，并将它初始化为(1.0,1.0)。该元组保留的是绘制光标的位置，变量`ySum`则用于计算AUC的值。接下来，通过数组过滤方式计算正例的数目，并将该值赋给`numPosClas`。该值先是确定了在y坐标轴上的步进数目，接着我们在x轴和y轴的0.0到1.0区间上绘点，因此y轴上的步长是1.0/numPosClas。类似地，就可以得到x轴的步长了。

接下来，我们得到了排序索引❶，但是这些索引是按照最小到最大的顺序排列的，因此我们需要从点<1.0,1.0>开始绘，一直到<0,0>。跟着的三行代码则是用于构建画笔，并在所有排序值上进行循环。这些值在一个NumPy数组或者矩阵中进行排序，Python则需要一个表来进行迭代循环，因此我们需要调用`tolist()`方法。当遍历表时，每得到一个标签为1.0的类，则要沿着*y*轴的方向下降一个步长，即不断降低真阳率。类似地，对于每个其他类别的标签，则是在x轴方向上倒退了一个步长（假阴率方向）。上述代码只关注1这个类别标签，因此就无所谓是采用1/0标签还是+1/–1标签。

为了计算AUC，我们需要对多个小矩形的面积进行累加。这些小矩形的宽度是`xStep`，因此可以先对所有矩形的高度进行累加，最后再乘以`xStep`得到其总面积。所有高度的和（`ySum`）随着x轴的每次移动而渐次增加。一旦决定了是在*x*轴还是*y*轴方向上进行移动的，我们就可以在当前点和新点之间画出一条线段。然后，更新当前点`cur`。最后，我们就会得到一个像样的绘图并将AUC打印到终端输出。

为了了解实际运行效果，我们需要将`adaboostTrainDS()`的最后一行代码替换成：

```
return weakClassArr,aggClassEst
```

以得到`aggClassEst`的值。然后，在Python提示符下键入如下命令：

```
>>> reload(adaboost)
<module 'adaboost' from 'adaboost.pyc'>
>>> datArr,labelArr = adaboost.loadDataSet('horseColicTraining2.txt')
>>> classifierArray,aggClassEst =
     adaboost.adaBoostTrainDS(datArr,labelArr,10)
>>> adaboost.plotROC(aggClassEst.T,labelArr)
the Area Under the Curve is: 0.858296963506
```

这时，我们也会得到和图7-3一样的ROC曲线。这是在10个弱分类器下，AdaBoost算法性能的结果。我们还记得，当初我们在50个弱分类器下得到了最优的分类性能，那么这种情况下的ROC曲线会如何呢？这时的AUC是不是更好呢？

7.7.2 基于代价函数的分类器决策控制

除了调节分类器的阈值之外，我们还有一些其他可以用于处理非均衡分类的代价的方法，其中的一种称为代价敏感的学习（cost-sensitive learning）。考虑表7-4中的代价矩阵，第一张表给出的是到目前为止分类器的代价矩阵（代价不是0就是1）。我们可以基于该代价矩阵计算其总代价：`TP*0+FN*1+FP*1+TN*0`。接下来我们考虑下面的第二张表，基于该代价矩阵的分类代价的计算公式为：`TP*(-5)+FN*1+FP*50+TN*0`。采用第二张表作为代价矩阵时，两种分类错误的代价是不一样的。类似地，这两种正确分类所得到的收益也不一样。如果在构建分类器时，知道了这些代价值，那么就可以选择付出最小代价的分类器。

在分类算法中，我们有很多方法可以用来引入代价信息。在AdaBoost中，可以基于代价函数来调整错误权重向量*D*。在朴素贝叶斯中，可以选择具有最小期望代价而不是最大概率的类别作为最后的结果。在SVM中，可以在代价函数中对于不同的类别选择不同的参数`C`。上述做法就会给较小类更多的权重，即在训练时，小类当中只允许更少的错误。

7

表7-4　一个二类问题的代价矩阵

		预测结果	
		+1	−1
真实结果	+1	0	1
	−1	1	0

		预测结果	
		+1	−1
真实结果	+1	−5	1
	−1	50	0

7.7.3　处理非均衡问题的数据抽样方法

另外一种针对非均衡问题调节分类器的方法，就是对分类器的训练数据进行改造。这可以通过欠抽样（undersampling）或者过抽样（oversampling）来实现。过抽样意味着复制样例，而欠抽样意味着删除样例。不管采用哪种方式，数据都会从原始形式改造为新形式。抽样过程则可以通过随机方式或者某个预定方式来实现。

通常也会存在某个罕见的类别需要我们来识别，比如在信用卡欺诈当中。如前所述，正例类别属于罕见类别。我们希望对于这种罕见类别能尽可能保留更多的信息，因此，我们应该保留正例类别中的所有样例，而对反例类别进行欠抽样或者样例删除处理。这种方法的一个缺点就在于要确定哪些样例需要进行剔除。但是，在选择剔除的样例中可能携带了剩余样例中并不包含的有价值信息。

上述问题的一种解决办法，就是选择那些离决策边界较远的样例进行删除。假定我们有一个数据集，其中有50例信用卡欺诈交易和5000例合法交易。如果我们想要对合法交易样例进行欠抽样处理，使得这两类数据比较均衡的话，那么我们就需要去掉4950个样例，而这些样例中可能包含很多有价值的信息。这看上去有些极端，因此有一种替代的策略就是使用反例类别的欠抽样和正例类别的过抽样相混合的方法。

要对正例类别进行过抽样，我们可以复制已有样例或者加入与已有样例相似的点。一种方法是加入已有数据点的插值点，但是这种做法可能会导致过拟合的问题。

7.8　本章小结

集成方法通过组合多个分类器的分类结果，获得了比简单的单分类器更好的分类结果。有一些利用不同分类器的集成方法，但是本章只介绍了那些利用同一类分类器的集成方法。

多个分类器组合可能会进一步凸显出单分类器的不足，比如过拟合问题。如果分类器之间差别显著，那么多个分类器组合就可能会缓解这一问题。分类器之间的差别可以是算法本身或者是应用于算法上的数据的不同。

本章介绍的两种集成方法是bagging和boosting。在bagging中，是通过随机抽样的替换方式，得到了与原始数据集规模一样的数据集。而boosting在bagging的思路上更进了一步，它在数据集上顺序应用了多个不同的分类器。另一个成功的集成方法就是随机森林，但是由于随机森林不如AdaBoost流行，所以本书并没有对它进行介绍。

本章介绍了boosting方法中最流行的一个称为AdaBoost的算法。AdaBoost以弱学习器作为基分类器，并且输入数据，使其通过权重向量进行加权。在第一次迭代当中，所有数据都等权重。但是在后续的迭代当中，前次迭代中分错的数据的权重会增大。这种针对错误的调节能力正是AdaBoost的长处。

本章以单层决策树作为弱学习器构建了AdaBoost分类器。实际上，AdaBoost函数可以应用于任意分类器，只要该分类器能够处理加权数据即可。AdaBoost算法十分强大，它能够快速处理其他分类器很难处理的数据集。

非均衡分类问题是指在分类器训练时正例数目和反例数目不相等（相差很大）。该问题在错分正例和反例的代价不同时也存在。本章不仅考察了一种不同分类器的评价方法——ROC曲线，还介绍了正确率和召回率这两种在类别重要性不同时，度量分类器性能的指标。

本章介绍了通过过抽样和欠抽样方法来调节数据集中的正例和反例数目。另外一种可能更好的非均衡问题的处理方法，就是在训练分类器时将错误的代价考虑在内。

到目前为止，我们介绍了一系列强大的分类技术。本章是分类部分的最后一章，接下来我们将进入另一类监督学习算法——回归方法，这也将完善我们对监督方法的学习。回归很像分类，但是和分类输出标称型类别值不同的是，回归方法会预测出一个连续值。

Part 2 第二部分

利用回归预测数值型数据

本书的第二部分由第 8 章和第 9 章组成，主要介绍了回归方法。回归是第 1 ～ 7 章的监督学习方法的延续。前面说过，监督学习指的是有目标变量或预测目标的机器学习方法。回归与分类的不同，就在于其目标变量是连续数值型。

第 8 章介绍了线性回归、局部加权线性回归和收缩方法。第 9 章则借用了第 3 章树构建的一些思想并将其应用于回归中，从而得到了树回归。

第 8 章

预测数值型数据：回归

8

本章内容

- ❑ 线性回归
- ❑ 局部加权线性回归
- ❑ 岭回归和逐步线性回归
- ❑ 预测鲍鱼年龄和玩具售价

本书前面的章节介绍了分类，分类的目标变量是标称型数据，而本章将会对连续型的数据做出预测。读者很可能有这样的疑问：“回归能用来做些什么呢？”。我的观点是，回归可以做任何事情。然而大多数公司常常使用回归法做一些比较沉闷的事情，例如销售量预测或者制造缺陷预测。我最近看到一个比较有新意的应用，就是预测名人的离婚率。

本章首先介绍线性回归，包括其名称的由来和Python实现。在这之后引入了局部平滑技术，分析如何更好地拟合数据。接下来，本章将探讨回归在“欠拟合”情况下的缩减（shrinkage）技术，探讨偏差和方差的概念。最后，我们将融合所有技术，预测鲍鱼的年龄和玩具的售价。此外为了获取一些玩具的数据，我们还将使用Python来做一些采集的工作。这一章的内容会十分丰富。

8.1 用线性回归找到最佳拟合直线

线性回归

优点：结果易于理解，计算上不复杂。

缺点：对非线性的数据拟合不好。

适用数据类型：数值型和标称型数据。

回归的目的是预测数值型的目标值。最直接的办法是依据输入写出一个目标值的计算公式。假如你想要预测姐姐男友汽车的功率大小，可能会这么计算：

```
HorsePower = 0.0015*annualSalary -0.99*hoursListeningToPublicRadio
```

这就是所谓的*回归方程*（regression equation），其中的0.0015和–0.99称作*回归系数*（regression weights），求这些回归系数的过程就是回归。一旦有了这些回归系数，再给定输入，做预测就非常容易了。具体的做法是用回归系数乘以输入值，再将结果全部加在一起，就得到了预测值①。

说到回归，一般都是指*线性回归*（linear regression），所以本章里的回归和线性回归代表同一个意思。线性回归意味着可以将输入项分别乘以一些常量，再将结果加起来得到输出。需要说明的是，存在另一种称为非线性回归的回归模型，该模型不认同上面的做法，比如认为输出可能是输入的乘积。这样，上面的功率计算公式也可以写做：

```
HorsePower = 0.0015*annualSalary/hoursListeningToPublicRadio
```

这就是一个非线性回归的例子，但本章对此不做深入讨论。

回归的一般方法

(1) 收集数据：采用任意方法收集数据。
(2) 准备数据：回归需要数值型数据，标称型数据将被转成二值型数据。
(3) 分析数据：绘出数据的可视化二维图将有助于对数据做出理解和分析，在采用缩减法求得新回归系数之后，可以将新拟合线绘在图上作为对比。
(4) 训练算法：找到回归系数。
(5) 测试算法：使用R^2或者预测值和数据的拟合度，来分析模型的效果。
(6) 使用算法：使用回归，可以在给定输入的时候预测出一个数值，这是对分类方法的提升，因为这样可以预测连续型数据而不仅仅是离散的类别标签。

"回归"一词的来历

今天我们所知道的回归是由达尔文（Charles Darwin）的表兄弟Francis Galton发明的。Galton于1877年完成了第一次回归预测，目的是根据上一代豌豆种子（双亲）的尺寸来预测下一代豌豆种子（孩子）的尺寸。Galton在大量对象上应用了回归分析，甚至包括人的身高。他注意到，如果双亲的高度比平均高度高，他们的子女也倾向于比平均高度高，但尚不及双亲。孩子的高度向着平均高度回退（回归）。Galton在多项研究上都注意到这个现象，所以尽管这个英文单词跟数值预测没有任何关系，但这种研究方法仍被称作回归②。

应当怎样从一大堆数据里求出回归方程呢？假定输入数据存放在矩阵**x**中，而回归系数存放在向量w中。那么对于给定的数据X_1，预测结果将会通过$Y_1=X^T_1w$给出。现在的问题是，手里有一些X和对应的y，怎样才能找到w呢？一个常用的方法就是找出使误差最小的w。这里的误差是指预测y值和真实y值之间的差值，使用该误差的简单累加将使得正差值和负差值相互抵消，所以我们采用平方误差。

---

① 此处的回归系数是一个向量，输入也是向量，这些运算也就是求出二者的内积。——译者注

② Ian Ayres, *Super Crunchers* (Bantam Books, 2008), 24.

平方误差可以写做：

$$\sum_{i=1}^{m}(y_i - x_i^{\mathrm{T}} w)^2$$

用矩阵表示还可以写做 $(y-\mathbf{X}w)^{\mathrm{T}}(y-\mathbf{X}w)$。如果对w求导，得到 $\mathbf{X}^{\mathrm{T}}(Y-\mathbf{X}w)$，令其等于零，解出w如下：

$$\hat{w} = (\boldsymbol{X}^{\mathrm{T}}\boldsymbol{X})^{-1}\boldsymbol{X}^{\mathrm{T}}y$$

w上方的小标记表示，这是当前可以估计出的w的最优解。从现有数据上估计出的w可能并不是数据中的真实w值，所以这里使用了一个"帽"符号来表示它仅是w的一个最佳估计。

值得注意的是，上述公式中包含 $(\mathbf{X}^{\mathrm{T}}\mathbf{X})^{-1}$，也就是需要对矩阵求逆，因此这个方程只在逆矩阵存在的时候适用。然而，矩阵的逆可能并不存在，因此必须要在代码中对此作出判断。

上述的最佳w求解是统计学中的常见问题，除了矩阵方法外还有很多其他方法可以解决。通过调用NumPy库里的矩阵方法，我们可以仅使用几行代码就完成所需功能。该方法也称作OLS，意思是"普通最小二乘法"（ordinary least squares）。

下面看看实际效果，对于图8-1中的散点图，下面来介绍如何给出该数据的最佳拟合直线。

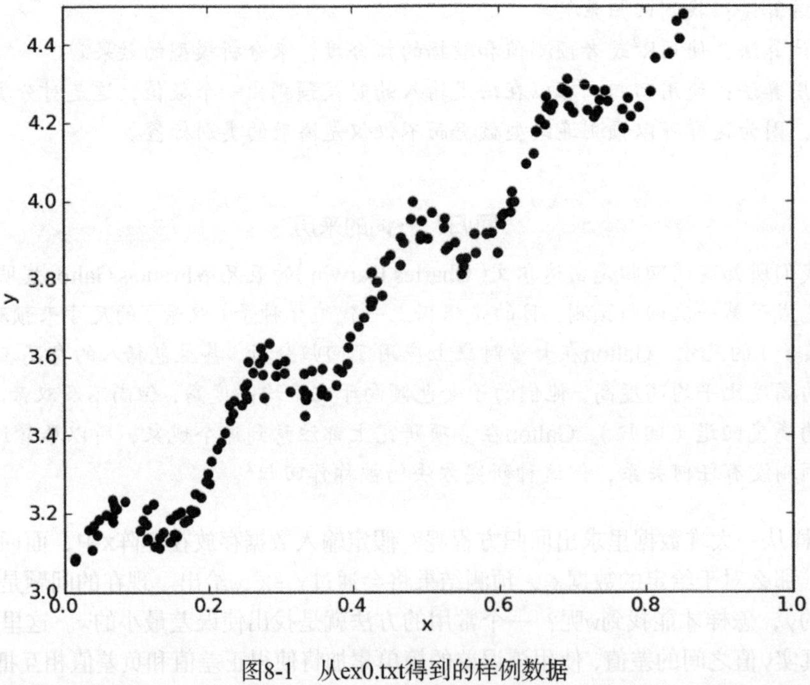

图8-1　从ex0.txt得到的样例数据

程序清单8-1可以完成上述功能。打开文本编辑器并创建一个新的文件regression.py，添加其中的代码。

程序清单8-1 标准回归函数和数据导入函数

```
from numpy import *

def loadDataSet(fileName):
    numFeat = len(open(fileName).readline().split('\t')) - 1
    dataMat = []; labelMat = []
    fr = open(fileName)
    for line in fr.readlines():
        lineArr =[]
        curLine = line.strip().split('\t')
        for i in range(numFeat):
            lineArr.append(float(curLine[i]))
        dataMat.append(lineArr)
        labelMat.append(float(curLine[-1]))
    return dataMat,labelMat

def standRegres(xArr,yArr):
    xMat = mat(xArr); yMat = mat(yArr).T
    xTx = xMat.T*xMat
    if linalg.det(xTx) == 0.0:
        print "This matrix is singular, cannot do inverse"
        return
    ws = xTx.I * (xMat.T*yMat)
    return ws
```

第一个函数`loadDataSet()`与第7章的同名函数是一样的。该函数打开一个用tab键分隔的文本文件，这里仍然默认文件每行的最后一个值是目标值。第二个函数`standRegres()`用来计算最佳拟合直线。该函数首先读入`x`和`y`并将它们保存到矩阵中；然后计算$\mathbf{x}^{\mathrm{T}}\mathbf{x}$，然后判断它的行列式是否为零，如果行列式为零，那么计算逆矩阵的时候将出现错误。NumPy提供一个线性代数的库linalg，其中包含很多有用的函数。可以直接调用`linalg.det()`来计算行列式。最后，如果行列式非零，计算并返回`w`。如果没有检查行列式是否为零就试图计算矩阵的逆，将会出现错误。NumPy的线性代数库还提供一个函数来解未知矩阵，如果使用该函数，那么代码`ws=xTx.I * (xMat.T*yMat)`应写成`ws=linalg.solve(xTx, xMat.T*yMatT)`。

下面看看实际效果，使用`loadDataSet()`将从数据中得到两个数组，分别存放在`x`和`y`中。与分类算法中的类别标签类似，这里的`y`是目标值。

```
>>> import regression
>>> from numpy import *
>>> xArr,yArr=regression.loadDataSet('ex0.txt')
```

首先看前两条数据：

```
>>> xArr[0:2]
[[1.0, 0.067732000000000001], [1.0, 0.42781000000000002]]
```

第一个值总是等于1.0，即`X0`。我们假定偏移量就是一个常数。第二个值`X1`，也就是我们图中的横坐标值。

现在看一下`standRegres()`函数的执行效果：

```
>>> ws = regression.standRegres(xArr,yArr)
>>> ws
matrix([[ 3.00774324],
        [ 1.69532264]])
```

变量ws存放的就是回归系数。在用内积来预测y的时候，第一维将乘以前面的常数X0，第二维将乘以输入变量X1。因为前面假定了X0=1，所以最终会得到y=ws[0]+ws[1]*X1。这里的y实际是预测出的，为了和真实的y值区分开来，我们将它记为yHat。下面使用新的ws值计算yHat：

```
>>> xMat=mat(xArr)
>>> yMat=mat(yArr)
>>> yHat = xMat*ws
```

现在就可以绘出数据集散点图和最佳拟合直线图：

```
>>> import matplotlib.pyplot as plt
>>> fig = plt.figure()
>>> ax = fig.add_subplot(111)
>>> ax.scatter(xMat[:,1].flatten().A[0], yMat.T[:,0].flatten().A[0])
    <matplotlib.collections.CircleCollection object at 0x04ED9D30>
```

上述命令创建了图像并绘出了原始的数据。为了绘制计算出的最佳拟合直线，需要绘出yHat的值。如果直线上的数据点次序混乱，绘图时将会出现问题，所以首先要将点按照升序排列：

```
>>> xCopy=xMat.copy()
>>> xCopy.sort(0)
>>> yHat=xCopy*ws
>>> ax.plot(xCopy[:,1],yHat)
[<matplotlib.lines.Line2D object at 0x0343F570>]
>>> plt.show()
```

我们将会看到类似于图8-2的效果图。

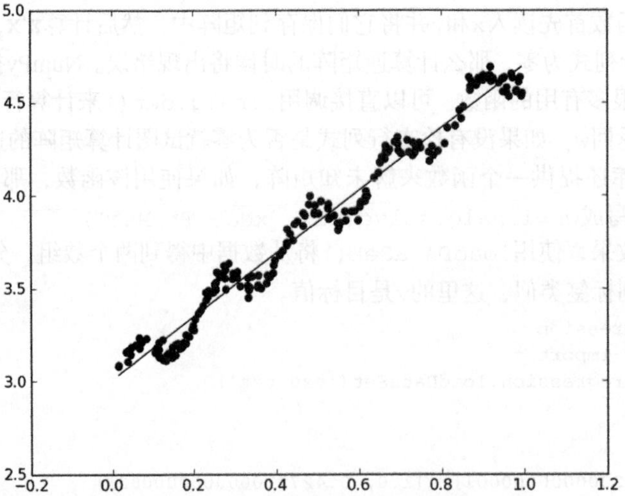

图8-2　ex0.txt的数据集与它的最佳拟合直线

几乎任一数据集都可以用上述方法建立模型，那么，如何判断这些模型的好坏呢？比较一下图8-3的两个子图，如果在两个数据集上分别作线性回归，将得到完全一样的模型（拟合直线）。显然两个数据是不一样的，那么模型分别在二者上的效果如何？我们当如何比较这些效果的好坏呢？有种方法可以计算预测值yHat序列和真实值y序列的匹配程度，那就是计算这两个序列的相关系数。

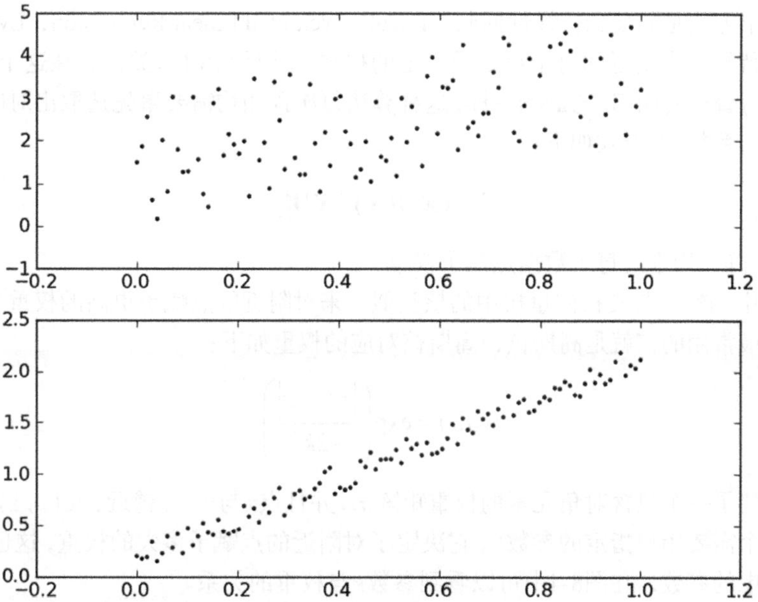

图8-3 具有相同回归系数（0和2.0）的两组数据。上图的相关系数是0.58，而下图的相关系数是0.99

在Python中，NumPy库提供了相关系数的计算方法：可以通过命令`corrcoef(yEstimate, yActual)`来计算预测值和真实值的相关性。下面我们就在前面的数据集上做个实验。

与之前一样，首先计算出y的预测值`yHat`：

```
>>> yHat = xMat*ws
```

再来计算相关系数（这时需要将`yMat`转置，以保证两个向量都是行向量）：

```
>>> corrcoef(yHat.T, yMat)
array([[ 1.        ,  0.98647356],
       [ 0.98647356,  1.        ]])
```

该矩阵包含所有两两组合的相关系数。可以看到，对角线上的数据是1.0，因为`yMat`和自己的匹配是最完美的，而`yHat`和`yMat`的相关系数为0.98。

最佳拟合直线方法将数据视为直线进行建模，具有十分不错的表现。但是图8-2的数据当中似乎还存在其他的潜在模式。那么如何才能利用这些模式呢？我们可以根据数据来局部调整预测，下面就会介绍这种方法。

8.2 局部加权线性回归

线性回归的一个问题是有可能出现欠拟合现象，因为它求的是具有最小均方误差的无偏估计。显而易见，如果模型欠拟合将不能取得最好的预测效果。所以有些方法允许在估计中引入一些偏差，从而降低预测的均方误差。

其中的一个方法是局部加权线性回归（Locally Weighted Linear Regression，LWLR）。在该算法中，我们给待预测点附近的每个点赋予一定的权重；然后与8.1节类似，在这个子集上基于最小均方差来进行普通的回归。与kNN一样，这种算法每次预测均需要事先选取出对应的数据子集。该算法解出回归系数w的形式如下：

$$\hat{w} = (\boldsymbol{X}^{\mathrm{T}}\boldsymbol{W}\boldsymbol{X})^{-1}\boldsymbol{X}^{\mathrm{T}}\boldsymbol{W}y$$

其中**w**是一个矩阵，用来给每个数据点赋予权重。

LWLR使用"核"（与支持向量机中的核类似）来对附近的点赋予更高的权重[①]。核的类型可以自由选择，最常用的核就是高斯核，高斯核对应的权重如下：

$$w(i,i) = \exp\left(\frac{\left|x^{(i)} - x\right|}{-2k^2}\right)$$

这样就构建了一个只含对角元素的权重矩阵**w**，并且点x与x(i)越近，w(i,i)将会越大。上述公式包含一个需要用户指定的参数k，它决定了对附近的点赋予多大的权重，这也是使用LWLR时唯一需要考虑的参数，在图8-4中可以看到参数k与权重的关系。

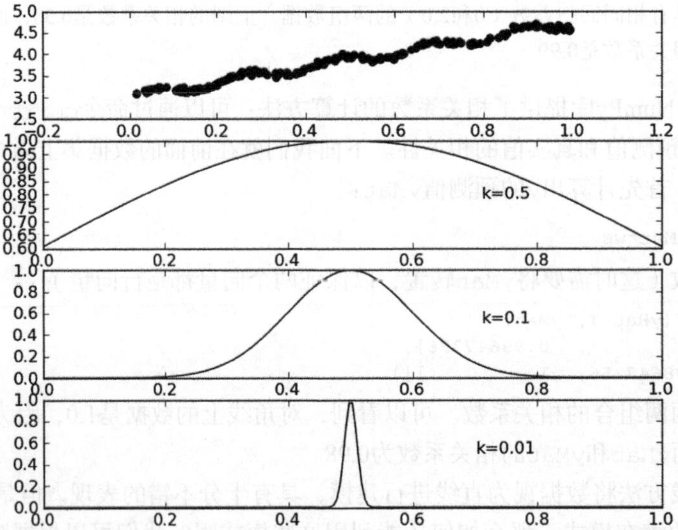

图8-4　每个点的权重图（假定我们正预测的点是x = 0.5），最上面的图是原始数据集，第二个图显示了当k = 0.5时，大部分的数据都用于训练回归模型；而最下面的图显示当k = 0.01时，仅有很少的局部点被用于训练回归模型

下面看看模型的效果，打开文本编辑器，将程序清单8-2的代码添加到文件regression.py中。

① 读者要注意区分这里的权重W和回归系数w；与kNN一样，该加权模型认为样本点距离越近，越可能符合同一个线性模型。——译者注

程序清单8-2 局部加权线性回归函数

```
def lwlr(testPoint,xArr,yArr,k=1.0):
    xMat = mat(xArr); yMat = mat(yArr).T
    m = shape(xMat)[0]
    weights = mat(eye((m)))                                    ❶ 创建对角矩阵
    for j in range(m):
        diffMat = testPoint - xMat[j,:]                         ❷ 权重值大小以指数级衰减
        weights[j,j] = exp(diffMat*diffMat.T/(-2.0*k**2))
    xTx = xMat.T * (weights * xMat)
    if linalg.det(xTx) == 0.0:
        print "This matrix is singular, cannot do inverse"
        return
    ws = xTx.I * (xMat.T * (weights * yMat))
    return testPoint * ws

def lwlrTest(testArr,xArr,yArr,k=1.0):
    m = shape(testArr)[0]
    yHat = zeros(m)
    for i in range(m):
        yHat[i] = lwlr(testArr[i],xArr,yArr,k)
    return yHat
```

程序清单8-2中代码的作用是，给定x空间中的任意一点，计算出对应的预测值yHat。函数lwlr()的开头与程序清单8-1类似，读入数据并创建所需矩阵，之后创建对角权重矩阵weights❶。权重矩阵是一个方阵，阶数等于样本点个数。也就是说，该矩阵为每个样本点初始化了一个权重。接着，算法将遍历数据集，计算每个样本点对应的权重值：随着样本点与待预测点距离的递增，权重将以指数级衰减❷。输入参数k控制衰减的速度。与之前的函数standRegress()一样，在权重矩阵计算完毕后，就可以得到对回归系数ws的一个估计。

程序清单8-2中的另一个函数是lwlrTest()，用于为数据集中每个点调用lwlr()，这有助于求解k的大小。

下面看看实际效果，将程序清单8-2的代码加入到regression.py中并保存，然后在Python提示符下输入如下命令：

```
>>> reload(regression)
<module 'regression' from 'regression.py'>
```

如果需要重新载入数据集，则输入：

```
>>> xArr,yArr=regression.loadDataSet('ex0.txt')
```

可以对单点进行估计：

```
>>> yArr[0]
3.1765129999999999
>>> regression.lwlr(xArr[0],xArr,yArr,1.0)
matrix([[ 3.12204471]])
>>> regression.lwlr(xArr[0],xArr,yArr,0.001)
matrix([[ 3.20175729]])
```

为了得到数据集里所有点的估计，可以调用lwlrTest()函数：

```
>>> yHat = regression.lwlrTest(xArr, xArr, yArr,0.003)
```

下面绘出这些估计值和原始值，看看yHat的拟合效果。所用的绘图函数需要将数据点按序排列，首先对xArr排序：

```
xMat=mat(xArr)
>>> srtInd = xMat[:,1].argsort(0)
>>> xSort=xMat[srtInd][:,0,:]
```

然后用Matplotlib绘图：

```
>>> import matplotlib.pyplot as plt
>>> fig = plt.figure()
>>> ax = fig.add_subplot(111)
>>> ax.plot(xSort[:,1],yHat[srtInd])
[<matplotlib.lines.Line2D object at 0x03639550>]
>>> ax.scatter(xMat[:,1].flatten().A[0], mat(yArr).T.flatten().A[0] , s=2,
  c='red')
<matplotlib.collections.PathCollection object at 0x03859110>
>>> plt.show()
```

可以观察到如图8-5所示的效果。图8-5给出了k在三种不同取值下的结果图。当$k = 1.0$时权重很大，如同将所有的数据视为等权重，得出的最佳拟合直线与标准的回归一致。使用$k = 0.01$得到了非常好的效果，抓住了数据的潜在模式。下图使用$k = 0.003$纳入了太多的噪声点，拟合的直线与数据点过于贴近。所以，图8-5中的最下图是过拟合的一个例子，而最上图则是欠拟合的一个例子。下一节将对过拟合和欠拟合进行量化分析。

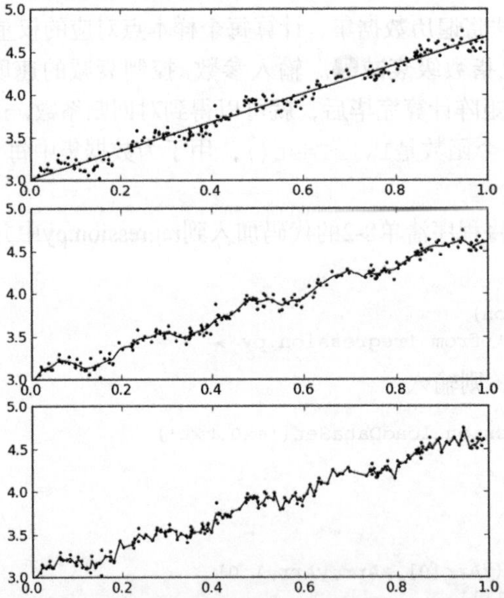

图8-5　使用3种不同平滑值绘出的局部加权线性回归结果。上图中的平滑参数$k = 1.0$，中图$k = 0.01$，下图$k = 0.003$。可以看到，$k = 1.0$时的模型效果与最小二乘法差不多，$k = 0.01$时该模型可以挖出数据的潜在规律，而$k = 0.003$时则考虑了太多的噪声，进而导致了过拟合现象

局部加权线性回归也存在一个问题，即增加了计算量，因为它对每个点做预测时都必须使用整个数据集。从图8-5可以看出，$k=0.01$时可以得到很好的估计，但是同时看一下图8-4中$k=0.01$的情况，就会发现大多数据点的权重都接近零。如果避免这些计算将可以减少程序运行时间，从而缓解因计算量增加带来的问题。

到此为止，我们已经介绍了找出最佳拟合直线的两种方法，下面用这些技术来预测鲍鱼的年龄。

8.3 示例：预测鲍鱼的年龄

接下来，我们将回归用于真实数据。在data目录下有一份来自UCI数据集合的数据，记录了鲍鱼（一种介壳类水生动物）的年龄。鲍鱼年龄可以从鲍鱼壳的层数推算得到。

在regression.py中加入下列代码：

```
def rssError(yArr,yHatArr):
    return ((yArr-yHatArr)**2).sum()
```

```
>>> abX,abY=regression.loadDataSet('abalone.txt')
>>> yHat01=regression.lwlrTest(abX[0:99],abX[0:99],abY[0:99],0.1)
>>> yHat1=regression.lwlrTest(abX[0:99],abX[0:99],abY[0:99],1)
>>> yHat10=regression.lwlrTest(abX[0:99],abX[0:99],abY[0:99],10)
```

为了分析预测误差的大小，可以用函数`rssError()`计算出这一指标：

```
>>> regression.rssError(abY[0:99],yHat01.T)
56.842594430533545
>>> regression.rssError(abY[0:99],yHat1.T)
429.89056187006685
>>> regression.rssError(abY[0:99],yHat10.T)
549.11817088257692
```

可以看到，使用较小的核将得到较低的误差。那么，为什么不在所有数据集上都使用最小的核呢？这是因为使用最小的核将造成过拟合，对新数据不一定能达到最好的预测效果。下面就来看看它们在新数据上的表现：

```
>>> yHat01=regression.lwlrTest(abX[100:199],abX[0:99],abY[0:99],0.1)
>>> regression.rssError(abY[100:199],yHat01.T)
25619.926899338669
>>> yHat1=regression.lwlrTest(abX[100:199],abX[0:99],abY[0:99],1)
>>> regression.rssError(abY[100:199],yHat1.T)
573.5261441895808
>>> yHat10=regression.lwlrTest(abX[100:199],abX[0:99],abY[0:99],10)
>>> regression.rssError(abY[100:199],yHat10.T)
517.57119053830979
```

从上述结果可以看到，在上面的三个参数中，核大小等于10时的测试误差最小，但它在训练集上的误差却是最大的。接下来再来和简单的线性回归做个比较：

```
>>> ws = regression.standRegres(abX[0:99],abY[0:99])
>>> yHat=mat(abX[100:199])*ws
>>> regression.rssError(abY[100:199],yHat.T.A)
518.63631532450131
```

简单线性回归达到了与局部加权线性回归类似的效果。这也表明一点，必须在未知数据上比较效果才能选取到最佳模型。那么最佳的核大小是10吗？或许是，但如果想得到更好的效果，应该用10个不同的样本集做10次测试来比较结果。

本例展示了如何使用局部加权线性回归来构建模型，可以得到比普通线性回归更好的效果。局部加权线性回归的问题在于，每次必须在整个数据集上运行。也就是说为了做出预测，必须保存所有的训练数据。下面将介绍另一种提高预测精度的方法，并分析它的优势所在。

8.4　缩减系数来“理解”数据

如果数据的特征比样本点还多应该怎么办？是否还可以使用线性回归和之前的方法来做预测？答案是否定的，即不能再使用前面介绍的方法。这是因为在计算 $(X^TX)^{-1}$ 的时候会出错。

如果特征比样本点还多（$n > m$），也就是说输入数据的矩阵X不是满秩矩阵。非满秩矩阵在求逆时会出现问题。

为了解决这个问题，统计学家引入了岭回归（ridge regression）的概念，这就是本节将介绍的第一种缩减方法。接着是lasso法，该方法效果很好但计算复杂。本节最后介绍了第二种缩减方法，称为前向逐步回归，可以得到与lasso差不多的效果，且更容易实现。

8.4.1　岭回归

简单说来，岭回归就是在矩阵 X^TX 上加一个 λI 从而使得矩阵非奇异，进而能对 $X^TX + \lambda I$ 求逆。其中矩阵I是一个 $m \times m$ 的单位矩阵，对角线上元素全为1，其他元素全为0。而λ是一个用户定义的数值，后面会做介绍。在这种情况下，回归系数的计算公式将变成：

$$\hat{w} = (X^TX + \lambda I)^{-1}X^Ty$$

岭回归最先用来处理特征数多于样本数的情况，现在也用于在估计中加入偏差，从而得到更好的估计。这里通过引入λ来限制了所有w之和，通过引入该惩罚项，能够减少不重要的参数，这个技术在统计学中也叫做缩减（shrinkage）。

岭回归中的岭是什么？

岭回归使用了单位矩阵乘以常量λ，我们观察其中的单位矩阵*I*，可以看到值1贯穿整个对角线，其余元素全是0。形象地，在0构成的平面上有一条1组成的“岭”，这就是岭回归中的“岭”的由来。

缩减方法可以去掉不重要的参数，因此能更好地理解数据。此外，与简单的线性回归相比，缩减法能取得更好的预测效果。

与前几章里训练其他参数所用的方法类似，这里通过预测误差最小化得到λ：数据获取之后，首先抽一部分数据用于测试，剩余的作为训练集用于训练参数w。训练完毕后在测试集上测试预测性能。通过选取不同的λ来重复上述测试过程，最终得到一个使预测误差最小的λ。

下面看看实际效果，打开regression.py文件并添加程序清单8-3的代码。

程序清单8-3 岭回归

```
def ridgeRegres(xMat,yMat,lam=0.2):
    xTx = xMat.T*xMat
    denom = xTx + eye(shape(xMat)[1])*lam
    if linalg.det(denom) == 0.0:
        print "This matrix is singular, cannot do inverse"
        return
    ws = denom.I * (xMat.T*yMat)
    return ws

def ridgeTest(xArr,yArr):
    xMat = mat(xArr); yMat=mat(yArr).T
    yMean = mean(yMat,0)
    yMat = yMat - yMean
    xMeans = mean(xMat,0)
    xVar = var(xMat,0)
    xMat = (xMat - xMeans)/xVar          ❶ 数据标准化
    numTestPts = 30
    wMat = zeros((numTestPts,shape(xMat)[1]))
    for i in range(numTestPts):
        ws = ridgeRegres(xMat,yMat,exp(i-10))
        wMat[i,:]=ws.T
    return wMat
```

程序清单8-3中的代码包含了两个函数：函数`ridgeRegres()`用于计算回归系数，而函数`ridgeTest()`用于在一组λ上测试结果。

第一个函数`ridgeRegres()`实现了给定lambda下的岭回归求解。如果没指定lambda，则默认为0.2。由于lambda是Python保留的关键字，因此程序中使用了`lam`来代替。该函数首先构建矩阵$\mathbf{x}^T\mathbf{x}$，然后用`lam`乘以单位矩阵（可调用NumPy库中的方法`eye()`来生成）。在普通回归方法可能会产生错误时，岭回归仍可以正常工作。那么是不是就不再需要检查行列式是否为零，对吗？不完全对，如果lambda设定为0的时候一样可能会产生错误，所以这里仍需要做一个检查。最后，如果矩阵非奇异就计算回归系数并返回。

为了使用岭回归和缩减技术，首先需要对特征做标准化处理。回忆一下，第2章已经用过标准化处理技术，使每维特征具有相同的重要性（不考虑特征代表什么）。程序清单8-3中的第二个函数`ridgeTest()`就展示了数据标准化的过程。具体的做法是所有特征都减去各自的均值并除以方差❶。

处理完成后就可以在30个不同的lambda下调用`ridgeRegres()`函数。注意，这里的lambda应以指数级变化，这样可以看出lambda在取非常小的值时和取非常大的值时分别对结果造成的影响。最后将所有的回归系数输出到一个矩阵并返回。

下面看一下鲍鱼数据集上的运行结果。

```
>>> reload(regression)
>>> abX,abY=regression.loadDataSet('abalone.txt')
>>> ridgeWeights=regression.ridgeTest(abX,abY)
```

这样就得到了30个不同lambda所对应的回归系数。为了看到缩减的效果，在Python提示符下输入如下代码：

```
>>> import matplotlib.pyplot as plt
>>> fig = plt.figure()
>>> ax = fig.add_subplot(111)
>>> ax.plot(ridgeWeights)
>>> plt.show()
```

运行之后应该看到一个类似图8-6的结果图，该图绘出了回归系数与`log(λ)`的关系。在最左边，即λ最小时，可以得到所有系数的原始值（与线性回归一致）；而在右边，系数全部缩减成0；在中间部分的某值将可以取得最好的预测效果。为了定量地找到最佳参数值，还需要进行交叉验证。另外，要判断哪些变量对结果预测最具有影响力，在图8-6中观察它们对应的系数大小就可以。

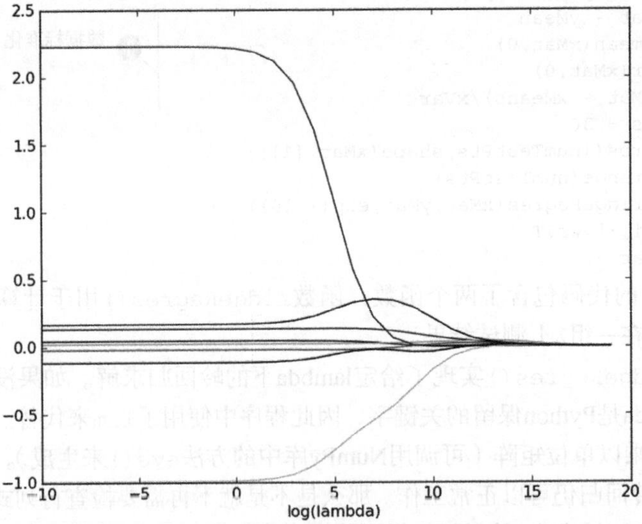

图8-6　岭回归的回归系数变化图。λ非常小时，系数与普通回归一样。而λ非常大时，所有回归系数缩减为0。可以在中间某处找到使得预测的结果最好的λ值

还有一些其他缩减方法，如lasso、LAR、PCA回归[①]以及子集选择等。与岭回归一样，这些方法不仅可以提高预测精确率，而且可以解释回归系数。下面将对lasso方法稍作介绍。

8.4.2 lasso

不难证明，在增加如下约束时，普通的最小二乘法回归会得到与岭回归的一样的公式：

$$\sum_{k=1}^{n} w_k^2 \leqslant \lambda$$

① Trevor Hastie, Robert Tibshirani, and Jerome Friedman, *The Elements of Statistical Learning: Data Mining, Inference, and Prediction*, 2nd ed. (Springer, 2009).

上式限定了所有回归系数的平方和不能大于λ。使用普通的最小二乘法回归在当两个或更多的特征相关时，可能会得出一个很大的正系数和一个很大的负系数。正是因为上述限制条件的存在，使用岭回归可以避免这个问题。

与岭回归类似，另一个缩减方法lasso也对回归系数做了限定，对应的约束条件如下：

$$\sum_{k=1}^{n}\left|w_k\right| \leqslant \lambda$$

唯一的不同点在于，这个约束条件使用绝对值取代了平方和。虽然约束形式只是稍作变化，结果却大相径庭：在λ足够小的时候，一些系数会因此被迫缩减到0，这个特性可以帮助我们更好地理解数据。这两个约束条件在公式上看起来相差无几，但细微的变化却极大地增加了计算复杂度（为了在这个新的约束条件下解出回归系数，需要使用二次规划算法）。下面将介绍一个更为简单的方法来得到结果，该方法叫做前向逐步回归。

8.4.3 前向逐步回归

前向逐步回归算法可以得到与lasso差不多的效果，但更加简单。它属于一种贪心算法，即每一步都尽可能减少误差。一开始，所有的权重都设为1，然后每一步所做的决策是对某个权重增加或减少一个很小的值。

该算法的伪代码如下所示：

```
数据标准化，使其分布满足0均值和单位方差
在每轮迭代过程中：
  设置当前最小误差lowestError为正无穷
  对每个特征：
    增大或缩小：
      改变一个系数得到一个新的W
      计算新W下的误差
      如果误差Error小于当前最小误差lowestError：设置Wbest等于当前的W
    将W设置为新的Wbest
```

下面看看实际效果，打开regression.py文件并加入下列程序清单中的代码。

程序清单8-4 前向逐步线性回归

```
def stageWise(xArr,yArr,eps=0.01,numIt=100):
    xMat = mat(xArr); yMat=mat(yArr).T
    yMean = mean(yMat,0)
    yMat = yMat - yMean
    xMat = regularize(xMat)
    m,n=shape(xMat)
    returnMat = zeros((numIt,n))
    ws = zeros((n,1)); wsTest = ws.copy(); wsMax = ws.copy()
    for i in range(numIt):
        print ws.T
```

```
        lowestError = inf;
        for j in range(n):
            for sign in [-1,1]:
                wsTest = ws.copy()
                wsTest[j] += eps*sign
                yTest = xMat*wsTest
                rssE = rssError(yMat.A,yTest.A)
                if rssE < lowestError:
                    lowestError = rssE
                    wsMax = wsTest
        ws = wsMax.copy()
        returnMat[i,:]=ws.T
    return returnMat
```

程序清单8-4中的函数stageWise()是一个逐步线性回归算法的实现，它与lasso做法相近但计算简单。该函数的输入包括：输入数据xArr和预测变量yArr。此外还有两个参数：一个是eps，表示每次迭代需要调整的步长；另一个是numIt，表示迭代次数。

函数首先将输入数据转换并存入矩阵中，然后把特征按照均值为0方差为1进行标准化处理。在这之后创建了一个向量ws来保存w的值，并且为了实现贪心算法建立了ws的两份副本。接下来的优化过程需要迭代numIt次，并且在每次迭代时都打印出w向量，用于分析算法执行的过程和效果。

贪心算法在所有特征上运行两次for循环，分别计算增加或减少该特征对误差的影响。这里使用的是平方误差，通过之前的函数rssError()得到。该误差初始值设为正无穷，经过与所有的误差比较后取最小的误差。整个过程循环迭代进行。

下面看一下实际效果，在regression.py里输入程序清单8-4的代码并保存，然后在Python提示符下输入如下命令：

```
>>> reload(regression)
<module 'regression' from 'regression.pyc'>
>>> xArr,yArr=regression.loadDataSet('abalone.txt')
>>> regression.stageWise(xArr,yArr,0.01,200)
[[ 0.  0.  0.  0.  0.  0.  0.  0.]]
[[ 0.    0.    0.    0.01  0.    0.    0.    0.  ]]
[[ 0.    0.    0.    0.02  0.    0.    0.    0.  ]]
                          .
                          .
                          .
[[ 0.04  0.    0.09  0.03  0.31 -0.64  0.    0.36]]
[[ 0.05  0.    0.09  0.03  0.31 -0.64  0.    0.36]]
[[ 0.04  0.    0.09  0.03  0.31 -0.64  0.    0.36]]
```

上述结果中值得注意的是w1和w6都是0，这表明它们不对目标值造成任何影响，也就是说这些特征很可能是不需要的。另外，在参数eps设置为0.01的情况下，一段时间后系数就已经饱和并在特定值之间来回震荡，这是因为步长太大的缘故。这里会看到，第一个权重在0.04和0.05之间来回震荡。

下面试着用更小的步长和更多的步数：

```
>>> regression.stageWise(xArr,yArr,0.001,5000)
[[ 0.  0.  0.  0.  0.  0.  0.  0.]]
[[ 0.     0.     0.     0.001  0.     0.     0.     0.   ]]
[[ 0.     0.     0.     0.002  0.     0.     0.     0.   ]]
```

```
          .
          .
[[ 0.044 -0.011  0.12   0.022  2.023 -0.963 -0.105  0.187]]
[[ 0.043 -0.011  0.12   0.022  2.023 -0.963 -0.105  0.187]]
[[ 0.044 -0.011  0.12   0.022  2.023 -0.963 -0.105  0.187]]
```

接下来把这些结果与最小二乘法进行比较，后者的结果可以通过如下代码获得：

```
>>> xMat=mat(xArr)
>>> yMat=mat(yArr).T
>>> xMat=regression.regularize(xMat)
>>> yM = mean(yMat,0)
>>> yMat = yMat - yM
>>> weights=regression.standRegres(xMat,yMat.T)
>>> weights.T
matrix([[ 0.0430442 , -0.02274163,  0.13214087,  0.02075182,  2.22403814,
         -0.99895312, -0.11725427,  0.16622915]])
```

可以看到在5000次迭代以后，逐步线性回归算法与常规的最小二乘法效果类似。使用0.005的epsilon值并经过1000次迭代后的结果参见图8-7。

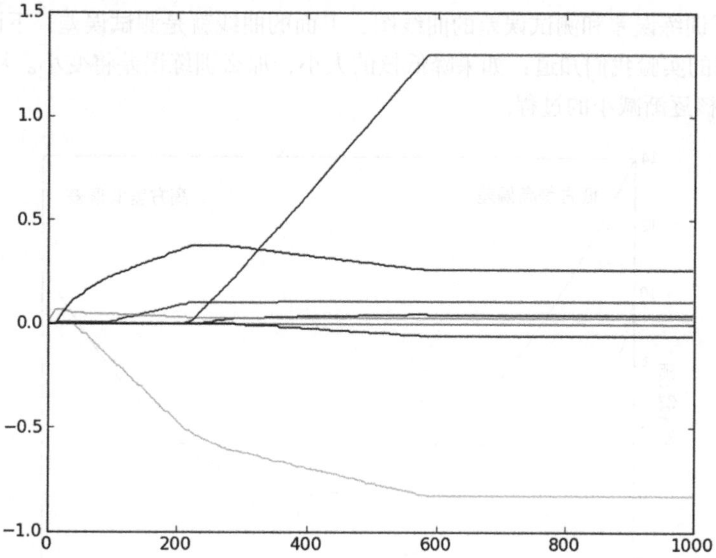

图8-7　鲍鱼数据集上执行逐步线性回归法得到的系数与迭代次数间的关系。逐步线性回归得到了与lasso相似的结果，但计算起来更加简便

逐步线性回归算法的实际好处并不在于能绘出图8-7这样漂亮的图，主要的优点在于它可以帮助人们理解现有的模型并做出改进。当构建了一个模型后，可以运行该算法找出重要的特征，这样就有可能及时停止对那些不重要特征的收集。最后，如果用于测试，该算法每100次迭代后就可以构建出一个模型，可以使用类似于10折交叉验证的方法比较这些模型，最终选择使误差最小的模型。

当应用缩减方法（如逐步线性回归或岭回归）时，模型也就增加了偏差（bias），与此同时却减小了模型的方差。下一节将揭示这些概念之间的关系并分析它们对结果的影响。

8

8.5 权衡偏差与方差

任何时候，一旦发现模型和测量值之间存在差异，就说出现了误差。当考虑模型中的"噪声"或者说误差时，必须考虑其来源。你可能会对复杂的过程进行简化，这将导致在模型和测量值之间出现"噪声"或误差，若无法理解数据的真实生成过程，也会导致差异的发生。另外，测量过程本身也可能产生"噪声"或者问题。下面举一个例子，8.1节和8.2节处理过一个从文件导入的二维数据。实话来讲，这个数据是我自己造出来的，其具体的生成公式如下：

```
y = 3.0 + 1.7x + 0.1sin(30x)+0.06N(0,1),
```

其中`N(0,1)`是一个均值为0、方差为1的正态分布。在8.1节中，我们尝试过仅用一条直线来拟合上述数据。不难想到，直线所能得到的最佳拟合应该是`3.0+1.7x`这一部分。这样的话，误差部分就是`0.1sin(30x)+0.06N(0,1)`。在8.2节和8.3节，我们使用了局部加权线性回归来试图捕捉数据背后的结构。该结构拟合起来有一定的难度，因此我们测试了多组不同的局部权重来找到具有最小测试误差的解。

图8-8给出了训练误差和测试误差的曲线图，上面的曲线就是测试误差，下面的曲线是训练误差。根据8.3节的实验我们知道：如果降低核的大小，那么训练误差将变小。从图8-8来看，从左到右就表示了核逐渐减小的过程。

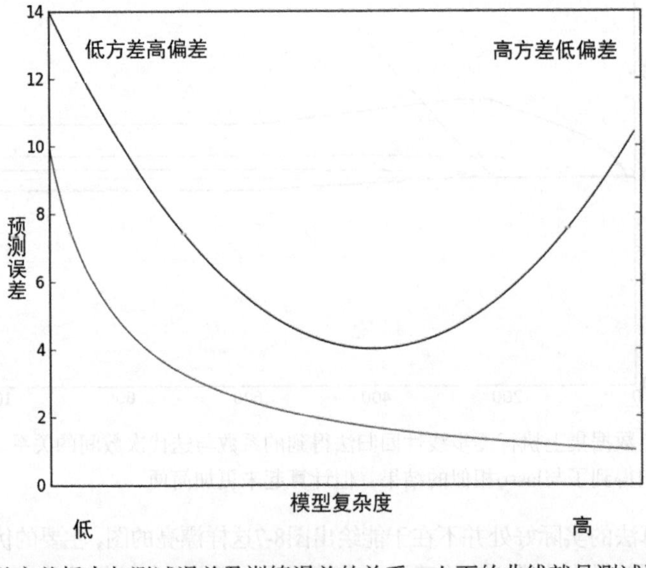

图8-8 偏差方差折中与测试误差及训练误差的关系。上面的曲线就是测试误差，在中间部分最低。为了做出最好的预测，我们应该调整模型复杂度来达到测试误差的最小值

一般认为，上述两种误差由三个部分组成：偏差、测量误差和随机噪声。在8.2节和8.3节，我们通过引入了三个越来越小的核来不断增大模型的方差。

8.4节介绍了缩减法，可以将一些系数缩减成很小的值或直接缩减为0，这是一个增大模型偏差的例子。通过把一些特征的回归系数缩减到0，同时也就减少了模型的复杂度。例子中有8个特征，消除其中两个后不仅使模型更易理解，同时还降低了预测误差。图8-8的左侧是参数缩减过于严厉的结果，而右侧是无缩减的效果。

方差是可以度量的。如果从鲍鱼数据中取一个随机样本集（例如取其中100个数据）并用线性模型拟合，将会得到一组回归系数。同理，再取出另一组随机样本集并拟合，将会得到另一组回归系数。这些系数间的差异大小也就是模型方差大小的反映[①]。上述偏差与方差折中的概念在机器学习十分流行并且反复出现。

下一节将介绍上述理论的应用：首先从拍卖站点抽取一些数据，再使用一些回归法进行实验来为数据找到最佳的岭回归模型。这样就可以通过实际效果来看看偏差和方差间的折中效果。

8.6 示例：预测乐高玩具套装的价格

你对乐高（LEGO）品牌的玩具了解吗？乐高公司生产拼装类玩具，由很多大小不同的塑料插块组成。这些塑料插块的设计非常出色，不需要任何粘合剂就可以随意拼装起来。除了简单玩具之外，乐高玩具在一些成人中也很流行。一般来说，这些插块都成套出售，它们可以拼装成很多不同的东西，如船、城堡、一些著名建筑，等等。乐高公司每个套装包含的部件数目从10件到5000件不等。

一种乐高套装基本上在几年后就会停产，但乐高的收藏者之间仍会在停产后彼此交易。Dangler喜欢为乐高套装估价，下面将用本章的回归技术帮助他建立一个预测模型。

示例：用回归法预测乐高套装的价格

(1) 收集数据：用Google Shopping的API收集数据。
(2) 准备数据：从返回的JSON数据中抽取价格。
(3) 分析数据：可视化并观察数据。
(4) 训练算法：构建不同的模型，采用逐步线性回归和直接的线性回归模型。
(5) 测试算法：使用交叉验证来测试不同的模型，分析哪个效果最好。
(6) 使用算法：这次练习的目标就是生成数据模型。

在这个例子中，我们将从不同的数据集上获取价格，然后对这些数据建立回归模型。需要做的第一件事就是如何获取数据。

8.6.1 收集数据：使用 Google 购物的 API

Google已经为我们提供了一套购物的API来抓取价格。在使用API之前，需要注册一个Google账号，然后访问Google API的控制台来确保购物API可用。完成之后就可以发送HTTP请求，API

① 方差指的是模型之间的差异，而偏差指的是模型预测值和数据之间的差异，请读者注意区分。——译者注

将以JSON格式返回所需的产品信息。Python提供了JSON解析模块，我们可以从返回的JSON格式里整理出所需数据。详细的API介绍可以参见：http://code.google.com/apis/shopping/search/v1/getting_started.html。

打开regression.py文件并加入如下代码。

程序清单8-5　购物信息的获取函数

```
from time import sleep
import json
import urllib2
def searchForSet(retX, retY, setNum, yr, numPce, origPrc):
    sleep(10)
    myAPIstr = 'get from code.google.com'
    searchURL = 'https://www.googleapis.com/shopping/search/v1/public/
     products?\
      key=%s&country=US&q=lego+%d&alt=json' % (myAPIstr, setNum)
    pg = urllib2.urlopen(searchURL)
    retDict = json.loads(pg.read())
    for i in range(len(retDict['items'])):
        try:
            currItem = retDict['items'][i]
            if currItem['product']['condition'] == 'new':
                newFlag = 1
            else: newFlag = 0
            listOfInv = currItem['product']['inventories']
            for item in listOfInv:
                sellingPrice = item['price']
                if  sellingPrice > origPrc * 0.5:        ❶ 过滤掉不完整的套装
                    print "%d\t%d\t%d\t%f\t%f" %\
                      (yr,numPce,newFlag,origPrc, sellingPrice)
                    retX.append([yr, numPce, newFlag, origPrc])
                    retY.append(sellingPrice)
        except: print 'problem with item %d' % i

def setDataCollect(retX, retY):
    searchForSet(retX, retY, 8288, 2006, 800, 49.99)
    searchForSet(retX, retY, 10030, 2002, 3096, 269.99)
    searchForSet(retX, retY, 10179, 2007, 5195, 499.99)
    searchForSet(retX, retY, 10181, 2007, 3428, 199.99)
    searchForSet(retX, retY, 10189, 2008, 5922, 299.99)
    searchForSet(retX, retY, 10196, 2009, 3263, 249.99)
```

上述程序清单中的第一个函数是`searchForSet()`，它调用Google购物API并保证数据抽取的正确性。这里需要导入新的模块：`time.sleep()`、`json`和`urllib2`。但是一开始要休眠10秒钟，这是为了防止短时间内有过多的API调用。接下来，我们拼接查询的URL字符串，添加API的key和待查询的套装信息，打开和解析操作通过`json.loads()`方法实现。完成后我们将得到一部字典，下面需要做的是从中找出价格和其他信息。

部分返回结果的是一个产品的数组，我们将在这些产品上循环迭代，判断该产品是否是新产品并抽取它的价格。我们知道，乐高套装由很多小插件组成，有的二手套装很可能会缺失其中一两件。也就是说，卖家只出售套装的若干部件（不完整）。因为这种不完整的套装也会通过检索结果返回，所以我们需要将这些信息过滤掉（可以统计描述中的关键词或者是用贝叶斯方法来判断）。我在这里仅使用了一个简单的启发式方法：如果一个套装的价格比原始价格低一半以上，则认为该套装不完整。程序清单8-5在代码❶处过滤掉了这些套装，解析成功后的套装将在屏幕上显示出来并保存在list对象`retX`和`retY`中。

程序清单8-5的最后一个函数是`setDataCollect()`，它负责多次调用`searchForSet()`。函数`searchForSet()`的其他参数是从www.brickset.com收集来的，它们也一并输出到文件中。

下面看一下执行结果，添加程序清单8-5中的代码之后保存regression.py，在Python提示符下输入如下命令：

```
>>> lgX = []; lgY = []
>>> regression.setDataCollect(lgX, lgY)
2006    800     1       49.990000       549.990000
2006    800     1       49.990000       759.050000
2006    800     1       49.990000       316.990000
2002    3096    1       269.990000      499.990000
2002    3096    1       269.990000      289.990000
                        .
                        .
2009    3263    0       249.990000      524.990000
2009    3263    1       249.990000      672.000000
2009    3263    1       249.990000      580.000000
```

检查一下`lgX`和`lgY`以确认一下它们非空。下节我们将使用这些数据来构建回归方程并预测乐高玩具套装的售价。

8.6.2 训练算法：建立模型

上一节从网上收集到了一些真实的数据，下面将为这些数据构建一个模型。构建出的模型可以对售价做出预测，并帮助我们理解现有数据。看一下Python是如何完成这些工作的。

首先需要添加对应常数项的特征X0（X0=1），为此创建一个全1的矩阵：

```
>>> shape(lgX)
(58, 4)
>>> lgX1=mat(ones((58,5)))
```

接下来，将原数据矩阵`lgX`复制到新数据矩阵`lgX1`的第1到第5列：

```
>>> lgX1[:,1:5]=mat(lgX)
```

确认一下数据复制的正确性：

```
>>> lgX[0]
[2006.0, 800.0, 0.0, 49.990000000000002]
>>> lgX1[0]
matrix([[  1.00000000e+00,   2.00600000e+03,   8.00000000e+02,
           0.00000000e+00,   4.99900000e+01]])
```

很显然，后者除了在第0列加入1之外其他数据都一样。最后在这个新数据集上进行回归处理：

```
>>> ws=regression.standRegres(lgX1,lgY)
>>> ws
```

8

```
matrix([[  5.53199701e+04],
        [ -2.75928219e+01],
        [-2.68392234e-02],
        [ -1.12208481e+01],
        [  2.57604055e+00]])
```

检查一下结果，看看模型是否有效：

```
>>> lgX1[0]*ws
matrix([[ 76.07418853]])
>>> lgX1[-1]*ws
matrix([[ 431.17797672]])
>>> lgX1[43]*ws
matrix([[ 516.20733105]])
```

可以看到模型有效。下面看看具体的模型。该模型认为套装的售价应该采用如下公式计算：

```
$55319.97-27.59*Year-0.00268*NumPieces-11.22*NewOrUsed+2.57*original price
```

这个模型的预测效果非常好，但模型本身并不能令人满意。它对于数据拟合得很好，但看上去没有什么道理。从公式看，套装里零部件越多售价反而会越低。另外，该公式对新套装也有一定的惩罚。

下面使用缩减法中一种，即岭回归再进行一次实验。前面讨论过如何对系数进行缩减，但这次将会看到如何用缩减法确定最佳回归系数。打开regression.py并输入下面的代码。

程序清单8-6　交叉验证测试岭回归

```
def crossValidation(xArr,yArr,numVal=10):
    m = len(yArr)
    indexList = range(m)
    errorMat = zeros((numVal,30))
    for i in range(numVal):
        trainX=[]; trainY=[]
        testX = []; testY = []
        random.shuffle(indexList)
        for j in range(m):
        if j < m*0.9:
            trainX.append(xArr[indexList[j]])
            trainY.append(yArr[indexList[j]])
        else:
            testX.append(xArr[indexList[j]])
            testY.append(yArr[indexList[j]])
    wMat = ridgeTest(trainX,trainY)
        for k in range(30):
            matTestX = mat(testX); matTrainX=mat(trainX)
            meanTrain = mean(matTrainX,0)
            varTrain = var(matTrainX,0)
            matTestX = (matTestX-meanTrain)/varTrain
            yEst = matTestX * mat(wMat[k,:]).T + mean(trainY)
            errorMat[i,k]=rssError(yEst.T.A,array(testY))
meanErrors = mean(errorMat,0)
minMean = float(min(meanErrors))
bestWeights = wMat[nonzero(meanErrors==minMean)]
xMat = mat(xArr); yMat=mat(yArr).T
meanX = mean(xMat,0); varX = var(xMat,0)
```

❶ 创建训练集和测试集容器

❷ 数据分为训练集和测试集

❸ 用训练时的参数将测试数据标准化

```
unReg = bestWeights/varX
print "the best model from Ridge Regression is:\n",unReg
print "with constant term: ",\
    -1*sum(multiply(meanX,unReg)) + mean(yMat)
```
❹ 数据还原

上述程序清单中的函数crossValidation()有三个参数，前两个参数lgX和lgY存有数据集中的X和Y值的list对象，默认lgX和lgY具有相同的长度。第三个参数numVal是算法中交叉验证的次数，如果该值没有指定，就取默认值10。函数crossValidation()首先计算数据点的个数m。创建好了训练集和测试集容器❶，之后创建了一个list并使用Numpy提供的random.shuffle()函数对其中的元素进行混洗（shuffle），因此可以实现训练集或测试集数据点的随机选取。❷处将数据集的90%分割成训练集，其余10%为测试集，并将二者分别放入对应容器中。

一旦对数据点进行混洗之后，就建立一个新的矩阵wMat来保存岭回归中的所有回归系数。我们还记得在8.4.1节中，函数ridgeTest()使用30个不同的λ值创建了30组不同的回归系数。接下来我们也在上述测试集上用30组回归系数来循环测试回归效果。岭回归需要使用标准化后的数据，因此测试数据也需要用与测试集相同的参数来执行标准化。在❸处用函数rssError()计算误差，并将结果保存在errorMat中。

在所有交叉验证完成后，errorMat保存了ridgeTest()里每个λ对应的多个误差值。为了将得出的回归系数与standRegres()作对比，需要计算这些误差估计值的均值[①]。有一点值得注意：岭回归使用了数据标准化，而standRegres()则没有，因此为了将上述比较可视化还需将数据还原。在❹处对数据做了还原并将最终结果展示。

来看一下整体的运行效果，在regression.py中输入程序清单8-6中的代码并保存，然后执行如下命令：

```
>>> regression.crossValidation(lgX,lgY,10)
The best model from Ridge Regression is:
[[ -2.96472902e+01 -1.34476433e-03 -3.38454756e+01  2.44420117e+00]]
with constant term: 59389.2069537
```

为了便于与常规的最小二乘法进行比较，下面给出当前的价格公式：

```
$59389.21-29.64*Year-0.00134*NumPieces-33.85*NewOrUsed+2.44*original price.
```

可以看到，该结果与最小二乘法没有太大差异。我们本期望找到一个更易于理解的模型，显然没有达到预期效果。为了达到这一点，我们来看一下在缩减过程中回归系数是如何变化的，输入下面的命令：

```
>>> regression.ridgeTest(lgX,lgY)
array([[ -1.45288906e+02,  -8.39360442e+03,  -3.28682450e+00,
    4.42362406e+04],
[ -1.46649725e+02,  -1.89952152e+03,  -2.80638599e+00,
          4.27891633e+04],
                          .
                          .
[ -4.91045279e-06,   5.01149871e-08,   2.40728171e-05,
    8.14042912e-07]])
```

① 此处为10折，所以每个λ应该对应10个误差。应选取使误差的均值最低的回归系数。——译者注

这些系数是经过不同程度的缩减得到的。首先看第1行，第4项比第2项的系数大5倍，第2项比第1项大57倍。这样看来，如果只能选择一个特征来做预测的话，我们应该选择第4个特征，也就是原始价格。如果可以选择2个特征的话，应该选择第4个和第2个特征。

这种分析方法使得我们可以挖掘大量数据的内在规律。在仅有4个特征时，该方法的效果也许并不明显；但如果有100个以上的特征，该方法就会变得十分有效：它可以指出哪些特征是关键的，而哪些特征是不重要的。

8.7　本章小结

与分类一样，回归也是预测目标值的过程。回归与分类的不同点在于，前者预测连续型变量，而后者预测离散型变量。回归是统计学中最有力的工具之一。在回归方程里，求得特征对应的最佳回归系数的方法是最小化误差的平方和。给定输入矩阵**x**，如果$\mathbf{x}^{T}\mathbf{x}$的逆存在并可以求得的话，回归法都可以直接使用。数据集上计算出的回归方程并不一定意味着它是最佳的，可以使用预测值`yHat`和原始值`y`的相关性来度量回归方程的好坏。

当数据的样本数比特征数还少时候，矩阵$\mathbf{x}^{T}\mathbf{x}$的逆不能直接计算。即便当样本数比特征数多时，$\mathbf{x}^{T}\mathbf{x}$的逆仍有可能无法直接计算，这是因为特征有可能高度相关。这时可以考虑使用岭回归，因为当$\mathbf{x}^{T}\mathbf{x}$的逆不能计算时，它仍保证能求得回归参数。

岭回归是缩减法的一种，相当于对回归系数的大小施加了限制。另一种很好的缩减法是lasso。Lasso难以求解，但可以使用计算简便的逐步线性回归方法来求得近似结果。

缩减法还可以看做是对一个模型增加偏差的同时减少方差。偏差方差折中是一个重要的概念，可以帮助我们理解现有模型并做出改进，从而得到更好的模型。

本章介绍的方法很有用。但有些时候数据间的关系可能会更加复杂，如预测值与特征之间是非线性关系，这种情况下使用线性的模型就难以拟合。下一章将介绍几种使用树结构来预测数据的方法。

第9章

树回归

本章内容

- CART算法
- 回归与模型树
- 树剪枝算法
- Python中GUI的使用

第8章介绍的线性回归包含了一些强大的方法，但这些方法创建的模型需要拟合所有的样本点（局部加权线性回归除外）。当数据拥有众多特征并且特征之间关系十分复杂时，构建全局模型的想法就显得太难了，也略显笨拙。而且，实际生活中很多问题都是非线性的，不可能使用全局线性模型来拟合任何数据。

一种可行的方法是将数据集切分成很多份易建模的数据，然后利用第8章的线性回归技术来建模。如果首次切分后仍然难以拟合线性模型就继续切分。在这种切分方式下，树结构和回归法就相当有用。

本章首先介绍一个新的叫做CART（Classification And Regression Trees，分类回归树）的树构建算法。该算法既可以用于分类还可以用于回归，因此非常值得学习。然后利用Python来构建并显示CART树。代码会保持足够的灵活性以便能用于多个问题当中。接着，利用CART算法构建回归树并介绍其中的树剪枝技术（该技术的主要目的是防止树的过拟合）。之后引入了一个更高级的模型树算法。与回归树的做法（在每个叶节点上使用各自的均值做预测）不同，该算法需要在每个叶节点上都构建出一个线性模型。在这些树的构建算法中有一些需要调整的参数，所以还会介绍如何使用Python中的Tkinter模块建立图形交互界面。最后，在该界面的辅助下分析参数对回归效果的影响。

9.1 复杂数据的局部性建模

第3章使用决策树来进行分类。决策树不断将数据切分成小数据集，直到所有目标变量完全相同，或者数据不能再切分为止。决策树是一种贪心算法，它要在给定时间内做出最佳选择，但并不关心能否达到全局最优。

树回归

优点：可以对复杂和非线性的数据建模。

缺点：结果不易理解。

适用数据类型：数值型和标称型数据。

第3章使用的树构建算法是ID3。ID3的做法是每次选取当前最佳的特征来分割数据，并按照该特征的所有可能取值来切分。也就是说，如果一个特征有4种取值，那么数据将被切成4份。一旦按某特征切分后，该特征在之后的算法执行过程中将不会再起作用，所以有观点认为这种切分方式过于迅速。另外一种方法是二元切分法，即每次把数据集切成两份。如果数据的某特征值等于切分所要求的值，那么这些数据就进入树的左子树，反之则进入树的右子树。

除了切分过于迅速外，ID3算法还存在另一个问题，它不能直接处理连续型特征。只有事先将连续型特征转换成离散型，才能在ID3算法中使用。但这种转换过程会破坏连续型变量的内在性质。而使用二元切分法则易于对树构建过程进行调整以处理连续型特征。具体的处理方法是：如果特征值大于给定值就走左子树，否则就走右子树。另外，二元切分法也节省了树的构建时间，但这点意义也不是特别大，因为这些树构建一般是离线完成，时间并非需要重点关注的因素。

CART是十分著名且广泛记载的树构建算法，它使用二元切分来处理连续型变量。对CART稍作修改就可以处理回归问题。第3章中使用香农熵来度量集合的无组织程度。如果选用其他方法来代替香农熵，就可以使用树构建算法来完成回归。

下面将实观CART算法和回归树。回归树与分类树的思路类似，但叶节点的数据类型不是离散型，而是连续型。

树回归的一般方法

(1) 收集数据：采用任意方法收集数据。

(2) 准备数据：需要数值型的数据，标称型数据应该映射成二值型数据。

(3) 分析数据：绘出数据的二维可视化显示结果，以字典方式生成树。

(4) 训练算法：大部分时间都花费在叶节点树模型的构建上。

(5) 测试算法：使用测试数据上的R^2值来分析模型的效果。

(6) 使用算法：使用训练出的树做预测，预测结果还可以用来做很多事情

有了思路之后就可以开始写代码了。下一节将介绍在Python中利用CART算法构建树的最佳方法。

9.2　连续和离散型特征的树的构建

在树的构建过程中，需要解决多种类型数据的存储问题。与第3章类似，这里将使用一部字典来存储树的数据结构，该字典将包含以下4个元素。

- 待切分的特征。

- 待切分的特征值。
- 右子树。当不再需要切分的时候，也可以是单个值。
- 左子树。与右子树类似。

这与第3章的树结构有一点不同。第3章用一部字典来存储每个切分，但该字典可以包含两个或两个以上的值。而CART算法只做二元切分，所以这里可以固定树的数据结构。树包含左键和右键，可以存储另一棵子树或者单个值。字典还包含特征和特征值这两个键，它们给出切分算法所有的特征和特征值。当然，读者可以用面向对象的编程模式来建立这个数据结构。例如，可以用下面的Python代码来建立树节点：

```
class treeNode():
    def __init__(self, feat, val, right, left):
        featureToSplitOn = feat
        valueOfSplit = val
        rightBranch = right
        leftBranch = left
```

当使用C++这样不太灵活的编程语言时，你可能要用面向对象编程模式来实现树结构。Python具有足够的灵活性，可以直接使用字典来存储树结构而无须另外自定义一个类，从而有效地减少代码量。Python不是一种强类型编程语言，因此接下来会看到，树的每个分枝还可以再包含其他树、数值型数据甚至是向量。

本章将构建两种树：第一种是9.4节的*回归树*（regression tree），其每个叶节点包含单个值；第二种是9.5节的*模型树*（model tree），其每个叶节点包含一个线性方程。创建这两种树时，我们将尽量使得代码之间可以重用。下面先给出两种树构建算法中的一些共用代码。

函数`createTree()`的伪代码大致如下：

```
找到最佳的待切分特征:
    如果该节点不能再分，将该节点存为叶节点
    执行二元切分
    在右子树调用createTree()方法
    在左子树调用createTree()方法
```

打开文本编辑器，创建文件`regTrees.py`并添加如下代码。

程序清单9-1 CART算法的实现代码

```
from numpy import *

def loadDataSet(fileName):
    dataMat = []
    fr = open(fileName)
    for line in fr.readlines():
        curLine = line.strip().split('\t')
        fltLine = map(float,curLine)          # ❶ 将每行映射成浮点数
        dataMat.append(fltLine)
    return dataMat
```

```
def binSplitDataSet(dataSet, feature, value):
    mat0 = dataSet[nonzero(dataSet[:,feature] > value)[0],:][0]
    mat1 = dataSet[nonzero(dataSet[:,feature] <= value)[0],:][0]
    return mat0,mat1

def createTree(dataSet, leafType=regLeaf, errType=regErr, ops=(1,4)):
    feat, val = chooseBestSplit(dataSet, leafType, errType, ops)
    if feat == None: return val          ❷ 满足停止条件时返回叶节点值
    retTree = {}
    retTree['spInd'] = feat
    retTree['spVal'] = val
    lSet, rSet = binSplitDataSet(dataSet, feat, val)
    retTree['left'] = createTree(lSet, leafType, errType, ops)
    retTree['right'] = createTree(rSet, leafType, errType, ops)
    return retTree
```

上述程序清单包含3个函数：第一个函数是loadDataSet()，该函数与其他章节中同名函数功能类似。在前面的章节中，目标变量会单独存放其自己的列表中，但这里的数据会存放在一起。该函数读取一个以tab键为分隔符的文件，然后将每行的内容保存成一组浮点数❶。

第二个函数是binSplitDataSet()，该函数有3个参数：数据集合、待切分的特征和该特征的某个值。在给定特征和特征值的情况下，该函数通过数组过滤方式将上述数据集合切分得到两个子集并返回。

最后一个函数是树构建函数createTree()，它有4个参数：数据集和其他3个可选参数。这些可选参数决定了树的类型：leafType给出建立叶节点的函数；errType代表误差计算函数；而ops是一个包含树构建所需其他参数的元组。

函数createTree()是一个递归函数。该函数首先尝试将数据集分成两个部分，切分由函数chooseBestSplit()完成（这里未给出该函数的实现）。如果满足停止条件，chooseBest-Split()将返回None和某类模型的值❷。如果构建的是回归树，该模型是一个常数。如果是模型树，其模型是一个线性方程。后面会看到停止条件的作用方式。如果不满足停止条件，choose BestSplit()将创建一个新的Python字典并将数据集分成两份，在这两份数据集上将分别继续递归调用createTree()函数。

程序清单9-1的代码很容易理解，但其中的方法chooseBestSplit()现在暂时尚未实现，所以函数还不能看到createTree()的实际效果。但是下面可以先测试其他两个函数的效果。将程序清单9-1的代码保存在文件regTrees.py中并在Python提示符下输入如下命令：

```
>>> import regTrees
>>> testMat=mat(eye(4))
>>> testMat
matrix([[ 1.,  0.,  0.,  0.],
        [ 0.,  1.,  0.,  0.],
        [ 0.,  0.,  1.,  0.],
        [ 0.,  0.,  0.,  1.]])
```

这样就创建了一个简单的矩阵，现在按指定列的某个值来切分该矩阵。

```
>>> mat0,mat1=regTrees.binSplitDataSet(testMat,1,0.5)
>>> mat0
matrix([[ 0.,  1.,  0.,  0.]])
>>> mat1
matrix([[ 1.,  0.,  0.,  0.],
      [ 0.,  0.,  1.,  0.],
        [ 0.,  0.,  0.,  1.]])
```

很有趣吧。下面给出回归树的`chooseBestSplit()`函数，还会看到更有趣的结果。下一节将针对回归树构建，在`chooseBestSplit()`函数里加入具体代码，之后就可以使用程序清单9-1的CART算法来构建回归树。

9.3 将CART算法用于回归

要对数据的复杂关系建模，我们已经决定借用树结构来帮助切分数据，那么如何实现数据的切分呢？怎么才能知道是否已经充分切分呢？这些问题的答案取决于叶节点的建模方式。回归树假设叶节点是常数值，这种策略认为数据中的复杂关系可以用树结构来概括。

为成功构建以分段常数为叶节点的树，需要度量出数据的一致性。第3章使用树进行分类，会在给定节点时计算数据的混乱度。那么如何计算连续型数值的混乱度呢？事实上，在数据集上计算混乱度是非常简单的。首先计算所有数据的均值，然后计算每条数据的值到均值的差值。为了对正负差值同等看待，一般使用绝对值或平方值来代替上述差值。上述做法有点类似于前面介绍过的统计学中常用的方差计算。唯一的不同就是，方差是平方误差的均值（均方差），而这里需要的是平方误差的总值（总方差）。总方差可以通过均方差乘以数据集中样本点的个数来得到。

有了上述误差计算准则和上一节中的树构建算法，下面就可以开始构建数据集上的回归树了。

9

9.3.1 构建树

构建回归树，需要补充一些新的代码，使程序清单9-1中的函数`createTree()`得以运转。首先要做的就是实现`chooseBestSplit()`函数。给定某个误差计算方法，该函数会找到数据集上最佳的二元切分方式。另外，该函数还要确定什么时候停止切分，一旦停止切分会生成一个叶节点。因此，函数`chooseBestSplit()`只需完成两件事：用最佳方式切分数据集和生成相应的叶节点。

从程序清单9-1可以看出，除了数据集以外，函数`chooseBestSplit()`还有`leafType`、`errType`和`ops`这三个参数。其中`leafType`是对创建叶节点的函数的引用，`errType`是对前面介绍的总方差计算函数的引用，而`ops`是一个用户定义的参数构成的元组，用以完成树的构建。

下面的代码中，函数chooseBestSplit()最复杂，该函数的目标是找到数据集切分的最佳位置。它遍历所有的特征及其可能的取值来找到使误差最小化的切分阈值。该函数的伪代码大致如下：

```
对每个特征：
    对每个特征值：
        将数据集切分成两份
        计算切分的误差
        如果当前误差小于当前最小误差，那么将当前切分设定为最佳切分并更新最小误差
返回最佳切分的特征和阈值
```

下面给出上述三个函数的具体实现代码。打开regTrees.py文件并加入程序清单9-2中的代码。

程序清单9-2　回归树的切分函数

```
def regLeaf(dataSet):
    return mean(dataSet[:,-1])

def regErr(dataSet):
    return var(dataSet[:,-1]) * shape(dataSet)[0]

def chooseBestSplit(dataSet, leafType=regLeaf, errType=regErr, ops=(1,4)):
    tolS = ops[0]; tolN = ops[1]
    if len(set(dataSet[:,-1].T.tolist()[0])) == 1:        ❶ 如果所有值相等则退出
        return None, leafType(dataSet)
    m,n = shape(dataSet)
    S = errType(dataSet)
    bestS = inf; bestIndex = 0; bestValue = 0
    for featIndex in range(n-1):
        for splitVal in set(dataSet[:,featIndex]):
            mat0, mat1 = binSplitDataSet(dataSet, featIndex, splitVal)
            if (shape(mat0)[0] < tolN) or (shape(mat1)[0] < tolN): continue
            newS = errType(mat0) + errType(mat1)
            if newS < bestS:
                bestIndex = featIndex
                bestValue = splitVal
                bestS = newS
    if (S - bestS) < tolS:                                ❷ 如果误差减少不大则退出
        return None, leafType(dataSet)
    mat0, mat1 = binSplitDataSet(dataSet, bestIndex, bestValue)
    if (shape(mat0)[0] < tolN) or (shape(mat1)[0] < tolN):  ❸ 如果切分出的数据集很小则退出
        return None, leafType(dataSet)
    return bestIndex,bestValue
```

上述程序清单中的第一个函数是regLeaf()，它负责生成叶节点。当chooseBestSplit()函数确定不再对数据进行切分时，将调用该regLeaf()函数来得到叶节点的模型。在回归树中，该模型其实就是目标变量的均值。

第二个函数是误差估计函数regErr()。该函数在给定数据上计算目标变量的平方误差。当然也可以先计算出均值，然后计算每个差值再平方。但这里直接调用均方差函数var()更加方便。

因为这里需要返回的是总方差，所以要用均方差乘以数据集中样本的个数。

第三个函数是chooseBestSplit()，它是回归树构建的核心函数。该函数的目的是找到数据的最佳二元切分方式。如果找不到一个“好”的二元切分，该函数返回None并同时调用createTree()方法来产生叶节点，叶节点的值也将返回None。接下来将会看到，在函数chooseBestSplit()中有三种情况不会切分，而是直接创建叶节点。如果找到了一个“好”的切分方式，则返回特征编号和切分特征值。

函数chooseBestSplit()一开始为ops设定了tolS和tolN这两个值。它们是用户指定的参数，用于控制函数的停止时机。其中变量tolS是容许的误差下降值，tolN是切分的最少样本数。接下来通过对当前所有目标变量建立一个集合，函数chooseBestSplit()会统计不同剩余特征值的数目。如果该数目为1，那么就不需要再切分而直接返回❶。然后函数计算了当前数据集的大小和误差。该误差S将用于与新切分误差进行对比，来检查新切分能否降低误差。下面很快就会看到这一点。

这样，用于找到最佳切分的几个变量就被建立和初始化了。下面就将在所有可能的特征及其可能取值上遍历，找到最佳的切分方式。最佳切分也就是使得切分后能达到最低误差的切分。如果切分数据集后效果提升不够大，那么就不应进行切分操作而直接创建叶节点❷。另外还需要检查两个切分后的子集大小，如果某个子集的大小小于用户定义的参数tolN，那么也不应切分。最后，如果这些提前终止条件都不满足，那么就返回切分特征和特征值❸。

9.3.2 运行代码

下面在一些数据上看看上节代码的实际效果，以图9-1的数据为例，我们的目标是从该数据生成一棵回归树。

9

将程序清单9-2中的代码添加到regTrees.py文件并保存，然后在Python提示符下输入：

```
>>>reload(regTrees)
<module 'regTrees' from 'regTrees.pyc'>
>>> from numpy import *
```

图9-1的数据存储在文件ex00.txt中。

```
>>> myDat=regTrees.loadDataSet('ex00.txt')
>>> myMat = mat(myDat)
>>> regTrees.createTree(myMat)
{'spInd': 0, 'spVal': matrix([[ 0.48813]]),
'right': -0.044650285714285733,
'left': 1.018096767241379}
```

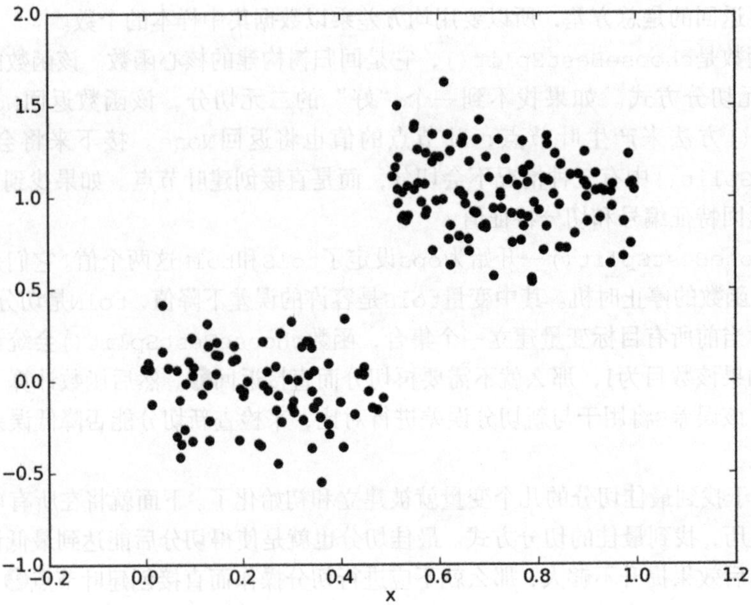

图9-1　基于CART算法构建回归树的简单数据集

再看一个多次切分的例子，参见图9-2的数据集。

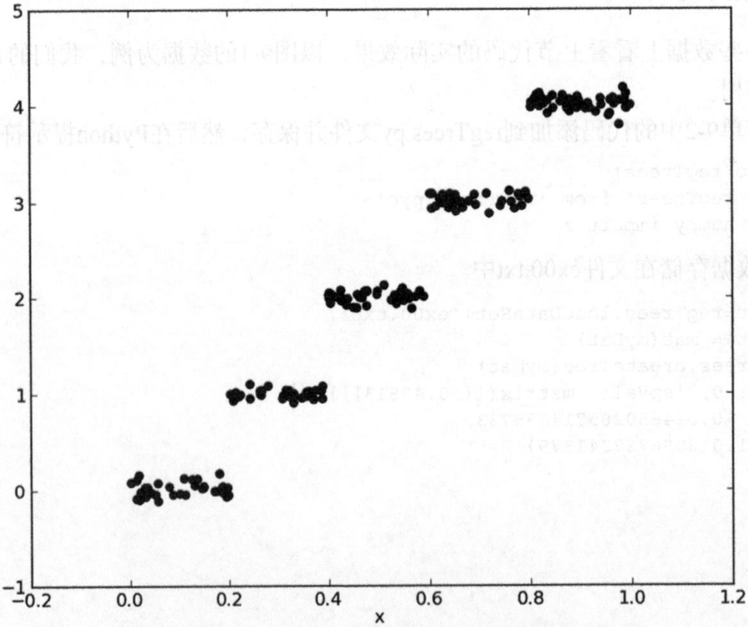

图9-2　用于测试回归树的分段常数数据集

图9-2的数据保存在一个以tab键分隔的文本文档ex0.txt中数据。为从上述数据中构建一棵回归树，在Python提示符下敲入如下命令：

```
>>> myDat1=regTrees.loadDataSet('ex0.txt')
>>> myMat1=mat(myDat1)
>>> regTrees.createTree(myMat1)
{'spInd': 1, 'spVal': matrix([[ 0.39435]]), 'right': {'spInd': 1, 'spVal':
matrix([[ 0.197834]]), 'right': -0.023838155555555553, 'left':
1.0289583666666664}, 'left': {'spInd': 1, 'spVal': matrix([[ 0.582002]]),
'right': 1.9800350714285717, 'left': {'spInd': 1, 'spVal': matrix([[
0.797583]]), 'right': 2.9836209534883724, 'left': 3.9871632000000004}}}
```

可以检查一下该树的结构以确保树中包含5个叶节点。读者也可以在更复杂的数据集上构建回归树并观察实验结果。

到现在为止，已经完成回归树的构建，但是需要某种措施来检查构建过程是否得当。下面将介绍树剪枝（tree pruning）技术，它通过对决策树剪枝来达到更好的预测效果。

9.4 树剪枝

一棵树如果节点过多，表明该模型可能对数据进行了“过拟合”。那么，如何判断是否发生了过拟合？前面章节中使用了测试集上某种交叉验证技术来发现过拟合，决策树亦是如此。本节将对此进行讨论，并分析如何避免过拟合。

通过降低决策树的复杂度来避免过拟合的过程称为剪枝（pruning）。其实本章前面已经进行过剪枝处理。在函数`chooseBestSplit()`中的提前终止条件，实际上是在进行一种所谓的预剪枝（prepruning）操作。另一种形式的剪枝需要使用测试集和训练集，称作后剪枝（postpruning）。本节将分析后剪枝的有效性，但首先来看一下预剪枝的不足之处。

9.4.1 预剪枝

上节两个简单实验的结果还是令人满意的，但背后存在一些问题。树构建算法其实对输入的参数`tolS`和`tolN`非常敏感，如果使用其他值将不太容易达到这么好的效果。为了说明这一点，在Python提示符下输入如下命令：

```
>>> regTrees.createTree(myMat,ops=(0,1))
```

与上节中只包含两个节点的树相比，这里构建的树过于臃肿，它甚至为数据集中每个样本都分配了一个叶节点。

图9-3中的散点图，看上去与图9-1非常相似。但如果仔细地观察y轴就会发现，前者的数量级是后者的100倍。这将不是问题，对吧？现在用该数据来构建一棵新的树（数据存放在ex2.txt中），在Python提示符下输入以下命令：

```
>>> myDat2=regTrees.loadDataSet('ex2.txt')
>>> myMat2=mat(myDat2)
>>> regTrees.createTree(myMat2)
```

```
{'spInd': 0, 'spVal': matrix([[ 0.499171]]), 'right': {'spInd': 0,
 'spVal': matrix([[ 0.457563]]), 'right': -3.6244789069767438,
 'left': 7.9699461249999999}, 'l
.
.
0, 'spVal': matrix([[ 0.958512]]), 'right': 112.42895575000001,
'left': 105.248
2350000001}}}}
```

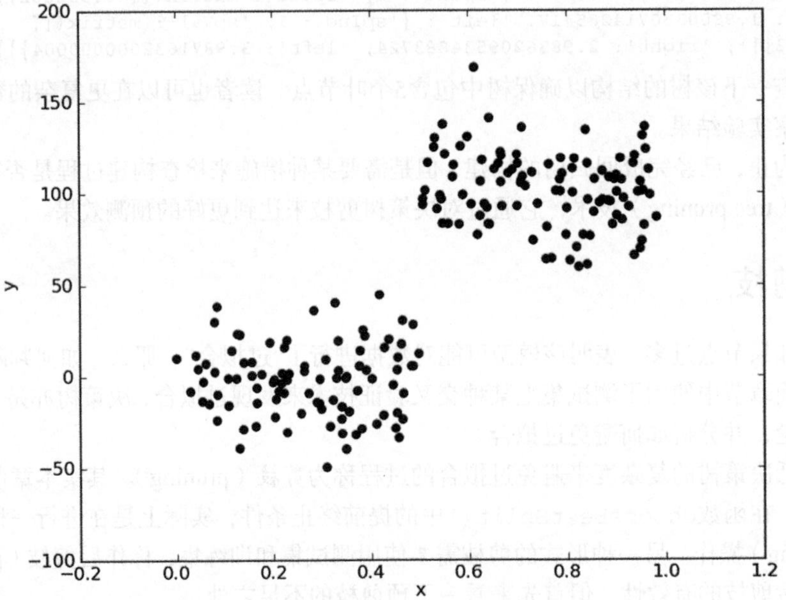

图9-3　将图9-1的数据的y轴放大100倍后的新数据集

不知你注意到没有，从图9-1数据集构建出来的树只有两个叶节点，而这里构建的新树则有很多叶节点。产生这个现象的原因在于，停止条件tolS对误差的数量级十分敏感。如果在选项中花费时间并对上述误差容忍度取平方值，或许也能得到仅有两个叶节点组成的树：

```
>>> regTrees.createTree(myMat2,ops=(10000,4))
{'spInd': 0, 'spVal': matrix([[ 0.499171]]), 'right': -2.6377193297872341,
 'left': 101.35815937735855}
```

然而，通过不断修改停止条件来得到合理结果并不是很好的办法。事实上，我们常常甚至不确定到底需要寻找什么样的结果。这正是机器学习所关注的内容，计算机应该可以给出总体的概貌。

下节将讨论后剪枝，即利用测试集来对树进行剪枝。由于不需要用户指定参数，后剪枝是一个更理想化的剪枝方法。

9.4.2　后剪枝

使用后剪枝方法需要将数据集分成测试集和训练集。首先指定参数，使得构建出的树足够大、足够复杂，便于剪枝。接下来从上而下找到叶节点，用测试集来判断将这些叶节点合并是否能降低测试误差。如果是的话就合并。

函数prune()的伪代码如下：

基于已有的树切分测试数据：
　　如果存在任一子集是一棵树，则在该子集递归剪枝过程
　　计算将当前两个叶节点合并后的误差
　　计算不合并的误差
　　如果合并会降低误差的话，就将叶节点合并

为了解实际效果，打开regTrees.py并输入程序清单9-3的代码。

程序清单9-3　回归树剪枝函数

```
def isTree(obj):
    return (type(obj).__name__=='dict')

def getMean(tree):
    if isTree(tree['right']): tree['right'] = getMean(tree['right'])
    if isTree(tree['left']): tree['left'] = getMean(tree['left'])
    return (tree['left']+tree['right'])/2.0

def prune(tree, testData):
    if shape(testData)[0] == 0: return getMean(tree)      ❶
    if (isTree(tree['right']) or isTree(tree['left'])):
        lSet, rSet = binSplitDataSet(testData, tree['spInd'],
                     tree['spVal'])
    if isTree(tree['left']): tree['left'] = prune(tree['left'], lSet)
    if isTree(tree['right']): tree['right'] =  prune(tree['right'], rSet)
    if not isTree(tree['left']) and not isTree(tree['right']):
        lSet, rSet = binSplitDataSet(testData, tree['spInd'],
                     tree['spVal'])
        errorNoMerge = sum(power(lSet[:,-1] - tree['left'],2)) +\
            sum(power(rSet[:,-1] - tree['right'],2))
        treeMean = (tree['left']+tree['right'])/2.0
        errorMerge = sum(power(testData[:,-1] - treeMean,2))
        if errorMerge < errorNoMerge:
            print "merging"
            return treeMean
        else: return tree
    else: return tree
```

❶ 没有测试数据则对树进行塌陷处理

程序清单9-3中包含三个函数：isTree()、getMean()和prune()。其中isTree()用于测试输入变量是否是一棵树，返回布尔类型的结果。换句话说，该函数用于判断当前处理的节点是否是叶节点。

函数getMean()是一个递归函数，它从上往下遍历树直到叶节点为止。如果找到两个叶节点则计算它们的平均值。该函数对树进行塌陷处理（即返回树平均值），在prune()函数中调用该函数时应明确这一点。

程序清单9-3的主函数是prune()，它有两个参数：待剪枝的树与剪枝所需的测试数据

testData。prune()函数首先需要确认测试集是否为空❶。一旦非空，则反复递归调用函数prune()对测试数据进行切分。因为树是由其他数据集（训练集）生成的，所以测试集上会有一些样本与原数据集样本的取值范围不同。一旦出现这种情况应当怎么办？数据发生过拟合应该进行剪枝吗？或者模型正确不需要任何剪枝？这里假设发生了过拟合，从而对树进行剪枝。

接下来要检查某个分支到底是子树还是节点。如果是子树，就调用函数prune()来对该子树进行剪枝。在对左右两个分支完成剪枝之后，还需要检查它们是否仍然还是子树。如果两个分支已经不再是子树，那么就可以进行合并。具体做法是对合并前后的误差进行比较。如果合并后的误差比不合并的误差小就进行合并操作，反之则不合并直接返回。

接下来看看实际效果，将程序清单9-3的代码添加到regTrees.py文件并保存，在Python提示符下输入下面的命令：

```
>>> reload(regTrees)
<module 'regTrees' from 'regTrees.pyc'>
```

为了创建所有可能中最大的树，输入如下命令：

```
>>> myTree=regTrees.createTree(myMat2, ops=(0,1))
```

输入以下命令导入测试数据：

```
>>> myDatTest=regTrees.loadDataSet('ex2test.txt')
>>> myMat2Test=mat(myDatTest)
```

输入以下命令，执行剪枝过程：

```
>>> regTrees.prune(myTree, myMat2Test)
merging
merging
merging
                .
                .
merging
{'spInd': 0, 'spVal': matrix([[ 0.499171]]), 'right': {'spInd': 0, 'spVal':
                .
                .
01, 'left': {'spInd': 0, 'spVal': matrix([[ 0.960398]]), 'right': 123.559747,
    'left': 112.386764}}}, 'left': 92.523991499999994}}}}
```

可以看到，大量的节点已经被剪枝掉了，但没有像预期的那样剪枝成两部分，这说明后剪枝可能不如预剪枝有效。一般地，为了寻求最佳模型可以同时使用两种剪枝技术。

下节将重用部分已有的树构建代码来创建一种新的树。该树仍采用二元切分，但叶节点不再是简单的数值，取而代之的是一些线性模型。

9.5　模型树

用树来对数据建模，除了把叶节点简单地设定为常数值之外，还有一种方法是把叶节点设定为分段线性函数，这里所谓的分段线性（piecewise linear）是指模型由多个线性片段组成。如果读者仍不清楚，下面很快就会给出样例来帮助理解。考虑图9-4中的数据，如果使用两条直线拟合是否比使用一组常数来建模好呢？答案显而易见。可以设计两条分别从0.0～0.3、从0.3～1.0的直线，于是就可以得到两个线性模型。因为数据集里的一部分数据（0.0～0.3）以某个线性模型建模，而另一部分数据（0.3～1.0）则以另一个线性模型建模，因此我们说采用了所谓的分段线性模型。

决策树相比于其他机器学习算法的优势之一在于结果更易理解。很显然，两条直线比很多节点组成一棵大树更容易解释。模型树的可解释性是它优于回归树的特点之一。另外，模型树也具有更高的预测准确度。

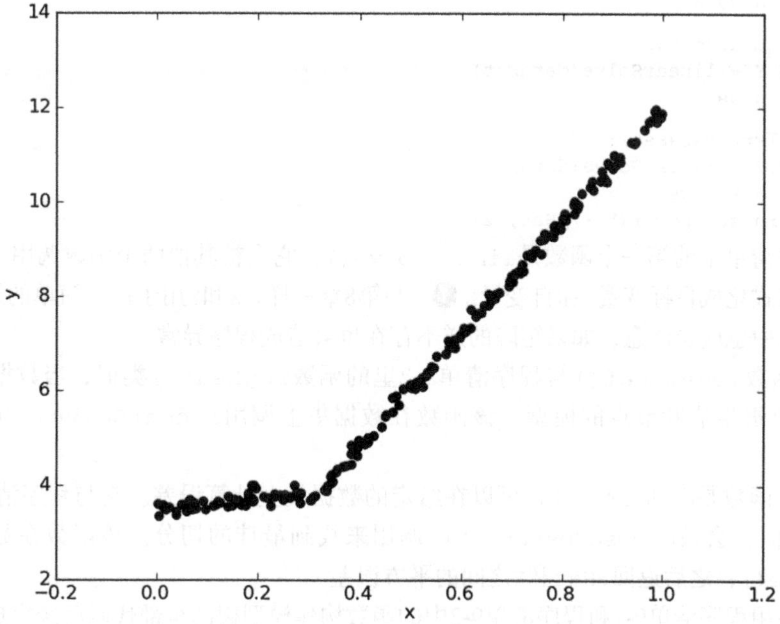

图9-4 用来测试模型树构建函数的分段线性数据

前面的代码稍加修改就可以在叶节点生成线性模型而不是常数值。下面将利用树生成算法对数据进行切分，且每份切分数据都能很容易被线性模型所表示。该算法的关键在于误差的计算。

前面已经给出了树构建的代码，但是这里仍然需要给出每次切分时用于误差计算的代码。不知道读者是否还记得之前`createTree()`函数里有两个参数从未改变过。回归树把这两个参数固定，而此处略做修改，从而将前面的代码重用于模型树。

下一个问题就是，为了找到最佳切分，应该怎样计算误差呢？前面用于回归树的误差计算方法这里不能再用。稍加变化，对于给定的数据集，应该先用线性的模型来对它进行拟合，然后计算真实的目标值与模型预测值间的差值。最后将这些差值的平方求和就得到了所需的误差。为了解实际效果，打开regTrees.py文件并加入如下代码。

程序清单9-4　模型树的叶节点生成函数

```
def linearSolve(dataSet):
    m,n = shape(dataSet)
    X = mat(ones((m,n))); Y = mat(ones((m,1)))
    X[:,1:n] = dataSet[:,0:n-1]; Y = dataSet[:,-1]
    xTx = X.T*X
    if linalg.det(xTx) == 0.0:
        raise NameError('This matrix is singular, cannot do inverse,\n\
        try increasing the second value of ops')
    ws = xTx.I * (X.T * Y)
    return ws,X,Y

def modelLeaf(dataSet):
    ws,X,Y = linearSolve(dataSet)
    return ws

def modelErr(dataSet):
    ws,X,Y = linearSolve(dataSet)
    yHat = X * ws
    return sum(power(Y - yHat, 2))
```

❶ 将X与Y中的数据格式化

上述程序清单中的第一个函数是linearSolve()，它会被其他两个函数调用。其主要功能是将数据集格式化成目标变量Y和自变量X ❶。与第8章一样，X和Y用于执行简单的线性回归。另外在这个函数中也应当注意，如果矩阵的逆不存在也会造成程序异常。

第二个函数modelLeaf()与程序清单9-2里的函数regLeaf()类似，当数据不再需要切分的时候它负责生成叶节点的模型。该函数在数据集上调用linearSolve()并返回回归系数ws。

最后一个函数是modelErr()，可以在给定的数据集上计算误差。它与程序清单9-2的函数regErr()类似，会被chooseBestSplit()调用来找到最佳的切分。该函数在数据集上调用linearSolve()，之后返回yHat和Y之间的平方误差。

至此，使用程序清单9-1和程序清单9-2中的函数构建模型树的全部代码已经完成。为了解实际效果，保存regTrees.py文件并在Python提示符下输入：

```
>>> reload(regTrees)
<module 'regTrees' from 'regTrees.pyc'>
```

图9-4的数据已保存在一个用tab键为分隔符的文本文件exp2.txt里。

```
>>> myMat2 = mat(regTrees.loadDataSet('exp2.txt'))
```

为了调用函数createTree()和模型树的函数，需将模型树函数作为createTree()的参数，输入下面的命令：

```
>>> regTrees.createTree(myMat2, regTrees.modelLeaf, regTrees.modelErr,
 (1,10))
{'spInd': 0, 'spVal': matrix([[ 0.285477]]), 'right': matrix([[
 3.46877936], [ 1.18521743]]), 'left': matrix([[  1.69855694e-03],
        [  1.19647739e+01]])}
```

可以看到，该代码以0.285 477为界创建了两个模型，而图9-4的数据实际在0.3处分段。createTree()生成的这两个线性模型分别是y=3.468+1.1852x和y=0.001 6985+11.964 77x，与用于生成该数据的真实模型非常接近。该数据实际是由模型`y=3.5+1.0x`和`y=0+12x`再加上高斯噪声生成的。在图9-5上可以看到图9-4的数据以及生成的线性模型。

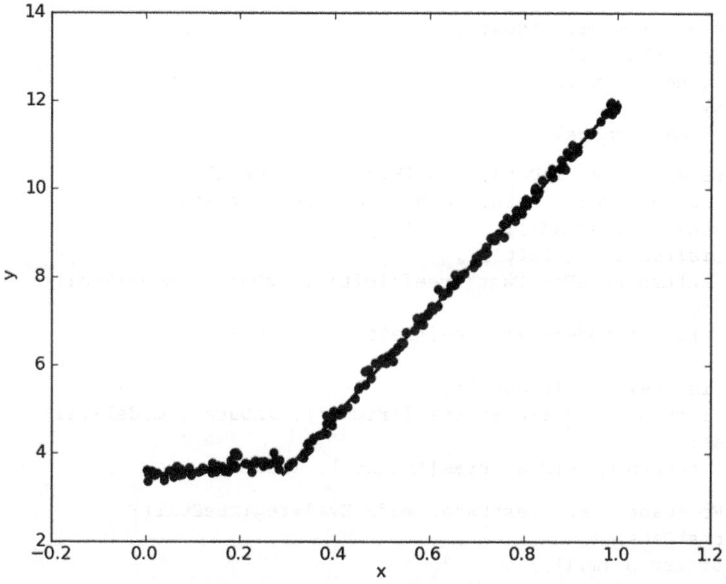

图9-5 在图9-4数据集上应用模型树算法得到的结果

模型树、回归树以及第8章里的其他模型，哪一种模型更好呢？一个比较客观的方法是计算相关系数，也称为R^2值。该相关系数可以通过调用NumPy库中的命令`corrcoef(yHat, y, rowvar=0)`来求解，其中`yHat`是预测值，`y`是目标变量的实际值。

前一章使用了标准的线性回归法，本章则使用了树回归法，下面将通过实例对二者进行比较，最后用函数`corrcoef()`来分析哪个模型是最优的。

9.6 示例：树回归与标准回归的比较

前面介绍了模型树、回归树和一般的回归方法，下面测试一下哪个模型最好。本节首先给出一些函数，它们可以在树构建好的情况下对给定的输入进行预测，之后利用这些函数来计算三种回归模型的测试误差。这些模型将在某个数据上进行测试，该数据涉及人的智力水平和自行车的速度的关系。

这里的数据是非线性的，不能简单地使用第8章的全局线性模型建模。当然这里也需要声明一下，此数据纯属虚构。

下面先给出在给定输入和树结构情况下进行预测的几个函数。打开regTrees.py并加入如下代码。

程序清单9-5　用树回归进行预测的代码

```
def regTreeEval(model, inDat):
    return float(model)

def modelTreeEval(model, inDat):
    n = shape(inDat)[1]
    X = mat(ones((1,n+1)))
    X[:,1:n+1]=inDat
    return float(X*model)

def treeForeCast(tree, inData, modelEval=regTreeEval):
    if not isTree(tree): return modelEval(tree, inData)
    if inData[tree['spInd']] > tree['spVal']:
        if isTree(tree['left']):
            return treeForeCast(tree['left'], inData , modelEval)
        else:
            return modelEval(tree['left'], inData)
    else:
        if isTree(tree['right']):
            return treeForeCast(tree['right'], inData , modelEval)
        else:
            return modelEval(tree['right'], inData)

def createForeCast(tree, testData, modelEval=regTreeEval):
    m=len(testData)
    yHat=mat(zeros((m,1)))
    for i in range(m):
        yHat[i,0] = treeForeCast(tree, mat(testData[i]), modelEval)
    return yHat
```

对于输入的单个数据点或者行向量，函数`treeForeCast()`会返回一个浮点值。在给定树结构的情况下，对于单个数据点，该函数会给出一个预测值。调用函数`treeForeCast()`时需要指定树的类型，以便在叶节点上能够调用合适的模型 。参数`modelEval`是对叶节点数据进行预测的函数的引用。函数`treeForeCast()`自顶向下遍历整棵树，直到命中叶节点为止。一旦到达叶节点，它就会在输入数据上调用`modelEval()`函数，而该函数的默认值是`regTreeEval()`。

要对回归树叶节点进行预测，就调用函数`regTreeEval()`；要对模型树节点进行预测时，就调用`modelTreeEval()`函数。它们会对输入数据进行格式化处理，在原数据矩阵上增加第0列，然后计算并返回预测值。为了与函数`modelTreeEval()`保持一致， 尽管`regTreeEval()`只使用一个输入，但仍保留了两个输入参数。

最后一个函数是`createForCast()`，它会多次调用`treeForeCast()`函数。由于它能够以向量形式返回一组预测值，因此该函数在对整个测试集进行预测时非常有用。下面很快会看到这一点。

接下来考虑图9-6所示的数据。该数据是我从多个骑自行车的人那里收集得到的。图中给出骑自行车的速度和人的智商之间的关系。下面将基于该数据集建立多个模型并在另一个测试集上进行测试。对应的训练集数据保存在文件bikeSpeedVsIq_train.txt中，而测试集数据保存在文件bikeSpeedVsIq_test.txt中。

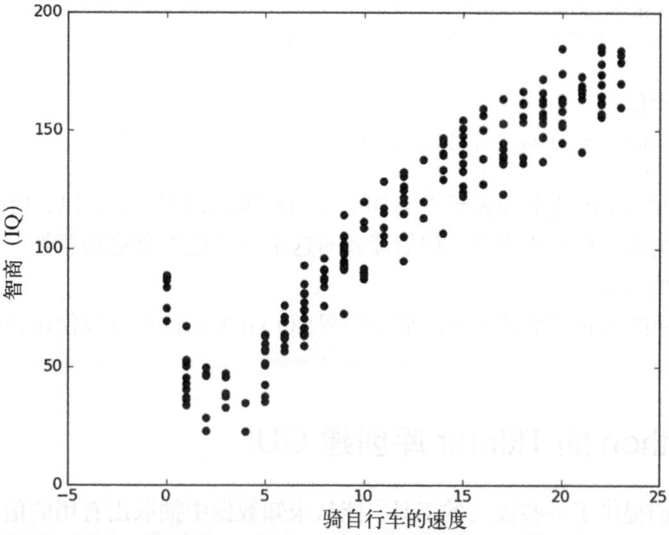

图9-6 人们骑自行车的速度和他们智商之间的关系数据。该数据用于比较树回归模型和普通的线性回归模型

下面将为图9-6的数据构建三个模型。首先，将程序清单9-5中的代码保存为regTrees.py，然后在Python提示符下输入以下命令：

```
>>>reload(regTrees)
```

接下来，利用该数据创建一棵回归树：

```
>>> trainMat=mat(regTrees.loadDataSet('bikeSpeedVsIq_train.txt'))
>>> testMat=mat(regTrees.loadDataSet('bikeSpeedVsIq_test.txt'))
>>> myTree=regTrees.createTree(trainMat, ops=(1,20))
>>> yHat = regTrees.createForeCast(myTree, testMat[:,0])
>>> corrcoef(yHat, testMat[:,1],rowvar=0)[0,1]
0.96408523182221306
```

同样地，再创建一棵模型树：

```
>>> myTree=regTrees.createTree(trainMat, regTrees.modelLeaf,
    regTrees.modelErr,(1,20))
>>> yHat = regTrees.createForeCast(myTree, testMat[:,0],
    regTrees.modelTreeEval)
>>> corrcoef(yHat, testMat[:,1],rowvar=0)[0,1]
0.9760412191380623
```

我们知道，R^2值越接近1.0越好，所以从上面的结果可以看出，这里模型树的结果比回归树好。下面再看看标准的线性回归效果如何，这里无须导入第8章的任何代码，本章已实现过一个线性方程求解函数`linearSolve()`：

```
>>> ws,X,Y=regTrees.linearSolve(trainMat)
>>> ws
matrix([[ 37.58916794],
    [  6.18978355]])
```

为了得到测试集上所有的`yHat`预测值，在测试数据上循环执行：

```
>>> for i in range(shape(testMat)[0]):
...     yHat[i]=testMat[i,0]*ws[1,0]+ws[0,0]
...
```

最后来看一下R^2值：

```
>>> corrcoef(yHat, testMat[:,1],rowvar=0)[0,1]
0.94346842356747584
```

可以看到，该方法在R^2值上的表现上不如上面两种树回归方法。所以，树回归方法在预测复杂数据时会比简单的线性模型更有效，相信读者对这个结论也不会感到意外。下面将展示如何对回归模型进行定性的比较。

下面使用Python提供的框架来构建图形用户界面（GUI），读者可以使用该GUI来探究不同的回归工具。

9.7　使用 Python 的 Tkinter 库创建 GUI

机器学习给我们提供了一些强大的工具，能从未知数据中抽取出有用的信息。因此，能否将这些信息以易于人们理解的方式呈现十分重要。再者，假如人们可以直接与算法和数据交互，将可以比较轻松地进行解释。如果仅仅只是绘制出一幅静态图像，或者只是在Python命令行中输出一些数字，那么对结果做分析和交流将非常困难。如果能让用户不需要任何指令就可以按照他们自己的方式来分析数据，就不需要对数据做出过多解释。其中一个能同时支持数据呈现和用户交互的方式就是构建一个图形用户界面（GUI，Graphical User Interface），如图9-7所示。

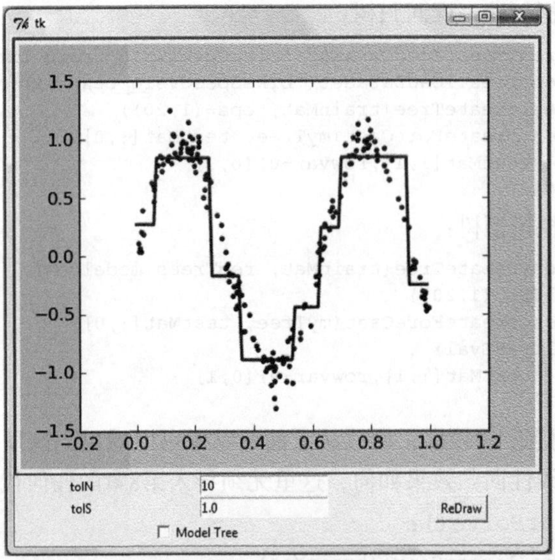

图9-7　默认的treeExplore图形用户界面，该界面同时显示了输入数据和一个回归树模型，其中的参数tolN=10，tolS=1.0

示例：利用GUI对回归树调优

(1) 收集数据：所提供的文本文件。
(2) 准备数据：用Python解析上述文件，得到数值型数据。
(3) 分析数据：用Tkinter构建一个GUI来展示模型和数据。
(4) 训练算法：训练一棵回归树和一棵模型树，并与数据集一起展示出来。
(5) 测试算法：这里不需要测试过程。
(6) 使用算法：GUI使得人们可以在预剪枝时测试不同参数的影响，还可以帮助我们选择模型的类型。

接下来将介绍如何用Python来构建GUI。首先介绍如何利用一个现有的模块Tkinter来构建GUI，之后介绍如何在Tkinter和绘图库之间交互，最后通过创建GUI使人们能够自己探索模型树和回归树的奥秘。

9.7.1 用 Tkinter 创建 GUI

Python有很多GUI框架，其中一个易于使用的Tkinter，是随Python的标准编译版本发布的。Tkinter可以在Windows、Mac OS和大多数的Linux平台上使用。

下面先从最简单的Hello World例子开始。在Python提示符下输入以下命令：

```
>>> from Tkinter import *
>>> root = Tk()
```

这时会出现一个小窗口或者一些错误提示。要想在窗口上显示一些文字，可以输入如下命令：

```
>>> myLabel = Label(root, text="Hello World")
>>> myLabel.grid()
```

输入完毕后，文本框里就会显示出你刚才输入的文字。非常简单吧！

为了程序的完整，应该再输入以下命令：

```
>>> root.mainloop()
```

这条命令将启动事件循环，使该窗口在众多事件中可以响应鼠标点击、按键和重绘等动作。

Tkinter的GUI由一些小部件（Widget）组成。所谓小部件，指的是文本框（Text Box）、按钮（Button）、标签（Label）和复选按钮（Check Button）等对象。在刚才的Hello World例子中，标签`myLabel`就是其中唯一的小部件。当调用`myLabel`的`.grid()`方法时，就等于把`myLabel`的位置告诉了布局管理器（Geometry Manager）。Tkinter中提供了几种不同的布局管理器，其中的`.grid()`方法会把小部件安排在一个二维的表格中。用户可以设定每个小部件所在的行列位置。这里没有做任何设定，`myLabel`会默认显示在0行0列。

下面将所需的小部件集成在一起构建树管理器。建立一个新的Python文件treeExplore.py，并在其中加入程序清单9-6的代码。

程序清单9-6　用于构建树管理器界面的Tkinter小部件

```
from numpy import *

from Tkinter import *
import regTrees

def reDraw(tolS,tolN):
    pass

def drawNewTree():
    pass

root=Tk()

Label(root, text="Plot Place Holder").grid(row=0, columnspan=3)

Label(root, text="tolN").grid(row=1, column=0)
tolNentry = Entry(root)
tolNentry.grid(row=1, column=1)
tolNentry.insert(0,'10')
Label(root, text="tolS").grid(row=2, column=0)
tolSentry = Entry(root)
tolSentry.grid(row=2, column=1)
tolSentry.insert(0,'1.0')
Button(root, text="ReDraw", command=drawNewTree).grid(row=1, column=2,\
                                                    rowspan=3)
chkBtnVar = IntVar()
chkBtn = Checkbutton(root, text="Model Tree", variable = chkBtnVar)
chkBtn.grid(row=3, column=0, columnspan=2)

reDraw.rawDat = mat(regTrees.loadDataSet('sine.txt'))
reDraw.testDat = arange(min(reDraw.rawDat[:,0]),\
                     max(reDraw.rawDat[:,0]),0.01)
reDraw(1.0, 10)

root.mainloop()
```

程序清单9-6的代码建立了一组Tkinter模块，并用网格布局管理器安排了它们的位置，这里还给出了两个绘制占位符（plot placeholder）函数，这两个函数的内容会在后面补充。这里所使用代码的格式与前面的例子一致，即首先创建一个`Tk`类型的根部件然后插入标签。读者可以使用`.grid()`方法设定行和列的位置。另外，也可以通过设定`columnspan`和`rowspan`的值来告诉布局管理器是否允许一个小部件跨行或跨列。除此之外还有其他设置项可供使用。

还有一些新的小部件暂时未使用到，这些小部件包括文本输入框（`Entry`）、复选按钮（`Checkbutton`）和按钮整数值（`IntVar`）等。其中`Entry`部件是一个允许单行文本输入的文本框。`Checkbutton`和`IntVar`的功能显而易见：为了读取`Checkbutton`的状态需要创建一个变量，也就是`IntVar`。

最后初始化一些与`reDraw()`关联的全局变量，这些变量会在后面用到。这里没有给出“退出”按钮，因为如果用户想退出，可以通过点击右上角关闭整个窗口，增加额外的退出按钮有点多此一举。假如读者真的想添加一个的话，可以输入下面的代码来实现：

```
Button(root, text='Quit',fg="black", command=root.quit).grid(row=1,
column=2)
```

保存程序清单9-6的代码并执行，可以看到与图9-8类似的图。

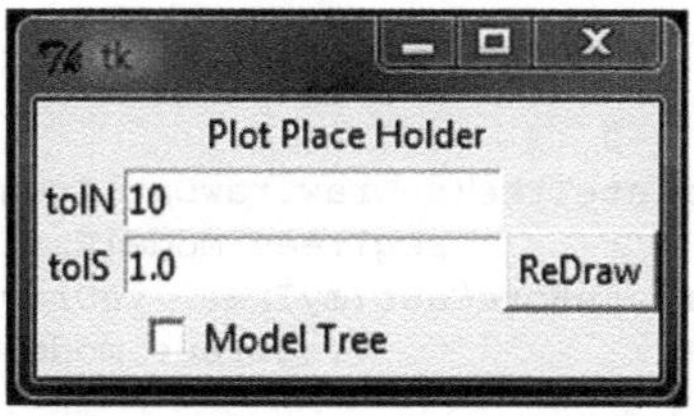

图9-8　使用多个Tkinter部件创建的树管理器

现在GUI可以按照要求正常运行了，下面利用它来绘图。接下来的小节中将在同一幅图上绘出原始数据集及其对应的树回归预测值。

9.7.2　集成 Matplotlib 和 Tkinter

本书已经用Matplotlib绘制过很多图像，能否将这些图像直接放在GUI上呢？下面将首先介绍“后端”的概念，然后通过修改Matplotlib后端（仅在我们的GUI上）达到在Tkinter的GUI上绘图的目的。

Matplotlib的构建程序包含一个前端，也就是面向用户的一些代码，如`plot()`和`scatter()`方法等。事实上，它同时创建了一个后端，用于实现绘图和不同应用之间接口。通过改变后端可以将图像绘制在PNG、PDF、SVG等格式的文件上。下面将设置后端为TkAgg（Agg是一个C++的库，可以从图像创建光栅图[1]）。TkAgg可以在所选GUI框架上调用Agg，把Agg呈现在画布上。我们可以在Tk的GUI上放置一个画布，并用`.grid()`来调整布局。

先用画布来替换绘制占位符，删掉对应标签并添加以下代码：

```
reDraw.f = Figure(figsize=(5,4), dpi=100)
reDraw.canvas = FigureCanvasTkAgg(reDraw.f, master=root)
reDraw.canvas.show()
reDraw.canvas.get_tk_widget().grid(row=0, columnspan=3)
```

现在将树创建函数与该画布链接起来。看一下实际效果，打开treeExplore.py并添加下面的代码。注意我们之前实现过`reDraw()`和`drawTree()`的存根（stub），确保同一个函数不要重复出现。

程序清单9-7　Matplotlib和Tkinter的代码集成

```
import matplotlib
matplotlib.use('TkAgg')
from matplotlib.backends.backend_tkagg import FigureCanvasTkAgg
from matplotlib.figure import Figure
```

① 光栅图也称为位图、点阵图、像素图，按点阵保存图像，放大会有失真。与光栅图相对的是矢量图，也称为向量图。——译者注

```
def reDraw(tolS,tolN):
    reDraw.f.clf()
    reDraw.a = reDraw.f.add_subplot(111)
    if chkBtnVar.get():                                    ❶ 检查复选框是否选中
        if tolN < 2: tolN = 2
        myTree=regTrees.createTree(reDraw.rawDat, regTrees.modelLeaf,\
                                   regTrees.modelErr, (tolS,tolN))
        yHat = regTrees.createForeCast(myTree, reDraw.testDat, \
                                       regTrees.modelTreeEval)
    else:
        myTree=regTrees.createTree(reDraw.rawDat, ops=(tolS,tolN))
        yHat = regTrees.createForeCast(myTree, reDraw.testDat)
    reDraw.a.scatter(reDraw.rawDat[:,0], reDraw.rawDat[:,1], s=5)
    reDraw.a.plot(reDraw.testDat, yHat, linewidth=2.0)
    reDraw.canvas.show()

def getInputs():
    try: tolN = int(tolNentry.get())
    except:
        tolN = 10
        print "enter Integer for tolN"
        tolNentry.delete(0, END)                           ❷ 清除错误的输入并用默认值替换
        tolNentry.insert(0,'10')
    try: tolS = float(tolSentry.get())
    except:
        tolS = 1.0
        print "enter Float for tolS"
        tolSentry.delete(0, END)
        tolSentry.insert(0,'1.0')
    return tolN,tolS

def drawNewTree():
    tolN,tolS = getInputs()
    reDraw(tolS,tolN)
```

上述程序中一开始导入Matplotlib文件并设定后端为TkAgg。接下来的两个`import`声明将TkAgg和Matplotlib图链接起来。

先来介绍函数`drawNewTree()`。从程序清单9-6可知，在有人点击ReDraw按钮时就会调用该函数。函数实现了两个功能：第一，调用`getInputs()`方法得到输入框的值；第二，利用该值调用`reDraw()`方法生成一个漂亮的图。下面对这些函数进行逐个介绍。

函数`getInputs()`试图理解用户的输入并防止程序崩溃。其中`tolS`期望的输入是浮点数，而`tolN`期望的输入是整数。为了得到用户输入的文本，可以在`Entry`部件上调用`.get()`方法。虽然表单验证会在GUI编程时花费大量的时间，但这一点对于用户体验来说必不可少。另外，这里使用了`try:`和`except:`模式。如果Python可以把输入文本解析成整数就继续执行，如果不能识别则输出错误消息，同时清空输入框并恢复其默认值❶。对`tolS`而言也存在同样的处理过程，最后返回输入值。

函数`reDraw()`的主要目的是把树绘制出来。该函数假定输入是合法的，它首先要做的是清空之前的图像，使得前后两个图像不会重叠。清空时图像的各个子图也都会被清除，所以

需要重新添加一个新图。接下来函数会检查复选框是否被选中❷。根据复选框是否被选中，确定基于tolS和tolN参数构建模型树还是回归树。当树构建完成之后就对测试集testDat进行预测，该测试集与训练集有相同的范围且点的分布均匀。最后，真实数据和预测值都被绘制出来。具体实现是，真实值采用scatter()方法绘制，而预测值则采用plot()方法绘制，这是因为scatter()方法构建的是离散型散点图，而plot()方法则构建连续曲线。

下面看一下实际效果，保存treeExplore.py并执行。如果读者使用开发环境IDE来编码，那么可以用run命令来运行程序。在命令行下可以直接使用命令python treeExplore.py来运行。执行完之后应该可以看到类似于图9-7的结果。

图9-7的GUI包含了图9-8所有的小部件，而占位符采用Matplotlib图替换。默认情况下会给出一棵包含八个叶节点的回归树（参见图9-7）。我们也可以尝试模型树。通过选中模型树的复选框，再点击ReDraw按钮，就应该可以看到类似于图9-9的模型树结果。

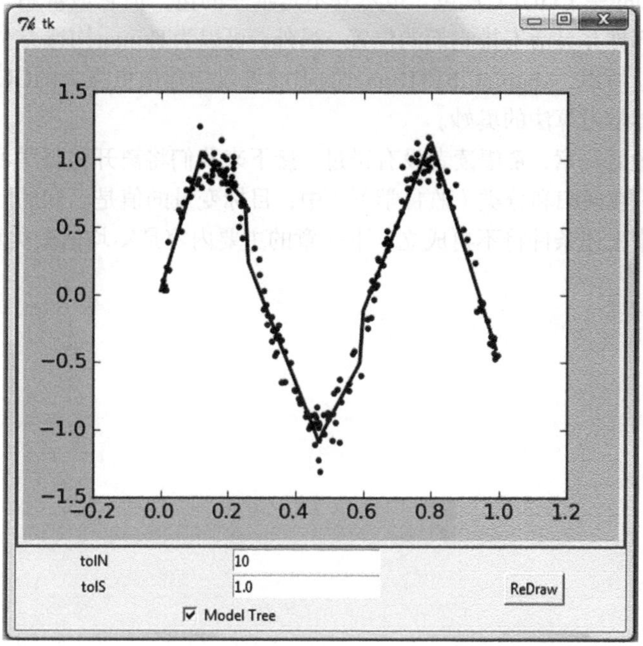

图9-9 用treeExplore的GUI构建的模型树，该图使用了与图9-7相同的数据和参数。与回归树相比，模型树取得了更好的预测效果

读者可以在上述treeExplore中尝试不同的参数值。整个数据集包含200个样本，可以将tolN设为150后观察执行效果。为构建尽可能大的树，应当将tolN设为1，将tolS设为0。读者可以测试一下并观察执行的效果。

9.8　本章小结

数据集中经常包含一些复杂的相互关系，使得输入数据和目标变量之间呈现非线性关系。对这些复杂的关系建模，一种可行的方式是使用树来对预测值分段，包括分段常数或分段直线。一般采用树结构来对这种数据建模。相应地，若叶节点使用的模型是分段常数则称为回归树，若叶节点使用的模型是线性回归方程则称为模型树。

CART算法可以用于构建二元树并处理离散型或连续型数据的切分。若使用不同的误差准则，就可以通过CART算法构建模型树和回归树。该算法构建出的树会倾向于对数据过拟合。一棵过拟合的树常常十分复杂，剪枝技术的出现就是为了解决这个问题。两种剪枝方法分别是预剪枝（在树的构建过程中就进行剪枝）和后剪枝（当树构建完毕再进行剪枝），预剪枝更有效但需要用户定义一些参数。

Tkinter是Python的一个GUI工具包。虽然并不是唯一的包，但它最常用。利用Tkinter，我们可以轻松绘制各种部件并灵活安排它们的位置。另外，可以为Tkinter构造一个特殊的部件来显示Matplotlib绘出的图。所以，Matplotlib和Tkinter的集成可以构建出更强大的GUI，用户可以以更自然的方式来探索机器学习算法的奥妙。

本章是回归的最后一章，希望读者没有错过。接下来我们将离开监督学习的岛屿，驶向无监督学习的未知港湾。在回归和分类（监督学习）中，目标变量的值是已知的。在后面的章节将会看到，无监督学习中上述条件将不再成立。下一章的主要内容是K-均值聚类算法。

Part 3

第三部分

无监督学习

这一部分介绍的是无监督机器学习方法。该主题与前两部分有所不同。在无监督学习中，类似分类和回归中的目标变量事先并不存在。与前面"对于输入数据 X 能预测变量 Y"不同的是，这里要回答的问题是："从数据 X 中能发现什么？"这里需要回答的 X 方面的问题可能是："构成 X 的最佳 6 个数据簇都是哪些？"或者"X 中哪三个特征最频繁共现？"

第 10 章介绍了无监督学习中的聚类（将相似项聚团）方法，包括 k 均值聚类算法。第 11 章介绍了基于 Apriori 算法的关联分析或者称购物篮分析。关联分析可以用于回答"哪些物品经常被同时购买？"之类的问题。无监督学习部分的最后一章，即第 12 章将介绍一个更高效的关联分析算法：FP-growth 算法。

第 10 章

利用K-均值聚类算法对未标注数据分组

本章内容

- K-均值聚类算法
- 对聚类得到的簇进行后处理
- 二分K-均值聚类算法
- 对地理位置进行聚类

在2000年和2004年的美国总统大选中，候选人的得票数比较接近或者说非常接近。任一候选人得到的普选票数的最大百分比为50.7%，而最小百分比为47.9%。如果1%的选民将手中的选票投向另外的候选人，那么选举结果就会截然不同。实际上，如果妥善加以引导与吸引，少部分选民就会转换立场。尽管这类选举者占的比例较低，但当候选人的选票接近时，这些人的立场无疑会对选举结果产生非常大的影响[①]。如何找出这类选民，以及如何在有限的预算下采取措施来吸引他们？答案就是聚类（Clustering）。

接下来介绍如何通过聚类实现上述目标。首先，收集用户的信息，可以同时收集用户满意或不满意的信息，这是因为任何对用户重要的内容都可能影响用户的投票结果。然后，将这些信息输入到某个聚类算法中。接着，对聚类结果中的每一个簇（最好选择最大簇），精心构造能够吸引该簇选民的消息。最后，开展竞选活动并观察上述做法是否有效。

聚类是一种无监督的学习，它将相似的对象归到同一个簇中。它有点像全自动分类[②]。聚类方法几乎可以应用于所有对象，簇内的对象越相似，聚类的效果越好。本章要学习一种称为K-均值（K-means）聚类的算法。之所以称之为K-均值是因为它可以发现k个不同的簇，且每个簇的中心采用簇中所含值的均值计算而成。下面会逐步介绍该算法的更多细节。

在介绍K-均值算法之前，先讨论一下*簇识别*（cluster identification）。簇识别给出聚类结

① 对于微目标策略如何成功用于2004年的美国总统大选的细节，请参见 Fournier、Sosnik与Dowd合著的*Applebee's America*（Simon & Schuster, 2006）一书。

② 这里的自动意思是连类别体系都是自动构建的。——译者注

果的含义。假定有一些数据，现在将相似数据归到一起，簇识别会告诉我们这些簇到底都是些什么。聚类与分类的最大不同在于，分类的目标事先已知，而聚类则不一样。因为其产生的结果与分类相同，而只是类别没有预先定义，聚类有时也被称为无监督分类（unsupervised classification）。

聚类分析试图将相似对象归入同一簇，将不相似对象归到不同簇。相似这一概念取决于所选择的相似度计算方法。前面章节已经介绍了不同的相似度计算方法，后续章节它们会继续出现。到底使用哪种相似度计算方法取决于具体应用。

下面会构建K-均值方法并观察其实际效果。接下来还会讨论简单K-均值算法中的一些缺陷。为了解决其中的一些缺陷，可以通过后处理来产生更好的簇。接着会给出一个更有效的称为二分K-均值（bisecting k-means）的聚类算法。本章的最后会给出一个实例，该实例应用二分K-均值算法来寻找同时造访多个夜生活热点地区的最佳停车位。

10.1 K-均值聚类算法

K-均值聚类

优点：容易实现。

缺点：可能收敛到局部最小值，在大规模数据集上收敛较慢。

适用数据类型：数值型数据。

K-均值是发现给定数据集的k个簇的算法。簇个数k是用户给定的，每一个簇通过其质心（centroid），即簇中所有点的中心来描述。

K-均值算法的工作流程是这样的。首先，随机确定k个初始点作为质心。然后将数据集中的每个点分配到一个簇中，具体来讲，为每个点找距其最近的质心，并将其分配给该质心所对应的簇。这一步完成之后，每个簇的质心更新为该簇所有点的平均值。

上述过程的伪代码表示如下：

```
创建k个点作为起始质心（经常是随机选择）
当任意一个点的簇分配结果发生改变时
    对数据集中的每个数据点
        对每个质心
            计算质心与数据点之间的距离
        将数据点分配到距其最近的簇
    对每一个簇，计算簇中所有点的均值并将均值作为质心
```

K-均值聚类的一般流程

(1) 收集数据：使用任意方法。

(2) 准备数据：需要数值型数据来计算距离，也可以将标称型数据映射为二值型数据再用于距离计算。

(3) 分析数据：使用任意方法。

(4) 训练算法：不适用于无监督学习，即无监督学习没有训练过程。

(5) 测试算法：应用聚类算法、观察结果。可以使用量化的误差指标如误差平方和（后面会介绍）来评价算法的结果。

(6) 使用算法：可以用于所希望的任何应用。通常情况下，簇质心可以代表整个簇的数据来做出决策。

上面提到"最近"质心的说法，意味着需要进行某种距离计算。读者可以使用所喜欢的任意距离度量方法。数据集上K-均值算法的性能会受到所选距离计算方法的影响。下面给出K-均值算法的代码实现。首先创建一个名为kMeans.py的文件，然后将下面程序清单中的代码添加到文件中。

程序清单10-1　K-均值聚类支持函数

```
from numpy import *

def loadDataSet(fileName):
    dataMat = []
    fr = open(fileName)
    for line in fr.readlines():
        curLine = line.strip().split('\t')
        fltLine = map(float,curLine)
        dataMat.append(fltLine)
    return dataMat

def distEclud(vecA, vecB):
    return sqrt(sum(power(vecA - vecB, 2)))

def randCent(dataSet, k):
    n = shape(dataSet)[1]
    centroids = mat(zeros((k,n)))
    for j in range(n):
        minJ = min(dataSet[:,j])
        rangeJ = float(max(dataSet[:,j]) - minJ)
        centroids[:,j] = minJ + rangeJ * random.rand(k,1)
    return centroids
```

构建簇质心

程序清单10-1中的代码包含几个K-均值算法中要用到的辅助函数。第一个函数`loadDataSet()`和上一章完全相同，它将文本文件导入到一个列表中。文本文件每一行为tab分隔的浮点数。每一个列表会被添加到`dataMat`中，最后返回`dataMat`。该返回值是一个包含许多其他列表的列表。这种格式可以很容易将很多值封装到矩阵中。

下一个函数distEclud()计算两个向量的欧式距离。这是本章最先使用的距离函数，也可以使用其他距离函数。

最后一个函数是randCent()，该函数为给定数据集构建一个包含k个随机质心的集合。随机质心必须要在整个数据集的边界之内，这可以通过找到数据集每一维的最小和最大值来完成。然后生成0到1.0之间的随机数并通过取值范围和最小值，以便确保随机点在数据的边界之内 。接下来看一下这三个函数的实际效果。保存kMeans.py文件，然后在Python提示符下输入：

```
>>> import kMeans
>>> from numpy import *
```

要从文本文件中构建矩阵，输入下面的命令（第10章的源代码中给出了testSet.txt的内容）：

```
>>> datMat=mat(kMeans.loadDataSet('testSet.txt'))
```

读者可以了解一下这个二维矩阵，后面将使用该矩阵来测试完整的K-均值算法。下面看看randCent()函数是否正常运行。首先，先看一下矩阵中的最大值与最小值：

```
>>> min(datMat[:,0])
matrix([[-5.379713]])
>>> min(datMat[:,1])
matrix([[-4.232586]])
>>> max(datMat[:,1])
matrix([[ 5.1904]])
>>> max(datMat[:,0])
matrix([[ 4.838138]])
```

然后看看randCent()函数能否生成min到max之间的值：

```
>>> kMeans.randCent(datMat, 2)
matrix([[-3.24278889, -0.04213842],
        [-0.92437171,  3.19524231]])
```

从上面的结果可以看到，函数randCent()确实会生成min到max之间的值。上述结果表明，这些函数都能够按照预想的方式运行。最后测试一下距离计算方法：

```
>>> kMeans.distEclud(datMat[0], datMat[1])
5.184632816681332
```

所有支持函数正常运行之后，就可以准备实现完整的K-均值算法了。该算法会创建k个质心，然后将每个点分配到最近的质心，再重新计算质心。这个过程重复数次，直到数据点的簇分配结果不再改变为止。打开kMeans.py文件输入下面程序清单中的代码。

10

程序清单10-2 K-均值聚类算法

```
def kMeans(dataSet, k, distMeas=distEclud, createCent=randCent):
    m = shape(dataSet)[0]
    clusterAssment = mat(zeros((m,2)))
    centroids = createCent(dataSet, k)
    clusterChanged = True
    while clusterChanged:
        clusterChanged = False
        for i in range(m):
```

```
            minDist = inf; minIndex = -1
            for j in range(k):
                distJI = distMeas(centroids[j,:],dataSet[i,:])
                if distJI < minDist:
                    minDist = distJI; minIndex = j
            if clusterAssment[i,0] != minIndex: clusterChanged = True
            clusterAssment[i,:] = minIndex,minDist**2
        print centroids
        for cent in range(k):
            ptsInClust = dataSet[nonzero(clusterAssment[:,0].A==cent)[0]]
            centroids[cent,:] = mean(ptsInClust, axis=0)
    return centroids, clusterAssment
```

❶ 寻找最近的质心

❷ 更新质心的位置

上述清单给出了K-均值算法。kMeans()函数接受4个输入参数。只有数据集及簇的数目是必选参数，而用来计算距离和创建初始质心的函数都是可选的。kMeans()函数一开始确定数据集中数据点的总数，然后创建一个矩阵来存储每个点的簇分配结果。簇分配结果矩阵clusterAssment包含两列：一列记录簇索引值，第二列存储误差。这里的误差是指当前点到簇质心的距离，后边会使用该误差来评价聚类的效果。

按照上述方式（即计算质心–分配–重新计算）反复迭代，直到所有数据点的簇分配结果不再改变为止。程序中可以创建一个标志变量clusterChanged，如果该值为True，则继续迭代。上述迭代使用while循环来实现。接下来遍历所有数据找到距离每个点最近的质心，这可以通过对每个点遍历所有质心并计算点到每个质心的距离来完成❶。计算距离是使用distMeas参数给出的距离函数，默认距离函数是distEclud()，该函数的实现已经在程序清单10-1中给出。如果任一点的簇分配结果发生改变，则更新clusterChanged标志。

最后，遍历所有质心并更新它们的取值❷。具体实现步骤如下：首先通过数组过滤来获得给定簇的所有点；然后计算所有点的均值，选项axis = 0表示沿矩阵的列方向进行均值计算；最后，程序返回所有的类质心与点分配结果。图10-1给出了一个聚类结果的示意图。

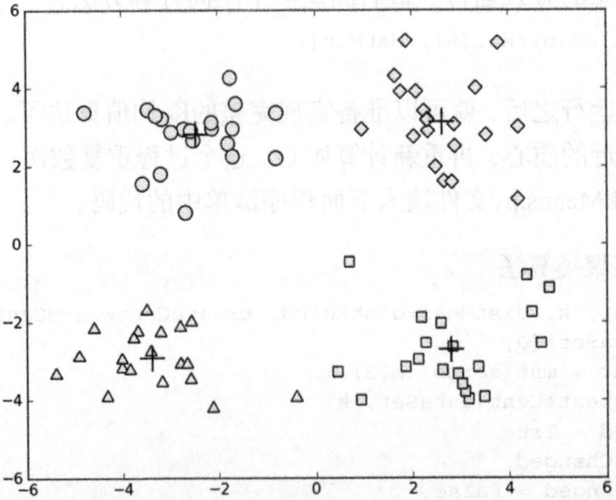

图10-1 K-均值聚类的结果示意图。图中数据集在三次迭代之后收敛。形状相似的数据点被分到同样的簇中，簇中心使用十字来表示

接下来看看程序清单10-2的运行效果。保存kMeans.py文件后，在Python提示符下输入：

```
>>> reload(kMeans)
<module 'kMeans' from 'kMeans.pyc'>
```

如果没有将前面例子中的datMat数据复制过来，则可以输入下面的命令（记住要导入NumPy）：

```
>>> datMat=mat(kMeans.loadDataSet('testSet.txt'))
```

现在就可以对datMat中的数据点进行聚类处理。从图像中可以大概预先知道最后的结果应该有4个簇，所以可以输入如下命令：

```
>>> myCentroids, clustAssing = kMeans.kMeans(datMat,4)
[[-4.06724228  0.21993975]
 [ 0.73633558 -1.41299247]
 [-2.59754537  3.15378974]
 [ 4.49190084  3.46005807]]
[[-3.62111442 -2.36505947]
 [ 2.21588922 -2.88365904]
 [-2.38799628  2.96837672]
 [ 2.6265299   3.10868015]]
[[-3.53973889 -2.89384326]
 [ 2.65077367 -2.79019029]
 [-2.46154315  2.78737555]
     [ 2.6265299   3.10868015]]
```

上面的结果给出了4个质心。可以看到，经过3次迭代之后K-均值算法收敛。这4个质心以及原始数据的散点图在图10-1中给出。

到目前为止，关于聚类的一切进展都很顺利，但事情并不总是如此。接下来会讨论K-均值算法可能出现的问题及其解决办法。

10.2 使用后处理来提高聚类性能

前面提到，在K-均值聚类中簇的数目k是一个用户预先定义的参数，那么用户如何才能知道k的选择是否正确？如何才能知道生成的簇比较好呢？在包含簇分配结果的矩阵中保存着每个点的误差，即该点到簇质心的距离平方值。下面会讨论利用该误差来评价聚类质量的方法。

考虑图10-2中的聚类结果，这是在一个包含三个簇的数据集上运行K-均值算法之后的结果，但是点的簇分配结果值没有那么准确。K-均值算法收敛但聚类效果较差的原因是，K-均值算法收敛到了局部最小值，而非全局最小值（局部最小值指结果还可以但并非最好结果，全局最小值是可能的最好结果）。

一种用于度量聚类效果的指标是SSE（Sum of Squared Error，误差平方和），对应程序清单10-2中clusterAssment矩阵的第一列之和。SSE值越小表示数据点越接近于它们的质心，聚类效果也越好。因为对误差取了平方，因此更加重视那些远离中心的点。一种肯定可以降低SSE值的方法是增加簇的个数，但这违背了聚类的目标。聚类的目标是在保持簇数目不变的情况下提高簇的质量。

那么如何对图10-2的结果进行改进？你可以对生成的簇进行后处理，一种方法是将具有最大SSE值的簇划分成两个簇。具体实现时可以将最大簇包含的点过滤出来并在这些点上运行K-均值算法，其中的k设为2。

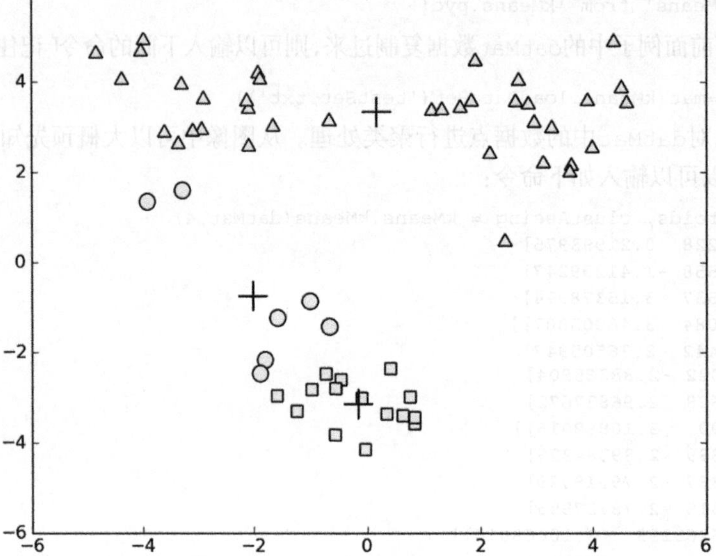

图10-2　由于质心随机初始化导致K-均值算法效果不好的一个例子，这需要额外的后处理操作来清理聚类结果

为了保持簇总数不变，可以将某两个簇进行合并。从图10-2中很明显就可以看出，应该将图下部两个出错的簇质心进行合并。可以很容易对二维数据上的聚类进行可视化，但是如果遇到40维的数据应该如何去做？

有两种可以量化的办法：合并最近的质心，或者合并两个使得SSE增幅最小的质心。第一种思路通过计算所有质心之间的距离，然后合并距离最近的两个点来实现。第二种方法需要合并两个簇然后计算总SSE值。必须在所有可能的两个簇上重复上述处理过程，直到找到合并最佳的两个簇为止。接下来将讨论利用上述簇划分技术得到更好的聚类结果的方法。

10.3　二分K-均值算法

为克服K-均值算法收敛于局部最小值的问题，有人提出了另一个称为二分K-均值（bisecting K-means）的算法。该算法首先将所有点作为一个簇，然后将该簇一分为二。之后选择其中一个簇继续进行划分，选择哪一个簇进行划分取决于对其划分是否可以最大程度降低SSE的值。上述基于SSE的划分过程不断重复，直到得到用户指定的簇数目为止。

二分K-均值算法的伪代码形式如下：

```
将所有点看成一个簇
当簇数目小于k时
```

```
对于每一个簇
    计算总误差
    在给定的簇上面进行K-均值聚类（k=2）
    计算将该簇一分为二之后的总误差
选择使得误差最小的那个簇进行划分操作
```

另一种做法是选择SSE最大的簇进行划分，直到簇数目达到用户指定的数目为止。这个做法听起来并不难实现。下面就来看一下该算法的实际效果。打开kMeans.py文件然后加入下面程序清单中的代码。

程序清单10-3 二分K-均值聚类算法

```
def biKmeans(dataSet, k, distMeas=distEclud):
    m = shape(dataSet)[0]
    clusterAssment = mat(zeros((m,2)))
    centroid0 = mean(dataSet, axis=0).tolist()[0]
    centList =[centroid0]
    for j in range(m):
        clusterAssment[j,1] = distMeas(mat(centroid0), dataSet[j,:])**2
    while (len(centList) < k):
        lowestSSE = inf
        for i in range(len(centList)):
            ptsInCurrCluster =\
                       dataSet[nonzero(clusterAssment[:,0].A==i)[0],:]
            centroidMat, splitClustAss = \
                       kMeans(ptsInCurrCluster, 2 , distMeas)
            sseSplit = sum(splitClustAss[:,1])
            sseNotSplit = \
              sum(clusterAssment[nonzero(clusterAssment[:,0].A!=i)[0],1])
            print "sseSplit, and notSplit: ",sseSplit,sseNotSplit
            if (sseSplit + sseNotSplit) < lowestSSE:
                bestCentToSplit = i
                bestNewCents = centroidMat
                bestClustAss = splitClustAss.copy()
                lowestSSE = sseSplit + sseNotSplit
        bestClustAss[nonzero(bestClustAss[:,0].A == 1)[0],0] =\
                             len(centList)
        bestClustAss[nonzero(bestClustAss[:,0].A == 0)[0],0] =\
                             bestCentToSplit
        print 'the bestCentToSplit is: ',bestCentToSplit
        print 'the len of bestClustAss is: ', len(bestClustAss)
        centList[bestCentToSplit] = bestNewCents[0,:]
        centList.append(bestNewCents[1,:])
        clusterAssment[nonzero(clusterAssment[:,0].A == \
                             bestCentToSplit)[0],:]= bestClustAss
    return mat(centList), clusterAssment
```

❶ 创建一个初始簇

❷ 尝试划分每一簇

❸ 更新簇的分配结果

上述程序中的函数与程序清单10-2中函数`kMeans()`的参数相同。在给定数据集、所期望的簇数目和距离计算方法的条件下，函数返回聚类结果。同`kMeans()`一样，用户可以改变所使用的距离计算方法。

该函数首先创建一个矩阵来存储数据集中每个点的簇分配结果及平方误差，然后计算整个数据集的质心，并使用一个列表来保留所有的质心❶。得到上述质心之后，可以遍历数据集中所有点来计算每个点到质心的误差值。这些误差值将会在后面用到。

接下来程序进入while循环，该循环会不停对簇进行划分，直到得到想要的簇数目为止。可以通过考察簇列表中的值来获得当前簇的数目。然后遍历所有的簇来决定最佳的簇进行划分。为此需要比较划分前后的SSE。一开始将最小SSE置设为无穷大，然后遍历簇列表centList中的每一个簇。对每个簇，将该簇中的所有点看成一个小的数据集ptsInCurrCluster。将ptsInCurrCluster输入到函数kMeans()中进行处理（$k = 2$）。K-均值算法会生成两个质心（簇），同时给出每个簇的误差值❷。这些误差与剩余数据集的误差之和作为本次划分的误差。如果该划分的SSE值最小，则本次划分被保存。一旦决定了要划分的簇，接下来就要实际执行划分操作。划分操作很容易，只需要将要划分的簇中所有点的簇分配结果进行修改即可。当使用kMeans()函数并且指定簇数为2时，会得到两个编号分别为0和1的结果簇。需要将这些簇编号修改为划分簇及新加簇的编号，该过程可以通过两个数组过滤器来完成❸。最后，新的簇分配结果被更新，新的质心会被添加到centList中。

当while循环结束时，同kMeans()函数一样，函数返回质心列表与簇分配结果。

下面看一下实际运行效果。将程序清单10-3中的代码添加到文件kMeans.py并保存，然后在Python提示符下输入：

```
>>> reload(kMeans)
<module 'kMeans' from 'kMeans.py'>
```

可以在最早的数据集上运行上述过程，也可以通过如下命令来导入图10-2中那个“较难”的数据集：

```
>>> datMat3=mat(kMeans.loadDataSet('testSet2.txt'))
```

要运行函数biKmeans()，输入如下命令：

```
>>> centList,myNewAssments=kMeans.biKmeans(datMat3,3)
sseSplit, and notSplit:  491.233299302 0.0
the bestCentToSplit is:  0
the len of bestClustAss is:  60
sseSplit, and notSplit:  75.5010709203 35.9286648164
sseSplit, and notSplit: 21.40716341 455.304634485
the bestCentToSplit is:  0
the len of bestClustAss is:  40
```

现在看看质心结果：

```
>>> centList
[matrix([[-3.05126255,  3.2361123 ]]), matrix([[-0.28226155, -2.4449763 ]]),
    matrix([[ 3.1084241,  3.0396009]])]
```

上述函数可以运行多次，聚类会收敛到全局最小值，而原始的kMeans()函数偶尔会陷入局部最小值。图10-3给出了数据集及运行biKmeans()后的的质心的示意图。

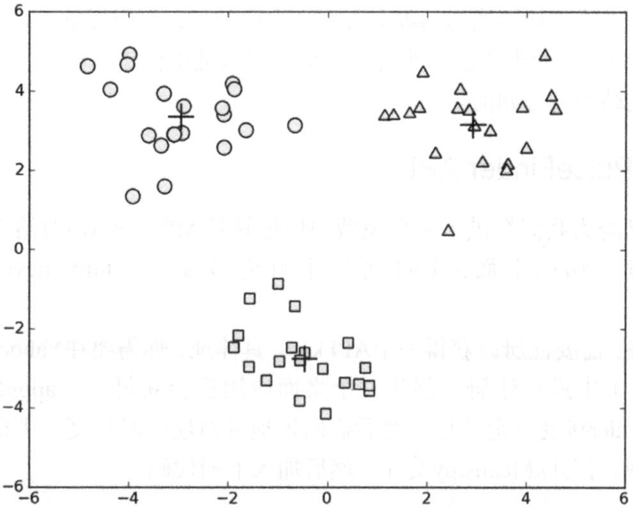

图10-3 运行二分K-均值算法后的簇分配示意图，该算法总是产生较好的聚类结果

前面已经运行了二分K-均值算法，下面将该算法应用于一些真实的数据集上。下一节将利用地图上的地理位置坐标进行聚类。

10.4 示例：对地图上的点进行聚类

假如有这样一种情况：你的朋友Drew希望你带他去城里庆祝他的生日。由于其他一些朋友也会过来，所以需要你提供一个大家都可行的计划。Drew给了你一些他希望去的地址。这个地址列表很长，有70个位置。我把这个列表保存在文件portland-Clubs.txt中，该文件和源代码一起打包。这些地址其实都在俄勒冈州的波特兰地区。

也就是说，一晚上要去70个地方！你要决定一个将这些地方进行聚类的最佳策略，这样就可以安排交通工具抵达这些簇的质心，然后步行到每个簇内地址。Drew的清单中虽然给出了地址，但是并没有给出这些地址之间的距离远近信息。因此，你要得到每个地址的纬度和经度，然后对这些地址进行聚类以安排你的行程。

示例：对于地理数据应用二分K-均值算法

(1) 收集数据：使用Yahoo! PlaceFinder API收集数据。
(2) 准备数据：只保留经纬度信息。
(3) 分析数据：使用Matplotlib来构建一个二维数据图，其中包含簇与地图。
(4) 训练算法：训练不适用无监督学习。
(5) 测试算法：使用10.4节中的`biKmeans()`函数。
(6) 使用算法：最后的输出是包含簇及簇中心的地图。

10

你需要一个服务来将地址转换为纬度和经度。幸运的是，雅虎提供了这样的服务。下面将介绍Yahoo! PlaceFinder API的使用方法。然后，对给出的地址坐标进行聚类，最后画出所有点以及簇中心，并看看聚类结果到底如何。

10.4.1 Yahoo! PlaceFinder API

雅虎的牛人们已经为我们提供了一个免费的地址转换API，该API对给定的地址返回该地址对应的纬度与经度。访问下面的URL可以了解更多细节：http://developer.yahoo.com/geo/placefinder/guide/。

为了使用该服务，需要注册以获得一个API key。具体地，你需要在Yahoo!开发者网络（http://developer.yahoo.com/）中进行注册。创建一个桌面应用后会获得一个appid。需要appid来使用geocoder。一个geocoder接受给定地址，然后返回该地址对应的经纬度。下面的代码将上述所有过程进行了封装处理。打开kMeans.py文件，然后加入下列代码。

程序清单10-4　Yahoo! PlaceFinder API

```
import urllib
import json
def geoGrab(stAddress, city):
    apiStem = 'http://where.yahooapis.com/geocode?'
    params = {}
    params['flags'] = 'J'                              ❶ 将返回类型设为JSON
    params['appid'] = 'ppp68N8t'
    params['location'] = '%s %s' % (stAddress, city)
    url_params = urllib.urlencode(params)
    yahooApi = apiStem + url_params                    ❷ 打印输出的的URL
    print yahooApi
    c=urllib.urlopen(yahooApi)
    return json.loads(c.read())

from time import sleep
def massPlaceFind(fileName):
    fw = open('places.txt', 'w')
    for line in open(fileName).readlines():
        line = line.strip()
        lineArr = line.split('\t')
        retDict = geoGrab(lineArr[1], lineArr[2])
        if retDict['ResultSet']['Error'] == 0:
            lat = float(retDict['ResultSet']['Results'][0]['latitude'])
            lng = float(retDict['ResultSet']['Results'][0]['longitude'])
            print "%s\t%f\t%f" % (lineArr[0], lat, lng)
            fw.write('%s\t%f\t%f\n' % (line, lat, lng))
        else: print "error fetching"
        sleep(1)
    fw.close()
```

上述程序包含两个函数：`geoGrab()`与`massPlaceFind()`。函数`geoGrab()`从Yahoo!返回一个字典，`massPlaceFind()`将所有这些封装起来并且将相关信息保存到文件中。

在函数geoGrab()中，首先为Yahoo API设置apiStem，然后创建一个字典。你可以为字典设置不同值，包括flags = J，以便返回JSON格式的结果❶。（不用担心你不熟悉JSON，它是一种用于序列化数组和字典的文件格式，本书不会看到任何JSON。JSON是JavaScript Object Notation的缩写，有兴趣的读者可以在www.json.org找到更多信息。）接下来使用urllib的urlencode()函数将创建的字典转换为可以通过URL进行传递的字符串格式。最后，打开URL读取返回值。由于返回值是JSON格式的，所以可以使用JSON的Python模块来将其解码为一个字典。一旦返回了解码后的字典，也就意味着你成功地对一个地址进行了地理编码。

程序清单10-4中的第二个函数是massPlaceFind()。该函数打开一个tab分隔的文本文件，获取第2列和第3列结果。这些值被输入到函数geoGrab()中，然后需要检查geoGrab()的输出字典判断有没有错误。如果没有错误，就可以从字典中读取经纬度。这些值被添加到原来对应的行上，同时写到一个新的文件中。如果有错误，就不需要去抽取纬度和经度。最后，调用sleep()函数将massPlaceFind()函数延迟1秒。这样做是为了确保不要在短时间内过于频繁地调用API。如果频繁调用，那么你的请求可能会被封掉，所以将massPlaceFind()函数的调用延迟一下比较好。

保存kMeans.py文件后，在Python提示符下输入：

```
>>> reload(kMeans)
<module 'kMeans' from 'kMeans.py'>
```

要尝试geoGrab，输入街道地址和城市的字符串，比如：

```
>>> geoResults=kMeans.geoGrab('1 VA Center', 'Augusta, ME')
http://where.yahooapis.com/
     geocode?flags=J&location=1+VA+Center+Augusta%2C+ME&appid=ppp68N6k
```

实际使用的URL会被打印出来，通过这些URL，用户可以看到具体发生了什么。如果并不想看到URL，那么将程序清单10-4中的print语句注释掉也没关系。下面看一下返回结果，应该是一个很大的字典。

```
>>> geoResults
{u'ResultSet': {u'Locale': u'us_US', u'ErrorMessage': u'No error',
u'Results': [{u'neighborhood': u'', u'house': u'1', u'county': u'Kennebec
County', u'street': u'Center St', u'radius': 500, u'quality': 85, u'unit':
u'', u'city': u'Augusta', u'countrycode': u'US', u'woeid': 12759521,
u'xstreet': u'', u'line4': u'United States', u'line3': u'', u'line2':
u'Augusta, ME  04330-6410', u'line1': u'1 Center St', u'state': u'Maine',
u'latitude': u'44.307661', u'hash': u'B8BE9F5EE764C449', u'unittype': u'',
u'offsetlat': u'44.307656', u'statecode': u'ME', u'postal': u'04330-6410',
u'name': u'', u'uzip': u'04330', u'country': u'United States',
u'longitude': u'-69.776608', u'countycode': u'', u'offsetlon': u'-
69.776528',u'woetype': 11}], u'version': u'1.0', u'Error': 0, u'Found': 1,
u'Quality': 87}}
```

上面给出的是一部只包含键ResultSet的字典，该字典又包含分别以Locale、Error-Message、`Results、version、Error、Found和Quality为键的其他字典。

读者可以看一下所有这些键的内容，不过我们主要感兴趣的还是Error和Results。

Error键值给出的是错误编码。0意味着没有错误，其他任何值都代表没有获得要找的地址。

可以输入下面内容以获得错误编码：

```
>>> geoResults['ResultSet']['Error']
0
```

现在看一下纬度和经度，可以输入如下命令来实现：

```
>>> geoResults['ResultSet']['Results'][0]['longitude']
u'-69.776608'
>>> geoResults['ResultSet']['Results'][0]['latitude']
u'44.307661'
```

上面给出的都是字符串，可以使用`float()`函数将它们转换为浮点数。下面看看在多行上的运行效果，输入命令执行程序清单10-4中的第二个函数：

```
>>> kMeans.massPlaceFind('portlandClubs.txt')
Dolphin II        45.486502         -122.788346
                      .
                      .
Magic Garden      45.524692         -122.674466
Mary's Club       45.535101         -122.667390
Montego's         45.504448         -122.500034
```

这会在你的工作目录下生成一个称为places.txt的文本文件。接下来将使用这些点进行聚类，并将俱乐部以及它们的簇中心画在城市地图上。

10.4.2　对地理坐标进行聚类

现在我们有一个包含格式化地理坐标的列表，接下来可以对这些俱乐部进行聚类。在此过程中使用Yahoo! PlaceFinder API来获得每个点的纬度和经度。下面需要使用这些信息来计算数据点与簇质心的距离。

这个例子中要聚类的俱乐部给出的信息为经度和维度，但这些信息对于距离计算还不够。在北极附近每走几米的经度变化可能达到数10度；而在赤道附近走相同的距离，带来的经度变化可能只是零点几。可以使用球面余弦定理来计算两个经纬度之间的距离。为实现距离计算并将聚类后的俱乐部标识在地图上，打开kMeans.py文件，添加下面程序清单中的代码。

程序清单10-5　球面距离计算及簇绘图函数

```
def distSLC(vecA, vecB):
    a = sin(vecA[0,1]*pi/180) * sin(vecB[0,1]*pi/180)
    b = cos(vecA[0,1]*pi/180) * cos(vecB[0,1]*pi/180) * \
                      cos(pi * (vecB[0,0]-vecA[0,0]) /180)
    return arccos(a + b)*6371.0

import matplotlib
import matplotlib.pyplot as plt
def clusterClubs(numClust=5):
    datList = []
    for line in open('places.txt').readlines():
        lineArr = line.split('\t')
        datList.append([float(lineArr[4]), float(lineArr[3])])
```

```
    datMat = mat(datList)
    myCentroids, clustAssing = biKmeans(datMat, numClust, \
                                    distMeas=distSLC)
    fig = plt.figure()
    rect=[0.1,0.1,0.8,0.8]
    scatterMarkers=['s', 'o', '^', '8', 'p', \
                    'd', 'v', 'h', '>', '<']
    axprops = dict(xticks=[], yticks=[])
    ax0=fig.add_axes(rect, label='ax0', **axprops)          ❶ 基于图像创建矩阵
    imgP = plt.imread('Portland.png')                   <--
    ax0.imshow(imgP)
    ax1=fig.add_axes(rect, label='ax1', frameon=False)
    for i in range(numClust):
        ptsInCurrCluster = datMat[nonzero(clustAssing[:,0].A==i)[0],:]
        markerStyle = scatterMarkers[i % len(scatterMarkers)]
        ax1.scatter(ptsInCurrCluster[:,0].flatten().A[0],\
                    ptsInCurrCluster[:,1].flatten().A[0],\
                   marker=markerStyle, s=90)
    ax1.scatter(myCentroids[:,0].flatten().A[0],\
               myCentroids[:,1].flatten().A[0], marker='+', s=300)
    plt.show()
```

上述程序清单包含两个函数。第一个函数distSLC()返回地球表面两点之间的距离。第二个函数clusterClubs()将文本文件中的俱乐部进行聚类并画出结果。

函数distSLC()返回地球表面两点间的距离，单位是英里。给定两个点的经纬度，可以使用球面余弦定理来计算两点的距离。这里的纬度和经度用角度作为单位，但是sin()以及cos()以弧度为输入。可以将角度除以180然后再乘以圆周率pi转换为弧度。导入NumPy的时候就会导入pi。

第二个函数clusterClubs()只有一个参数，即所希望得到的簇数目。该函数将文本文件的解析、聚类以及画图都封装在一起，首先创建一个空列表，然后打开places.txt文件获取第4列和第5列，这两列分别对应纬度和经度。基于这些经纬度对的列表创建一个矩阵。接下来在这些数据点上运行biKmeans()并使用distSLC()函数作为聚类中使用的距离计算方法。最后将簇以及簇质心画在图上。

为了画出这些簇，首先创建一幅图和一个矩形，然后使用该矩形来决定绘制图的哪一部分。接下来构建一个标记形状的列表用于绘制散点图。后边会使用唯一的标记来标识每个簇。下一步使用imread()函数基于一幅图像来创建矩阵❶，然后使用imshow()绘制该矩阵。接下来，在同一幅图上绘制一张新的图，这允许你使用两套坐标系统并且不做任何缩放或偏移。紧接着，遍历每一个簇并将它们一一画出来。标记类型从前面创建的scatterMarkers列表中得到。使用索引i % len(scatterMarkers)来选择标记形状 ，这意味着当有更多簇时，可以循环使用这些标记。最后使用十字标记来表示簇中心并在图中显示。

下面看一下实际效果，保存kMeans.py并在Python提示符下输入如下命令：

```
>>> reload(kMeans)
<module 'kMeans' from 'kMeans.py'>
>>> kMeans.clusterClubs(5)
sseSplit, and notSplit:  3073.83037149 0.0
the bestCentToSplit is:  0
                         .
                         .
                         .
sseSplit, and notSplit:  307.687209245 1118.08909015
the bestCentToSplit is:  3
the len of bestClustAss is:  25
```

执行上面的命令后，会看到与图10-4类似的一个图。

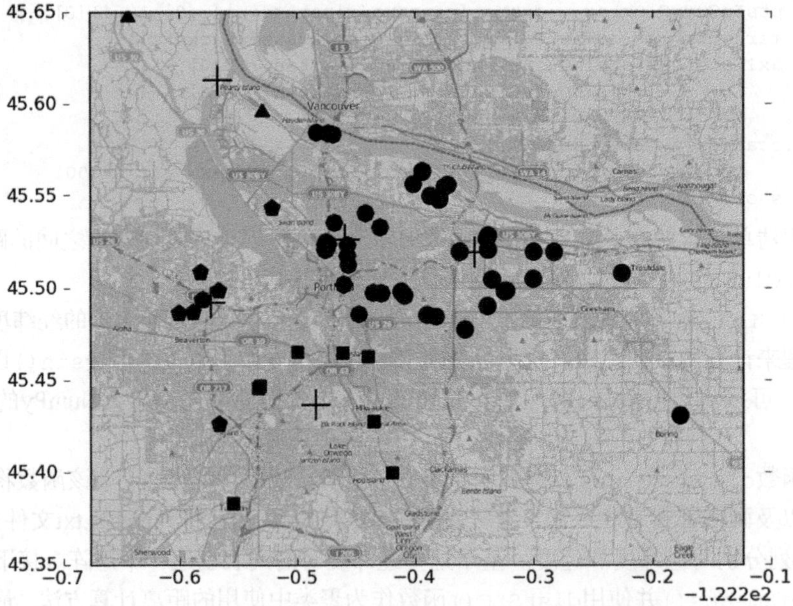

图10-4　对俄勒冈州波特兰市夜生活娱乐地点的聚类结果

可以尝试输入不同簇数目得到程序运行的效果。什么数目比较好呢？ 读者可以思考一下这个问题。

10.5　本章小结

聚类是一种无监督的学习方法。所谓无监督学习是指事先并不知道要寻找的内容，即没有目标变量。聚类将数据点归到多个簇中，其中相似数据点处于同一簇，而不相似数据点处于不同簇中。聚类中可以使用多种不同的方法来计算相似度。

一种广泛使用的聚类算法是K-均值算法，其中k是用户指定的要创建的簇的数目。K-均值聚类算法以k个随机质心开始。算法会计算每个点到质心的距离。每个点会被分配到距其最近的簇质心，然后紧接着基于新分配到簇的点更新簇质心。以上过程重复数次，直到簇质心不再改变。这个简单的算法非常有效但是也容易受到初始簇质心的影响。为了获得更好的聚类效果，可以使用另一种称为二分K-均值的聚类算法。二分K-均值算法首先将所有点作为一个簇，然后使用K-均值算法（$k=2$）对其划分。下一次迭代时，选择有最大误差的簇进行划分。该过程重复直到k个簇创建成功为止。二分K-均值的聚类效果要好于K-均值算法。

K-均值算法以及变形的K-均值算法并非仅有的聚类算法，另外称为层次聚类的方法也被广泛使用。下一章将介绍在数据集中查找关联规则的Apriori算法。

第 11 章

使用Apriori算法进行关联分析

本章内容

- Apriori算法
- 频繁项集生成
- 关联规则生成
- 投票中的关联规则发现

在去杂货店买东西的过程，实际包含了许多机器学习的当前及未来应用，这包括物品的展示方式、购物之后优惠券的提供以及用户忠诚度计划，等等。它们都离不开对大量数据的分析。商店希望从顾客身上获得尽可能多的利润，所以他们必然会利用各种技术来达到这一目的。

忠诚度计划是指顾客使用会员卡可以获得一定的折扣，利用这种计划，商店可以了解顾客所购买的商品。即使顾客不使用会员卡，商店也会查看顾客购买商品所使用的信用卡记录。如果顾客不使用信用卡而使用现金付账，商店则可以查看顾客一起购买的商品（如果想知道商店所使用的更多技术，请参考Stephen Baker写的*The Numerati*一书）。

通过查看哪些商品经常在一起购买，可以帮助商店了解用户的购买行为。这种从数据海洋中抽取的知识可以用于商品定价、市场促销、存货管理等环节。从大规模数据集中寻找物品间的隐含关系被称作*关联分析*（association analysis）或者*关联规则学习*（association rule learning）。这里的主要问题在于，寻找物品的不同组合是一项十分耗时的任务，所需的计算代价很高，蛮力搜索方法并不能解决这个问题，所以需要用更智能的方法在合理的时间范围内找到频繁项集。本章将介绍如何使用Apriori算法来解决上述问题。

下面首先详细讨论关联分析，然后讨论Apriori原理，Apriori算法正是基于该原理得到的。接下来创建函数频繁项集高效发现的函数，然后从频繁项集中抽取出关联规则。本章最后给出两个例子，一个是从国会投票记录中抽取出关联规则，另一个是发现毒蘑菇的共同特征。

11.1 关联分析

Apriori算法

优点：易编码实现。
缺点：在大数据集上可能较慢。
适用数据类型：数值型或者标称型数据。

关联分析是一种在大规模数据集中寻找有趣关系的任务。这些关系可以有两种形式：频繁项集或者关联规则。频繁项集（frequent item sets）是经常出现在一块的物品的集合，关联规则（association rules）暗示两种物品之间可能存在很强的关系。下面会用一个例子来说明这两种概念。图11-1给出了某个杂货店的交易清单。

交易号码	商品
0	豆奶，莴苣
1	莴苣，尿布，葡萄酒，甜菜
2	豆奶，尿布，葡萄酒，橙汁
3	莴苣，豆奶，尿布，葡萄酒
4	莴苣，豆奶，尿布，橙汁

图11-1　一个来自Hole Foods天然食品店的简单交易清单

频繁项集是指那些经常出现在一起的物品集合，图11-1中的集合{葡萄酒，尿布, 豆奶}就是频繁项集的一个例子（回想一下，集合是由一对大括号“{ }”来表示的）。从上面的数据集中也可以找到诸如尿布 ➞葡萄酒的关联规则。这意味着如果有人买了尿布，那么他很可能也会买葡萄酒。使用频繁项集和关联规则，商家可以更好地理解他们的顾客。尽管大部分关联规则分析的实例来自零售业，但该技术同样可以用于其他行业，比如网站流量分析以及医药行业。

尿布与啤酒？

关联分析中最有名的例子是“尿布与啤酒”。据报道，美国中西部的一家连锁店发现，男人们会在周四购买尿布和啤酒。这样商店实际上可以将尿布与啤酒放在一块，并确保在周四全价销售从而获利。当然，这家商店并没有这么做*。

* DSS News, “Ask Dan! What is the true story about data mining, beer and diapers?” http://www.dssresources.com/newsletters/66.php, retrieved March 28, 2011.

应该如何定义这些有趣的关系？谁来定义什么是有趣？当寻找频繁项集时，频繁（frequent）

的定义是什么？有许多概念可以解答上述问题，不过其中最重要的是支持度和可信度。

一个项集的支持度（support）被定义为数据集中包含该项集的记录所占的比例。从图11-1中可以得到，{豆奶}的支持度为4/5。而在5条交易记录中有3条包含{豆奶，尿布}，因此{豆奶，尿布}的支持度为3/5。支持度是针对项集来说的，因此可以定义一个最小支持度，而只保留满足最小支持度的项集。

可信度或置信度（confidence）是针对一条诸如{尿布} ➞ {葡萄酒}的关联规则来定义的。这条规则的可信度被定义为"支持度({尿布, 葡萄酒})/支持度({尿布})"。从图11-1中可以看到，由于{尿布, 葡萄酒}的支持度为3/5，尿布的支持度为4/5，所以"尿布 ➞ 葡萄酒"的可信度为3/4=0.75。这意味着对于包含"尿布"的所有记录，我们的规则对其中75%的记录都适用。

支持度和可信度是用来量化关联分析是否成功的方法。假设想找到支持度大于0.8的所有项集，应该如何去做？一个办法是生成一个物品所有可能组合的清单，然后对每一种组合统计它出现的频繁程度，但当物品成千上万时，上述做法非常非常慢。下一节会详细分析这种情况并讨论Apriori原理，该原理会减少关联规则学习时所需的计算量。

11.2　Apriori 原理

假设我们在经营一家商品种类并不多的杂货店，我们对那些经常在一起被购买的商品非常感兴趣。我们只有4种商品：商品0，商品1，商品2和商品3。那么所有可能被一起购买的商品组合都有哪些？这些商品组合可能只有一种商品，比如商品0，也可能包括两种、三种或者所有四种商品。我们并不关心某人买了两件商品0以及四件商品2的情况，我们只关心他购买了一种或多种商品。

Apriori算法的一般过程

(1) 收集数据：使用任意方法。
(2) 准备数据：任何数据类型都可以，因为我们只保存集合。
(3) 分析数据：使用任意方法。
(4) 训练算法：使用Apriori算法来找到频繁项集。
(5) 测试算法：不需要测试过程。
(6) 使用算法：用于发现频繁项集以及物品之间的关联规则。

图11-2显示了物品之间所有可能的组合。为了让该图更容易懂，图中使用物品的编号0来取代物品0本身。另外，图中从上往下的第一个集合是∅，表示空集或不包含任何物品的集合。物品集合之间的连线表明两个或者更多集合可以组合形成一个更大的集合。

前面说过，我们的目标是找到经常在一起购买的物品集合。而在11.1节中，我们使用集合的支持度来度量其出现的频率。一个集合的支持度是指有多少比例的交易记录包含该集合。如何对一个给定的集合，比如{0,3}，来计算其支持度？我们遍历每条记录并检查该记录包含0和3，如果记录确实同时包含这两项，那么就增加总计数值。在扫描完所有数据之后，使用统计得到的总数除以总的交易记录数，就可以得到支持度。上述过程和结果只是针对单个集合{0,3}。要获得每种可能集合的支持度就需要多次重复上述过程。我们可以数一下图11-2中的集合数目，会发现即使对于仅有4种物品的集合，也需要遍历数据15次。而随着物品数目的增加遍历次数会急剧增长。对于包含N种物品的数据集共有2^N-1种项集组合。事实上，出售10 000或更多种物品的商店并不少见。即使只出售100种商品的商店也会有1.26×10^{30}种可能的项集组合。对于现代的计算机而言，需要很长的时间才能完成运算。

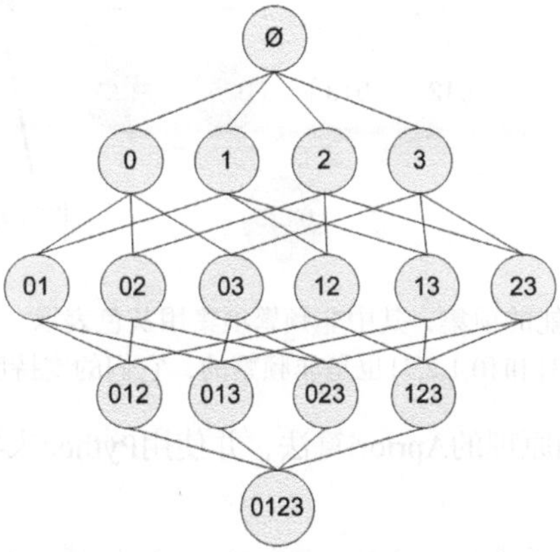

图11-2 集合{0，1，2，3}中所有可能的项集组合

为了降低所需的计算时间，研究人员发现一种所谓的Apriori原理。Apriori原理可以帮我们减少可能感兴趣的项集。Apriori原理是说如果某个项集是频繁的，那么它的所有子集也是频繁的。对于图11-2给出的例子，这意味着如果{0,1}是频繁的，那么{0}、{1}也一定是频繁的。这个原理直观上并没有什么帮助，但是如果反过来看就有用了，也就是说如果一个项集是非频繁集，那么它的所有超集也是非频繁的（如图11-3所示）。

Apriori

apriori在拉丁语中指“来自以前”。当定义问题时，通常会使用先验知识或者假设，这被称作“一个先验”（a priori）。在贝叶斯统计中，使用先验知识作为条件进行推断也很常见。先验知识可能来自领域知识、先前的一些测量结果，等等。

在图11-3中，已知阴影项集{2,3}是非频繁的。利用这个知识，我们就知道项集{0,2,3}，{1,2,3}以及{0,1,2,3}也是非频繁的。这也就是说，一旦计算出了{2,3}的支持度，知道它是非频繁的之后，就不需要再计算{0,2,3}、{1,2,3}和{0,1,2,3}的支持度，因为我们知道这些集合不会满足我们的要求。使用该原理就可以避免项集数目的指数增长，从而在合理时间内计算出频繁项集。

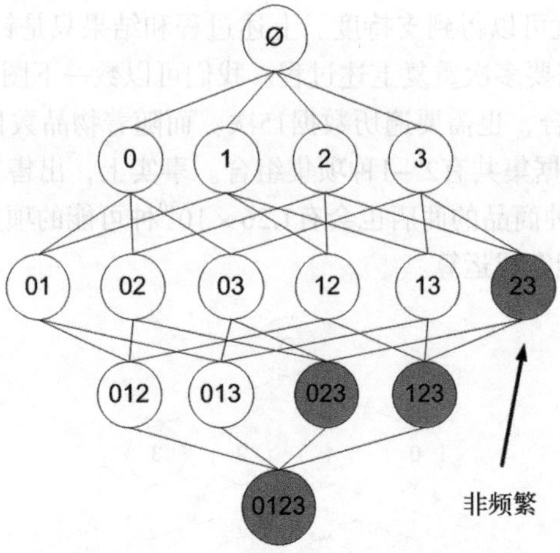

图11-3　图中给出了所有可能的项集，其中非频繁项集用灰色表示。由于集合{2,3}是非频繁的，因此{0,2,3}、{1,2,3}和{0,1,2,3}也是非频繁的，它们的支持度根本不需要计算

下一节将介绍基于Apriori原理的Apriori算法，并使用Python来实现，然后将其应用于虚拟商店Hole Foods的数据集上。

11.3　使用Apriori算法来发现频繁集

11.1节提到，关联分析的目标包括两项：发现频繁项集和发现关联规则。首先需要找到频繁项集，然后才能获得关联规则。本节将只关注于发现频繁项集。

Apriori算法是发现频繁项集的一种方法。Apriori算法的两个输入参数分别是最小支持度和数据集。该算法首先会生成所有单个物品的项集列表。接着扫描交易记录来查看哪些项集满足最小支持度要求，那些不满足最小支持度的集合会被去掉。然后，对剩下来的集合进行组合以生成包含两个元素的项集。接下来，再重新扫描交易记录，去掉不满足最小支持度的项集。该过程重复进行直到所有项集都被去掉。

11.3.1　生成候选项集

在使用Python来对整个程序编码之前，需要创建一些辅助函数。下面会创建一个用于构建初始集合的函数，也会创建一个通过扫描数据集以寻找交易记录子集的函数。数据集扫描的伪代码大致如下：

```
对数据集中的每条交易记录tran
对每个候选项集can:
    检查一下can是否是tran的子集:
    如果是，则增加can的计数值
```

对每个候选项集：

如果其支持度不低于最小值，则保留该项集

返回所有频繁项集列表

下面看一下实际的运行效果，建立一个apriori.py文件并加入下列代码。

程序清单11-1 Apriori算法中的辅助函数

```
def loadDataSet():
    return [[1, 3, 4], [2, 3, 5], [1, 2, 3, 5], [2, 5]]

def createC1(dataSet):
    C1 = []
    for transaction in dataSet:
        for item in transaction:
            if not [item] in C1:
                C1.append([item])
    C1.sort()
    return map(frozenset, C1)                    ❶ 对C1中每个项构建一个不变集合

def scanD(D, Ck, minSupport):
    ssCnt = {}
    for tid in D:
        for can in Ck:
            if can.issubset(tid):
                if not ssCnt.has_key(can): ssCnt[can]=1
                else: ssCnt[can] += 1
    numItems = float(len(D))
    retList = []
    supportData = {}
    for key in ssCnt:                            ❷ 计算所有项集的支持度
        support = ssCnt[key]/numItems
        if support >= minSupport:
            retList.insert(0,key)
        supportData[key] = support
    return retList, supportData
```

上述程序包含三个函数。第一个函数`loadDataSet()`创建了一个用于测试的简单数据集，另外两个函数分别是`createC1()`和`scanD()`。

不言自名，函数`createC1()`将构建集合`C1`。`C1`是大小为1的所有候选项集的集合。Apriori算法首先构建集合`C1`，然后扫描数据集来判断这些只有一个元素的项集是否满足最小支持度的要求。那些满足最低要求的项集构成集合`L1`。而`L1`中的元素相互组合构成`C2`，`C2`再进一步过滤变为`L2`。到这里，我想读者应该明白了该算法的主要思路。

因此算法需要一个函数`createC1()`来构建第一个候选项集的列表`C1`。由于算法一开始是从输入数据中提取候选项集列表，所以这里需要一个特殊的函数来处理，而后续的项集列表则是按一定的格式存放的。这里使用的格式就是Python中的frozenset类型。frozenset是指被“冰冻”的集合，就是说它们是不可改变的，即用户不能修改它们。这里必须要使用frozenset而不是set类型，因为之后必须要将这些集合作为字典键值使用，使用frozenset可以实现这一点，而set却做不到。

首先创建一个空列表`C1`，它用来存储所有不重复的项值。接下来遍历数据集中的所有交易记

录。对每一条记录，遍历记录中的每一个项。如果某个物品项没有在C1中出现，则将其添加到C1中。这里并不是简单地添加每个物品项，而是添加只包含该物品项的一个列表[①]。这样做的目的是为每个物品项构建一个集合。因为在Apriori算法的后续处理中，需要做集合操作。Python不能创建只有一个整数的集合，因此这里实现必须使用列表（有兴趣的读者可以试一下）。这就是我们使用一个由单物品列表组成的大列表的原因。最后，对大列表进行排序并将其中的每个单元素列表映射到frozenset()，最后返回frozenset的列表❶。

程序清单11-1中的第二个函数是scanD()，它有三个参数，分别是数据集、候选项集列表Ck以及感兴趣项集的最小支持度minSupport。该函数用于从C1生成L1。另外，该函数会返回一个包含支持度值的字典以备后用。scanD()函数首先创建一个空字典ssCnt，然后遍历数据集中的所有交易记录以及C1中的所有候选集。如果C1中的集合是记录的一部分，那么增加字典中对应的计数值。这里字典的键就是集合。当扫描完数据集中的所有项以及所有候选集时，就需要计算支持度。不满足最小支持度要求的集合不会输出。函数也会先构建一个空列表，该列表包含满足最小支持度要求的集合。下一个循环遍历字典中的每个元素并且计算支持度❷。如果支持度满足最小支持度要求，则将字典元素添加到retList中。可以使用语句retList. insert(0,key)在列表的首部插入任意新的集合。当然也不一定非要在首部插入，这只是为了让列表看起来有组织。函数最后返回最频繁项集的支持度supportData，该值会在下一节中使用。

下面看看实际的运行效果。保存apriori.py之后，在Python提示符下输入：

```
>>> import apriori
```

然后导入数据集：

```
>>> dataSet=apriori.loadDataSet()
>>> dataSet
[[1, 3, 4], [2, 3, 5], [1, 2, 3, 5], [2, 5]]
```

之后构建第一个候选项集集合C1：

```
>>> C1=apriori.createC1(dataSet)
>>> C1
[frozenset([1]), frozenset([2]), frozenset([3]), frozenset([4]),
   frozenset([5])]
```

可以看到，C1包含了每个frozenset中的单个物品项。下面构建集合表示的数据集D。

```
>>> D=map(set,dataSet)
>>> D
[set([1, 3, 4]), set([2, 3, 5]), set([1, 2, 3, 5]), set([2, 5])]
```

有了集合形式的数据，就可以去掉那些不满足最小支持度的项集。对上面这个例子，我们使用0.5作为最小支持度水平：

```
>>> L1,suppData0=apriori.scanD(D, C1, 0.5)
>>> L1
[frozenset([1]), frozenset([3]), frozenset([2]), frozenset([5])]
```

---

① 也就是说，C1是一个集合的集合，如{{0},{1},{2},…}，每次添加的都是单个项构成的集合{0}、{1}、{2}…。——译者注

上述4个项集构成了L1列表，该列表中的每个单物品项集至少出现在50%以上的记录中。由于物品4并没有达到最小支持度，所以没有包含在L1中。通过去掉这件物品，减少了查找两物品项集的工作量。

11.3.2 组织完整的Apriori算法

整个Apriori算法的伪代码如下：

当集合中项的个数大于0时
　　构建一个*k*个项组成的候选项集的列表
　　检查数据以确认每个项集都是频繁的
　　保留频繁项集并构建*k*+1项组成的候选项集的列表

既然可以过滤集合，那么就能够构建完整的Apriori算法了。打开apriori.py文件加入如下程序清单中的代码。

程序清单11-2 Apriori算法

```
def aprioriGen(Lk, k): #creates Ck
    retList = []
    lenLk = len(Lk)
    for i in range(lenLk):
        for j in range(i+1, lenLk):
            L1 = list(Lk[i])[:k-2]; L2 = list(Lk[j])[:k-2]     ❶ 前k-2个项相同时，
            L1.sort(); L2.sort()                                 将两个集合合并
            if L1==L2:
                retList.append(Lk[i] | Lk[j])
    return retList

def apriori(dataSet, minSupport = 0.5):
    C1 = createC1(dataSet)
    D = map(set, dataSet)
    L1, supportData = scanD(D, C1, minSupport)
    L = [L1]
    k = 2
    while (len(L[k-2]) > 0):
        Ck = aprioriGen(L[k-2], k)                          ❷ 扫描数据集，从Ck得到Lk
        Lk, supK = scanD(D, Ck, minSupport)
        supportData.update(supK)
        L.append(Lk)
        k += 1
    return L, supportData
```

程序清单11-2包含两个函数aprioriGen()与apriori()。其中主函数是apriori()，它会调用aprioriGen()来创建候选项集Ck。

函数aprioriGen()的输入参数为频繁项集列表Lk与项集元素个数k，输出为Ck。举例来说，该函数以{0}、{1}、{2}作为输入，会生成{0,1}、{0,2}以及{1,2}。要完成这一点，首先创建一个空列表，然后计算Lk中的元素数目。接下来，比较Lk中的每一个元素与其他元素，这可以通过

两个for循环来实现。紧接着，取列表中的两个集合进行比较。如果这两个集合的前面k-2个元素都相等，那么就将这两个集合合成一个大小为k的集合❶。这里使用集合的并操作来完成，在Python中对应操作符|。

上面的k-2有点让人疑惑。接下来再进一步讨论细节。当利用{0}、{1}、{2}构建{0,1}、{0,2}、{1,2}时，这实际上是将单个项组合到一块。现在如果想利用{0,1}、{0,2}、{1,2}来创建三元素项集，应该怎么做？如果将每两个集合合并，就会得到{0, 1, 2}、{0, 1, 2}、{0, 1, 2}。也就是说，同样的结果集合会重复3次。接下来需要扫描三元素项集列表来得到非重复结果，我们要做的是确保遍历列表的次数最少。现在，如果比较集合{0,1}、{0,2}、{1,2}的第1个元素并只对第1个元素相同的集合求并操作，又会得到什么结果？{0, 1, 2}，而且只有一次操作！这样就不需要遍历列表来寻找非重复值。

上面所有的操作都被封装在apriori()函数中。给该函数传递一个数据集以及一个支持度，函数会生成候选项集的列表，这通过首先创建C1然后读入数据集将其转化为D（集合列表）来完成。程序中使用map函数将set()映射到dataSet列表中的每一项。接下来，使用程序清单11-1中的scanD()函数来创建L1，并将L1放入列表L中。L会包含L1、L2、L3…。现在有了L1，后面会继续找L2，L3…，这可以通过while循环来完成，它创建包含更大项集的更大列表，直到下一个大的项集为空。如果这听起来让人有点困惑的话，那么等一下你会看到它的工作流程。首先使用aprioriGen()来创建Ck，然后使用scanD()基于Ck来创建Lk。Ck是一个候选项集列表，然后scanD()会遍历Ck，丢掉不满足最小支持度要求的项集❷。Lk列表被添加到L，同时增加k的值，重复上述过程。最后，当Lk为空时，程序返回L并退出。

下面看看上述程序的执行效果。保存apriori.py文件后，输入如下命令：

```
>>> reload(apriori)
<module 'apriori' from 'apriori.pyc'>
```

上面的命令创建了6个不重复的两元素集合，下面看一下Apriori算法：

```
>>> L,suppData=apriori.apriori(dataSet)
>>> L
[[frozenset([1]), frozenset([3]), frozenset([2]), frozenset([5])],
[frozenset([1, 3]), frozenset([2, 5]), frozenset([2, 3]), frozenset([3, 5])],
[frozenset([2, 3, 5])], []]
```

L包含满足最小支持度为0.5的频繁项集列表，下面看一下具体值：

```
>>> L[0]
[frozenset([1]), frozenset([3]), frozenset([2]), frozenset([5])]
>>> L[1]
[frozenset([1, 3]), frozenset([2, 5]), frozenset([2, 3]),
frozenset([3, 5])]
>>> L[2]
[frozenset([2, 3, 5])]
>>> L[3]
[]
```

每个项集都是在函数apriori()中调用函数aprioriGen()来生成的。下面看一下aprioriGen()函数的工作流程：

```
>>> apriori.aprioriGen(L[0], 2)
[frozenset([1, 3]), frozenset([1, 2]), frozenset([1, 5]),
frozenset([2, 3]), frozenset([3, 5]), frozenset([2, 5])]
```

这里的6个集合是候选项集Ck中的元素。其中4个集合在L[1]中，剩下2个集合被函数scanD()过滤掉。

下面再尝试一下70%的支持度：

```
>>> L,suppData=apriori.apriori(dataSet,minSupport=0.7)
>>> L
[[frozenset([3]), frozenset([2]), frozenset([5])], [frozenset([2, 5])], []]
```

变量suppData是一个字典，它包含我们项集的支持度值。现在暂时不考虑这些值，不过下一节会用到这些值。

现在可以知道哪些项出现在70%以上的记录中，还可以基于这些信息得到一些结论。我们可以像许多程序一样利用数据得到一些结论，或者可以生成if-then形式的关联规则来理解数据。下一节会就此展开讨论。

11.4 从频繁项集中挖掘关联规则

11.2节曾经提到，可以利用关联分析发现许多有趣的内容。人们最常寻找的两个目标是频繁项集与关联规则。上一节介绍如何使用Apriori算法来发现频繁项集，现在需要解决的问题是如何找出关联规则。

要找到关联规则，我们首先从一个频繁项集开始。我们知道集合中的元素是不重复的，但我们想知道基于这些元素能否获得其他内容。某个元素或者某个元素集合可能会推导出另一个元素。从杂货店的例子可以得到，如果有一个频繁项集{豆奶, 莴苣}，那么就可能有一条关联规则“豆奶 ➞ 莴苣”。这意味着如果有人购买了豆奶，那么在统计上他会购买莴苣的概率较大。但是,这一条反过来并不总是成立。也就是说，即使“豆奶 ➞ 莴苣”统计上显著，那么“莴苣 ➞ 豆奶”也不一定成立。（从逻辑研究上来讲，箭头左边的集合称作前件，箭头右边的集合称为后件。）

11

11.3节给出了频繁项集的量化定义，即它满足最小支持度要求。对于关联规则，我们也有类似的量化方法，这种量化指标称为可信度。一条规则P ➞ H的可信度定义为support(P | H)/support(P)。记住，在Python中，操作符|表示集合的并操作，而数学上集合并的符号是$\cup$。P | H是指所有出现在集合P或者集合H中的元素。前面一节已经计算了所有频繁项集支持度。现在想获得可信度，所需要做的只是取出那些支持度值做一次除法运算。

从一个频繁项集中可以产生多少条关联规则？图11-4的网格图给出的是从项集{0,1,2,3}产生的所有关联规则。为找到感兴趣的规则，我们先生成一个可能的规则列表，然后测试每条规则的可信度。如果可信度不满足最小要求，则去掉该规则。

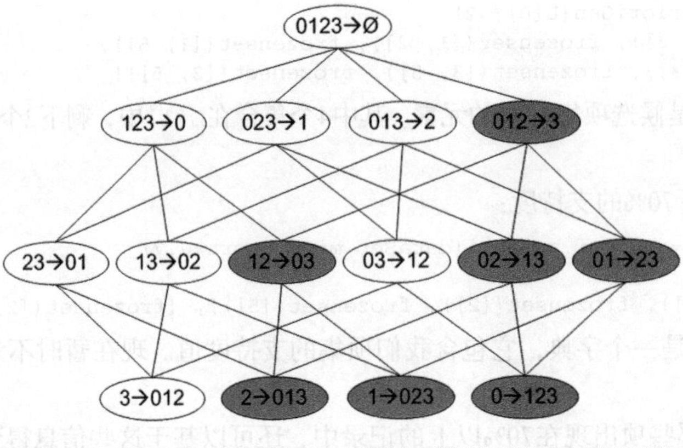

图11-4 对于频繁项集{0,1,2,3}的关联规则网格示意图。阴影区域给出的是低可信度的规则。如果发现0,1,2→3是一条低可信度规则，那么所有其他以3作为后件的规则可信度也会较低

类似于上一节的频繁项集生成，我们可以为每个频繁项集产生许多关联规则。如果能够减少规则数目来确保问题的可解性，那么计算起来就会好很多。可以观察到，如果某条规则并不满足最小可信度要求，那么该规则的所有子集也不会满足最小可信度要求。以图11-4为例，假设规则0,1,2 ➡ 3并不满足最小可信度要求，那么就知道任何左部为{0,1,2}子集的规则也不会满足最小可信度要求。在图11-4中这些规则上都加了阴影来表示。

可以利用关联规则的上述性质属性来减少需要测试的规则数目。类似于程序清单11-2中的Apriori算法，可以首先从一个频繁项集开始，接着创建一个规则列表，其中规则右部只包含一个元素，然后对这些规则进行测试。接下来合并所有剩余规则来创建一个新的规则列表，其中规则右部包含两个元素。这种方法也被称作分级法。下面看一下这种方法的实际效果，打开apriori.py文件，加入下面的代码。

程序清单11-3 关联规则生成函数

```
def generateRules(L, supportData, minConf=0.7):
    bigRuleList = []                                    ❶ 只获取有两个或更多元素的集合
    for i in range(1, len(L)):                  <-
        for freqSet in L[i]:
            H1 = [frozenset([item]) for item in freqSet]
            if (i > 1):
                rulesFromConseq(freqSet, H1, supportData, bigRuleList,\
                                minConf)
            else:
                calcConf(freqSet, H1, supportData, bigRuleList, minConf)
    return bigRuleList

def calcConf(freqSet, H, supportData, brl, minConf=0.7):
    prunedH = []
    for conseq in H:
        conf = supportData[freqSet]/supportData[freqSet-conseq]
```

```
        if conf >= minConf:
            print freqSet-conseq,'-->',conseq,'conf:',conf
            brl.append((freqSet-conseq, conseq, conf))
            prunedH.append(conseq)
    return prunedH

def rulesFromConseq(freqSet, H, supportData, brl, minConf=0.7):
    m = len(H[0])
    if (len(freqSet) > (m + 1)):                              ❷ 尝试进一步合并
        Hmp1 = aprioriGen(H, m + 1)                           ❸ 创建Hm+1条新候选规则
        Hmp1 = calcConf(freqSet, Hmp1, supportData, brl, minConf)
        if (len(Hmp1) > 1):
            rulesFromConseq(freqSet, Hmp1, supportData, brl, minConf)
```

上述程序中包含三个函数。第一个函数`generateRules()`是主函数，它调用其他两个函数。其他两个函数是`rulesFromConseq()`和`calcConf()`，分别用于生成候选规则集合以及对规则进行评估。

函数`generateRules()`有3个参数：频繁项集列表、包含那些频繁项集支持数据的字典、最小可信度阈值。函数最后要生成一个包含可信度的规则列表，后面可以基于可信度对它们进行排序。这些规则存放在`bigRuleList`中。如果事先没有给定最小可信度的阈值，那么默认值设为0.7。`generateRules()`的另两个输入参数正好是程序清单11-2中函数`apriori()`的输出结果。该函数遍历`L`中的每一个频繁项集并对每个频繁项集创建只包含单个元素集合的列表`H1`。因为无法从单元素项集中构建关联规则，所以要从包含两个或者更多元素的项集开始规则构建过程❶。如果从集合{0,1,2}开始，那么`H1`应该是[{0},{1},{2}]。如果频繁项集的元素数目超过2，那么会考虑对它做进一步的合并。具体合并可以通过函数`rulesFromConseq()`来完成，后面会详细讨论合并过程。如果项集中只有两个元素，那么使用函数`calcConf()`来计算可信度值。

我们的目标是计算规则的可信度以及找到满足最小可信度要求的规则。所有这些可以使用函数`calcConf()`来完成，而程序清单11-3中的其余代码都用来准备规则。函数会返回一个满足最小可信度要求的规则列表，为了保存这些规则，需要创建一个空列表`prunedH`。接下来，遍历`H`中的所有项集并计算它们的可信度值。可信度计算时使用`supportData`中的支持度数据。通过导入这些支持度数据，可以节省大量计算时间。如果某条规则满足最小可信度值，那么将这些规则输出到屏幕显示。通过检查的规则也会被返回，并被用在下一个函数`rulesFromConseq()`中。同时也需要对列表`brl`进行填充，而`brl`是前面通过检查的`bigRuleList`。

为从最初的项集中生成更多的关联规则，可以使用`rulesFromConseq()`函数。该函数有2个参数：一个是频繁项集，另一个是可以出现在规则右部的元素列表`H`。函数先计算`H`中的频繁集大小`m`❷。接下来查看该频繁项集是否大到可以移除大小为m的子集。如果可以的话，则将其移除。可以使用程序清单11-2中的函数`aprioriGen()`来生成`H`中元素的无重复组合❸。该结果会存储在`Hmp1`中，这也是下一次迭代的`H`列表。`Hmp1`包含所有可能的规则。可以利用`calcConf()`来测试它们的可信度以确定规则是否满足要求。如果不止一条规则满足要求，那么使用`Hmp1`迭

代调用函数`rulesFromConseq()`来判断是否可以进一步组合这些规则。

下面看一下实际的运行效果，保存`apriori.py`文件，在Python提示符下输入：

```
>>> reload(apriori)
<module 'apriori' from 'apriori.py'>
现在，让我们生成一个最小支持度是0.5的频繁项集的集合：
>>> L,suppData=apriori.apriori(dataSet,minSupport=0.5)
>>> rules=apriori.generateRules(L,suppData, minConf=0.7)
>>> rules
 [(frozenset([1]), frozenset([3]), 1.0), (frozenset([5]), frozenset([2]),
1.0), (frozenset([2]), frozenset([5]), 1.0)]
frozenset([1]) --> frozenset([3]) conf: 1.0
frozenset([5]) --> frozenset([2]) conf: 1.0
frozenset([2]) --> frozenset([5]) conf: 1.0
```

结果中给出三条规则：{1} ➞ {3}、{5} ➞ {2}及{2} ➞ {5}。可以看到，后两条包含2和5的规则可以互换前件和后件，但是前一条包含1和3 的规则不行。下面降低可信度阈值之后看一下结果：

```
>>> rules=apriori.generateRules(L,suppData, minConf=0.5)
>>> rules
 [(frozenset([3]), frozenset([1]), 0.6666666666666666), (frozenset([1]),
frozenset([3]), 1.0), (frozenset([5]), frozenset([2]), 1.0),
(frozenset([2]), frozenset([5]), 1.0), (frozenset([3]), frozenset([2]),
0.6666666666666666), (frozenset([2]), frozenset([3]), 0.6666666666666666),
(frozenset([5]), frozenset([3]), 0.6666666666666666), (frozenset([3]),
frozenset([5]), 0.6666666666666666), (frozenset([5]), frozenset([2, 3]),
0.6666666666666666), (frozenset([3]), frozenset([2, 5]),
0.6666666666666666), (frozenset([2]), frozenset([3, 5]),
0.6666666666666666)]
frozenset([3]) --> frozenset([1]) conf: 0.666666666667
frozenset([1]) --> frozenset([3]) conf: 1.0
frozenset([5]) --> frozenset([2]) conf: 1.0
frozenset([2]) --> frozenset([5]) conf: 1.0
frozenset([3]) --> frozenset([2]) conf: 0.666666666667
frozenset([2]) --> frozenset([3]) conf: 0.666666666667
frozenset([5]) --> frozenset([3]) conf: 0.666666666667
frozenset([3]) --> frozenset([5]) conf: 0.666666666667
frozenset([5]) --> frozenset([2, 3]) conf: 0.666666666667
frozenset([3]) --> frozenset([2, 5]) conf: 0.666666666667
frozenset([2]) --> frozenset([3, 5]) conf: 0.666666666667
```

一旦降低可信度阈值，就可以获得更多的规则。到现在为止，我们看到上述程序能够在一个小数据集上正常运行，接下来将在一个更大的真实数据集上测试一下效果。具体地，下一节将检查其在美国国会投票记录上的处理效果。

11.5　示例：发现国会投票中的模式

前面我们已经发现频繁项集及关联规则，现在是时候把这些工具用在真实数据上了。那么可以使用什么样的数据呢？购物是一个很好的例子，但是前面已经用过了。另一个例子是搜索引擎中的查询词。这个示例听上去不错，不过下面看到的是一个更有趣的美国国会议员投票的例子。

加州大学埃文分校的机器学习数据集合中有一个自1984年起的国会投票记录的数据集：http://archive.ics.uci.edu/ml/datasets/Congressional+Voting+Records。这个数据集有点偏旧，而且其中的议题对我来讲意义也不大。我们想尝试一些更新的数据。目前有不少组织致力于将政府数据公开化，其中的一个组织是智能投票工程（Project Vote Smart，网址：http://www.votesmart.org），它提供了一个公共的API。下面会看到如何从Votesmart.org获取数据，并将其转化为用于生成频繁项集与关联规则的格式。该数据可以用于竞选的目的或者预测政治家如何投票。

示例：在美国国会投票记录中发现关联规则

(1) 收集数据：使用votesmart模块来访问投票记录。
(2) 准备数据：构造一个函数来将投票转化为一串交易记录。
(3) 分析数据：在Python提示符下查看准备的数据以确保其正确性。
(4) 训练算法：使用本章早先的apriori()和generateRules()函数来发现投票记录中的有趣信息。
(5) 测试算法：不适用，即没有测试过程。
(6) 使用算法：这里只是出于娱乐的目的，不过也可以使用分析结果来为政治竞选活动服务，或者预测选举官员会如何投票。

接下来，我们将处理投票记录并创建一个交易数据库。这需要一些创造性思维。最后，我们会使用本章早先的代码来生成频繁项集和关联规则的列表。

11.5.1 收集数据：构建美国国会投票记录的事务数据集

智能投票工程已经收集了大量的政府数据，他们同时提供了一个公开的API来访问该数据http://api.votesmart.org/docs/terms.html。Sunlight 实验室写过一个Python模块用于访问该数据，该模块在https://github.com/sunlightlabs/python-votesmart 中有很多可供参考的文档。下面要从美国国会获得一些最新的投票记录并基于这些数据来尝试学习一些关联规则。

我们希望最终数据的格式与图11-1中的数据相同，即每一行代表美国国会的一个成员，而每列都是他们投票的对象。接下来从国会议员最近投票的内容开始。如果没有安装python-votesmart，或者没有获得API key，那么需要先完成这两件事。关于如何安装python-votesmart可以参考附录A。

要使用votesmartAPI，需要导入votesmart模块：

```
>>> from votesmart import votesmart
```

接下来，输入你的API key[①]：

```
>>> votesmart.apikey = '49024thereoncewasamanfromnantucket94040'
```

① 这里的key只是一个例子。你需要在http://votesmart.org/share/api/register申请自己的key。

现在就可以使用votesmartAPI了。为了获得最近的100条议案，输入：

```
>>> bills = votesmart.votes.getBillsByStateRecent()
```

为了看看每条议案的具体内容，输入：

```
>>> for bill in bills:
...     print bill.title,bill.billId
...
Amending FAA Rulemaking Activities 13020
Prohibiting Federal Funding of National Public Radio 12939
Additional Continuing Appropriations 12888
Removing Troops from Afghanistan 12940
                                         .
                                         .
                                         .
"Whistleblower Protection" for Offshore Oil Workers 11820
```

读者在看本书时，最新的100条议案内容将会有所改变。所以这里我将上述100条议案的标题及ID号（billId）保存为recent100bills.txt文件。

可以通过getBill()方法，获得每条议案的更多内容。比如，对刚才的最后一条议案"Whistleblower Protection"，其ID号为11820。下面看看实际结果：

```
>>> bill = votesmart.votes.getBill(11820)
```

上述命令会返回一个BillDetail对象，其中包含大量完整信息。我们可以查看所有信息，不过这里我们所感兴趣的只是围绕议案的所有行为。可以通过输入下列命令来查看实际结果：

```
>>> bill.actions
```

上述命令会返回许多行为，议案包括议案被提出时的行为以及议案在投票时的行为。我们对投票发生时的行为感兴趣，可以输入下面命令来获得这些信息：

```
>>> for action in bill.actions:
...     if action.stage=='Passage':
...             print action.actionId
...
31670
```

上述信息并不完整，一条议案会经历多个阶段。一项议案被提出之后，经由美国国会和众议院投票通过后，才能进入行政办公室。其中的Passage（议案通过）阶段可能存在欺骗性，因为这有可能是行政办公室的Passage阶段，那里并没有任何投票。

为获得某条特定议案的投票信息，使用getBillActionVotes()方法：

```
>>> voteList = votesmart.votes.getBillActionVotes(31670)
```

其中，voteList是一个包含Vote对象的列表。输入下面的命令来看一下里面包含的内容：

```
>>> voteList[22]
Vote({u'action': u'No Vote', u'candidateId': u'430', u'officeParties':
    u'Democratic', u'candidateName': u'Berry, Robert'})
>>> voteList[21]
Vote({u'action': u'Yea', u'candidateId': u'26756', u'officeParties':
    u'Democratic', u'candidateName': u'Berman, Howard'})
```

现在为止，我们已经用过这些相关API，可以将它们组织到一块了。接下来会给出一个函数将文本文件中的billId转化为actionId。如前所述，并非所有的议案都被投票过，另外可能有一些议案在多处进行了议案投票。也就是说需要对actionId进行过滤只保留包含投票数据的actionId。这样处理之后将100个议案过滤到只剩20个议案，这些剩下的议案都是我认为有趣的议案，它们被保存在文件recent20bills.txt中。下面给出一个getActionIds()函数来处理actionIds的过滤。打开apriori.py文件，输入下面的代码①。

程序清单11-4 收集美国国会议案中action ID的函数

```
from time import sleep
from votesmart import votesmart
votesmart.apikey = '49024thereoncewasamanfromnantucket94040'
def getActionIds():
    actionIdList = []; billTitleList = []
    fr = open('recent20bills.txt')
    for line in fr.readlines():
        billNum = int(line.split('\t')[0])
        try:
            billDetail = votesmart.votes.getBill(billNum)
            for action in billDetail.actions:
                if action.level == 'House' and \
                (action.stage == 'Passage' or \
                  action.stage == 'Amendment Vote'):
                    actionId = int(action.actionId)
                    print 'bill: %d has actionId: %d' % (billNum, actionId)
                    actionIdList.append(actionId)
                    billTitleList.append(line.strip().split('\t')[1])
        except:
            print "problem getting bill %d" % billNum
        sleep(1)
    return actionIdList, billTitleList
```

❶ 过滤出包含投票的行为

❷ 为礼貌访问网站而做些延迟

上述程序中导入了votesmart模块并通过引入sleep函数来延迟API调用。getActionsIds()函数会返回存储在recent20bills.txt文件中议案的actionId。程序先导入API key，然后创建两个空列表。这两个列表分别用来返回actionsId和标题。首先打开recent20bills.txt文件，对每一行内不同元素使用tab进行分隔，之后进入try-except模块。由于在使用外部API时可能会遇到错误，并且也不想让错误占用数据获取的时间，上述try-except模块调用是一种非常可行的做法。所以，首先尝试使用getBill()方法来获得一个billDetail对象。接下来遍历议案中的所有行为，来寻找有投票数据的行为❶。在Passage阶段与Amendment Vote（修正案投票）阶段都会有投票数据，要找的就是它们。现在，在行政级别上也有一个Passage阶段，但那个阶段并不包含任何投票数据，所以要确保这个阶段是发生在众议院❷。如果确实如此，程序就会将actionId打印出来并将它添加到actionIdList中。同时，也会将议案的标题添加到billTitleList中。如果在API调用时发生错误，就不会执行actionIdList的添加操作。一旦有错误就会执行except模块

① 不要忘了使用你自己的API key来代替例子中的key！

并将错误信息输出。最后，程序会休眠1秒钟，以避免对Votesmart.org网站的过度频繁访问。程序运行结束时，actionIdList与billTitleList会被返回用于进一步的处理。

下面看一下实际运行效果。将程序清单11-4中的代码加入到apriori.py文件后，输入如下命令：

```
>>> reload(apriori)
<module 'apriori' from 'apriori.py'>
>>> actionIdList,billTitles = apriori.getActionIds()
bill: 12939 has actionId: 34089
bill: 12940 has actionId: 34091
bill: 12988 has actionId: 34229
                    .
                    .
                    .
```

可以看到actionId显示了出来，它同时也被添加到actionIdList中输出，以后我们可以使用这些actionId了。如果程序运行错误，则尝试使用try..except代码来捕获错误。我自己就曾经在获取所有actiondId时遇到一个错误。接下里可以继续来获取这些actionId的投票信息。

选举人可以投是或否的表决票，也可以弃权。需要一种方法来将这些上述信息转化为类似于项集或者交易数据库之类的东西。前面提到过，一条交易记录数据只包含一个项的出现或不出现信息，并不包含项出现的次数。基于上述投票数据，可以将投票是或否看成一个元素。

美国有两个主要政党：共和党与民主党。下面也会对这些信息进行编码并写到事务数据库中。幸运的是，这些信息在投票数据中已经包括。下面给出构建事务数据库的流程：首先创建一个字典，字典中使用政客的名字作为键值。当某政客首次出现时，将他及其所属政党（民主党或者共和党）添加到字典中，这里使用0来代表民主党，1来代表共和党。下面介绍如何对投票进行编码。对每条议案创建两个条目：bill+'Yea'以及 bill+'Nay'。该方法允许在某个政客根本没有投票时也能合理编码。图11-5给出了从投票信息到元素项的转换结果。

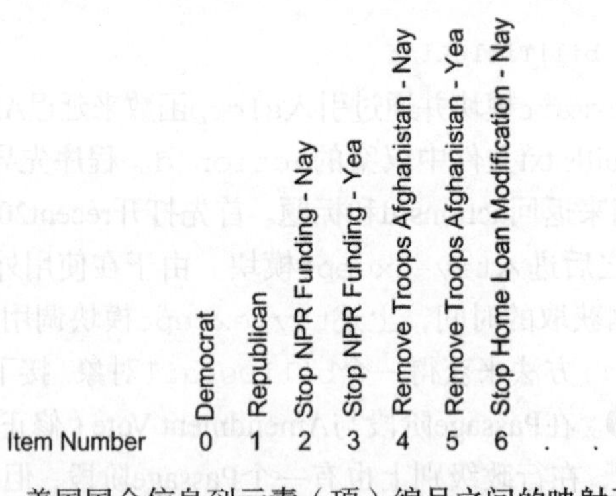

图11-5　美国国会信息到元素（项）编号之间的映射示意图

现在，我们已经有一个可以将投票编码为元素项的系统，接下来是时候生成事务数据库了。一旦有了事务数据库，就可以应用早先写的Apriori代码。下面将构建一个使用actionId串作为输入并利用votesmart的API来抓取投票记录的函数。然后将每个选举人的投票转化为一个项集。每个选举人对应于一行或者说事务数据库中的一条记录。下面看一下实际的效果，打开

apriori.py文件并添加下面清单中的代码。

程序清单11-5 基于投票数据的事务列表填充函数

```
def getTransList(actionIdList, billTitleList):
    itemMeaning = ['Republican', 'Democratic']
    for billTitle in billTitleList:
        itemMeaning.append('%s -- Nay' % billTitle)
        itemMeaning.append('%s -- Yea' % billTitle)
    transDict = {}
    voteCount = 2
    for actionId in actionIdList:
        sleep(3)
        print 'getting votes for actionId: %d' % actionId
        try:
            voteList = votesmart.votes.getBillActionVotes(actionId)
            for vote in voteList:
                if not transDict.has_key(vote.candidateName):
                    transDict[vote.candidateName] = []
                    if vote.officeParties == 'Democratic':
                        transDict[vote.candidateName].append(1)
                    elif vote.officeParties == 'Republican':
                        transDict[vote.candidateName].append(0)
                if vote.action == 'Nay':
                    transDict[vote.candidateName].append(voteCount)
                elif vote.action == 'Yea':
                    transDict[vote.candidateName].append(voteCount + 1)
        except:
            print "problem getting actionId: %d" % actionId
        voteCount += 2
    return transDict, itemMeaning
```

❶ 填充itemMeaning列表

函数getTransList()会创建一个事务数据库，于是在此基础上可以使用前面的Apriori代码来生成频繁项集与关联规则。该函数也会创建一个标题列表，所以很容易了解每个元素项的含义。一开始使用前两个元素“Republican”和“Democratic”创建一个含义列表itemMeaning。当想知道某些元素项的具体含义时，需要做的是以元素项的编号作为索引访问itemMeaning即可。接下来遍历所有议案，然后在议案标题后添加Nay（反对）或者Yea（同意）并将它们放入itemMeaning列表中❶。接下来创建一个空字典用于加入元素项，然后遍历函数getActionIds()返回的每一个actionId。遍历时要做的第一件事是休眠，即在for循环中一开始调用sleep()函数来延迟访问，这样做可以避免过于频繁的API调用。接着将运行结果打印出来，以便知道程序是否在正常工作。再接着通过try..except块来使用VotesmartAPI获取某个特定actionId相关的所有投票信息。然后，遍历所有的投票信息（通常voteList会超过400个投票）。在遍历时，使用政客的名字作为字典的键值来填充transDict。如果之前没有遇到该政客，那么就要获取他的政党信息。字典中的每个政客都有一个列表来存储他投票的元素项或者他的政党信息。接下来会看到该政客是否对当前议案投了赞成（Yea）或反对（Nay）票。如果他们之前有投票，那么不管是投赞成票还是反对票，这些信息都将添加到列表中。如果API调用中发生了什么错误，except模块中的程序就会被调用并将错误信息输出到屏幕上，之后函数仍然继续执行。最后，程序返回事务字典transDict及元素项含义类表itemMeaning。

下面看一下投票信息的前两项，了解上述代码是否正常工作：

```
>>> reload(apriori)
<module 'apriori' from 'apriori.py'>
>>>transDict,itemMeaning=apriori.getTransList(actionIdList[:2],
    billTitles[:2])
getting votes for actionId: 34089
getting votes for actionId: 34091
```

下面看一下transDict中包含的具体内容：

```
>>> for key in transDict.keys():
...     print transDict[key]
[1, 2, 5]
[1, 2, 4]
[0, 3, 4]
[0, 3, 4]
[1, 2, 4]
[0, 3, 4]
[1]
[1, 2, 5]
[1, 2, 4]
[1]
[1, 2, 4]
[0, 3, 4]
[1, 2, 5]
[1, 2, 4]
[0, 3, 4]
```

如果上面许多列表看上去都类似的话，读者也不要太过担心。许多政客的投票结果都很类似。现在如果给定一个元素项列表，那么可以使用itemMeaning列表来快速“解码”出它的含义：

```
>>> transDict.keys()[6]
u' Doyle,  Michael 'Mike''
>>> for item in transDict[' Doyle,  Michael 'Mike'']:
...     print itemMeaning[item]
...
Republican
Prohibiting Federal Funding of National Public Radio -- Yea
Removing Troops from Afghanistan - Nay
```

上述输出可能因Votesmart服务器返回的结果不同而有所差异。

下面看看完整列表下的结果：

```
>>> transDict,itemMeaning=apriori.getTransList(actionIdList, billTitles)
getting votes for actionId: 34089
getting votes for actionId: 34091
getting votes for actionId: 34229
                        .
                        .
                        .
```

接下来在使用前面开发的Apriori算法之前，需要构建一个包含所有事务项的列表。可以使用类似于前面for循环的一个列表处理过程来完成：

```
>>> dataSet = [transDict[key] for key in transDict.keys()]
```

上面这样的做法会去掉键值（即政客）的名字。不过这无关紧要，这些信息不是我们感兴趣的内容。我们感兴趣的是元素项以及它们之间的关联关系。接下来将使用Apriori算法来挖掘上面例子中的频繁项集与关联规则。

11.5.2 测试算法：基于美国国会投票记录挖掘关联规则

现在可以应用11.3节的Apriori算法来进行处理。如果使用默认的支持度阈值50%，那么应该不会产生太多的频繁项集：

```
>>> L,suppData=apriori.apriori(dataSet, minSupport=0.5)
>>> L
[[frozenset([4]), frozenset([13]), frozenset([0]), frozenset([21])],
    [frozenset([13, 21])], []]
```

使用一个更小的支持度阈值30%会得到更多频繁项集：

```
>>> L,suppData=apriori.apriori(dataSet, minSupport=0.3)
>>> len(L)
8
```

当使用30%的支持度阈值时，会得到许多频繁项集，甚至可以得到包含所有7个元素项的6个频繁集。

```
>>> L[6]
[frozenset([0, 3, 7, 9, 23, 25, 26]), frozenset([0, 3, 4, 9, 23, 25, 26]),
    frozenset([0, 3, 4, 7, 9, 23, 26]), frozenset([0, 3, 4, 7, 9, 23, 25]),
    frozenset([0, 4, 7, 9, 23, 25, 26]), frozenset([0, 3, 4, 7, 9, 25, 26])]
```

获得频繁项集之后就可以结束，也可以尝试使用11.4节的代码来生成关联规则。首先将最小可信度值设为0.7：

```
>>> rules = apriori.generateRules(L,suppData)
```

这样会产生太多规则，于是可以加大最小可信度值。

```
>>> rules = apriori.generateRules(L,suppData, minConf=0.95)
frozenset([15]) --> frozenset([1]) conf: 0.961538461538
frozenset([22]) --> frozenset([1]) conf: 0.951351351351
                    .
                    .
                    .
frozenset([25, 26, 3, 4]) --> frozenset([0, 9, 7]) conf: 0.97191011236
frozenset([0, 25, 26, 4]) --> frozenset([9, 3, 7]) conf: 0.950549450549
```

继续增加可信度值：

```
>>> rules = apriori.generateRules(L,suppData, minConf=0.99)
frozenset([3]) --> frozenset([9]) conf: 1.0
frozenset([3]) --> frozenset([0]) conf: 0.995614035088
frozenset([3]) --> frozenset([0, 9]) conf: 0.995614035088
frozenset([26, 3]) --> frozenset([0, 9]) conf: 1.0
frozenset([9, 26]) --> frozenset([0, 7]) conf: 0.957547169811
                    .
                    .
                    .
```

```
frozenset([23, 26, 3, 4, 7]) --> frozenset([0, 9]) conf: 1.0
frozenset([23, 25, 3, 4, 7]) --> frozenset([0, 9]) conf: 0.994764397906
frozenset([25, 26, 3, 4, 7]) --> frozenset([0, 9]) conf: 1.0
```

上面给出了一些有趣的规则。如果要找出每一条规则的含义，则可以将规则号作为索引输入到itemMeaning中：

```
>>> itemMeaning[26]
'Prohibiting the Use of Federal Funds for NASCAR Sponsorships -- Nay'
>>> itemMeaning[3]
'Prohibiting Federal Funding of National Public Radio -- Yea'
>>> itemMeaning[9]
'Repealing the Health Care Bill -- Yea'
```

在图11-6中列出了下面的几条规则：{3} ➞ {0}、{22} ➞ {1}及{9,26} ➞ {0,7}。

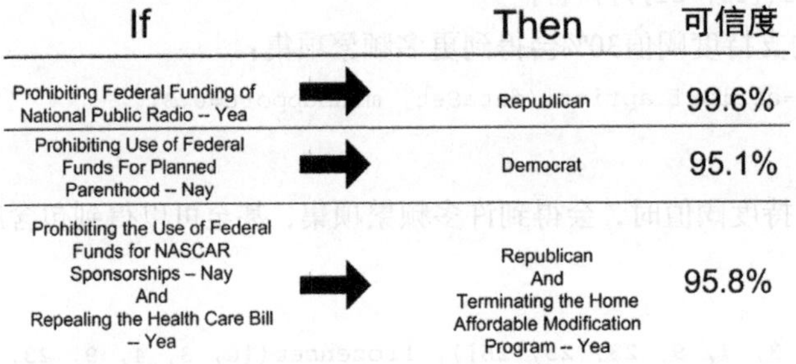

图11-6　关联规则{3} ➞ {0}、{22} ➞ {1}与{9,26} ➞ {0,7}的含义及可信度

数据中还有更多有趣或娱乐性十足的规则。还记得前面最早使用的支持度30%吗？这意味着这些规则至少出现在30%以上的记录中。由于至少会在30%的投票记录中看到这些规则，所以这是很有意义。对于{3} ➞ {0}这条规则，在99.6%的情况下是成立的。我真希望在这类事情上赌一把。

11.6　示例：发现毒蘑菇的相似特征

有时我们并不想寻找所有频繁项集，而只对包含某个特定元素项的项集感兴趣。在本章这个最后的例子中，我们会寻找毒蘑菇中的一些公共特征，利用这些特征就能避免吃到那些有毒的蘑菇。UCI的机器学习数据集合中有一个关于肋形蘑菇的23种特征的数据集，每一个特征都包含一个标称数据值。我们必须将这些标称值转化为一个集合，这一点与前面投票例子中的做法类似。幸运的是，已经有人已经做好了这种转换①。Roberto Bayardo对UCI蘑菇数据集进行了解析，将每个蘑菇样本转换成一个特征集合。其中，枚举了每个特征的所有可能值，如果某个样本包含特征，那么该特征对应的整数值被包含数据集中。下面我们近距离看看该数据集。它在源数据集合中是一个名为mushroom.dat的文件。下面将它和原始数据集http://archive.ics.uci.edu/ml/machine-learning-databases/mushroom/agaricus-lepiota.data进行比较。

① “Frequent Itemset Mining Dataset Repository” retrieved July 10, 2011; http://fimi.ua.ac.be/data/.

文件mushroom.dat的前几行如下：

```
1 3 9 13 23 25 34 36 38 40 52 54 59 63 67 76 85 86 90 93 98 107 113
2 3 9 14 23 26 34 36 39 40 52 55 59 63 67 76 85 86 90 93 99 108 114
2 4 9 15 23 27 34 36 39 41 52 55 59 63 67 76 85 86 90 93 99 108 115
```

第一个特征表示有毒或者可食用。如果某样本有毒，则值为2。如果可食用，则值为1。下一个特征是蘑菇伞的形状，有六种可能的值，分别用整数3-8来表示。

为了找到毒蘑菇中存在的公共特征，可以运行Apriori算法来寻找包含特征值为2的频繁项集。

```
>>> mushDatSet = [line.split() for line in
open('mushroom.dat').readlines()]
```

在该数据集上运行Apriori算法：

```
>>> L,suppData=apriori.apriori(mushDatSet, minSupport=0.3)
```

在结果中可以搜索包含有毒特征值2的频繁项集：

```
>>> for item in L[1]:
...     if item.intersection('2'): print item
...
frozenset(['2', '59'])
frozenset(['39', '2'])
frozenset(['2', '67'])
frozenset(['2', '34'])
frozenset(['2', '23'])
```

也可以对更大的项集来重复上述过程：

```
>>> for item in L[3]:
...     if item.intersection('2'): print item
...
frozenset(['63', '59', '2', '93'])
frozenset(['39', '2', '53', '34'])
frozenset(['2', '59', '23', '85'])
frozenset(['2', '59', '90', '85'])
frozenset(['39', '2', '36', '34'])
frozenset(['39', '63', '2', '85'])
frozenset(['39', '2', '90', '85'])
frozenset(['2', '59', '90', '86'])
```

接下来你需要观察一下这些特征，以便知道了解野蘑菇的那些方面。如果看到其中任何一个特征，那么这些蘑菇就不要吃了。当然，最后还要声明一下：尽管上述这些特征在毒蘑菇中很普遍，但是没有这些特征并不意味该蘑菇就是可食用的。如果吃错了蘑菇，你可能会因此而丧命。

11.7 本章小结

关联分析是用于发现大数据集中元素间有趣关系的一个工具集，可以采用两种方式来量化这些有趣的关系。第一种方式是使用频繁项集，它会给出经常在一起出现的元素项。第二种方式是关联规则，每条关联规则意味着元素项之间的“如果……那么”关系。

发现元素项间不同的组合是个十分耗时的任务，不可避免需要大量昂贵的计算资源，这就需要一些更智能的方法在合理的时间范围内找到频繁项集。能够实现这一目标的一个方法是Apriori

算法，它使用Apriori原理来减少在数据库上进行检查的集合的数目。Apriori原理是说如果一个元素项是不频繁的，那么那些包含该元素的超集也是不频繁的。Apriori算法从单元素项集开始，通过组合满足最小支持度要求的项集来形成更大的集合。支持度用来度量一个集合在原始数据中出现的频率。

关联分析可以用在许多不同物品上。商店中的商品以及网站的访问页面是其中比较常见的例子。关联分析也曾用于查看选举人及法官的投票历史。

每次增加频繁项集的大小，Apriori算法都会重新扫描整个数据集。当数据集很大时，这会显著降低频繁项集发现的速度。下一章会介绍FP-growth算法[①]，和Apriori算法相比，该算法只需要对数据库进行两次遍历，能够显著加快发现繁项集的速度。

① H. Li, Y. Wang, D. Zhang, M. Zhang, and E. Chang, “PFP: Parallel FP-Growth for Query Recommendation,” RecSys 2008, Proceedings of the 2008 ACM Conference on Recommender Systems; http://portal.acm.org/citation.cfm?id=1454027.

第 12 章

使用FP-growth算法来高效发现频繁项集

12

本章内容

- 发现事务数据中的公共模式
- FP-growth算法
- 发现Twitter源中的共现词

你用过搜索引擎吗？输入一个单词或者单词的一部分，搜索引擎就会自动补全查询词项。用户甚至事先都不知道搜索引擎推荐的东西是否存在，反而会去查找推荐词项。我也有过这样的经历，当我输入以“为什么”开始的查询时，有时会出现一些十分滑稽的推荐结果。为了给出这些推荐查询词项，搜索引擎公司的研究人员使用了本章将要介绍的一个算法。他们通过查看互联网上的用词来找出经常在一块出现的词对①。这需要一种高效发现频繁集的方法。

本章会在上一章讨论话题的基础上进行扩展，将给出一个非常好的频繁项集发现算法。该算法称作FP-growth，它比上一章讨论的Apriori算法要快。它基于Apriori构建，但在完成相同任务时采用了一些不同的技术。这里的任务是将数据集存储在一个特定的称作FP树的结构之后发现频繁项集或者频繁项对，即常在一块出现的元素项的集合FP树。这种做法使得算法的执行速度要快于Apriori，通常性能要好两个数量级以上。

上一章我们讨论了从数据集中获取有趣信息的方法，最常用的两种分别是频繁项集与关联规则。第11章中介绍了发现频繁项集与关键规则的算法，本章将继续关注发现频繁项集这一任务。我们会深入探索该任务的解决方法，并应用FP-growth算法进行处理，该算法能够更有效地挖掘数据。这种算法虽然能更为高效地发现频繁项集，但不能用于发现关联规则。

FP-growth算法只需要对数据库进行两次扫描，而Apriori算法对于每个潜在的频繁项集都会扫描数据集判定给定模式是否频繁，因此FP-growth算法的速度要比Apriori算法快。在小规模数据集上，这不是什么问题，但当处理更大数据集时，就会产生较大问题。FP-growth只会扫描数

① J. Han, J. Pei, Y. Yin, R. Mao, “Mining Frequent Patterns without Candidate Generation: A Frequent-Pattern Tree Approach,” *Data Mining and Knowledge Discovery* 8 (2004), 53–87.

据集两次，它发现频繁项集的基本过程如下：

(1) 构建FP树

(2) 从FP树中挖掘频繁项集

下面先讨论FP树的数据结构，然后看一下如何用该结构对数据集编码。最后，我们会介绍两个例子：一个是从Twitter文本流中挖掘常用词，另一个从网民网页浏览行为中挖掘常见模式。

12.1　FP 树：用于编码数据集的有效方式

FP-growth算法

优点：一般要快于Apriori。

缺点：实现比较困难，在某些数据集上性能会下降。

适用数据类型：标称型数据。

FP-growth算法将数据存储在一种称为FP树的紧凑数据结构中。FP代表频繁模式（Frequent Pattern）。一棵FP树看上去与计算机科学中的其他树结构类似，但是它通过链接（link）来连接相似元素，被连起来的元素项可以看成一个链表。图12-1给出了FP树的一个例子。

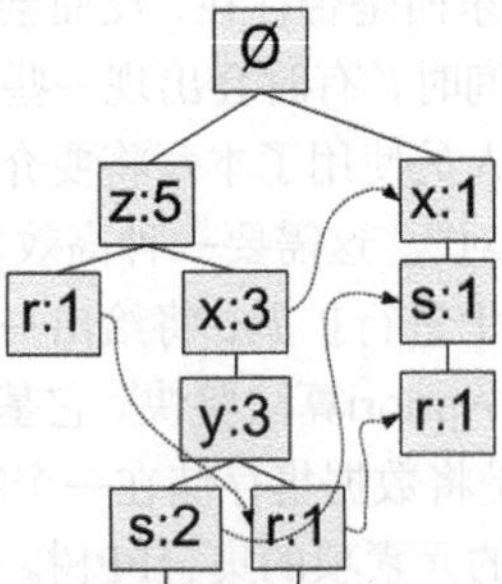

图12-1　一棵FP树，看上去和一般的树没什么两样，包含着连接相似节点的链接

同搜索树不同的是，一个元素项可以在一棵FP树中出现多次。FP树会存储项集的出现频率，而每个项集会以路径的方式存储在树中。存在相似元素的集合会共享树的一部分。只有当集合之间完全不同时，树才会分叉。树节点上给出集合中的单个元素及其在序列中的出现次数，路径会给出该序列的出现次数。上面这一切听起来可能有点让人迷糊，不过不用担心，稍后就会介绍FP树的构建过程。

相似项之间的链接即节点链接（node link），用于快速发现相似项的位置。为了打消读者的疑惑，下面通过一个简单例子来说明。表12-1给出了用于生成图12-1中所示FP树的数据。

表12-1 用于生成图12-1中FP树的事务数据样例

事务ID	事务中的元素项
001	r, z, h, j, p
002	z, y, x, w, v, u, t, s
003	z
004	r, x, n, o, s
005	y, r, x, z, q, t, p
006	y, z, x, e, q, s, t, m

在图12-1中，元素项z出现了5次，集合{r,z}出现了1次。于是可以得出结论：z一定是自己本身或者和其他符号一起出现了4次。我们再看下z的其他可能性。集合{t,s,y,x,z}出现了2次，集合{t,r,y,x,z}出现了1次。元素项z的右边标的是5，表示z出现了5次，其中刚才已经给出了4次出现，所以它一定单独出现过1次。通过观察表12-1看看刚才的结论是否正确。前面提到{t,r,y,x,z}只出现过1次，在事务数据集中我们看到005号记录上却是{y,r,x,z,q,t,p}。那么，q和p去哪儿了呢？

这里使用第11章给出的支持度定义，该指标对应一个最小阈值，低于最小阈值的元素项被认为是不频繁的。如果将最小支持度设为3，然后应用频繁项分析算法，就会获得出现3次或3次以上的项集。上面在生成图12-1中的FP树时，使用的最小支持度为3，因此q和p并没有出现在最后的树中。

FP-growth算法的工作流程如下。首先构建FP树，然后利用它来挖掘频繁项集。为构建FP树，需要对原始数据集扫描两遍。第一遍对所有元素项的出现次数进行计数。记住第11章中给出的Apriori原理，即如果某元素是不频繁的，那么包含该元素的超集也是不频繁的，所以就不需要考虑这些超集。数据库的第一遍扫描用来统计出现的频率，而第二遍扫描中只考虑那些频繁元素。

FP-growth的一般流程

(1) 收集数据：使用任意方法。
(2) 准备数据：由于存储的是集合，所以需要离散数据。如果要处理连续数据，需要将它们量化为离散值。
(3) 分析数据：使用任意方法。
(4) 训练算法：构建一个FP树，并对树进行挖掘。
(5) 测试算法：没有测试过程。
(6) 使用算法：可用于识别经常出现的元素项，从而用于制定决策、推荐元素或进行预测等应用中。

12.2 构建 FP 树

在第二次扫描数据集时会构建一棵FP树。为构建一棵树，需要一个容器来保存树。

12.2.1 创建FP树的数据结构

本章的FP树要比书中其他树更加复杂，因此要创建一个类来保存树的每一个节点。创建文件fpGrowth.py并加入下列程序中的代码。

程序清单12-1　FP树的类定义

```
class treeNode:
    def __init__(self, nameValue, numOccur, parentNode):
        self.name = nameValue
        self.count = numOccur
        self.nodeLink = None
        self.parent = parentNode
        self.children = {}

    def inc(self, numOccur):
        self.count += numOccur

    def disp(self, ind=1):
        print '  '*ind, self.name, ' ', self.count
        for child in self.children.values():
            child.disp(ind+1)
```

上面的程序给出了FP树中节点的类定义。类中包含用于存放节点名字的变量和1个计数值，nodeLink变量用于链接相似的元素项（参考图12-1中的虚线）。类中还使用了父变量parent来指向当前节点的父节点。通常情况下并不需要这个变量，因为通常是从上往下迭代访问节点的。本章后面的内容中需要根据给定叶子节点上溯整棵树，这时就需要指向父节点的指针。最后，类中还包含一个空字典变量，用于存放节点的子节点。

程序清单12-1中包括两个方法，其中inc()对count变量增加给定值，而另一个方法disp()用于将树以文本形式显示。后者对于树构建来说并不是必要的，但是它对于调试非常有用。

运行一下如下代码：

```
>>> import fpGrowth
>>> rootNode = fpGrowth.treeNode('pyramid',9, None)
```

这会创建树中的一个单节点。接下来为其增加一个子节点：

```
>>> rootNode.children['eye']=fpGrowth.treeNode('eye', 13, None)
```

为显示子节点，输入：

```
>>> rootNode.disp()
   pyramid   9
     eye   13
```

再添加一个节点看看两个子节点的展示效果：

```
>>> rootNode.children['phoenix']=fpGrowth.treeNode('phoenix', 3, None)
>>> rootNode.disp()
   pyramid   9
     eye   13
     phoenix   3
```

现在FP树所需数据结构已经建好，下面就可以构建FP树了。

12.2.2 构建 FP 树

除了图12-1给出的FP树之外，还需要一个头指针表来指向给定类型的第一个实例。利用头指针表，可以快速访问FP树中一个给定类型的所有元素。图12-2给出了一个头指针表的示意图。

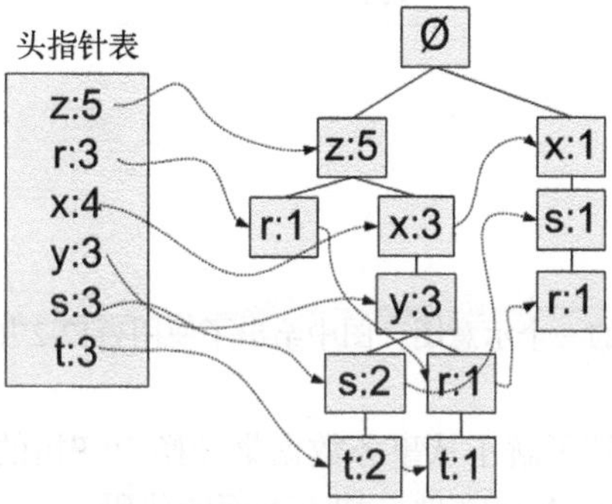

图12-2 带头指针表的FP树，头指针表作为一个起始指针来发现相似元素项

这里使用一个字典作为数据结构，来保存头指针表。除了存放指针外，头指针表还可以用来保存FP树中每类元素的总数。

第一次遍历数据集会获得每个元素项的出现频率。接下来，去掉不满足最小支持度的元素项。再下一步构建FP树。在构建时，读入每个项集并将其添加到一条已经存在的路径中。如果该路径不存在，则创建一条新路径。每个事务就是一个无序集合。假设有集合{z,x,y}和{y,z,r}，那么在FP树中，相同项会只表示一次。为了解决此问题，在将集合添加到树之前，需要对每个集合进行排序。排序基于元素项的绝对出现频率来进行。使用图12-2中的头指针节点值，对表12-1中数据进行过滤、重排序后的数据显示在表12-2中。

表12-2 将非频繁项移除并且重排序后的事务数据集

事务ID	事务中的元素项	过滤及重排序后的事务
001	r, z, h, j, p	z, r
002	z, y, x, w, v, u, t, s	z, x, y, s, t
003	z	z
004	r, x, n, o, s	x, s, r
005	y, r, x, z, q, t, p	z, x, y, r, t
006	y, z, x, e, q, s, t, m	z, x, y, s, t

在对事务记录过滤和排序之后，就可以构建FP树了。从空集（符号为∅）开始，向其中不断添加频繁项集。过滤、排序后的事务依次添加到树中，如果树中已存在现有元素，则增加现有元素的值；如果现有元素不存在，则向树添加一个分枝。对表12-2前两条事务进行添加的过程显示在图12-3中。

12

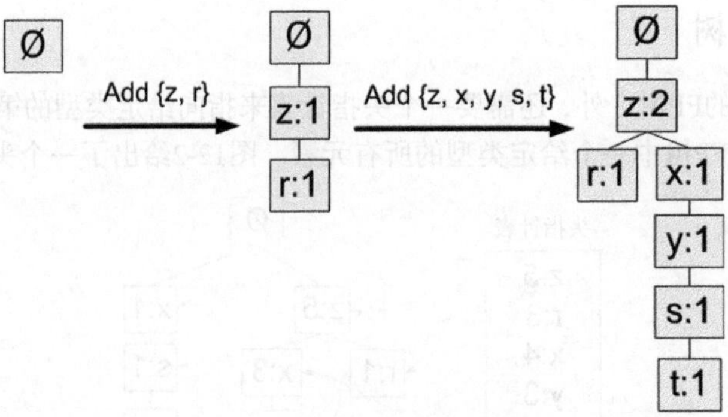

图12-3　FP树构建过程的一个示意图，图中给出了使用表12-2中数据构建FP树的前两步

通过上面的叙述，我们大致了解了从事务数据集转换为FP树的基本思想，接下来我们通过代码来实现上述过程。打开fpGrowth.py文件，加入下面的代码。

程序清单12-2　FP树构建函数

```
def createTree(dataSet, minSup=1):
    headerTable = {}
    for trans in dataSet:
        for item in trans:
            headerTable[item] = headerTable.get(item, 0) + dataSet[trans]
    for k in headerTable.keys():
        if headerTable[k] < minSup:
            del(headerTable[k])
    freqItemSet = set(headerTable.keys())
    if len(freqItemSet) == 0: return None, None
    for k in headerTable:
        headerTable[k] = [headerTable[k], None]
    retTree = treeNode('Null Set', 1, None)
    for tranSet, count in dataSet.items():
        localD = {}
        for item in tranSet:
            if item in freqItemSet:
                localD[item] = headerTable[item][0]
        if len(localD) > 0:
            orderedItems = [v[0] for v in sorted(localD.items(),
                                  key=lambda p: p[1], reverse=True)]
            updateTree(orderedItems, retTree, \
                        headerTable, count)
    return retTree, headerTable

def updateTree(items, inTree, headerTable, count):
    if items[0] in inTree.children:
        inTree.children[items[0]].inc(count)
    else:
```

❶ 移除不满足最小支持度的元素项

❷ 如果没有元素项满足要求，则退出

❸ 根据全局频率对每个事务中的元素进行排序

❹ 使用排序后的频率项集对树进行填充

```
            inTree.children[items[0]] = treeNode(items[0], count, inTree)
            if headerTable[items[0]][1] == None:
                headerTable[items[0]][1] = inTree.children[items[0]]
            else:
                updateHeader(headerTable[items[0]][1],
                                     inTree.children[items[0]])
        if len(items) > 1:
            updateTree(items[1::], inTree.children[items[0]],
                                       headerTable, count)

    def updateHeader(nodeToTest, targetNode):
        while (nodeToTest.nodeLink != None):
            nodeToTest = nodeToTest.nodeLink
        nodeToTest.nodeLink = targetNode
```

❺ 对剩下的元素项迭代调用updateTree函数

上述代码中包含3个函数。第一个函数createTree()使用数据集以及最小支持度作为参数来构建FP树。树构建过程中会遍历数据集两次。第一次遍历扫描数据集并统计每个元素项出现的频度。这些信息被存储在头指针表中。接下来，扫描头指针表删掉那些出现次数少于minSup的项❶。如果所有项都不频繁，就不需要进行下一步处理❷。接下来，对头指针表稍加扩展以便可以保存计数值及指向每种类型第一个元素项的指针。然后创建只包含空集合∅的根节点。最后，再一次遍历数据集，这次只考虑那些频繁项❸。这些项已经如表12-2所示那样进行了排序，然后调用updateTree()方法❹。接下来讨论函数updateTree()。

为了让FP树生长[①]，需调用updateTree，其中的输入参数为一个项集。图12-3给出了updateTree()中的执行细节。该函数首先测试事务中的第一个元素项是否作为子节点存在。如果存在的话，则更新该元素项的计数；如果不存在，则创建一个新的treeNode并将其作为一个子节点添加到树中。这时，头指针表也要更新以指向新的节点。更新头指针表需要调用函数updateHeader()，接下来会讨论该函数的细节。updateTree()完成的最后一件事是不断迭代调用自身，每次调用时会去掉列表中第一个元素❺。

程序清单12-2中的最后一个函数是updateHeader()，它确保节点链接指向树中该元素项的每一个实例。从头指针表的nodeLink开始，一直沿着nodeLink直到到达链表末尾。这就是一个链表。当处理树的时候，一种很自然的反应就是迭代完成每一件事。当以相同方式处理链表时可能会遇到一些问题，原因是如果链表很长可能会遇到迭代调用的次数限制。

在运行上例之前，还需要一个真正的数据集。这可以从代码库中获得，或者直接手工输入。loadSimpDat()函数会返回一个事务列表。这和表12-1中的事务相同。后面构建树时会使用createTree()函数，而该函数的输入数据类型不是列表。其需要的是一部字典，其中项集为字典中的键，而频率为每个键对应的取值。createInitSet()用于实现上述从列表到字典的类型转换过程。将下列代码添加到fpGrowth.py文件中。

12

① 这就是FP-growth中的growth（生长）一词的来源。

程序清单12-3　简单数据集及数据包装器

```
def loadSimpDat():
    simpDat = [['r', 'z', 'h', 'j', 'p'],
               ['z', 'y', 'x', 'w', 'v', 'u', 't', 's'],
               ['z'],
               ['r', 'x', 'n', 'o', 's'],
               ['y', 'r', 'x', 'z', 'q', 't', 'p'],
               ['y', 'z', 'x', 'e', 'q', 's', 't', 'm']]
    return simpDat

def createInitSet(dataSet):
    retDict = {}
    for trans in dataSet:
        retDict[frozenset(trans)] = 1
    return retDict
```

好了，下面看看实际的效果。将程序清单12-3中的代码加入文件fpGrowth.py之后，在Python提示符下输入命令：

```
>>> reload(fpGrowth)
<module 'fpGrowth' from 'fpGrowth.py'>
```

首先，导入数据库实例：

```
>>> simpDat = fpGrowth.loadSimpDat()
>>> simpDat
[['r', 'z', 'h', 'j', 'p'], ['z', 'y', 'x', 'w', 'v', 'u', 't', 's'],
['z'], ['r', 'x', 'n' 'o', 's'], ['y', 'r', 'x', 'z', 'q', 't', 'p'],
['y', 'z', 'x', 'e', 'q', 's', 't', 'm']]
```

接下来为了函数createTree()，需要对上面的数据进行格式化处理：

```
>>> initSet = fpGrowth.createInitSet(simpDat)
>>> initSet
{frozenset(['e', 'm', 'q', 's', 't', 'y', 'x', 'z']): 1, frozenset(['x',
's', 'r', 'o', 'n']): 1, frozenset(['s', 'u', 't', 'w', 'v', 'y', 'x',
'z']): 1, frozenset(['q', 'p', 'r', 't', 'y', 'x', 'z']): 1,
frozenset(['h', 'r', 'z', 'p', 'j']): 1, frozenset(['z']): 1}
```

于是可以通过如下命令创建FP树：

```
>>> myFPtree, myHeaderTab = fpGrowth.createTree(initSet, 3)
```

使用disp()方法给出树的文本表示结果：

```
>>> myFPtree.disp()
   Null Set   1
    x   1
      s   1
        r   1
    z   5
      x   3
        y   3
          s   2
            t   2
          r   1
            t   1
      r   1
```

上面给出的是元素项及其对应的频率计数值，其中每个缩进表示所处的树的深度。读者可以验证一下这棵树与图12-2中所示的树是否等价。

现在我们已经构建了FP树，接下来就使用它进行频繁项集挖掘。

12.3 从一棵FP树中挖掘频繁项集

实际上，到现在为止大部分比较困难的工作已经处理完了。接下来写的代码不会再像12.2节那样多了。有了FP树之后，就可以抽取频繁项集了。这里的思路与Apriori算法大致类似，首先从单元素项集合开始，然后在此基础上逐步构建更大的集合。当然这里将利用FP树来做实现上述过程，不再需要原始数据集了。

从FP树中抽取频繁项集的三个基本步骤如下：

(1) 从FP树中获得条件模式基；

(2) 利用条件模式基，构建一个条件FP树；

(3) 迭代重复步骤(1)步骤(2)，直到树包含一个元素项为止。

接下来重点关注第(1)步，即寻找条件模式基的过程。之后，为每一个条件模式基创建对应的条件FP树。最后需要构造少许代码来封装上述两个函数，并从FP树中获得频繁项集。

12.3.1 抽取条件模式基

首先从上一节发现的已经保存在头指针表中的单个频繁元素项开始。对于每一个元素项，获得其对应的*条件模式基*（conditional pattern base）。条件模式基是以所查找元素项为结尾的路径集合。每一条路径其实都是一条*前缀路径*（prefix path）。简而言之，一条前缀路径是介于所查找元素项与树根节点之间的所有内容。

回到图12-2，符号r的前缀路径是{x,s}、{z,x,y}和{z}。每一条前缀路径都与一个计数值关联。该计数值等于起始元素项的计数值，该计数值给了每条路径上r的数目。表12-3列出了上例当中每一个频繁项的所有前缀路径。

表12-3 每个频繁项的前缀路径

频繁项	前缀路径
z	{}5
r	{x,s}1, {z,x,y}1, {z}1
x	{z}3, {}1
y	{z,x}3
s	{z,x,y}2, {x}1
t	{z,x,y,s}2, {z,x,y,r}1

前缀路径将被用于构建条件FP树，但是现在暂时先不需要考虑这件事。为了获得这些前缀路径，可以对树进行穷举式搜索，直到获得想要的频繁项为止，或者使用一个更有效的方法来加速搜索过程。可以利用先前创建的头指针表来得到一种更有效的方法。头指针表包含相同类型元素

链表的起始指针。一旦到达了每一个元素项，就可以上溯这棵树直到根节点为止。

下面的程序清单给出了前缀路径发现的代码，将其添加到文件fpGrowth.py中。

程序清单12-4　发现以给定元素项结尾的所有路径的函数

```
def ascendTree(leafNode, prefixPath):
    if leafNode.parent != None:                          ❶ 迭代上溯整棵树
        prefixPath.append(leafNode.name)
        ascendTree(leafNode.parent, prefixPath)

def findPrefixPath(basePat, treeNode):
    condPats = {}
    while treeNode != None:
        prefixPath = []
        ascendTree(treeNode, prefixPath)
        if len(prefixPath) > 1:
            condPats[frozenset(prefixPath[1:])] = treeNode.count
        treeNode = treeNode.nodeLink
    return condPats
```

上述程序中的代码用于为给定元素项生成一个条件模式基，这通过访问树中所有包含给定元素项的节点来完成。当创建树的时候，使用头指针表来指向该类型的第一个元素项，该元素项也会链接到其后续元素项。函数findPrefixPath()遍历链表直到到达结尾。每遇到一个元素项都会调用ascendTree()来上溯FP树，并收集所有遇到的元素项的名称❶。该列表返回之后添加到条件模式基字典condPats中。

使用之前构建的树来看一下实际的运行效果：

```
>>> reload(fpGrowth)
<module 'fpGrowth' from 'fpGrowth.py'>
>>> fpGrowth.findPrefixPath('x', myHeaderTab['x'][1])
{frozenset(['z']): 3}
>>> fpGrowth.findPrefixPath('z', myHeaderTab['z'][1])
{}
>>> fpGrowth.findPrefixPath('r', myHeaderTab['r'][1])
{frozenset(['x', 's']): 1, frozenset(['z']): 1,
    frozenset(['y', 'x', 'z']): 1}
```

读者可以检查一下这些值与表12-3中的结果是否一致。有了条件模式基之后，就可以创建条件FP树。

12.3.2　创建条件 FP 树

对于每一个频繁项，都要创建一棵条件FP树。我们会为z、x以及其他频繁项构建条件树。可以使用刚才发现的条件模式基作为输入数据，并通过相同的建树代码来构建这些树。然后，我们会递归地发现频繁项、发现条件模式基，以及发现另外的条件树。举个例子来说，假定为频繁项t创建一个条件FP树，然后对{t,y}、{t,x}、…重复该过程。元素项t的条件FP树的构建过程如图12-4所示。

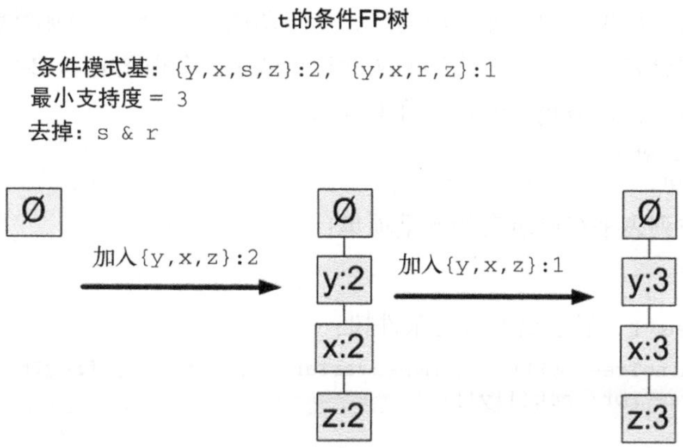

图12-4 t的条件FP树的创建过程。最初树以空集作为根节点。接下来，原始的集合{y,x,s,z}中的集合{y,x,z}被添加进来。因为不满足最小支持度要求，字符s并没有加入进来。类似地，{y,x,z}也从原始集合{y,x,r,z}中添加进来

在图12-4中，注意到元素项s以及r是条件模式基的一部分，但是它们并不属于条件FP树。原因是什么？如果讨论s以及r的话，它们难道不是频繁项吗？实际上单独来看它们都是频繁项，但是在t的条件树中，它们却不是频繁的，也就是说，{t,r}及{t,s}是不频繁的。

接下来，对集合{t,z}、{t,x}以及{t,y}来挖掘对应的条件树。这会产生更复杂的频繁项集。该过程重复进行，直到条件树中没有元素为止，然后就可以停止了。实现代码相对比较直观，使用一些递归加上之前写的代码就可以完成。打开fpGrowth.py，将下面程序中的代码添加进去。

程序清单12-5 递归查找频繁项集的mineTree函数

```
def mineTree(inTree, headerTable, minSup, preFix, freqItemList):
    bigL = [v[0] for v in sorted(headerTable.items(),
                                 key=lambda p: p[1])]          ❶ 从头指针表的底端开始
    for basePat in bigL:
        newFreqSet = preFix.copy()
        newFreqSet.add(basePat)                         从条件模式基来构建条件FP树 ❷
        freqItemList.append(newFreqSet)
        condPattBases = findPrefixPath(basePat, headerTable[basePat][1])
        myCondTree, myHead = createTree(condPattBases,\
                                        minSup)
        if myHead != None:
            mineTree(myCondTree, myHead, minSup, newFreqSet, freqItemList)
                                                                挖掘条件FP树 ❸
```

创建条件树、前缀路径以及条件基的过程听起来比较复杂，但是代码实现起来相对简单。程序首先对头指针表中的元素项按照其出现频率进行排序。（记住这里的默认顺序是按照从小到大。）❶然后，将每一个频繁项添加到频繁项集列表freqItemList中。接下来，递归调用程序清单12-4中的findPrefixPath()函数来创建条件基。该条件基被当成一个新数据集输送给createTree()函数。❷这里为函数createTree()添加了足够的灵活性，以确保它可以被重用

于构建条件树。最后，如果树中有元素项的话，递归调用mineTree()函数❸。

下面将整个程序合并到一块看看代码的实际运行效果。将程序清单12-5中的代码添加到文件fpGrowth.py中并保存，然后在Python提示符下输入：

```
>>> reload(fpGrowth)
<module 'fpGrowth' from 'fpGrowth.py'>
```

下面建立一个空列表来存储所有的频繁项集：

```
>>> freqItems = []
```

接下来运行mineTree()，显示出所有的条件树：

```
>>> fpGrowth.mineTree(myFPtree, myHeaderTab, 3, set([]), freqItems)
conditional tree for: set(['y'])
   Null Set   1
     x   3
       z   3
conditional tree for:  set(['y', 'z'])
   Null Set  1
     x   3
conditional tree for:  set(['s'])
   Null Set   1
     x   3
conditional tree for:  set(['t'])
   Null Set   1
     y   3
       x   3
         z   3
conditional tree for:  set(['x', 't'])
   Null Set   1
     y   3
conditional tree for:  set(['z', 't'])
   Null Set   1
     y  3
       x   3
conditional tree for:  set(['x', 'z', 't'])
   Null Set   1
     y   3
conditional tree for:  set(['x'])
   Null Set   1
     z   3
```

为了获得类似于前面代码的输出结果，我在函数mineTree()中添加了两行：

```
print 'conditional tree for: ',newFreqSet
myCondTree.disp(1)
```

这两行被添加到程序中语句if myHead != None:和mineTree()函数调用之间。

下面检查一下返回的项集是否与条件树匹配：

```
>>> freqItems
 [set(['y']), set(['y', 'z']), set(['y', 'x', 'z']), set(['y', 'x']),
    set(['s']), set(['x', 's']), set(['t']), set(['y', 't']), set(['x',
      't']), set(['y', 'x', 't']), set(['z', 't']), set(['y', 'z', 't']),
```

```
set(['x', 'z', 't']), set(['y', 'x', 'z', 't']), set(['r']), set(['x']),
set(['x', 'z']), set(['z'])]
```

正如我们所期望的那样，返回项集与条件FP树相匹配。到现在为主，完整的FP-growth算法已经可以运行，接下来在一个真实的例子上看一下运行效果。我们将看到是否能从社交网站Twitter中获得一些常用词。

12.4 示例：在 Twitter 源中发现一些共现词

我们会用到一个叫做python-twitter的Python库，其源代码可以在 http://code.google com/p/ python-twitter/下载。正如你猜到的那样，借助它，我们可以使用Python来访问Twitter。Twitter.com实际上是一个和其他人进行交流的通道，其上发表的内容被限制在140个字符以内，发表的一条信息称为推文（tweet）。

有关Twitter API的文档可以在http://dev.twitter.com/doc找到。API文档与Python模块中的关键词并不完全一致。我推荐直接阅读Python文件twitter.py，以完全理解库的使用方法。有关该模块的安装可以参考附录A。虽然这里只会用到函数库的一小部分，但是使用API可以做更多事情，所以我鼓励读者去探索一下API的所有功能。

示例：发现Twitter源中的共现词（co-occurring word）

(1) 收集数据：使用Python-twitter模块来访问推文。
(2) 准备数据：编写一个函数来去掉URL、去掉标点、转换成小写并从字符串中建立一个单词集合。
(3) 分析数据：在Python提示符下查看准备好的数据，确保它的正确性。
(4) 训练算法：使用本章前面开发的createTree()与mineTree()函数执行FP-growth算法。
(5) 测试算法：这里不适用。
(6) 使用算法：本例中没有包含具体应用，可以考虑用于情感分析或者查询推荐领域。

在使用API之前，需要两个证书集合。第一个集合是consumer_key和consumer_secret，当注册开发app时（https://dev.twitter.com/apps/new），可以从Twitter开发服务网站获得。这些key对于要编写的app是特定的。第二个集合是access_token_key和access_token_secret，它们是针对特定Twitter用户的。为了获得这些key，需要查看Twitter-Python 安装包中的get_access_token.py文件（或者从Twitter开发网站中获得）。这是一个命令行的Python脚本，该脚本使用OAuth来告诉Twitter应用程序具有用户的权限来发布信息。一旦完成上述工作之后，可以将获得的值放入前面的代码中开始工作。对于给定的搜索词，下面要使用FP-growth算法来发现推文中的频繁单词集合。要提取尽可能多的推文（1400条）然后放到FP-growth算法中运行。将下面的代码添加到fpGrowth.py文件中。

程序清单12-6　访问Twitter Python库的代码

```
import twitter
from time import sleep
import re

def getLotsOfTweets(searchStr):
    CONSUMER_KEY = 'get when you create an app'
    CONSUMER_SECRET = 'get when you create an app'
    ACCESS_TOKEN_KEY = 'get from Oauth, specific to a user'
    ACCESS_TOKEN_SECRET = 'get from Oauth, specific to a user'
    api = twitter.Api(consumer_key=CONSUMER_KEY,
                      consumer_secret=CONSUMER_SECRET,
                      access_token_key=ACCESS_TOKEN_KEY,
                      access_token_secret=ACCESS_TOKEN_SECRET)
    #you can get 1500 results 15 pages * 100 per page
    resultsPages = []
    for i in range(1,15):
        print "fetching page %d" % i
        searchResults = api.GetSearch(searchStr, per_page=100, page=i)
        resultsPages.append(searchResults)
        sleep(6)
    return resultsPages
```

这里需要导入三个库，分别是twitter库、用于正则表达式的库，以及sleep函数。后面会使用正则表示式来帮助解析文本。

函数getLotsOfTweets()处理认证然后创建一个空列表。搜索API可以一次获得100条推文。每100条推文作为一页，而Twitter允许一次访问14页。在完成搜索调用之后，有一个6秒钟的睡眠延迟，这样做是出于礼貌，避免过于频繁的访问请求。print语句用于表明程序仍在执行没有死掉。

下面来抓取一些推文，在Python提示符下输入：

```
>>> reload(fpGrowth)
<module 'fpGrowth' from 'fpGrowth.py'>
```

接下来要搜索一支名为RIMM的股票：

```
>>> lotsOtweets = fpGrowth.getLotsOfTweets('RIMM')
fetching page 1
fetching page 2
              .
              .
              .
```

lotsOtweets列表包含14个子列表，每个子列表有100条推文。可以输入下面的命令来查看推文的内容：

```
>>> lotsOtweets[0][4].text
u"RIM: Open The Network, Says ThinkEquity: In addition, RIMM needs to
reinvent its image, not only demonstrating ... http://bit.ly/lvlV1U"
```

正如所看到的那样，有些人会在推文中放入URL。这样在解析时，结果就会比较乱。因此必须去掉URL，以便可以获得推文中的单词。下面程序清单中的一部分代码用来将推文解析成字符串列表，另一部分会在数据集上运行FP-growth算法。将下面的代码添加到fpGrowth.py文件中。

程序清单12-7 文本解析及合成代码

```
def textParse(bigString):
    urlsRemoved = re.sub('(http[s]?:[/][/]|www.)([a-z]|[A-Z]|[0-9]|[/
     .]|[~])*',
                                    '', bigString)
    listOfTokens = re.split(r'\W*', urlsRemoved)
    return [tok.lower() for tok in listOfTokens if len(tok) > 2]

def mineTweets(tweetArr, minSup=5):
    parsedList = []
    for i in range(14):
        for j in range(100):
            parsedList.append(textParse(tweetArr[i][j].text))
    initSet = createInitSet(parsedList)
    myFPtree, myHeaderTab = createTree(initSet, minSup)
    myFreqList = []
    mineTree(myFPtree, myHeaderTab, minSup, set([]), myFreqList)
    return myFreqList
```

上述程序清单中的第一个函数来自第4章，此外这里添加了一行代码用于去除URL。这里通过调用正则表达式模块来移除任何URL。程序清单12-7中的另一个函数`mineTweets()`为每个推文调用`textParse`。最后，`mineTweets()`函数将12.2节中用过的命令封装到一起，来构建FP树并对其进行挖掘。最后返回所有频繁项集组成的列表。

下面看看运行的效果：

```
>>> reload(fpGrowth)
<module 'fpGrowth' from 'fpGrowth.py'>
Let's look for sets that occur more than 20 times:
>>> listOfTerms = fpGrowth.mineTweets(lotsOtweets, 20)
How many sets occurred in 20 or more of the documents?
>>> len(listOfTerms)
455
```

我写这段代码的前一天，一家以RIMM股票代码进行交易的公司开了一次电话会议，会议并没有令投资人满意。该股开盘价相对前一天封盘价暴跌22%。下面看下上述情况是否在推文中体现：

```
>>> for t in listOfTerms:
...     print t
set([u'rimm', u'day'])
set([u'rimm', u'earnings'])
set([u'pounding', u'value'])
set([u'pounding', u'overnight'])
set([u'pounding', u'drops'])
set([u'pounding', u'shares'])
set([u'pounding', u'are'])
                  .
                  .
                  .
```

```
set([u'overnight'])
set([u'drops', u'overnight'])
set([u'motion', u'drops', u'overnight'])
set([u'motion', u'drops', u'overnight', u'value'])
set([u'drops', u'overnight', u'research'])
set([u'drops', u'overnight', u'value', u'research'])
set([u'motion', u'drops', u'overnight', u'value', u'research'])
set([u'motion', u'drops', u'overnight', u'research'])
set([u'drops', u'overnight', u'value'])
```

尝试一些其他的minSupport值或者搜索词也是蛮有趣的。

我们还记得FP树的构建是通过每次应用一个实例的方式来完成的。这里假设已经获得了所有数据，所以刚才是直接遍历所有的数据来构建FP树的。实际上可以重写createTree()函数，每次读入一个实例，并随着Twitter流的不断输入而不断增长树。FP-growth算法还有一个map-reduce版本的实现，它也很不错，可以扩展到多台机器上运行。Google使用该算法通过遍历大量文本来发现频繁共现词，其做法和我们刚才介绍的例子非常类似①。

12.5　示例：从新闻网站点击流中挖掘

好了，本章的最后一个例子很酷，而你有可能正在想："伙计，这个算法应该很快，因为只有1400条推文！"你的想法是正确的。下面在更大的文件上看下运行效果。在源数据集合中，有一个kosarak.dat文件，它包含将近100万条记录②。该文件中的每一行包含某个用户浏览过的新闻报道。一些用户只看过一篇报道，而有些用户看过2498篇报道。用户和报道被编码成整数，所以查看频繁项集很难得到更多的东西，但是该数据对于展示FP-growth算法的速度十分有效。

首先，将数据集导入到列表：

```
>>> parsedDat = [line.split() for line in open('kosarak.dat').readlines()]
```

接下来需要对初始集合格式化：

```
>>> initSet = fpGrowth.createInitSet(parsedDat)
```

然后构建FP树，并从中寻找那些至少被10万人浏览过的新闻报道。

```
>>> myFPtree, myHeaderTab = fpGrowth.createTree(initSet, 100000)
```

在我这台简陋的笔记本电脑上，构建树以及扫描100万行只需要几秒钟，这展示了FP-growth算法的强大威力。下面需要创建一个空列表来保存这些频繁项集：

```
>>> myFreqList = []
>>> fpGrowth.mineTree(myFPtree, myHeaderTab, 100000, set([]), myFreqList)
```

接下来看下有多少新闻报道或报道集合曾经被10万或者更多的人浏览过：

① H. Li, Y. Wang, D. Zhang, M. Zhang, E. Chang, "PFP: Parallel FP-Growth for Query Recommendation," RecSys'08, Proceedings of the 2008 ACM Conference on Recommender Systems; http://infolab.stanford.edu/~ echang/recsys08-69.pdf.

② Hungarian online news portal clickstream retrieved July 11, 2011; from Frequent Itemset Mining Dataset Repository, http://fimi.ua.ac.be/data/, donated by Ferenc Bodon.

```
>>> len(myFreqList)
9
```

总共有9个。下面看看都是哪些：

```
>>> myFreqList
[set(['1']), set(['1', '6']), set(['3']), set(['11', '3']), set(['11', '3',
     '6']), set(['3', '6']), set(['11']), set(['11', '6']), set(['6'])]
```

可以使用其他设置来查看运行结果，比如降低置信度级别。

12.6 本章小结

FP-growth算法是一种用于发现数据集中频繁模式的有效方法。FP-growth算法利用Apriori原则，执行更快。Apriori算法产生候选项集，然后扫描数据集来检查它们是否频繁。由于只对数据集扫描两次，因此FP-growth算法执行更快。在FP-growth算法中，数据集存储在一个称为FP树的结构中。FP树构建完成后，可以通过查找元素项的条件基及构建条件FP树来发现频繁项集。该过程不断以更多元素作为条件重复进行，直到FP树只包含一个元素为止。

可以使用FP-growth算法在多种文本文档中查找频繁单词。Twitter网站为开发者提供了大量的API来使用他们的服务。利用Python模块`Python-Twitter`可以很容易访问Twitter。在Twitter源上对某个话题应用FP-growth算法，可以得到一些有关该话题的摘要信息。频繁项集生成还有其他的一些应用，比如购物交易、医学诊断及大气研究等。

下面几章会介绍一些附属工具。第13章和第14章会介绍一些降维技术，使用这些技术可以提炼数据中的重要信息并且移除噪声。第15章会介绍MapReduce技术，当数据量超过单台机器的处理能力时，将会需要这些技术。

Part 4 第四部分

其他工具

本书第四部分即是最后一部分，主要介绍在机器学习实践时常用的一些其他工具，它们可以应用于前三部分的算法上。这些工具还包括了可以对前三部分中任一算法的输入数据进行预处理的降维技术。这一部分还包括了在上千台机器上分配作业的 Map Reduce 技术。

降维的目标就是对输入的数目进行削减，由此剔除数据中的噪声并提高机器学习方法的性能。第 13 章将介绍按照数据方差最大方向调整数据的主成分分析降维方法。第 14 章解释奇异值分解，它是矩阵分解技术中的一种，通过对原始数据的逼近来达到降维的目的。

第 15 章是本书的最后一章，主要讨论了在大数据下的机器学习。大数据（big data）指的就是数据集很大以至于内存不足以将其存放。如果数据不能在内存中存放，那么在内存和磁盘之间传输数据时就会浪费大量的时间。为了避免这一点，我们就可以将整个作业进行分片，这样就可以在多机下进行并行处理。Map Reduce 就是实现上述过程的一种流行的方法，它将作业分成了 Map 任务和 Reduce 任务。第 15 章将介绍 Python 中 Map Reduce 实现的一些常用工具，同时也介绍了将机器学习转换成满足 Map Reduce 编程范式的方法。

第 13 章

利用PCA来简化数据

本章内容

- ❑ 降维技术
- ❑ 主成分分析（PCA）
- ❑ 对半导体数据进行降维处理

想象这样一种场景：我们正通过电视而非现场观看体育比赛，在电视的纯平显示器上有一个球。显示器大概包含了100万像素，而球则可能是由较少的像素组成的，比如说一千个像素。在大部分体育比赛中，我们关注的是给定时刻球的位置。人的大脑要想了解比赛的进展，就需要了解球在运动场中的位置。对于人来说，这一切显得十分自然，甚至都不需要做任何思考。在这个场景当中，人们实时地将显示器上的百万像素转换成为了一个三维图像，该图像就给出了运动场上球的位置。在这个过程中，人们已经将数据从一百万维降至了三维。

在上述体育比赛的例子中，人们面对的原本是百万像素的数据，但是只有球的三维位置才最重要，这就被称为降维（dimensionality reduction）。刚才我们将超百万的数据值降到了只有三个相关值。在低维下，数据更容易进行处理。另外，其相关特征可能在数据中明确地显示出来。通常而言，我们在应用其他机器学习算法之前，必须先识别出其相关特征。

本章是涉及降维主题的两章中的第一章。在降维中，我们对数据进行了预处理。之后，采用其他机器学习技术对其进行处理。本章一开始对降维技术进行了综述，然后集中介绍一种应用非常普遍的称为*主成分分析*的技术。最后，我们就通过一个数据集的例子来展示PCA的工作过程。经过PCA处理之后，该数据集就从590个特征降低到了6个特征。

13.1 降维技术

始终贯穿本书的一个难题就是对数据和结果的展示，这是因为这本书只是二维的，而在通常的情况下我们的数据不是如此。有时我们会显示三维图像或者只显示其相关特征，但是数据往往拥有超出显示能力的更多特征。数据显示并非大规模特征下的唯一难题，对数据进行简化还有如下一系列的原因：

- ❑ 使得数据集更易使用；

- 降低很多算法的计算开销；
- 去除噪声；
- 使得结果易懂。

在已标注与未标注的数据上都有降维技术。这里我们将主要关注未标注数据上的降维技术，该技术同时也可以应用于已标注的数据。

第一种降维的方法称为*主成分分析*（Principal Component Analysis，PCA）。在PCA中，数据从原来的坐标系转换到了新的坐标系，新坐标系的选择是由数据本身决定的。第一个新坐标轴选择的是原始数据中方差最大的方向，第二个新坐标轴的选择和第一个坐标轴正交且具有最大方差的方向。该过程一直重复，重复次数为原始数据中特征的数目。我们会发现，大部分方差都包含在最前面的几个新坐标轴中。因此，我们可以忽略余下的坐标轴，即对数据进行了降维处理。在13.2节我们将会对PCA的细节进行深入介绍。

另外一种降维技术是*因子分析*（Factor Analysis）。在因子分析中，我们假设在观察数据的生成中有一些观察不到的*隐变量*（latent variable）。假设观察数据是这些隐变量和某些噪声的线性组合。那么隐变量的数据可能比观察数据的数目少，也就是说通过找到隐变量就可以实现数据的降维。因子分析已经应用于社会科学、金融和其他领域中了。

还有一种降维技术就是*独立成分分析*（Independent Component Analysis，ICA）。ICA假设数据是从N个数据源生成的，这一点和因子分析有些类似。假设数据为多个数据源的混合观察结果，这些数据源之间在统计上是相互独立的，而在PCA中只假设数据是不相关的。同因子分析一样，如果数据源的数目少于观察数据的数目，则可以实现降维过程。

在上述3种降维技术中，PCA的应用目前最为广泛，因此本章主要关注PCA。在下一节中，我们将会对PCA进行介绍，然后再通过一段Python代码来运行PCA。

13.2 PCA

主成分分析
优点：降低数据的复杂性，识别最重要的多个特征。 缺点：不一定需要，且可能损失有用信息。 适用数据类型：数值型数据。

首先我们讨论PCA背后的一些理论知识，然后介绍如何通过Python的NumPy来实现PCA。

13.2.1 移动坐标轴

考虑一下图13-1中的大量数据点。如果要求我们画出一条直线，这条线要尽可能覆盖这些点，那么最长的线可能是哪条？我做过多次尝试。在图13-1中，3条直线中B最长。在PCA中，我们对数据的坐标进行了旋转，该旋转的过程取决于数据的本身。第一条坐标轴旋转到覆盖数据的最大方差位置，即图中的直线B。数据的最大方差给出了数据的最重要的信息。

在选择了覆盖数据最大差异性的坐标轴之后，我们选择了第二条坐标轴。假如该坐标轴与第一条坐标轴垂直，它就是覆盖数据次大差异性的坐标轴。这里更严谨的说法就是正交（orthogonal）。当然，在二维平面下，垂直和正交是一回事。在图13-1中，直线C就是第二条坐标轴。利用PCA，我们将数据坐标轴旋转至数据角度上的那些最重要的方向。

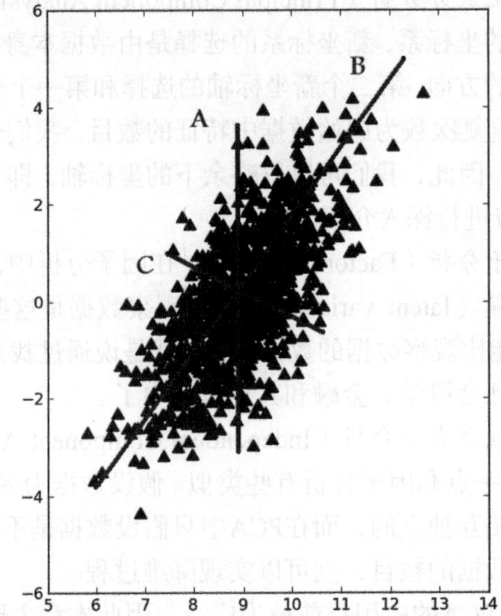

图13-1　覆盖整个数据集的三条直线，其中直线B最长，并给出了数据集中差异化最大的方向

我们已经实现了坐标轴的旋转，接下来开始讨论降维。坐标轴的旋转并没有减少数据的维度。考虑图13-2，其中包含着3个不同的类别。要区分这3个类别，可以使用决策树。我们还记得决策树每次都是基于一个特征来做决策的。我们会发现，在*x*轴上可以找到一些值，这些值能够很好地将这3个类别分开。这样，我们就可能得到一些规则，比如当`(X<4)`时，数据属于类别0。如果使用SVM这样稍微复杂一点的分类器，我们就会得到更好的分类面和分类规则，比如当`(w0*x + w1*y + b) > 0`时，数据也属于类别0。SVM可能比决策树得到更好的分类间隔，但是分类超平面却很难解释。

通过PCA进行降维处理，我们就可以同时获得SVM和决策树的优点：一方面，得到了和决策树一样简单的分类器，同时分类间隔和SVM一样好。考察图13-2中下面的图，其中的数据来自于上面的图并经PCA转换之后绘制而成的。如果仅使用原始数据，那么这里的间隔会比决策树的间隔更大。另外，由于只需要考虑一维信息，因此数据就可以通过比SVM简单得多的很容易采用的规则进行区分。

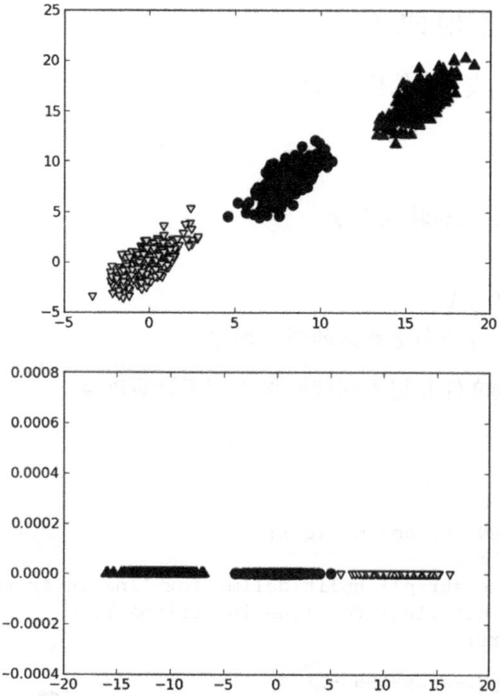

图13-2 二维空间的3个类别。当在该数据集上应用PCA时，就可以去掉一维，从而使得该分类问题变得更容易处理

在图13-2中，我们只需要一维信息即可，因为另一维信息只是对分类缺乏贡献的噪声数据。在二维平面下，这一点看上去微不足道，但是如果在高维空间下则意义重大。

我们已经对PCA的基本过程做出了简单的阐述，接下来就可以通过代码来实现PCA过程。前面我曾提到的第一个主成分就是从数据差异性最大（即方差最大）的方向提取出来的，第二个主成分则来自于数据差异性次大的方向，并且该方向与第一个主成分方向正交。通过数据集的协方差矩阵及其特征值分析，我们就可以求得这些主成分的值。

一旦得到了协方差矩阵的特征向量，我们就可以保留最大的N个值。这些特征向量也给出了N个最重要特征的真实结构。我们可以通过将数据乘上这N个特征向量而将它转换到新的空间。

特征值分析

特征值分析是线性代数中的一个领域，它能够通过数据的一般格式来揭示数据的“真实”结构，即我们常说的特征向量和特征值。在等式`Av = λv`中，`v`是特征向量，λ是特征值。特征值都是简单的标量值，因此`Av = λv`代表的是：如果特征向量`v`被某个矩阵`A`左乘，那么它就等于某个标量λ乘以`v`。幸运的是，NumPy中有寻找特征向量和特征值的模块`linalg`，它有`eig()`方法，该方法用于求解特征向量和特征值。

13

13.2.2 在NumPy中实现PCA

将数据转换成前N个主成分的伪代码大致如下：

去除平均值
计算协方差矩阵
计算协方差矩阵的特征值和特征向量
将特征值从大到小排序
保留最上面的N个特征向量
将数据转换到上述N个特征向量构建的新空间中

建立一个名为pca.py的文件并将下列代码加入用于计算PCA。

程序清单13-1　PCA算法

```
from numpy import *

def loadDataSet(fileName, delim='\t'):
    fr = open(fileName)
    stringArr = [line.strip().split(delim) for line in fr.readlines()]
    datArr = [map(float,line) for line in stringArr]
    return mat(datArr)

def pca(dataMat, topNfeat=9999999):
    meanVals = mean(dataMat, axis=0)
    meanRemoved = dataMat - meanVals                    ❶ 去平均值
    covMat = cov(meanRemoved, rowvar=0)
    eigVals,eigVects = linalg.eig(mat(covMat))
    eigValInd = argsort(eigVals)
    eigValInd = eigValInd[:-(topNfeat+1):-1]            ❷ 从小到大对N个值排序
    redEigVects = eigVects[:,eigValInd]
    lowDDataMat = meanRemoved * redEigVects             ❸ 将数据转换到新空间
    reconMat = (lowDDataMat * redEigVects.T) + meanVals
    return lowDDataMat, reconMat
```

程序清单13-1中的代码包含了通常的NumPy导入和`loadDataSet()`函数。这里的`loadDataSet()`函数和前面章节中的版本有所不同，因为这里使用了两个list comprehension来构建矩阵。

`pca()`函数有两个参数：第一个参数是用于进行PCA操作的数据集，第二个参数`topNfeat`则是一个可选参数，即应用的N个特征。如果不指定`topNfeat`的值，那么函数就会返回前9 999 999个特征，或者原始数据中全部的特征。

首先计算并减去原始数据集的平均值❶。然后，计算协方差矩阵及其特征值，接着利用`argsort()`函数对特征值进行从小到大的排序。根据特征值排序结果的逆序就可以得到`topNfeat`个最大的特征向量❷。这些特征向量将构成后面对数据进行转换的矩阵，该矩阵则利用N个特征将原始数据转换到新空间中❸。最后，原始数据被重构后返回用于调试，同时降维之后的数据集也被返回了。

一切都看上去不错，是不是？在进入规模更大的例子之前，我们先看看上面代码的运行效果以确保其结果正确无误。

```
>>> import pca
```

我们在testSet.txt文件中加入一个由1000个数据点组成的数据集，并通过如下命令将该数据集调入内存：

```
>>> dataMat = pca.loadDataSet('testSet.txt')
```

于是，我们就可以在该数据集上进行PCA操作：

```
>>> lowDMat, reconMat = pca.pca(dataMat, 1)
```

`lowDMat`包含了降维之后的矩阵，这里是个一维矩阵，我们通过如下命令进行检查：

```
>>> shape(lowDMat)
(1000, 1)
```

我们可以通过如下命令将降维后的数据和原始数据一起绘制出来：

```
>>> import matplotlib
>>>import matplotlib.pyplot as plt
fig = plt.figure()
ax = fig.add_subplot(111)
>>> ax.scatter(dataMat[:,0].flatten().A[0], dataMat[:,1].flatten().A[0],
 marker='^', s=90)
<matplotlib.collections.PathCollection object at 0x029B5C50>
>>> ax.scatter(reconMat[:,0].flatten().A[0], reconMat[:,1].flatten().A[0],
 marker='o', s=50, c='red')
<matplotlib.collections.PathCollection object at 0x0372A210>plt.show()
```

我们应该会看到和图13-3类似的结果。使用如下命令来替换原来的PCA调用，并重复上述过程：

```
>>> lowDMat, reconMat = pca.pca(dataMat, 2)
```

既然没有剔除任何特征，那么重构之后的数据会和原始的数据重合。我们也会看到和图13-3类似的结果（不包含图13-3中的直线）。

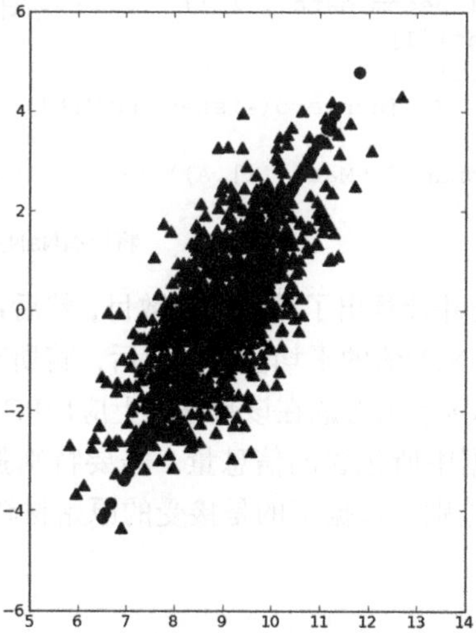

图13-3 原始数据集（三角形点表示）及第一主成分（圆形点表示）

13.3　示例：利用 PCA 对半导体制造数据降维

半导体是在一些极为先进的工厂中制造出来的。工厂或制造设备不仅需要花费上亿美元，而且还需要大量的工人。制造设备仅能在几年内保持其先进性，随后就必须更换了。单个集成电路的加工时间会超过一个月。在设备生命期有限，花费又极其巨大的情况下，制造过程中的每一秒钟都价值巨大。如果制造过程中存在瑕疵，我们就必须尽早发现，从而确保宝贵的时间不会花费在缺陷产品的生产上。

一些工程上的通用解决方案是通过早期测试和频繁测试来发现有缺陷的产品，但仍然有一些存在瑕疵的产品通过了测试。如果机器学习技术能够用于进一步减少错误，那么它就会为制造商节省大量的资金。

接下来我们将考察面向上述任务中的数据集，而它也比前面使用的数据集更大，并且包含了许多特征。具体地讲，它拥有590个特征[①]。我们看看能否对这些特征进行降维处理。读者也可以通过http://archive.ics.uci.edu/ml/machine-learning-databases/secom/得到该数据集。

该数据包含很多的缺失值。这些缺失值是以NaN（Not a Number的缩写）标识的。对于这些缺失值，我们有一些处理办法（参考第5章）。在590个特征下，几乎所有样本都有NaN，因此去除不完整的样本不太现实。尽管我们可以将所有的NaN替换成0，但是由于并不知道这些值的意义，所以这样做是个下策。如果它们是开氏温度，那么将它们置成0这种处理策略就太差劲了。下面我们用平均值来代替缺失值，平均值根据那些非NaN得到。

将下列代码添加到pca.py文件中。

程序清单13-2　将NaN替换成平均值的函数

```
def replaceNanWithMean():
    datMat = loadDataSet('secom.data', ' ')                    计算所有非NaN的平均值 ❶
    numFeat = shape(datMat)[1]
    for i in range(numFeat):
        meanVal = mean(datMat[nonzero(~isnan(datMat[:,i].A))[0],i])

        datMat[nonzero(isnan(datMat[:,i].A))[0],i] = meanVal

    return datMat                                              将所有NaN置为平均值 ❷
```

上述代码首先打开了数据集并计算出了其特征的数目，然后再在所有的特征上进行循环。对于每个特征，首先计算出那些非NaN值的平均值❶。然后，将所有NaN替换为该平均值❷。

我们已经去除了所有NaN，接下来考虑在该数据集上应用PCA。首先确认所需特征和可以去除特征的数目。PCA会给出数据中所包含的信息量。需要特别强调的是，数据（data）和信息（information）之间具有巨大的差别。数据指的是接受的原始材料，其中可能包含噪声和不相关

① SECOM Data Set retrieved from the UCI Machine Learning Repository: http://archive.ics.uci.edu/ml/datasets/SECOM on June 1, 2011.

信息。信息是指数据中的相关部分。这些并非只是抽象概念，我们还可以定量地计算数据中所包含的信息并决定保留的比例。

下面看看该如何实现这一点。首先，利用程序清单13-2中的代码将数据集中所有的NaN替换成平均值：

```
dataMat = pca.replaceNanWithMean()
```

接下来从pca()函数中借用一些代码来达到我们的目的，之所以借用是因为我们想了解中间结果而非最后输出结果。首先调用如下语句去除均值：

```
meanVals = mean(dataMat, axis=0)
meanRemoved = dataMat - meanVals
```

然后计算协方差矩阵：

```
covMat = cov(meanRemoved, rowvar=0)
```

最后对该矩阵进行特征值分析：

```
eigVals,eigVects = linalg.eig(mat(covMat))
```

现在，我们可以观察一下特征值的结果：

```
>>> eigVals
array([  5.34151979e+07,   2.17466719e+07,   8.24837662e+06,
         2.07388086e+06,   1.31540439e+06,   4.67693557e+05,
         2.90863555e+05,   2.83668601e+05,   2.37155830e+05,
         2.08513836e+05,   1.96098849e+05,   1.86856549e+05,
                                  .
                                  .
                                  .
        0.00000000e+00,   0.00000000e+00,   0.00000000e+00,
        0.00000000e+00,   0.00000000e+00,   0.00000000e+00,
        0.00000000e+00,   0.00000000e+00,   0.00000000e+00,
        0.00000000e+00,   0.00000000e+00,   0.00000000e+00,
        0.00000000e+00,   0.00000000e+00])
```

我们会看到一大堆值，但是其中的什么会引起我们的注意？我们会发现其中很多值都是0吗？实际上，其中有超过20%的特征值都是0。这就意味着这些特征都是其他特征的副本，也就是说，它们可以通过其他特征来表示，而本身并没有提供额外的信息。

接下来，我们了解一下部分数值的数量级。最前面15个值的数量级大于10^5，实际上那以后的值都变得非常小。这就相当于告诉我们只有部分重要特征，重要特征的数目也很快就会下降。

最后，我们可能会注意到有一些小的负值，它们主要源自数值误差应该四舍五入成0。

在图13-4中已经给出了总方差的百分比，我们发现，在开始几个主成分之后，方差就会迅速下降。

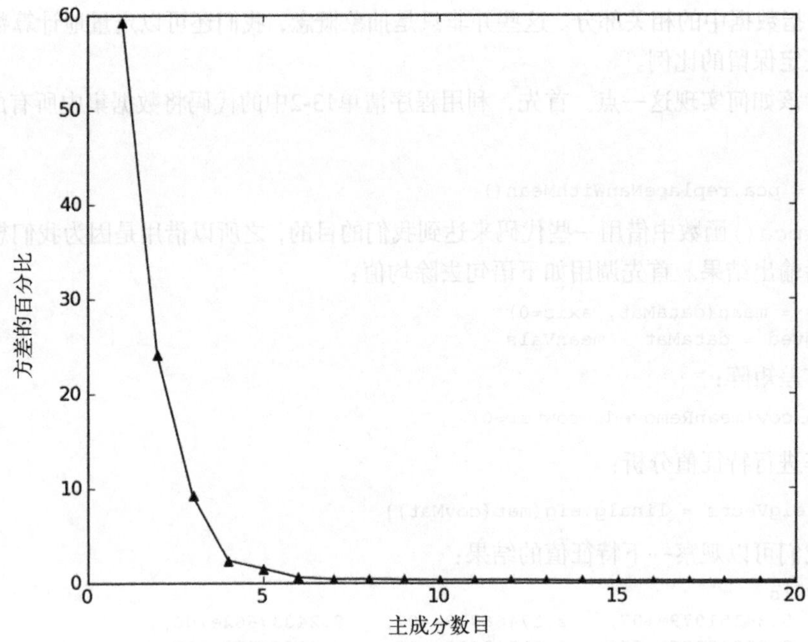

图13-4　前20个主成分占总方差的百分比。可以看出，大部分方差都包含在前面的几个主成分中，舍弃后面的主成分并不会损失太多的信息。如果保留前6个主成分，则数据集可以从590个特征约简成6个特征，大概实现了100∶1的压缩

表13-1给出了这些主成分所对应的方差百分比和累积方差百分比。浏览"累积方差百分比（%）"这一列就会注意到，前六个主成分就覆盖了数据96.8%的方差，而前20个主成分覆盖了99.3%的方差。这就表明了，如果保留前6个而去除后584个主成分，我们就可以实现大概100∶1的压缩比。另外，由于舍弃了噪声的主成分，将后面的主成分去除便使得数据更加干净。

表13-1　半导体数据中前7个主成分所占的方差百分比

主　成　分	方差百分比（%）	累积方差百分比（%）
1	59.2	59.2
2	24.1	83.4
3	9.2	92.5
4	2.3	94.8
5	1.5	96.3
6	0.5	96.8
7	0.3	97.1
20	0.08	99.3

于是，我们可以知道在数据集的前面多个主成分中所包含的信息量。我们可以尝试不同的截

断值来检验它们的性能。有些人使用能包含90%信息量的主成分数量，而其他人使用前20个主成分。我们无法精确知道所需要的主成分数目，必须通过在实验中取不同的值来确定。有效的主成分数目则取决于数据集和具体应用。

上述分析能够得到所用到的主成分数目，然后我们可以将该数目输入到PCA算法中，最后得到约简后数据就可以在分类器中使用了。

13.4　本章小结

降维技术使得数据变得更易使用，并且它们往往能够去除数据中的噪声，使得其他机器学习任务更加精确。降维往往作为预处理步骤，在数据应用到其他算法之前清洗数据。有很多技术可以用于数据降维，在这些技术中，独立成分分析、因子分析和主成分分析比较流行，其中又以主成分分析应用最广泛。

PCA可以从数据中识别其主要特征，它是通过沿着数据最大方差方向旋转坐标轴来实现的。选择方差最大的方向作为第一条坐标轴，后续坐标轴则与前面的坐标轴正交。协方差矩阵上的特征值分析可以用一系列的正交坐标轴来获取。

本章中的PCA将所有的数据集都调入了内存，如果无法做到，就需要其他的方法来寻找其特征值。如果使用在线PCA分析的方法，你可以参考一篇优秀的论文“Incremental Eigenanalysis for Classification”[①]。下一章要讨论的奇异值分解方法也可以用于特征值分析。

① P. Hall, D. Marshall, and R. Martin, “Incremental Eigenanalysis for Classification,” Department of Computer Science, Cardiff University, 1998 British Machine Vision Conference, vol. 1, 286–95; http:// citeseer.ist.psu.edu/viewdoc/summary?doi=10.1.1.40.4801.

第 14 章 利用SVD简化数据

本章内容

- SVD矩阵分解
- 推荐引擎
- 利用SVD提升推荐引擎的性能

餐馆可划分为很多类别，比如美式、中式、日式、牛排馆、素食店，等等。你是否想过这些类别够用吗？或许人们喜欢这些的混合类别，或者类似中式素食店那样的子类别。如何才能知道到底有多少类餐馆呢？我们也许可以问问专家？但是倘若某个专家说应该按照调料分类，而另一个专家则认为应该按照配料分类，那该怎么办呢？忘了专家，我们还是从数据着手吧。我们可以对记录用户关于餐馆观点的数据进行处理，并且从中提取出其背后的因素。

这些因素可能会与餐馆的类别、烹饪时所用的某个特定配料，或其他任意对象一致。然后，我们就可以利用这些因素来估计人们对没有去过的餐馆的看法。

提取这些信息的方法称为奇异值分解（Singular Value Decomposition，SVD）。从生物信息学到金融学等在内的很多应用中，SVD都是提取信息的强大工具。

本章将介绍SVD的概念及其能够进行数据约简的原因。然后，我们将会介绍基于Python的SVD实现以及将数据映射到低维空间的过程。再接下来，我们就将学习推荐引擎的概念和它们的实际运行过程。为了提高SVD的精度，我们将会把其应用到推荐系统中去，该推荐系统将会帮助人们寻找到合适的餐馆。最后，我们讲述一个SVD在图像压缩中的应用例子。

14.1 SVD 的应用

奇异值分解

优点：简化数据，去除噪声，提高算法的结果。

缺点：数据的转换可能难以理解。

适用数据类型：数值型数据。

利用SVD实现，我们能够用小得多的数据集来表示原始数据集。这样做，实际上是去除了噪声和冗余信息。当我们试图节省空间时，去除噪声和冗余信息是很崇高的目标，但是在这里我们则是从数据中抽取信息。基于这个视角，我们就可以把SVD看成是从有噪声的数据中抽取相关特征。如果这一点听来奇怪，也不必担心，我们后面会给出若干SVD应用的场景和方法，解释它的威力。

首先，我们会介绍SVD是如何通过隐性语义索引应用于搜索和信息检索领域的。然后，我们再介绍SVD在推荐系统中的应用。

14.1.1 隐性语义索引

SVD的历史已经超过上百个年头，但是最近几十年随着计算机的使用，我们发现了其更多的使用价值。最早的SVD应用之一就是信息检索。我们称利用SVD的方法为*隐性语义索引*（Latent Semantic Indexing，LSI）或*隐性语义分析*（Latent Semantic Analysis，LSA）。

在LSI中，一个矩阵是由文档和词语组成的。当我们在该矩阵上应用SVD时，就会构建出多个奇异值。这些奇异值代表了文档中的概念或主题，这一特点可以用于更高效的文档搜索。在词语拼写错误时，只基于词语存在与否的简单搜索方法会遇到问题。简单搜索的另一个问题就是同义词的使用。这就是说，当我们查找一个词时，其同义词所在的文档可能并不会匹配上。如果我们从上千篇相似的文档中抽取出概念，那么同义词就会映射为同一概念。

14.1.2 推荐系统

SVD的另一个应用就是推荐系统。简单版本的推荐系统能够计算项或者人之间的相似度。更先进的方法则先利用SVD从数据中构建一个主题空间，然后再在该空间下计算其相似度。考虑图14-1中给出的矩阵，它是由餐馆的菜和品菜师对这些菜的意见构成的。品菜师可以采用1到5之间的任意一个整数来对菜评级。如果品菜师没有尝过某道菜，则评级为0。

	鳗鱼饭	日式炸鸡排	寿司饭	烤牛肉	手撕猪肉
Ed	0	0	0	2	2
Peter	0	0	0	3	3
Tracy	0	0	0	1	1
Fan	1	1	1	0	0
Ming	2	2	2	0	0
Pachi	5	5	5	0	0
Jocelyn	1	1	1	0	0

	鳗鱼饭	日式炸鸡排	寿司饭	烤牛肉	手撕猪肉
Ed	0	0	0	2	2
Peter	0	0	0	3	3
Tracy	0	0	0	1	1
Fan	1	1	1	0	0
Ming	2	2	2	0	0
Pachi	5	5	5	0	0
Jocelyn	1	1	1	0	0

图14-1 餐馆的菜及其评级的数据。对此矩阵进行SVD处理则可以将数据压缩到若干概念中去。在右边的矩阵当中，标出了一个概念

14

我们对上述矩阵进行SVD处理，会得到两个奇异值（读者如果不信可以自己试试）。因此，就会仿佛有两个概念或主题与此数据集相关联。我们看看能否通过观察图中的0来找到这个矩阵的具体概念。观察一下右图的阴影部分，看起来Ed、Peter和Tracy对"烤牛肉"和"手撕猪肉"进行了评级，同时这三人未对其他菜评级。烤牛肉和手撕猪肉都是美式烧烤餐馆才有的菜，其他菜则在日式餐馆才有。

我们可以把奇异值想象成一个新空间。与图14-1中的矩阵给出的五维或者七维不同，我们最终的矩阵只有二维。那么这二维分别是什么呢？它们能告诉我们数据的什么信息？这二维分别对应图中给出的两个组，右图中已经标示出了其中的一个组。我们可以基于每个组的共同特征来命名这二维，比如我们得到的美式BBQ和日式食品这二维。

如何才能将原始数据变换到上述新空间中呢？下一节我们将会进一步详细地介绍SVD，届时将会了解到SVD是如何得到U和V^T两个矩阵的。V^T矩阵会将用户映射到BBQ/日式食品空间去。类似地，U矩阵会将餐馆的菜映射到BBQ/日式食品空间去。真实的数据通常不会像图14-1中的矩阵那样稠密或整齐，这里如此只是为了便于说明问题。

推荐引擎中可能会有噪声数据，比如某个人对某些菜的评级就可能存在噪声，并且推荐系统也可以将数据抽取为这些基本主题。基于这些主题，推荐系统就能取得比原始数据更好的推荐效果。在2006年末，电影公司Netflix曾经举办了一个奖金为100万美元的大赛，这笔奖金会颁给比当时最好系统还要好10%的推荐系统的参赛者。最后的获奖者就使用了SVD[①]。

下一节将介绍SVD的一些背景材料，接着给出利用Python的NumPy实现SVD的过程。然后，我们将进一步深入讨论推荐引擎。当对推荐引擎有相当的了解之后，我们就会利用SVD构建一个推荐系统。

SVD是矩阵分解的一种类型，而矩阵分解是将数据矩阵分解为多个独立部分的过程。接下来我们首先介绍矩阵分解。

14.2　矩阵分解

在很多情况下，数据中的一小段携带了数据集中的大部分信息，其他信息则要么是噪声，要么就是毫不相关的信息。在线性代数中还有很多矩阵分解技术。矩阵分解可以将原始矩阵表示成新的易于处理的形式，这种新形式是两个或多个矩阵的乘积。我们可以将这种分解过程想象成代数中的因子分解。如何将12分解成两个数的乘积？(1,12)、(2,6)和(3,4)都是合理的答案。

不同的矩阵分解技术具有不同的性质，其中有些更适合于某个应用，有些则更适合于其他应用。最常见的一种矩阵分解技术就是SVD。SVD将原始的数据集矩阵`Data`分解成三个矩阵`U`、`Σ`和V^T。如果原始矩阵`Data`是m行n列，那么`U`、`Σ`和V^T就分别是m行m列、m行n列和n行n列。为了清晰起见，上述过程可以写成如下一行（下标为矩阵维数）：

① Yehuda Koren, "The BellKor Solution to the Netflix Grand Prize," August 2009; http://www. netflixprize.com/assets/GrandPrize2009_BPC_BellKor.pdf.

$$Data_{m\times n} = U_{m\times m}\Sigma_{m\times n}V^{\mathrm{T}}{}_{n\times n}$$

上述分解中会构建出一个矩阵**Σ**，该矩阵只有对角元素，其他元素均为0。另一个惯例就是，**Σ**的对角元素是从大到小排列的。这些对角元素称为奇异值（Singular Value），它们对应了原始数据集矩阵**Data**的奇异值。回想上一章的PCA，我们得到的是矩阵的特征值，它们告诉我们数据集中的重要特征。**Σ**中的奇异值也是如此。奇异值和特征值是有关系的。这里的奇异值就是矩阵**Data * Data**^{T}特征值的平方根。

前面提到过，矩阵**Σ**只有从大到小排列的对角元素。在科学和工程中，一直存在这样一个普遍事实：在某个奇异值的数目（r个）之后，其他的奇异值都置为0。这就意味着数据集中仅有r个重要特征，而其余特征则都是噪声或冗余特征。在下一节中，我们将看到一个可靠的案例。

我们不必担心该如何进行矩阵分解。在下一节中就会提到，在NumPy线性代数库中有一个实现SVD的方法。如果读者对SVD的编程实现感兴趣的话，请阅读*Numerical Linear Algebra*①。

14.3 利用 Python 实现 SVD

如果SVD确实那么好，那么该如何实现它呢？SVD实现了相关的线性代数，但这并不在本书的讨论范围之内。其实，有很多软件包可以实现SVD。NumPy有一个称为linalg的线性代数工具箱。接下来，我们了解一下如何利用该工具箱实现如下矩阵的SVD处理：

$$\begin{bmatrix} 1 & 1 \\ 7 & 7 \end{bmatrix}$$

要在Python上实现该矩阵的SVD处理，请键入如下命令：

```
>>> from numpy import *
>>> U,Sigma,VT=linalg.svd([[1, 1],[7, 7]])
```

接下来就可以在如下多个矩阵上进行尝试：

```
>>> U
array([[-0.14142136, -0.98994949],
[-0.98994949,  0.14142136]])
>>> Sigma
array([ 10.,   0.])
>>> VT
array([[-0.70710678, -0.70710678],
[-0.70710678,  0.70710678]])
```

我们注意到，矩阵Sigma以行向量array([10., 0.])返回，而非如下矩阵：

```
array([[ 10.,  0.],
       [ 0.,  0.]]).
```

由于矩阵除了对角元素其他均为0，因此这种仅返回对角元素的方式能够节省空间，这就是由NumPy的内部机制产生的。我们所要记住的是，一旦看到Sigma就要知道它是一个矩阵。好了，接下来我们将在一个更大的数据集上进行更多的分解。

① L. Trefethen and D. Bau III, *Numerical Linear Algebra* (SIAM: Society for Industrial and Applied Mathematics, 1997).

建立一个新文件svdRec.py并加入如下代码：

```
def loadExData():
    return[[1, 1, 1, 0, 0],
           [2, 2, 2, 0, 0],
           [1, 1, 1, 0, 0],
           [5, 5, 5, 0, 0],
           [1, 1, 0, 2, 2],
           [0, 0, 0, 3, 3],
           [0, 0, 0, 1, 1]]
```

接下来我们对该矩阵进行SVD分解。在保存好文件svdRec.py之后，我们在Python提示符下输入：

```
>>> import svdRec
>>> Data=svdRec.loadExData()
>>> U,Sigma,VT=linalg.svd(Data)
>>> Sigma
array([  9.72140007e+00,   5.29397912e+00,   6.84226362e-01,
         7.16251492e-16,   4.85169600e-32])
```

前3个数值比其他的值大了很多（如果你的最后两个值的结果与这里的结果稍有不同，也不必担心。它们太小了，所以在不同机器上产生的结果就可能会稍有不同，但是数量级应该和这里的结果差不多）。于是，我们就可以将最后两个值去掉了。

接下来，我们的原始数据集就可以用如下结果来近似：

$$Data_{m\times n} \approx U_{m\times 3} \Sigma_{3\times 3} V^{\mathrm{T}}{}_{3\times n}$$

图14-2就是上述近似计算的一个示意图。

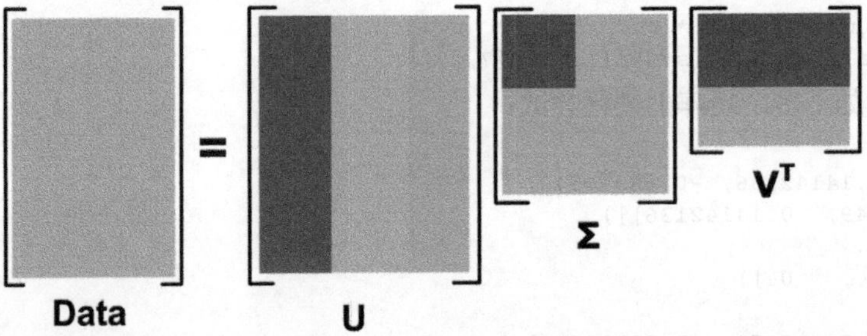

图14-2　SVD的示意图。矩阵Data被分解。浅灰色区域是原始数据，深灰色区域是矩阵近似计算仅需要的数据

我们试图重构原始矩阵。首先构建一个3×3的矩阵Sig3：

```
>>> Sig3=mat([[Sigma[0], 0, 0],[0, Sigma[1], 0], [0, 0, Sigma[2]]])
```

接下来我们重构原始矩阵的近似矩阵。由于Sig3仅为3×3的矩阵，因而我们只需使用矩阵U的前3列和V^T的前3行。为了在Python中实现这一点，输入如下命令：

```
>>> U[:,:3]*Sig3*VT[:3,:]
array([[ 1.,  1.,  1.,  0.,  0.],
       [ 2.,  2.,  2., -0., -0.],
       [ 1.,  1.,  1., -0., -0.],
       [ 5.,  5.,  5.,  0.,  0.],
       [ 1.,  1., -0.,  2.,  2.],
       [ 0.,  0., -0.,  3.,  3.],
           [ 0.,  0., -0.,  1.,  1.]])
```

我们是如何知道仅需保留前3个奇异值的呢？确定要保留的奇异值的数目有很多启发式的策略，其中一个典型的做法就是保留矩阵中90%的能量信息。为了计算总能量信息，我们将所有的奇异值求其平方和。于是可以将奇异值的平方和累加到总值的90%为止。另一个启发式策略就是，当矩阵上有上万的奇异值时，那么就保留前面的2000或3000个。尽管后一种方法不太优雅，但是在实际中更容易实施。之所以说它不够优雅，就是因为在任何数据集上都不能保证前3000个奇异值就能够包含90%的能量信息。但在通常情况下，使用者往往都对数据有足够的了解，从而就能够做出类似的假设了。

现在我们已经通过三个矩阵对原始矩阵进行了近似。我们可以用一个小很多的矩阵来表示一个大矩阵。有很多应用可以通过SVD来提升性能。下面我们将讨论一个比较流行的SVD应用的例子——推荐引擎。

14.4 基于协同过滤的推荐引擎

近十年来，推荐引擎对因特网用户而言已经不是什么新鲜事物了。Amazon会根据顾客的购买历史向他们推荐物品，Netflix会向其用户推荐电影，新闻网站会对用户推荐新闻报道，这样的例子还有很多很多。当然，有很多方法可以实现推荐功能，这里我们只使用一种称为协同过滤（collaborative filtering）的方法。协同过滤是通过将用户和其他用户的数据进行对比来实现推荐的。

这里的数据是从概念上组织成了类似图14-2所给出的矩阵形式。当数据采用这种方式进行组织时，我们就可以比较用户或物品之间的相似度了。这两种做法都会使用我们很快就介绍到的相似度的概念。当知道了两个用户或两个物品之间的相似度，我们就可以利用已有的数据来预测未知的用户喜好。例如，我们试图对某个用户喜欢的电影进行预测，推荐引擎会发现有一部电影该用户还没看过。然后，它就会计算该电影和用户看过的电影之间的相似度，如果其相似度很高，推荐算法就会认为用户喜欢这部电影。

在上述场景下，唯一所需要的数学方法就是相似度的计算，这并不是很难。接下来，我们首先讨论物品之间的相似度计算，然后讨论在基于物品和基于用户的相似度计算之间的折中。最后，我们介绍推荐引擎成功的度量方法。

14.4.1 相似度计算

我们希望拥有一些物品之间相似度的定量方法。那么如何找出这些方法呢？倘若我们面对的是食品销售网站，该如何处理？或许可以根据食品的配料、热量、某个烹调类型的定义或者其他类似的信息进行相似度的计算。现在，假设该网站想把业务拓展到餐具行业，那么会用热量来描述一个叉子吗？问题的关键就在于用于描述食品的属性和描述餐具的属性有所不同。倘若我们使用另外一种比较物品的方法会怎样呢？我们不利用专家所给出的重要属性来描述物品从而计算它们之间的相似度，而是利用用户对它们的意见来计算相似度。这就是协同过滤中所使用的方法。它并不关心物品的描述属性，而是严格地按照许多用户的观点来计算相似度。图14-3给出了由一些用户及其对前面给出的部分菜肴的评级信息所组成的矩阵。

	鳗鱼饭	日式炸鸡排	寿司饭	烤牛肉	手撕猪肉
Jim	2	0	0	4	4
John	5	5	5	3	3
Sally	2	4	2	1	2

图14-3　用于展示相似度计算的简单矩阵

我们计算一下手撕猪肉和烤牛肉之间的相似度。一开始我们使用欧氏距离来计算。手撕猪肉和烤牛肉的欧氏距离为：

$$\sqrt{(4-4)^2+(3-3)^2+(2-1)^2}=1$$

而手撕猪肉和鳗鱼饭的欧氏距离为：

$$\sqrt{(4-2)^2+(3-5)^2+(2-2)^2}=2.83$$

在该数据中，由于手撕猪肉和烤牛肉的距离小于手撕猪肉和鳗鱼饭的距离，因此手撕猪肉与烤牛肉比与鳗鱼饭更为相似。我们希望，相似度值在0到1之间变化，并且物品对越相似，它们的相似度值也就越大。我们可以用“相似度=1/(1+距离)”这样的算式来计算相似度。当距离为0时，相似度为1.0。如果距离真的非常大时，相似度也就趋近于0。

第二种计算距离的方法是*皮尔逊相关系数*（Pearson correlation）。我们在第8章度量回归方程的精度时曾经用到过这个量，它度量的是两个向量之间的相似度。该方法相对于欧氏距离的一个优势在于，它对用户评级的量级并不敏感。比如某个狂躁者对所有物品的评分都是5分，而另一个忧郁者对所有物品的评分都是1分，皮尔逊相关系数会认为这两个向量是相等的。在NumPy中，皮尔逊相关系数的计算是由函数`corrcoef()`进行的，后面我们很快就会用到它了。皮尔逊相关系数的取值范围从-1到+1，我们通过`0.5 + 0.5*corrcoef()`这个函数计算，并且把其取值范围归一化到0到1之间。

另一个常用的距离计算方法就是*余弦相似度*（cosine similarity），其计算的是两个向量夹角的余弦值。如果夹角为90度，则相似度为0；如果两个向量的方向相同，则相似度为1.0。同皮尔逊相关系数一样，余弦相似度的取值范围也在-1到+1之间，因此我们也将它归一化到0到1之间。计算余弦相似度值，我们采用的两个向量**A**和**B**夹角的余弦相似度的定义如下：

$$\cos\theta = \frac{A \cdot B}{\|A\|\|B\|}$$

其中，$\|A\|$、$\|B\|$表示向量A、B的2范数，你可以定义向量的任一范数，但是如果不指定范数阶数，则都假设为2范数。向量[4,2,2]的2范数为：

$$\sqrt{4^2 + 2^2 + 2^2}$$

同样，NumPy的线性代数工具箱中提供了范数的计算方法`linalg.norm()`。

接下来我们将上述各种相似度的计算方法写成Python中的函数。打开svdRec.py文件并加入下列代码。

程序清单14-1 相似度计算

```
from numpy import *
from numpy import linalg as la
def euclidSim(inA,inB):
    return 1.0/(1.0 + la.norm(inA - inB))

def pearsSim(inA,inB):
    if len(inA) < 3 : return 1.0
    return 0.5+0.5*corrcoef(inA, inB, rowvar = 0)[0][1]

def cosSim(inA,inB):
    num = float(inA.T*inB)
    denom = la.norm(inA)*la.norm(inB)
    return 0.5+0.5*(num/denom)
```

程序中的3个函数就是上面提到的几种相似度的计算方法。为了便于理解，NumPy的线性代数工具箱linalg被作为`la`导入，函数中假定`inA`和`inB`都是列向量。`perasSim()`函数会检查是否存在3个或更多的点。如果不存在，该函数返回1.0，这是因为此时两个向量完全相关。

下面我们对上述函数进行尝试。在保存好文件svdRec.py之后，在Python提示符下输入如下命令：

```
>>> reload(svdRec)
<module 'svdRec' from 'svdRec.pyc'>
>>> myMat=mat(svdRec.loadExData())
>>> svdRec.ecludSim(myMat[:,0],myMat[:,4])
0.12973190755680383
>>> svdRec.ecludSim(myMat[:,0],myMat[:,0])
1.0
```

欧氏距离看上去还行，那么接下来试试余弦相似度：

```
>>> svdRec.cosSim(myMat[:,0],myMat[:,4])
0.5
>>> svdRec.cosSim(myMat[:,0],myMat[:,0])
1.0000000000000002
```

余弦相似度似乎也行，就再试试皮尔逊相关系数：

```
>>> svdRec.pearsSim(myMat[:,0],myMat[:,4])
0.20596538173840329>>> svdRec.pearsSim(myMat[:,0],myMat[:,0])
1.0
```

上面的相似度计算都是假设数据采用了列向量方式进行表示。如果利用上述函数来计算两个行向量的相似度就会遇到问题（我们很容易对上述函数进行修改以计算行向量之间的相似度）。这里采用列向量的表示方法，暗示着我们将利用基于物品的相似度计算方法。后面我们会阐述其中的原因。

14.4.2　基于物品的相似度还是基于用户的相似度？

我们计算了两个餐馆菜肴之间的距离，这称为*基于物品*（item-based）的相似度。另一种计算用户距离的方法则称为*基于用户*（user-based）的相似度。回到图14-3，行与行之间比较的是基于用户的相似度，列与列之间比较的则是基于物品的相似度。到底使用哪一种相似度呢？这取决于用户或物品的数目。基于物品相似度计算的时间会随物品数量的增加而增加，基于用户的相似度计算的时间则会随用户数量的增加而增加。如果我们有一个商店，那么最多会有几千件商品。在撰写本书之际，最大的商店大概有100 000件商品。而在Netflix大赛中，则会有480 000个用户和17 700部电影。如果用户的数目很多，那么我们可能倾向于使用基于物品相似度的计算方法。

对于大部分产品导向的推荐引擎而言，用户的数量往往大于物品的数量，即购买商品的用户数会多于出售的商品种类。

14.4.3　推荐引擎的评价

如何对推荐引擎进行评价呢？此时，我们既没有预测的目标值，也没有用户来调查他们对预测的满意程度。这里我们就可以采用前面多次使用的交叉测试的方法。具体的做法就是，我们将某些已知的评分值去掉，然后对它们进行预测，最后计算预测值和真实值之间的差异。

通常用于推荐引擎评价的指标是称为*最小均方根误差*（Root Mean Squared Error，RMSE）的指标，它首先计算均方误差的平均值然后取其平方根。如果评级在1星到5星这个范围内，而我们得到的RMSE为1.0，那么就意味着我们的预测值和用户给出的真实评价相差了一个星级。

14.5　示例：餐馆菜肴推荐引擎

现在我们就开始构建一个推荐引擎，该推荐引擎关注的是餐馆食物的推荐。假设一个人在家决定外出吃饭，但是他并不知道该到哪儿去吃饭，该点什么菜。我们这个推荐系统可以帮他做到这两点。

首先我们构建一个基本的推荐引擎，它能够寻找用户没有尝过的菜肴。然后，通过SVD来减少特征空间并提高推荐的效果。这之后，将程序打包并通过用户可读的人机界面提供给人们使用。最后，我们介绍在构建推荐系统时面临的一些问题。

14.5.1 推荐未尝过的菜肴

推荐系统的工作过程是：给定一个用户，系统会为此用户返回N个最好的推荐菜。为了实现这一点，则需要我们做到：

(1) 寻找用户没有评级的菜肴，即在用户－物品矩阵中的0值；

(2) 在用户没有评级的所有物品中，对每个物品预计一个可能的评级分数。这就是说，我们认为用户可能会对物品的打分（这就是相似度计算的初衷）；

(3) 对这些物品的评分从高到低进行排序，返回前N个物品。

好了，接下来我们尝试这样做。打开svdRec.py文件并加入下列程序清单中的代码。

程序清单14-2 基于物品相似度的推荐引擎

```
def standEst(dataMat, user, simMeas, item):
    n = shape(dataMat)[1]
    simTotal = 0.0; ratSimTotal = 0.0
    for j in range(n):
        userRating = dataMat[user,j]
        if userRating == 0: continue
        overLap = nonzero(logical_and(dataMat[:,item].A>0, \
                                      dataMat[:,j].A>0))[0]
        if len(overLap) == 0: similarity = 0
        else: similarity = simMeas(dataMat[overLap,item], \
                                   dataMat[overLap,j])
        #print 'the %d and %d similarity is: %f' % (item, j, similarity)
        simTotal += similarity
        ratSimTotal += similarity * userRating
    if simTotal == 0: return 0
    else: return ratSimTotal/simTotal

def recommend(dataMat, user, N=3, simMeas=cosSim, estMethod=standEst):
    unratedItems = nonzero(dataMat[user,:].A==0)[1]
    if len(unratedItems) == 0: return 'you rated everything'
    itemScores = []
    for item in unratedItems:
        estimatedScore = estMethod(dataMat, user, simMeas, item)
        itemScores.append((item, estimatedScore))
    return sorted(itemScores, \
           key=lambda jj: jj[1], reverse=True)[:N]
```

❶ 寻找两个用户都评级的物品

❷ 寻找未评级的物品

❸ 寻找前N个未评级物品

上述程序包含了两个函数。第一个函数是`standEst()`，用来计算在给定相似度计算方法的条件下，用户对物品的估计评分值。第二个函数是`recommend()`，也就是推荐引擎，它会调用`standEst()`函数。我们先讨论`standEst()`函数，然后讨论`recommend()`函数。

函数`standEst()`的参数包括数据矩阵、用户编号、物品编号和相似度计算方法。假设这里的数据矩阵为图14-1和图14-2的形式，即行对应用户、列对应物品。那么，我们首先会得到数据集中的物品数目，然后对两个后面用于计算估计评分值的变量进行初始化。接着，我们遍历行中的每个物品。如果某个物品评分值为0，就意味着用户没有对该物品评分，跳过了这个物品。该循环大体上是对用户评过分的每个物品进行遍历，并将它和其他物品进行比较。变量`overLap`

给出的是两个物品当中已经被评分的那个元素❶。如果两者没有任何重合元素，则相似度为0且中止本次循环。但是如果存在重合的物品，则基于这些重合物品计算相似度。随后，相似度会不断累加，每次计算时还考虑相似度和当前用户评分的乘积。最后，通过除以所有的评分总和，对上述相似度评分的乘积进行归一化。这就可以使得最后的评分值在0到5之间，而这些评分值则用于对预测值进行排序。

函数recommend()产生了最高的N个推荐结果。如果不指定N的大小，则默认值为3。该函数另外的参数还包括相似度计算方法和估计方法。我们可以使用程序清单14-1中的任意一种相似度计算方法。此时我们能采用的估计方法只有一种选择，但是在下一小节中会增加另外一种选择。该函数的第一件事就是对给定的用户建立一个未评分的物品列表❷。如果不存在未评分物品，那么就退出函数；否则，在所有的未评分物品上进行循环。对每个未评分物品，则通过调用standEst()来产生该物品的预测得分。该物品的编号和估计得分值会放在一个元素列表itemScores中。最后按照估计得分，对该列表进行排序并返回❸。该列表是从大到小逆序排列的，因此其第一个值就是最大值。

接下来看看它的实际运行效果。在保存svdRec.py文件之后，在Python提示符下输入命令：

```
>>> reload(svdRec)
<module 'svdRec' from 'svdRec.py'>
```

下面，我们调入了一个矩阵实例，可以对本章前面给出的矩阵稍加修改后加以使用。首先，调入原始矩阵：

```
>>> myMat=mat(svdRec.loadExData())
```

该矩阵对于展示SVD的作用非常好，但是它本身不是十分有趣，因此我们要对其中的一些值进行更改：

```
>>> myMat[0,1]=myMat[0,0]=myMat[1,0]=myMat[2,0]=4
>>> myMat[3,3]=2
```

现在得到的矩阵如下：

```
>>> myMat
matrix([[4, 4, 0, 2, 2],
        [4, 0, 0, 3, 3],
        [4, 0, 0, 1, 1],
        [1, 1, 1, 2, 0],
        [2, 2, 2, 0, 0],
        [1, 1, 1, 0, 0],
        [5, 5, 5, 0, 0]])
```

好了，现在我们已经可以做些推荐了。我们先尝试一下默认的推荐：

```
>>> svdRec.recommend(myMat, 2)
[(2, 2.5000000000000004), (1, 2.0498713655614456)]
```

这表明了用户2（由于我们从0开始计数，因此这对应了矩阵的第3行）对物品2的预测评分值为2.5，对物品1的预测评分值为2.05。下面我们就利用其他的相似度计算方法来进行推荐：

```
>>> svdRec.recommend(myMat, 2, simMeas=svdRec.ecludSim)
[(2, 3.0), (1, 2.8266504712098603)]
>>> svdRec.recommend(myMat, 2, simMeas=svdRec.pearsSim)
[(2, 2.5), (1, 2.0)]
```

我们可以对多个用户进行尝试，或者对数据集做些修改来了解其给预测结果带来的变化。

这个例子给出了如何利用基于物品相似度和多个相似度计算方法来进行推荐的过程，下面我们介绍如何将SVD应用于推荐。

14.5.2 利用 SVD 提高推荐的效果

实际的数据集会比我们用于展示`recommend()`函数功能的`myMat`矩阵稀疏得多。图14-4就给出了一个更真实的矩阵的例子。

	鳗鱼饭	日式炸鸡排	寿司饭	烤牛肉	三文鱼汉堡	鲁宾三明治	印度烤鸡	麻婆豆腐	宫保鸡丁	印度奶酪咖喱	俄式汉堡
Brett	2	0	0	4	4	0	0	0	0	0	0
Rob	0	0	0	0	0	0	0	0	0	0	5
Drew	0	0	0	0	0	0	0	1	0	4	0
Scott	3	3	4	0	3	0	0	2	2	0	0
Mary	5	5	5	0	0	0	0	0	0	0	0
Brent	0	0	0	0	0	0	5	0	0	5	0
Kyle	4	0	4	0	0	0	0	0	0	0	5
Sara	0	0	0	0	0	4	0	0	0	0	4
Shaney	0	0	0	0	0	0	5	0	0	5	0
Brendan	0	0	0	3	0	0	0	0	4	5	0
Leanna	1	1	2	1	1	2	1	0	4	5	0

图14-4 一个更大的用户-菜肴矩阵，其中有很多物品都没有评分，这比一个全填充的矩阵更接近真实情况

我们可以将该矩阵输入到程序中去，或者从下载代码中复制函数`loadExData2()`。下面我们计算该矩阵的SVD来了解其到底需要多少维特征。

```
>>>from numpy import linalg as la
>>> U,Sigma,VT=la.svd(mat(svdRec.loadExData2()))
>>> Sigma
array([ 1.38487021e+01,   1.15944583e+01,   1.10219767e+01,
        5.31737732e+00,   4.55477815e+00,   2.69935136e+00,
        1.53799905e+00,   6.46087828e-01,   4.45444850e-01,
        9.86019201e-02,   9.96558169e-17])
```

接下来我们看看到底有多少个奇异值能达到总能量的90%。首先，对`Sigma`中的值求平方：

```
>>> Sig2=Sigma**2
```

再计算一下总能量：

```
>>> sum(Sig2)
541.99999999999932
```

再计算总能量的90%：

```
>>> sum(Sig2)*0.9
487.79999999999939
```

然后，计算前两个元素所包含的能量：

```
>>> sum(Sig2[:2])
378.8295595113579
```

该值低于总能量的90%，于是计算前三个元素所包含的能量：

```
>>> sum(Sig2[:3])
500.50028912757909
```

该值高于总能量的90%，这就可以了。于是，我们可以将一个11维的矩阵转换成一个3维的矩阵。下面对转换后的三维空间构造出一个相似度计算函数。我们利用SVD将所有的菜肴映射到一个低维空间中去。在低维空间下，可以利用前面相同的相似度计算方法来进行推荐。我们会构造出一个类似于程序清单14-2中的`standEst()`函数。打开svdRec.py文件并加入如下程序清单中的代码。

程序清单14-3　基于SVD的评分估计

```
def svdEst(dataMat, user, simMeas, item):
    n = shape(dataMat)[1]
    simTotal = 0.0; ratSimTotal = 0.0
    U,Sigma,VT = la.svd(dataMat)
    Sig4 = mat(eye(4)*Sigma[:4])                    ❶ 建立对角矩阵
    xformedItems = dataMat.T * U[:,:4] * Sig4.I      ❷ 构建转换后的物品
    for j in range(n):
        userRating = dataMat[user,j]
    if userRating == 0 or j==item: continue
        similarity = simMeas(xformedItems[item,:].T,\
                             xformedItems[j,:].T)
        print 'the %d and %d similarity is: %f' % (item, j, similarity)
        simTotal += similarity
        ratSimTotal += similarity * userRating
            if simTotal == 0: return 0
            else: return ratSimTotal/simTotal
```

上述程序中包含有一个函数`svdEst()`。在`recommend()`中，这个函数用于替换对`standEst()`的调用，该函数对给定用户给定物品构建了一个评分估计值。如果将该函数与程序清单14-2中的`standEst()`函数进行比较，就会发现很多行代码都很相似。该函数的不同之处就在于它在第3行对数据集进行了SVD分解。在SVD分解之后，我们只利用包含了90%能量值的奇异值，这些奇异值会以NumPy数组的形式得以保存。因此如果要进行矩阵运算，那么就必须要用这些奇异值构建出一个对角矩阵❶。然后，利用U矩阵将物品转换到低维空间中❷。

对于给定的用户，`for`循环在用户对应行的所有元素上进行遍历。这和`standEst()`函数中的`for`循环的目的一样，只不过这里的相似度计算是在低维空间下进行的。相似度的计算方法也会作为一个参数传递给该函数。然后，我们对相似度求和，同时对相似度及对应评分值的乘积求

和。这些值返回之后则用于估计评分的计算。for循环中加入了一条print语句，以便能够了解相似度计算的进展情况。如果觉得这些输出很累赘，也可以将该语句注释掉。

接下来看看程序的执行效果。将程序清单14-3中的代码输入到文件svdRec.py中并保存之后，在Python提示符下运行如下命令：

```
>>> reload(svdRec)
<module 'svdRec' from 'svdRec.pyc'>
>>> svdRec.recommend(myMat, 1, estMethod=svdRec.svdEst)
The 0 and 3 similarity is 0.362287.
                    .
                    .
                    .
The 9 and 10 similarity is 0.497753.
[(6, 3.387858021353602), (8, 3.3611246496054976), (7, 3.3587350221130028)]
```

下面再尝试另外一种相似度计算方法：

```
>>> svdRec.recommend(myMat, 1, estMethod=svdRec.svdEst,
simMeas=svdRec.pearsSim)
The 0 and 3 similarity is 0.116304.
                    .
                    .
                    .
The 9 and 10 similarity is 0.566796.
[(6, 3.3772856083690845), (9, 3.3701740601550196), (4, 3.3675118739831169)]
```

我们还可以再用其他多种相似度计算方法尝试一下。感兴趣的读者可以将这里的结果和前面的方法（不做SVD分解）进行比较，看看到底哪个性能更好。

14.5.3 构建推荐引擎面临的挑战

本节的代码很好地展示出了推荐引擎的工作流程以及SVD将数据映射为重要特征的过程。在撰写这些代码时，我尽量保证它们的可读性，但是并不保证代码的执行效率。一个原因是，我们不必在每次估计评分时都做SVD分解。对于上述数据集，是否包含SVD分解在效率上没有太大的区别。但是在更大规模的数据集上，SVD分解会降低程序的速度。SVD分解可以在程序调入时运行一次。在大型系统中，SVD每天运行一次或者频率更低，并且还要离线运行。

推荐引擎中还存在其他很多规模扩展性的挑战性问题，比如矩阵的表示方法。在上面给出的例子中有很多0，实际系统中0的数目更多。也许，我们可以通过只存储非零元素来节省内存和计算开销？另一个潜在的计算资源浪费则来自于相似度得分。在我们的程序中，每次需要一个推荐得分时，都要计算多个物品的相似度得分，这些得分记录的是物品之间的相似度。因此在需要时，这些记录可以被另一个用户重复使用。在实际中，另一个普遍的做法就是离线计算并保存相似度得分。

推荐引擎面临的另一个问题就是如何在缺乏数据时给出好的推荐。这称为*冷启动*（cold-start）问题，处理起来十分困难。这个问题的另一个说法是，用户不会喜欢一个无效的物品，而用户不喜欢的物品又无效。[①]如果推荐只是一个可有可无的功能，那么上述问题倒也不大。但是如果应用的成功与否和推荐的成功与否密切相关，那么问题就变得相当严重了。

冷启动问题的解决方案，就是将推荐看成是搜索问题。在内部表现上，不同的解决办法虽然有所不同，但是对用户而言却都是透明的。为了将推荐看成是搜索问题，我们可能要使用所需要推荐物品的属性。在餐馆菜肴的例子中，我们可以通过各种标签来标记菜肴，比如素食、美式BBQ、价格很贵等。同时，我们也可以将这些属性作为相似度计算所需要的数据，这被称为基于内容（content-based）的推荐。可能，基于内容的推荐并不如我们前面介绍的基于协同过滤的推荐效果好，但我们拥有它，这就是个良好的开始。

14.6　示例：基于 SVD 的图像压缩

在本节中，我们将会了解一个很好的关于如何将SVD应用于图像压缩的例子。通过可视化的方式，该例子使得我们很容易就能看到SVD对数据近似的效果。在代码库中，我们包含了一张手写的数字图像，该图像在第2章使用过。原始的图像大小是32×32=1024像素，我们能否使用更少的像素来表示这张图呢？如果能对图像进行压缩，那么就可以节省空间或带宽开销了。

我们可以使用SVD来对数据降维，从而实现图像的压缩。下面我们就会看到利用SVD的手写数字图像的压缩过程了。在下面的程序清单中包含了数字的读入和压缩的代码。要了解最后的压缩效果，我们对压缩后的图像进行了重构。打开svdRec.py文件并加入如下代码。

程序清单14-4　图像压缩函数

```
def printMat(inMat, thresh=0.8):
    for i in range(32):
        for k in range(32):
            if float(inMat[i,k]) > thresh:
                print 1,
            else: print 0,
        print ''

def imgCompress(numSV=3, thresh=0.8):
    myl = []
    for line in open('0_5.txt').readlines():
        newRow = []
        for i in range(32):
            newRow.append(int(line[i]))
        myl.append(newRow)
    myMat = mat(myl)
    print "****original matrix******"
    printMat(myMat, thresh)
    U,Sigma,VT = la.svd(myMat)
```

① 也就是说，在协同过滤场景下，由于新物品到来时由于缺乏所有用户对其的喜好信息，因此无法判断每个用户对其的喜好。而无法判断某个用户对其的喜好，也就无法利用该商品。——译者注

```
    SigRecon = mat(zeros((numSV, numSV)))
    for k in range(numSV):
        SigRecon[k,k] = Sigma[k]
    reconMat = U[:,:numSV]*SigRecon*VT[:numSV,:]
    print "****reconstructed matrix using %d singular values******" % numSV
    printMat(reconMat, thresh)
```

上述程序中第一个函数printMat()的作用是打印矩阵。由于矩阵包含了浮点数，因此必须定义浅色和深色。这里通过一个阈值来界定，后面也可以调节该值。该函数遍历所有的矩阵元素，当元素大于阈值时打印1，否则打印0。

下一个函数实现了图像的压缩。它允许基于任意给定的奇异值数目来重构图像。该函数构建了一个列表，然后打开文本文件，并从文件中以数值方式读入字符。在矩阵调入之后，我们就可以在屏幕上输出该矩阵了。接下来就开始对原始图像进行SVD分解并重构图像。在程序中，通过将Sigma重新构成SigRecon来实现这一点。Sigma是一个对角矩阵，因此需要建立一个全0矩阵，然后将前面的那些奇异值填充到对角线上。最后，通过截断的U和V^T矩阵，用SigRecon得到重构后的矩阵，该矩阵通过printMat()函数输出。

下面看看该函数的运行效果：

```
>>> reload(svdRec)
<module 'svdRec' from 'svdRec.py'>
>>> svdRec.imgCompress(2)
****original matrix******
0 0 0 0 0 0 0 0 0 0 0 0 0 0 1 1 0 0 0 0 0 0 0 0 0 0 0 0 0 0 0 0
0 0 0 0 0 0 0 0 0 0 0 0 1 1 1 1 1 1 0 0 0 0 0 0 0 0 0 0 0 0 0 0
0 0 0 0 0 0 0 0 0 0 0 1 1 1 1 1 1 1 1 0 0 0 0 0 0 0 0 0 0 0 0 0
0 0 0 0 0 0 0 0 0 0 1 1 1 1 1 1 1 1 1 1 0 0 0 0 0 0 0 0 0 0 0 0
0 0 0 0 0 0 0 0 1 1 1 1 1 1 1 1 1 1 1 1 1 0 0 0 0 0 0 0 0 0 0 0
0 0 0 0 0 0 0 1 1 1 1 1 1 1 1 1 1 1 1 1 1 1 0 0 0 0 0 0 0 0 0 0
0 0 0 0 0 0 0 0 1 1 1 1 1 1 1 1 1 1 1 1 1 1 1 0 0 0 0 0 0 0 0 0
0 0 0 0 0 0 0 0 1 1 1 1 1 1 1 0 0 0 0 1 1 1 1 1 0 0 0 0 0 0 0 0
0 0 0 0 0 0 0 1 1 1 1 1 1 1 0 0 0 0 0 1 1 1 1 1 0 0 0 0 0 0 0 0
0 0 0 0 0 0 1 1 1 1 1 1 0 0 0 0 0 0 0 0 1 1 1 1 0 0 0 0 0 0 0 0
0 0 0 0 0 0 1 1 1 1 1 1 0 0 0 0 0 0 0 0 1 1 1 1 1 0 0 0 0 0 0 0
0 0 0 0 0 0 1 1 1 1 1 1 0 0 0 0 0 0 0 0 0 1 1 1 1 0 0 0 0 0 0 0
0 0 0 0 0 0 1 1 1 1 1 1 0 0 0 0 0 0 0 0 0 1 1 1 1 0 0 0 0 0 0 0
0 0 0 0 0 0 0 1 1 1 1 1 1 0 0 0 0 0 0 0 0 0 1 1 1 1 0 0 0 0 0 0
0 0 0 0 0 0 1 1 1 1 1 1 1 0 0 0 0 0 0 0 0 0 1 1 1 1 0 0 0 0 0 0
0 0 0 0 0 0 1 1 1 1 1 1 0 0 0 0 0 0 0 0 0 0 1 1 1 1 0 0 0 0 0 0
0 0 0 0 0 0 0 1 1 1 1 1 0 0 0 0 0 0 0 0 0 0 1 1 1 1 0 0 0 0 0 0
0 0 0 0 0 0 1 1 1 1 1 1 0 0 0 0 0 0 0 0 0 0 1 1 1 1 0 0 0 0 0 0
0 0 0 0 0 0 0 1 1 1 1 1 0 0 0 0 0 0 0 0 0 0 1 1 1 1 0 0 0 0 0 0
0 0 0 0 0 0 0 1 1 1 1 1 0 0 0 0 0 0 0 0 0 1 1 1 1 1 0 0 0 0 0 0
0 0 0 0 0 0 0 0 1 1 1 1 1 0 0 0 0 0 0 0 0 0 1 1 1 1 1 0 0 0 0 0
0 0 0 0 0 0 0 0 1 1 1 1 1 0 0 0 0 0 0 0 0 0 1 1 1 1 1 0 0 0 0 0
0 0 0 0 0 0 0 0 1 1 1 1 1 0 0 0 0 0 0 0 0 0 1 1 1 1 1 0 0 0 0 0
0 0 0 0 0 0 0 0 1 1 1 1 1 0 0 0 0 0 0 0 0 1 1 1 1 1 0 0 0 0 0 0
0 0 0 0 0 0 0 0 1 1 1 1 1 0 0 0 0 0 0 0 1 1 1 1 1 1 0 0 0 0 0 0
0 0 0 0 0 0 0 0 1 1 1 1 1 1 0 0 0 0 0 1 1 1 1 1 1 0 0 0 0 0 0 0
0 0 0 0 0 0 0 0 0 1 1 1 1 1 1 1 1 1 1 1 1 1 1 1 1 0 0 0 0 0 0 0
0 0 0 0 0 0 0 0 0 0 1 1 1 1 1 1 1 1 1 1 1 1 1 1 1 0 0 0 0 0 0 0
```

```
0 0 0 0 0 0 0 0 0 0 1 1 1 1 1 1 1 1 1 1 1 1 1 1 1 0 0 0 0 0 0 0
0 0 0 0 0 0 0 0 0 0 1 1 1 1 1 1 1 1 1 1 1 1 1 1 1 0 0 0 0 0 0 0
0 0 0 0 0 0 0 0 0 0 0 1 1 1 1 1 1 1 1 1 1 1 1 0 0 0 0 0 0 0 0 0
0 0 0 0 0 0 0 0 0 0 0 0 1 1 1 1 1 1 1 1 1 1 0 0 0 0 0 0 0 0 0 0
0 0 0 0 0 0 0 0 0 0 0 0 0 0 1 1 1 1 1 1 0 0 0 0 0 0 0 0 0 0 0 0
(32, 32)
****reconstructed matrix using 2 singular values******
0 0 0 0 0 0 0 0 0 0 0 0 0 0 0 0 0 0 0 0 0 0 0 0 0 0 0 0 0 0 0 0
0 0 0 0 0 0 0 0 0 0 0 0 0 0 0 0 0 0 0 0 0 0 0 0 0 0 0 0 0 0 0 0
0 0 0 0 0 0 0 0 0 0 0 0 0 1 1 1 1 1 0 0 0 0 0 0 0 0 0 0 0 0 0 0
0 0 0 0 0 0 0 0 0 0 0 0 1 1 1 1 1 1 1 1 0 0 0 0 0 0 0 0 0 0 0 0
0 0 0 0 0 0 0 0 0 0 0 1 1 1 1 1 1 1 1 1 1 0 0 0 0 0 0 0 0 0 0 0
0 0 0 0 0 0 0 0 0 0 1 1 1 1 1 1 1 1 1 1 1 1 0 0 0 0 0 0 0 0 0 0
0 0 0 0 0 0 0 0 0 0 1 1 1 1 1 1 1 1 1 1 1 1 0 0 0 0 0 0 0 0 0 0
0 0 0 0 0 0 0 0 0 1 1 1 1 0 0 0 0 0 0 0 0 0 1 0 0 0 0 0 0 0 0 0
0 0 0 0 0 0 0 0 1 1 1 1 0 0 0 0 0 0 0 0 0 0 1 1 0 0 0 0 0 0 0 0
0 0 0 0 0 0 0 0 1 1 1 1 0 0 0 0 0 0 0 0 0 0 1 1 1 0 0 0 0 0 0 0
0 0 0 0 0 0 0 0 1 1 1 1 0 0 0 0 0 0 0 0 0 0 1 1 1 0 0 0 0 0 0 0
0 0 0 0 0 0 0 0 1 1 1 1 0 0 0 0 0 0 0 0 0 0 1 1 1 0 0 0 0 0 0 0
0 0 0 0 0 0 0 0 1 1 1 1 0 0 0 0 0 0 0 0 0 0 1 1 1 0 0 0 0 0 0 0
0 0 0 0 0 0 0 0 1 1 1 1 0 0 0 0 0 0 0 0 0 0 1 1 1 0 0 0 0 0 0 0
0 0 0 0 0 0 0 0 1 1 1 1 0 0 0 0 0 0 0 0 0 0 1 1 1 0 0 0 0 0 0 0
0 0 0 0 0 0 0 0 1 1 1 1 0 0 0 0 0 0 0 0 0 0 1 1 1 0 0 0 0 0 0 0
0 0 0 0 0 0 0 0 1 1 1 1 0 0 0 0 0 0 0 0 0 0 1 1 1 0 0 0 0 0 0 0
0 0 0 0 0 0 0 0 1 1 1 1 0 0 0 0 0 0 0 0 0 0 1 1 1 0 0 0 0 0 0 0
0 0 0 0 0 0 0 0 1 1 1 1 0 0 0 0 0 0 0 0 0 0 1 1 1 0 0 0 0 0 0 0
0 0 0 0 0 0 0 0 1 1 1 1 0 0 0 0 0 0 0 0 0 0 1 1 1 0 0 0 0 0 0 0
0 0 0 0 0 0 0 0 1 1 1 1 0 0 0 0 0 0 0 0 0 0 1 1 1 0 0 0 0 0 0 0
0 0 0 0 0 0 0 0 1 1 1 1 0 0 0 0 0 0 0 0 0 0 1 1 1 0 0 0 0 0 0 0
0 0 0 0 0 0 0 0 1 1 1 1 0 0 0 0 0 0 0 0 0 0 1 1 1 0 0 0 0 0 0 0
0 0 0 0 0 0 0 0 1 1 1 1 0 0 0 0 0 0 0 0 0 0 1 1 1 0 0 0 0 0 0 0
0 0 0 0 0 0 0 0 1 1 1 1 0 0 0 0 0 0 0 0 0 0 1 1 0 0 0 0 0 0 0 0
0 0 0 0 0 0 0 0 0 0 1 1 1 1 1 1 1 1 1 1 1 1 1 0 0 0 0 0 0 0 0 0
0 0 0 0 0 0 0 0 0 0 1 1 1 1 1 1 1 1 1 1 1 1 0 0 0 0 0 0 0 0 0 0
0 0 0 0 0 0 0 0 0 0 1 1 1 1 1 1 1 1 1 1 1 1 0 0 0 0 0 0 0 0 0 0
0 0 0 0 0 0 0 0 0 0 0 0 1 1 1 1 1 1 1 1 1 0 0 0 0 0 0 0 0 0 0 0
0 0 0 0 0 0 0 0 0 0 0 0 1 1 1 1 1 1 1 1 1 0 0 0 0 0 0 0 0 0 0 0
0 0 0 0 0 0 0 0 0 0 0 0 0 0 0 0 0 0 0 0 0 0 0 0 0 0 0 0 0 0 0 0
```

可以看到，只需要两个奇异值就能相当精确地对图像实现重构。那么，我们到底需要多少个0-1的数字来重构图像呢？U和V^T都是32 × 2的矩阵，有两个奇异值。因此总数字数目是64+64+2=130。和原数目1024相比，我们获得了几乎10倍的压缩比。

14.7　本章小结

SVD是一种强大的降维工具，我们可以利用SVD来逼近矩阵并从中提取重要特征。通过保留矩阵80% ~ 90%的能量，就可以得到重要的特征并去掉噪声。SVD已经运用到了多个应用中，其中一个成功的应用案例就是推荐引擎。

推荐引擎将物品推荐给用户，协同过滤则是一种基于用户喜好或行为数据的推荐的实现方法。协同过滤的核心是相似度计算方法，有很多相似度计算方法都可以用于计算物品或用户之间的相似度。通过在低维空间下计算相似度，SVD提高了推荐系统引擎的效果。

在大规模数据集上，SVD的计算和推荐可能是一个很困难的工程问题。通过离线方式来进行SVD分解和相似度计算，是一种减少冗余计算和推荐所需时间的办法。在下一章中，我们将介绍在大数据集上进行机器学习的一些工具。

第 15 章

大数据与MapReduce

本章内容

- MapReduce
- Python中Hadoop流的使用
- 使用mrjob库将MapReduce自动化
- 利用Pegasos算法并行训练支持向量机

常听人说："兄弟，你举的例子是不错，但我的数据太大了！"毫无疑问，工作中所使用的数据集将会比本书的例子大很多。随着大量设备连上互联网加上用户也对基于数据的决策很感兴趣，所收集到的数据已经远远超出了我们的处理能力。幸运的是，一些开源的软件项目提供了海量数据处理的解决方案，其中一个项目就是Hadoop，它采用Java语言编写，支持在大量机器上分布式处理数据。

假想你为一家网络购物商店工作，有很多用户来访问网站，其中有一些人会购买商品，有一些人则在随意浏览后离开了网站。对于你来说，可能很想识别那些有购物意愿的用户。如何实现这一点？可以浏览Web服务器日志找出每个人所访问的网页。日志中或许还会记录其他行为，如果这样，就可以基于这些行为来训练分类器。唯一的问题在于数据集可能会非常大，在单机上训练算法可能要运行好几天。本章就将介绍一些实用的工具来解决这样的问题，包括Hadoop以及一些基于Hadoop的Python工具包。

Hadoop是MapReduce框架的一个免费开源实现，本章首先简单介绍MapReduce和Hadoop项目，然后学习如何使用Python编写MapReduce作业[①]。这些作业先在单机上进行测试，之后将使用亚马逊的Web服务在大量机器上并行执行。一旦能够熟练运行MapReduce作业，本章我们就可以讨论基于MapReduce处理机器学习算法任务的一般解决方案。在本章中还将看到一个可以在Python中自动执行MapReduce作业的mrjob框架。最后，介绍如何用mrjob构建分布式SVM，在大量的机器上并行训练分类器。

① 一个作业即指把一个MapReduce程序应用到一个数据集上。——译者注

15.1 MapReduce：分布式计算的框架

MapReduce

优点：可在短时间内完成大量工作。

缺点：算法必须经过重写，需要对系统工程有一定的理解。

适用数据类型：数值型和标称型数据。

MapReduce是一个软件框架，可以将单个计算作业分配给多台计算机执行。它假定这些作业在单机上需要很长的运行时间，因此使用多台机器缩短运行时间。常见的例子是日常统计数字的汇总，该任务单机上执行时间将超过一整天。

尽管有人声称他们已经独立开发过类似的框架，美国还是把MapReduce的专利颁发给了Google。Google公司的Jeffrey Dean和Sanjay Ghemawat在2004年的一篇论文中第一次提出了这个思想，该论文的题目是"MapReduce：Simplified Data Processing on Large Clusters"①MapReduce的名字由函数式编程中常用的map和reduce两个单词组成。

MapReduce在大量节点组成的集群上运行。它的工作流程是：单个作业被分成很多小份，输入数据也被切片分发到每个节点，各个节点只在本地数据上做运算，对应的运算代码称为mapper，这个过程被称作map②阶段。每个mapper的输出通过某种方式组合（一般还会做排序）。排序后的结果再被分成小份分发到各个节点进行下一步处理工作。第二步的处理阶段被称为reduce阶段，对应的运行代码被称为reducer。reducer的输出就是程序的最终执行结果。

MapReduce的优势在于，它使得程序以并行方式执行。如果集群由10个节点组成，而原先的作业需要10个小时来完成，那么应用MapReduce，该作业将在一个多小时之后得到同样的结果。举个例子，给出过去100年内中国每个省每天的正确气温数据，我们想知道近100年中国国内的最高气温。这里的数据格式为：<province><date><temp>。为了统计该时段内的最高温度，可以先将这些数据根据节点数分成很多份，每个节点各自寻找本机数据集上的最高温度。这样每个mapper将产生一个温度，形如< "max" ><temp>，也就是所有的mapper都会产生相同的key："max"字符串。最后只需要一个reducer来比较所有mapper的输出，就能得到全局的最高温度值。

注意 在任何时候，每个mapper或reducer之间都不进行通信③。每个节点只处理自己的事务，且在本地分配的数据集上运算。

① J. Dean, S. Ghemawat, "MapReduce: Simplified Data Processing on Large Clusters," OSDI '04: 6th Symposium on Operating System Design and Implementa tion, San Francisco, CA, December, 2004.

② map、reduce一般都不翻译，sort、combine有人分别翻译成排序、合并。mapper和reducer分别是指进行map和reduce操作的程序或节点，key/value有人翻译成 键/值。这几个词，在本章均未翻译。——译者注

③ 这是指mapper各自之间不通信，reducer各自之间不通信，而reducer会接收mapper生成的数据。——译者注

不同类型的作业可能需要不同数目的reducer。再回到温度统计的例子，虽然这次使用的数据集相同，但不同的是这里要找出每年的最高温度。这样的话，mapper应先找到每年的最大温度并输出，所以中间数据的格式将形如<year><temp>。此外，还需要保证所有同一年的数据传递给同一个reducer，这由map和reduce阶段中间的sort阶段来完成。该例中也给出了MapReduce中值得注意的一点，即数据会以key/value对的形式传递。这里，年代（year）是key，温度（temp）是value。因此sort阶段将按照年代把数据分类，之后合并。最终每个reducer就会收到相同的key值。

从上述例子可以看出，reducer的数量并不是固定的。此外，在MapReduce的框架中还有其他一些灵活的配置选项。MapReduce的整个编配工作由**主节点**（master node）控制。这些主节点控制整个MapReduce作业编配，包括每份数据存放的节点位置，以及map、sort和reduce等阶段的时序控制等。此外，主节点还要包含容错机制。一般地，每份mapper的输入数据会同时分发到多个节点形成多份副本，用于事务的失效处理。一个MapReduce集群的示意图如图15-1所示。

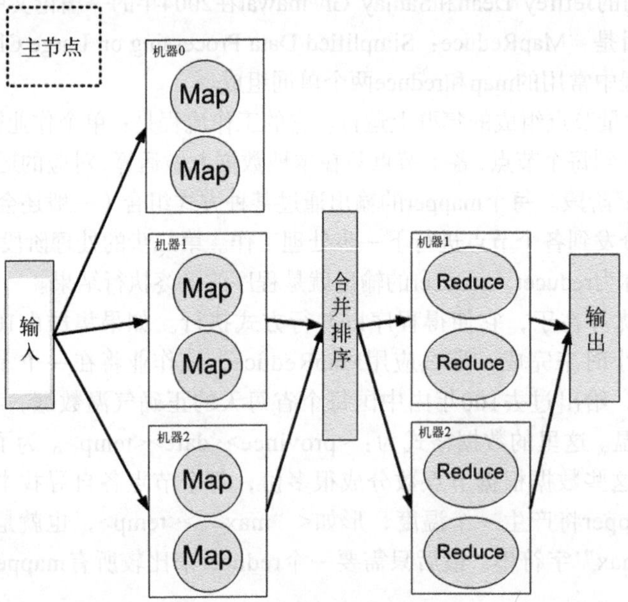

图15-1　MapReduce框架的示意图。在该集群中有3台双核机器，如果机器0失效，作业仍可以正常继续

图15-1的每台机器都有两个处理器，可以同时处理两个map或者reduce任务。如果机器0在map阶段宕机，主节点将会发现这一点。主节点在发现该问题之后，会将机器0移出集群，并在剩余的节点上继续执行作业。在一些MapReduce的实现中，在多个机器上都保存有数据的多个备份，例如在机器0上存放的输入数据可能还存放在机器1上，以防机器0出现问题。同时，每个节点都必须与主节点通信，表明自己工作正常。如果某节点失效或者工作异常，主节点将重启该节点或者将该节点移出可用机器池。

总结一下上面几个例子中关于MapReduce的学习要点：

- 主节点控制MapReduce的作业流程；
- MapReduce的作业可以分成map任务和reduce任务；
- map任务之间不做数据交流，reduce任务也一样；
- 在map和reduce阶段中间，有一个sort或combine阶段；
- 数据被重复存放在不同的机器上，以防某个机器失效；
- mapper和reducer传输的数据形式为key/value对。

Apache的Hadoop项目是MapReduce框架的一个实现。下一节将开始讨论Hadoop项目，并介绍如何在Python中使用它。

15.2 Hadoop 流

Hadoop是一个开源的Java项目，为运行MapReduce作业提供了大量所需的功能。除了分布式计算之外，Hadoop自带分布式文件系统。

本书既不是Java，也不是Hadoop的教材，因此本节只对Hadoop做简单介绍，只要能满足在Python中用Hadoop来执行MapReduce作业的需求即可。如果读者想对Hadoop做深入理解，可以阅读《Hadoop实战》[①]或者浏览Hadoop官方网站上的文档（http://hadoop.apache.org/）。此外，*Mahout in action*[②]一书也为在MapReduce下实现机器学习算法提供了很好的参考资料。

Hadoop可以运行Java之外的其他语言编写的分布式程序。因为本书以Python为主，所以下面将使用Python编写MapReduce代码，并在Hadoop流中运行。Hadoop流（http://hadoop.apache. org/ common/docs/current/streaming.html）很像Linux系统中的管道（管道使用符号|，可以将一个命令的输出作为另一个命令的输入）。如果用mapper.py调用mapper，用reducer.py调用reducer，那么Hadoop流就可以像Linux命令一样执行，例如：

```
cat inputFile.txt | python mapper.py | sort | python reducer.py >
outputFile.txt
```

这样，类似的Hadoop流就可以在多台机器上分布式执行，用户可以通过Linux命令来测试Python语言编写的MapReduce脚本。

15.2.1 分布式计算均值和方差的 mapper

接下来我们将构建一个海量数据上分布式计算均值和方差的MapReduce作业。示范起见，这里只选取了一个小数据集。在文本编辑器中创建文件mrMeanMapper.py，并加入如下程序清单中的代码。

---

① Chuck Lam, *Hadoop in Action* (Manning Publications, 2010)，中文版由人民邮电出版社出版。

② Sean Owen, Robin Anil, Ted Dunning, and Ellen Friedman, *Mahout in Action* (Manning Publications, 2011)，中文版即将由人民邮电出版社出版。

程序清单15-1　分布式均值和方差计算的mapper

```
import sys
from numpy import mat, mean, power

def read_input(file):
    for line in file:
        yield line.rstrip()

input = read_input(sys.stdin)
input = [float(line) for line in input]
numInputs = len(input)
input = mat(input)
sqInput = power(input,2)

print "%d\t%f\t%f" % (numInputs, mean(input), mean(sqInput))
print >> sys.stderr, "report: still alive"
```

这是一个很简单的例子：该mapper首先按行读取所有的输入并创建一组对应的浮点数，然后得到数组的长度并创建NumPy矩阵。再对所有的值进行平方，最后将均值和平方后的均值发送出去。这些值将用于计算全局的均值和方差。

注意　一个好的习惯是向标准错误输出发送报告。如果某作业10分钟内没有报告输出，则将被Hadoop中止。

下面看看程序清单15-1的运行效果。首先确认一下在下载的源码中有一个文件inputFile.txt，其中包含了100个数。在正式使用Hadoop之前，先来测试一下mapper。在Linux终端执行以下命令：

```
cat inputFile.txt | python mrMeanMapper.py
```

如果在Windows系统下，可在DOS窗口输入以下命令：

```
python mrMeanMapper.py < inputFile.txt
```

运行结果如下：

```
100     0.509570        0.344439
report: still alive
```

其中第一行是标准输出，也就是reducer的输入；第二行是标准错误输出，即对主节点做出的响应报告，表明本节点工作正常。

15.2.2　分布式计算均值和方差的 reducer

至此，mapper已经可以工作了，下面介绍reducer。根据前面的介绍，mapper接受原始的输入并产生中间值传递给reducer。很多mapper是并行执行的，所以需要将这些mapper的输出合并成一个值。接下来给出reducer的代码：将中间的key/value对进行组合。打开文本编辑器，建立文件mrMeanReducer.py，然后输入程序清单15-2的代码。

程序清单15-2 分布式均值和方差计算的reducer

```
import sys
from numpy import mat, mean, power

def read_input(file):
    for line in file:
        yield line.rstrip()

input = read_input(sys.stdin)
mapperOut = [line.split('\t') for line in input]
cumVal=0.0
cumSumSq=0.0
cumN=0.0
for instance in mapperOut:
    nj = float(instance[0])
    cumN += nj
    cumVal += nj*float(instance[1])
    cumSumSq += nj*float(instance[2])
mean = cumVal/cumN
varSum = (cumSumSq - 2*mean*cumVal + cumN*mean*mean)/cumN
print "%d\t%f\t%f" % (cumN, mean, varSum)
print >> sys.stderr, "report: still alive"
```

程序清单15-2就是reducer的代码，它接收程序清单15-1的输出，并将它们合并成为全局的均值和方差，从而完成任务。

你可以在自己的单机上用下面的命令测试一下：

```
%cat inputFile.txt | python mrMeanMapper.py | python mrMeanReducer.py
```

如果是DOS环境，键入如下命令：

```
%python mrMeanMapper.py < inputFile.txt | python mrMeanReducer.py
```

后面的章节将介绍如何在多台机器上分布式运行该代码。你手边或许没有10台机器，没有问题，下节就会介绍如何租用服务器。

15.3 在 Amazon 网络服务上运行 Hadoop 程序

如果要在100台机器上同时运行MapReduce作业，那么就需要找到100台机器，可以采取购买的方式，或者从其他地方租用。Amazon公司通过Amazon网络服务（Amazon Web Services，AWS，http://aws.amazon.com/），将它的大规模计算基础设施租借给开发者。

AWS提供网站、流媒体、移动应用等类似的服务，其中存储、带宽和计算能力按价收费，用户可以仅为使用的部分按时缴费，无需长期的合同。这种仅为所需买单的形式，使得AWS很有诱惑力。例如，当你临时需要使用1000台机器时，可以在AWS上申请并做几天实验。几天后当你发现当前的方案不可行，就即时关掉它，不需要再为这1000台机器支出任何费用。本节首先介绍几个目前在AWS上可用的服务，然后介绍AWS上运行环境的搭建方法，最后给出了一个在AWS上运行Hadoop流作业的例子。

15.3.1　AWS 上的可用服务

AWS上提供了大量可用的服务。在行内人士看来，这些服务的名字很容易理解，而在新手看来则比较神秘。目前AWS还在不停地演变，也在不断地添加一些新的服务。下面给出一些基本的稳定的服务。

- S3——简单存储服务，用于在网络上存储数据，需要与其他AWS产品配合使用。用户可以租借一组存储设备，并按照数据量大小及存储时间来付费。
- EC2——弹性计算云（Elastic Compute Cloud），是使用服务器镜像的一项服务。它是很多AWS系统的核心，通过配置该服务器可以运行大多数的操作系统。它使得服务器可以以镜像的方式在几分钟内启动，用户可以创建、存储和共享这些镜像。EC2中"弹性"的由来是该服务能够迅速便捷地根据需求增加服务的数量。
- Elastic MapReduce（EMR）——弹性MapReduce，它是AWS的MapReduce实现，搭建于稍旧版本的Hadoop之上（Amazon希望保持一个稳定的版本，因此做了些修改，没有使用最新的Hadoop）。它提供了一个很好的GUI，并简化了Hadoop任务的启动方式。用户不需要因为集群琐碎的配置（如Hadoop系统的文件导入或Hadoop机器的参数修改）而多花心思。在EMR上，用户可以运行Java作业或Hadoop流作业，本书将对后者进行介绍。

另外，很多其他服务也是可用的，本书将着重介绍EMR。下面还需要用到S3服务，因为EMR需要从S3上读取文件并启动安装Hadoop的EC2服务器镜像。

15.3.2　开启 Amazon 网络服务之旅

使用AWS之前，首先需要创建AWS账号。开通AWS账号还需要一张信用卡，后面章节中的练习将花费大约1美元的费用。打开http://aws.amazon.com/可以看到如图15-2所示的界面，在右上部有"现在注册"（Sign Up Now）按钮。点击后按照指令进行，经过三个页面就可以完成AWS的注册。注意，你需要注册S3、EC2和EMR三项服务。

建立了AWS账号后，登录进AWS控制台并点击EC2、Elastic MapReduce和S3选项卡，确认你是否已经注册了这些服务。如果你没有注册某项服务，会看到如图15-3所示的提示。

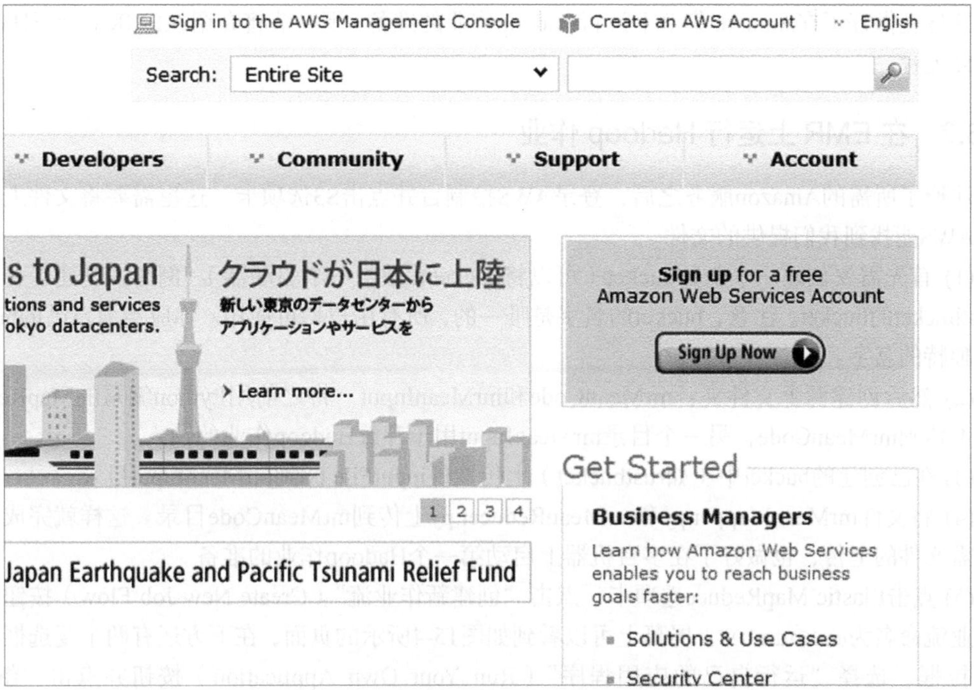

图15-2 http://aws.amazon.com/页面右上部给出了注册AWS账号的按钮

图15-3 服务未注册时的AWS控制台提示信息。如果你的浏览器在S3、EC2和Elastic MapReduce服务页面也有相应提示，请注册这些服务

这样就做好了在Amazon集群上运行Hadoop作业的准备，下一节将介绍在EMR上运行Hadoop的具体流程。

15.3.3　在 EMR 上运行 Hadoop 作业

注册了所需的Amazon服务之后，登录AWS控制台并点击S3选项卡。这里需要将文件上传，以便AWS能找到我们提供的文件。

(1) 首先需要创建一个新的bucket（可以将bucket看做是一个驱动器）。例如，创建了一个叫做rustbucket的bucket。注意，bucket的名字是唯一的，所有用户均可使用。你应当为自己的bucket创建独特的名字。

(2) 然后创建两个文件夹：mrMeanCode和mrMeanInput。将之前用Python编写的MapReduce代码上传到mrMeanCode，另一个目录mrMeanInput用于存放Hadoop作业的输入。

(3) 在已创建的bucket中（如rustbucket）上传文件inputFile.txt到mrMeanInput目录。

(4) 将文件mrMeanMapper.py和mrMeanReducer.py上传到mrMeanCode目录。这样就完成了全部所需文件的上传，也做好了在多台机器上启动第一个Hadoop作业的准备。

(5) 点击Elastic MapReduce选项卡，点击“创建新作业流”（Create New Job Flow）按钮，并将作业流命名为`mrMean007`。屏幕上可以看到如图15-4所示的页面，在下方还有两个复选框和一个下拉框，选择“运行自己的应用程序”（Run Your Own Application）按钮并点击“继续”（Continue）进入到下一步。

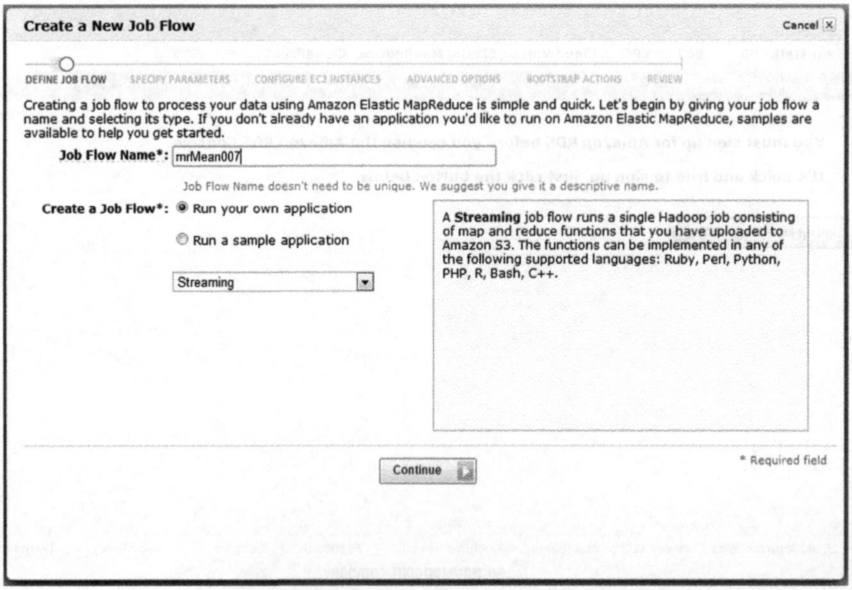

图15-4　EMR的新作业流创建页面

(6) 在这一步需要设定Hadoop的输入参数。如果这些参数设置错误，作业将会执行失败。在“指定参数”（Specify Parameters）页面的对应字段上输入下面的内容：

Input Location*：`<your bucket name>/mrMeanInput/inputFile.txt`

Output Location*：`<your bucket name>/mrMean007Log`

Mapper*：`"python s3n:// <your bucket name>/mrMeanCode/mrMeanMapper.py"`

Reducer*：`"python s3n:// <your bucket name>/mrMeanCode/mrMeanReducer.py"`

可以将“其他参数”（Extra Args）字段留空。该字段的作用是指定一些其他参数，如reducer的数量。本页面将如图15-5所示，点击“继续”（Continue）。

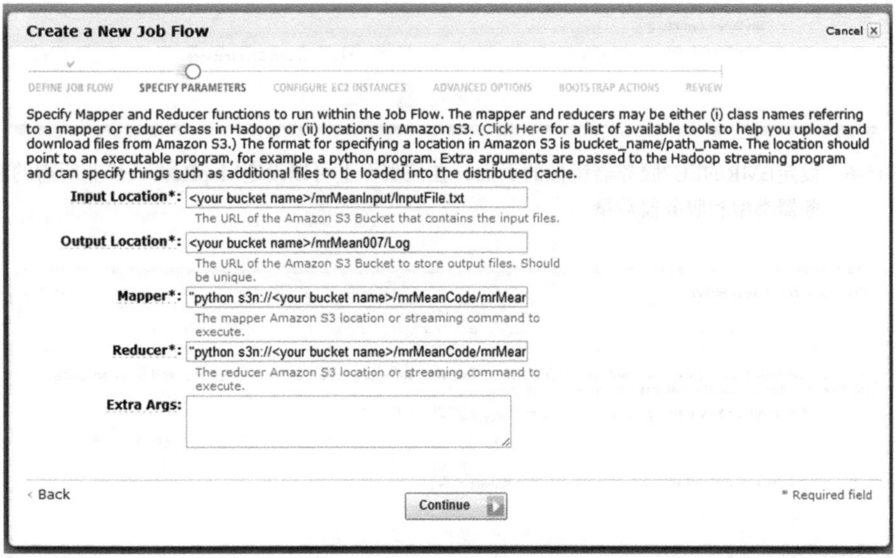

图15-5　EMR的指定参数页面

(7) 下一个页面需要设定EC2的服务器镜像，这里将设定用于存储数据的服务器数量，默认值是2，可以改成1。你也可以按需要改变EC2服务器镜像的类型，可以申请一个大内存高运算能力的机器（当然也花费更多）。实际上，大的作业经常在大的服务器镜像上运行，详见http://aws. amazon.com/ec2/#instance。本节的简单例子可以选用很小的机器。本页面如图15-6所示，点击“继续”（Continue）。

(8) 下一个是“高级选项”（Advanced Options）页面，可以设定有关调试的一些选项。务必打开日志选项，在“亚马逊S3日志路径”（Amazon S3 Log Path）里添加`s3n://<your bucket name>/mrMean007DebugLog`。只有注册SimpleDB才能开启Hadoop调试服务，它是Amazon的访问非关系数据库的简单工具。虽然开启了该服务，但我们不准备使用它来调试Hadoop流作业。当一个Hadoop作业失败，会有一些失败信息写入上述目录，回头读一下这些信息就可以分析在哪里出了问题。整个页面如图15-7所示，点击“继续”（Continue）。

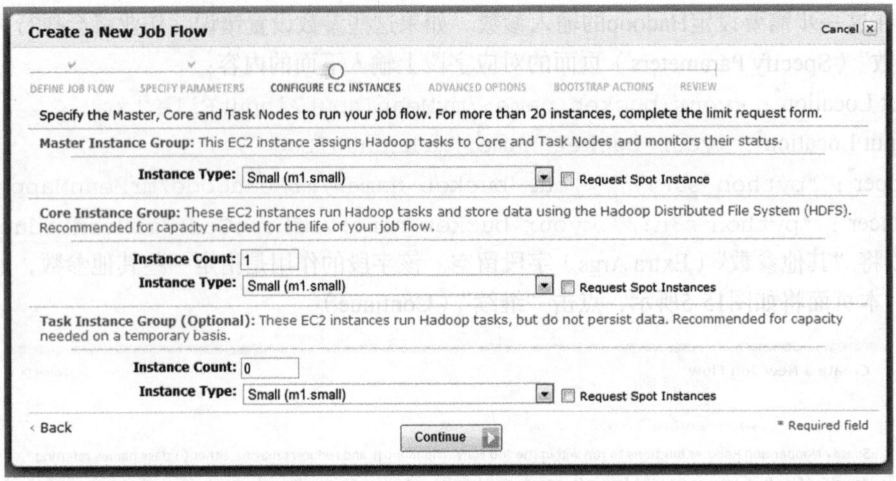

图15-6 设定EMR的EC2服务器镜像的页面，在该页面上可以设定MapReduce作业所需的服务器类型和服务器数量

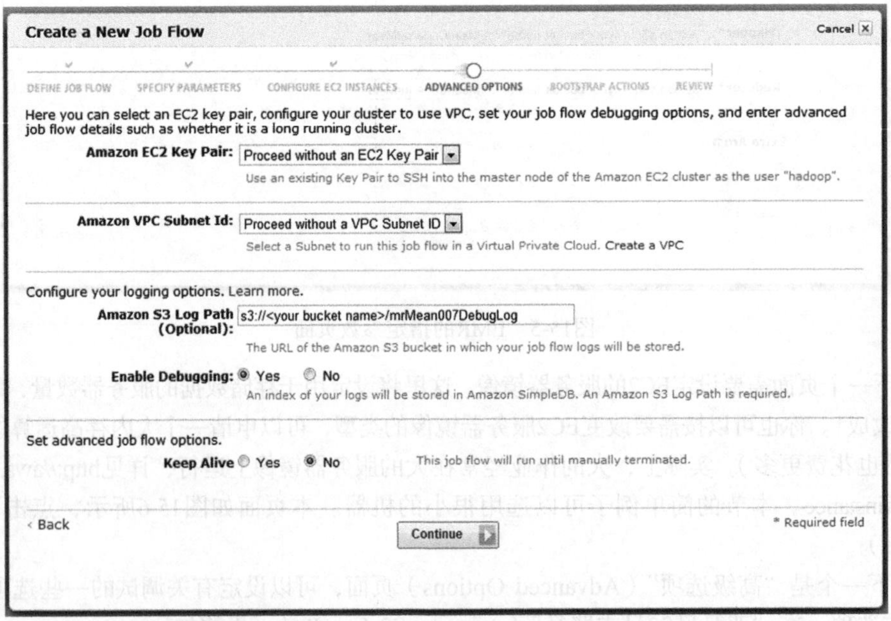

图15-7 EMR的高级选项页面，可以设定调试文件的存放位置，也可以设定继续自动运行机制。作业失败还可以设定登录服务器所需的登录密钥。如果想检查代码的运行环境，登录服务器再查看是个很好的办法

(9) 关键的设置已经完成，可以在接下来的引导页面使用默认的设定，一直点“下一步”（Next）到查看（Review）页面。检查一下所有的配置是否正确，然后点击底部的“创建作业流”

（Create Job Flow）按钮。这样新任务就创建好了，在下一个页面点击“关闭”（Close）按钮将返回EMR控制台。当作业运行的时候，可以在控制台看到其运行状态。读者不必担心运行这样一个小作业花费了这么多时间，因为这里包含了新的服务器镜像的配置。最终页面如图15-8所示（可能你那里不会有这么多的失败作业）。

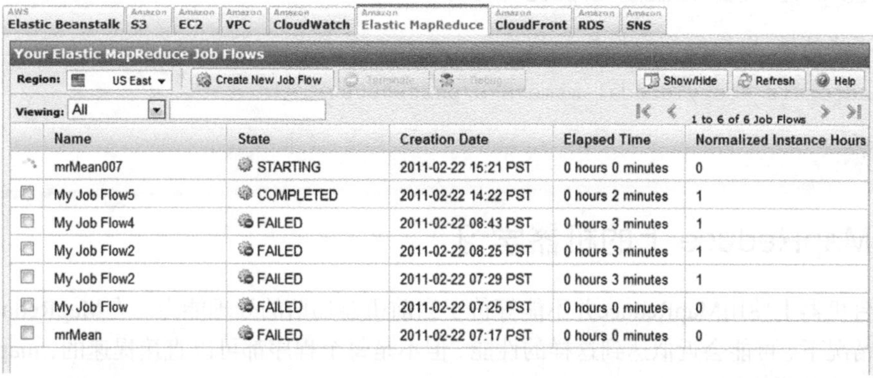

图15-8 EMR控制台显示出了一些MapReduce作业，本章的MapReduce作业已经在这张图中启动

新建的任务将在开始运行几分钟之后完成，可以通过点击控制台顶端的S3选项卡来观察S3的输出。选中S3控制台后，点击之前创建的bucket（本例中是rustbucket）。在这个bucket里应该可以看到一个mrMean007Log目录。双击打开该目录，可以看到一个文件part-00000，该文件就是reducer的输出。双击下载该文件到本地机器上，用文本编辑器打开该文件，结果应该是这样的：

```
100     0.509570     0.344439
```

这个结果与单机上用管道得到的测试结果一样，所以该结果是正确的。如果结果不正确，应当怎样找到问题所在呢？退回到EMR选项卡，点击“已经完成的任务”（Completed Job），可以看到“调试”（Debug）按钮，上面还有一个绿色小昆虫的动画。点击该按钮将打开调试窗口，可以访问不同的日志文件。另外，点击“控制器”（Controller）超链接，可以看到Hadoop命令和Hadoop版本号。

现在我们已经运行了一个Hadoop流作业，下面将介绍如何在Hadoop上执行机器学习算法。MapReduce可以在多台机器上运行很多程序，但这些程序需要做一些修改。

不使用AWS

如果读者不希望使用信用卡，或者怕泄露自己的信用卡信息，也能在本地机器上运行同样的作业。下面的步骤假定你已经安装了Hadoop（http://hadoop.apache.org/common/docs/stable/#Getting+Started）。

(1) 将文件复制到HDFS：

```
>hadoop fs -copyFromLocal inputFile.txt mrmean-i
```

(2) 启动任务：

```
>hadoop  jar  $HADOOP_HOME/contrib/streaming/hadoop-0.20.2-stream-
ing.jar -input mrmean-i -output mrmean-o -mapper "python mrMeanMap-
per.py" -reducer "python mrMeanReducer.py"
```

(3) 观察结果：

```
>hadoop fs -cat mrmean-o/part-00000
```

(4) 下载结果：

```
>hadoop fs -copyToLocal mrmean-o/part-00000 .
```

完成

15.4 MapReduce上的机器学习

在10台机器上使用MapReduce并不能等价于当前机器10倍的处理能力。在MapReduce代码编写合理的情况下，可能会近似达到这样的性能，但不是每个程序都可以直接提速的，map和reduce函数需要正确编写才行。

很多机器学习算法不能直接用在MapReduce框架上。这也没关系，正如老话所说："需求是发明之母。"科学家和工程师中的一些先驱已完成了大多数常用机器学习算法的MapReduce实现。

下面的清单简要列出了本书常用的机器学习算法和对应的MapReduce实现。

- 简单贝叶斯——它属于为数不多的可以很自然地使用MapReduce的算法。在MapReduce中计算加法非常容易，而简单贝叶斯正需要统计在某个类别下某特征的概率。因此可以将每个指定类别下的计算作业交由单个的mapper处理，然后使用reducer来将结果加和。
- *k*-近邻算法——该算法首先试图在数据集上找到相似向量，即便数据集很小，这个步骤也将花费大量的时间。在海量数据下，它将极大地影响日常商业周期的运转。一个提速的办法是构建树来存储数据，利用树形结构来缩小搜索范围。该方法在特征数小于10的情况下效果很好。高维数据下（如文本、图像和视频）流行的近邻查找方法是局部敏感哈希算法。
- 支持向量机（SVM）——第6章使用的Platt SMO算法在MapReduce框架下难以实现。但有一些其他SVM的实现使用随机梯度下降算法求解，如Pegasos算法。另外，还有一个近似的SVM算法叫做最邻近支持向量机（proximal SVM），求解更快并且易于在MapReduce框架下实现①。
- 奇异值分解——Lanczos算法是一个有效的求解近似特征值的算法。该算法可以应用在一系列MapReduce作业上，从而有效地找到大矩阵的奇异值。另外，该算法还可以应用于主成分分析。
- K-均值聚类——一个流行的分布式聚类方法叫做canopy聚类，可以先调用canopy聚类法取得初始的*k*个簇，然后再运行K-均值聚类方法。

① Glenn Fung, Olvi L. Mangasarian, "PSVM: Proximal Support Vector Machine," http://www.cs.wisc.edu/dmi/svm/psvm/.

如果读者有兴趣了解更多机器学习方法的MapReduce实现，可以访问Apache的Mahout项目主页（http://mahout.apache.org/）以及参考*Mahout in Action*一书。其中Mahout项目以Java语言编写，该书也对处理大规模数据的实现细节做了很详细的介绍。另一个关于MapReduce很棒的资源是Jimmy Lin和Chris Dyer写的*Data Intensive Text Processing with Map/Reduce*一书。

接下来将介绍一个可以运行MapReduce作业的Python工具。

15.5 在 Python 中使用 mrjob 来自动化 MapReduce

上面列举的算法大多是迭代的。也就是说，它们不能用一次MapReduce作业来完成，而通常需要多步。在15.3节中，Amazon的EMR上运行MapReduce作业只是一个简例。如果想在大数据集上运行AdaBoost算法该怎么办呢？如果想运行10个MapReduce作业呢？

有一些框架可以将MapReduce作业流自动化，例如Cascading和Oozie，但它们不支持在Amazon的EMR上执行。Pig可以在EMR上执行，也可以使用Python脚本，但需要额外学习一种脚本语言。（Pig是一个Apache项目，为文本处理提供高级编程语言，可以将文本处理命令转换成Hadoop的MapReduce作业。）还有一些工具可以在Python中运行MapReduce作业，如本书将要介绍的mrjob。

mrjob[①]（http://packages.python.org/mrjob/）之前是Yelp（一个餐厅点评网站）的内部框架，它在2010年底实现了开源。读者可以参考附录A来学习如何安装和使用。本书将介绍如何使用mrjob重写之前的全局均值和方差计算的代码，相信读者能体会到mrjob的方便快捷。（需要指出的是，mrjob是一个很好的学习工具，但仍然使用Python语言编写，如果想获得更好的性能，应该使用Java。）

15.5.1 mrjob 与 EMR 的无缝集成

与15.3节介绍的一样，本节将使用mrjob在EMR上运行Hadoop流，区别在于mrjob不需要上传数据到S3，也不需要担心命令输入是否正确，所有这些都由mrjob后台完成。有了mrjob，读者还可以在自己的Hadoop集群上运行MapReduce作业，当然也可以在单机上进行测试。作业在单机执行和在EMR执行之间的切换十分方便。例如，将一个作业在单机执行，可以输入以下命令：

```
% python mrMean.py < inputFile.txt > myOut.txt
```

如果要在EMR上运行同样的任务，可以执行以下命令：

```
% python mrMean.py -r emr < inputFile.txt > myOut.txt
```

在15.3节中，所有的上传以及表单填写全由mrjob自动完成。读者还可以添加一条在本地的Hadoop集群上执行作业的命令[②]，也可以添加一些命令行参数来指定本作业在EMR上的服务器类型和数目。

① mrjob文档: http://packages.python.org/mrjob/index.html; 源代码: https://github.com/Yelp/mrjob.

② 意指除了上面两条命令之外，再加一条。——译者注

另外，15.3节中的mapper和reducer分别存于两个不同的文件中，而mrjob中的mapper和reducer可以写在同一个脚本中。下节将展示该脚本的内容，并分析其工作原理。

15.5.2　mrjob 的一个 MapReduce 脚本剖析

用mrjob可以做很多事情，本书仍从最典型的MapReduce作业开始介绍。为了方便阐述，继续沿用前面的例子，计算数据集的均值和方差。这样读者可以更专注于框架的实现细节，所以程序清单15-3的代码与程序清单15-1和程序清单15-2的功能一致。打开文本编辑器，创建一个新文件mrMean.py，并加入下面程序清单的代码。

程序清单15-3　分布式均值方差计算的mrjob实现

```
from mrjob.job import MRJob

class MRmean(MRJob):
    def __init__(self, *args, **kwargs):
        super(MRmean, self).__init__(*args, **kwargs)
        self.inCount = 0
        self.inSum = 0
        self.inSqSum = 0

    def map(self, key, val):                      <- 接收输入数据流
        if False: yield
        inVal = float(val)
        self.inCount += 1
        self.inSum += inVal
        self.inSqSum += inVal*inVal
    def map_final(self):                          <- 所有输入到达后开始处理
        mn = self.inSum/self.inCount
        mnSq = self.inSqSum/self.inCount
        yield (1, [self.inCount, mn, mnSq])

    def reduce(self, key, packedValues):
        cumVal=0.0; cumSumSq=0.0; cumN=0.0
        for valArr in packedValues:
            nj = float(valArr[0])
            cumN += nj
            cumVal += nj*float(valArr[1])
            cumSumSq += nj*float(valArr[2])
        mean = cumVal/cumN
        var = (cumSumSq - 2*mean*cumVal + cumN*mean*mean)/cumN
        yield (mean, var)

    def steps(self):
        return ([self.mr(mapper=self.map, reducer=self.reduce,\
                   mapper_final=self.map_final)])

if __name__ == '__main__':
    MRmean.run()
```

该代码分布式地计算了均值和方差。输入文本分发给很多mappers来计算中间值，这些中间值再通过reducer进行累加，从而计算出全局的均值和方差。

为了使用mrjob库，需要创建一个新的MRjob继承类，在本例中该类的类名为MRmean。代码中的mapper和reducer都是该类的方法，此外还有一个叫做steps()的方法定义了执行的步骤。执行顺序不必完全遵从于map-reduce的模式，也可以是map-reduce-reduce-reduce，或者map-reduce-map-reduce-map-reduce（下节会给出相关例子）。在steps()方法里，需要为mrjob指定mapper和reducer的名称。如果未给出，它将默认调用mapper和reducer方法。

首先来看一下mapper的行为：它类似于for循环，在每行输入上执行同样的步骤。如果想在收到所有的输入之后进行某些处理，可以考虑放在mapper_final中实现。这乍看起来有些古怪，但非常实用。另外在mapper()和mapper_final()中还可以共享状态。所以在上述例子中，首先在mapper()中对输入值进行积累，所有值收集完毕后计算出均值和平方均值，最后把这些值作为中间值通过yield语句传出去。[①]

中间值以key/value对的形式传递。如果想传出去多个中间值，一个好的办法是将它们打包成一个列表。这些值在map阶段之后会按照key来排序。Hadoop提供了更改排序方法的选项，但默认的排序方法足以应付大多数的常见应用。拥有相同key的中间值将发送给同一个reducer。因此你需要考虑key的设计，使得在sort阶段后相似的值能够收集在一起。这里所有的mapper都使用"1"作为key，因为我希望所有的中间值都在同一个reducer里加和起来。[②]

mrjob里的reducer与mapper有一些不同之处，reducer的输入存放在迭代器对象里。为了能读取所有的输入，需要使用类似for循环的迭代器。mapper或mapper_final和reducer之间不能共享状态，因为Python脚本在map和reduce阶段中间没有保持活动。如果需要在mapper和reducer之间进行任何通信，那么只能通过key/value对。在reducer的最后有一条输出语句，该语句没有key，因为输出的key值已经固定。如果该reducer之后不是输出而是执行另一个mapper，那么key仍需要赋值。

无须多言，下面看一下实际效果，先运行一下mapper，在Linux/DOS的命令行输入下面的命令（注意不是在Python提示符下）。其中的文件inputFile.txt在第15章的代码里。

```
%python mrMean.py --mapper < inputFile.txt
```

运行该命令后，将得到如下输出：

```
1     [100, 0.50956970000000001, 0.34443931307935999]
```

要运行整个程序，移除--mapper选项。

```
%python mrMean.py < inputFile.txt
```

你将在屏幕上看到很多中间步骤的描述文字，最终的输出如下：

---

① 在一个标准的map-reduce流程中，作业的输入即mapper的输入，mapper的输出也称为中间值，中间值经过排序、组合等操作会转为reducer的输入，而reducer的输出即为作业的输出。——译者注

② 只要所有mapper都使用相同的key就可以。当然，不必是"1"，也可以是其他值。——译者注

```
                           .
                           .
                           .
streaming final output from c:\users\peter\appdata\local
\temp\mrMean.Peter.20110228.172656.279000\output\part-00000
0.50956970000000001      0.34443931307935999
removing tmp directory c:\users\peter\appdata\local\
temp\mrMean.Peter.20110228.172656.279000
To stream the valid output into a file, enter the following command:
%python mrMean.py < inputFile.txt > outFile.txt
```

最后，要在Amazon的EMR上运行本程序，输入如下命令（确保你已经设定了环境变量AWS_ACCESS_KEY_ID和AWS_SECRET_ACCESS_KEY，这些变量的设定见附录A）。

```
%python mrMean.py -r emr < inputFile.txt > outFile.txt
```

完成了mrjob的使用练习，下面将用它来解决一些机器学习问题。上文提到，一些迭代算法仅使用EMR难以完成，因此下一节将介绍如何用mrjob完成这项任务。

15.6 示例：分布式 SVM 的 Pegasos 算法

第4章介绍过一个文本分类算法：朴素贝叶斯。该算法将文本文档看做是词汇空间里的向量。第6章又介绍了效果很好的SVM分类算法，该算法将每个文档看做是成千上万个特征组成的向量。

在机器学习领域，海量文档上做文本分类面临很大的挑战。怎样在如此大的数据上训练分类器呢？如果能将算法分成并行的子任务，那么MapReduce框架有望帮我们实现这一点。回忆第6章，SMO算法一次优化两个支持向量，并在整个数据集上迭代，在需要注意的值上停止。该算法看上去并不容易并行化。

在MapReduce框架上使用SVM的一般方法

(1) 收集数据：数据按文本格式存放。
(2) 准备数据：输入数据已经是可用的格式，所以不需任何准备工作。如果你需要解析一个大规模的数据集，建议使用map作业来完成，从而达到并行处理的目的。
(3) 分析数据：无。
(4) 训练算法：与普通的SVM一样，在分类器训练上仍需花费大量的时间。
(5) 测试算法：在二维空间上可视化之后，观察超平面，判断算法是否有效。
(6) 使用算法：本例不会展示一个完整的应用，但会展示如何在大数据集上训练SVM。该算法其中一个应用场景就是文本分类，通常在文本分类里可能有大量的文档和成千上万的特征。

SMO算法的一个替代品是Pegasos算法，后者可以很容易地写成MapReduce的形式。本节将分析Pegasos算法，介绍如何写出分布式版本的Pegasos算法，最后在mrjob中运行该算法。

15.6.1 Pegasos 算法

Pegasos是指原始估计梯度求解器（Primal Estimated sub-GrAdient Solver）。该算法使用某种形式的随机梯度下降方法来解决SVM所定义的优化问题，研究表明该算法所需的迭代次数取决于用户所期望的精确度而不是数据集的大小，有关细节可以参考原文①。原文有长文和短文两个版本，推荐阅读长文。

第6章提到，SVM算法的目的是找到一个分类超平面。在二维情况下也就是要找到一条直线，将两类数据分隔开来。Pegasos算法工作流程是：从训练集中随机挑选一些样本点添加到待处理列表中，之后按序判断每个样本点是否被正确分类；如果是则忽略，如果不是则将其加入到待更新集合。批处理完毕后，权重向量按照这些错分的样本进行更新。整个算法循环执行。

上述算法伪代码如下：

```
将w初始化为0
对每次批处理
    随机选择k个样本点（向量）
    对每个向量
        如果该向量被错分：
            更新权重向量w
    累加对w的更新
```

为了解实际效果，Python版本的实现见程序清单15-4。

程序清单15-4　SVM的Pegasos算法

```
def predict(w, x):
    return w*x.T

def batchPegasos(dataSet, labels, lam, T, k):
    m,n = shape(dataSet); w = zeros(n);
    dataIndex = range(m)
    for t in range(1, T+1):
        wDelta = mat(zeros(n))
        eta = 1.0/(lam*t)
        random.shuffle(dataIndex)
        for j in range(k):
            i = dataIndex[j]
            p = predict(w, dataSet[i,:])
            if labels[i]*p < 1:
                wDelta += labels[i]*dataSet[i,:].A        ❶
        w = (1.0 - 1/t)*w + (eta/k)*wDelta
    return w
```

❶ 将待更新值累加

① S. Shalev-Shwartz, Y. Singer, N. Srebro, "Pegasos: Primal Estimated sub-GrAdient SOlver for SVM," Proceedings of the 24th International Conference on Machine Learning 2007.

程序清单15-4的代码是Pegasos算法的串行版本。输入值T和k分别设定了迭代次数和待处理列表的大小。在T次迭代过程中，每次需要重新计算eta。它是学习率，代表了权重调整幅度的大小。在外循环中，需要选择另一批样本进行下一次批处理；在内循环中执行批处理，将分类错误的值全部累加之后更新权重向量❶。

如果想试试它的效果，可以用第6章的数据来运行本例程序。本书不会对该代码做过多分析，它只为Pegasos算法的MapReduce版本做一个铺垫。下节将在mrjob中建立并运行一个MapReduce版本的Pegasos算法。

15.6.2　训练算法：用 mrjob 实现 MapReduce 版本的 SVM

本节将用MapReduce来实现程序清单15-4的Pegasos算法，之后再用15.5节讨论的mrjob框架运行该算法。首先要明白如何将该算法划分成map阶段和reduce阶段，确认哪些可以并行，哪些不能并行。

对程序清单15-4的代码运行情况稍作观察将会发现，大量的时间花费在内积计算上。另外，内积运算可以并行，但创建新的权重变量w是不能并行的。这就是将算法改写为MapReduce作业的一个切入点。在编写mapper和reducer的代码之前，先完成一部分外围代码。打开文本编辑器，创建一个新文件mrSVM.py，然后在该文件中添加下面程序清单的代码。

程序清单15-5　mrjob中分布式Pegasos算法的外围代码

```
from mrjob.job import MRJob

import pickle
from numpy import *

class MRsvm(MRJob):
    DEFAULT_INPUT_PROTOCOL = 'json_value'

    def __init__(self, *args, **kwargs):
        super(MRsvm, self).__init__(*args, **kwargs)
        self.data = pickle.load(open(\
                '<path to your Ch15 code directory>\svmDat27'))
        self.w = 0
        self.eta = 0.69
        self.dataList = []
        self.k = self.options.batchsize
        self.numMappers = 1
        self.t = 1

    def configure_options(self):
        super(MRsvm, self).configure_options()
        self.add_passthrough_option(
            '--iterations', dest='iterations', default=2, type='int',
            help='T: number of iterations to run')
        self.add_passthrough_option(
            '--batchsize', dest='batchsize', default=100, type='int',
            help='k: number of data points in a batch')
```

```
    def steps(self):
        return ([self.mr(mapper=self.map, mapper_final=self.map_fin,\
                         reducer=self.reduce)]*self.options.iterations)

if __name__ == '__main__':
    MRsvm.run()
```

程序清单15-5的代码进行了一些设定，从而保证了map和reduce阶段的正确执行。在程序开头，Mrjob、NumPy和Pickle模块分别通过一条include语句导入。之后创建了一个mrjob类MRsvm，其中__init__()方法初始化了一些在map和reduce阶段用到的变量。Python的模块Pickle在加载不同版本的Python文件时会出现问题。为此，我将Python2.6和2.7两个版本对应的数据文件各自存为svmDat26和svmDat27。

对应于命令行输入的参数，Configure_options()方法建立了一些变量，包括迭代次数（T）、待处理列表的大小（k）。这些参数都是可选的，如果未指定，它们将采用默认值。

最后，steps()方法告诉mrjob应该做什么，以什么顺序来做。它创建了一个Python的列表，包含map、map_fin和reduce这几个步骤，然后将该列表乘以迭代次数，即在每次迭代中重复调用这个列表。为了保证作业里的任务链能正确执行，mapper需要能够正确读取reducer输出的数据。单个MapReduce作业中无须考虑这个因素，这里需要特别注意输入和输出格式的对应。

我们对输入和输出格式进行如下规定：

Mapper

　　Inputs: <mapperNum, valueList>
　　Outputs: nothing

Mapper_final

　　Inputs: nothing
　　Outputs: <1, valueList >

Reducer

　　Inputs: <mapperNum, valueList >
　　Outputs: <mapperNum, valueList >

传入的值是列表数组，valueList的第一个元素是一个字符串，用于表示列表的后面存放的是什么类型的数据，例如{'x',23}和['w',[1,5,6]]。每个mapper_final都将输出同样的key，这是为了保证所有的key/value对都输出给同一个reducer。

定义好了输入和输出之后，下面开始写mapper和reducer方法，打开mrSVM.py文件并在MRsvm类中添加下面的代码。

程序清单15-6　分布式Pegasos算法的mapper和reducer代码

```
def map(self, mapperId, inVals):
        if False: yield
        if inVals[0]=='w':
            self.w = inVals[1]
        elif inVals[0]=='x':
            self.dataList.append(inVals[1])
        elif inVals[0]=='t': self.t = inVals[1]
    def map_fin(self):
        labels = self.data[:,-1]; X=self.data[:,0:-1]
        if self.w == 0: self.w = [0.001]*shape(X)[1]
        for index in self.dataList:
            p = mat(self.w)*X[index,:].T
            if labels[index]*p < 1.0:
                yield (1, ['u', index])
        yield (1, ['w', self.w])
        yield (1, ['t', self.t])
    def reduce(self, _, packedVals):
        for valArr in packedVals:
            if valArr[0]=='u':  self.dataList.append(valArr[1])
            elif valArr[0]=='w': self.w = valArr[1]
            elif valArr[0]=='t':  self.t = valArr[1]
        labels = self.data[:,-1]; X=self.data[:,0:-1]
        wMat = mat(self.w);   wDelta = mat(zeros(len(self.w)))
        for index in self.dataList:
            wDelta += float(labels[index])*X[index,:]      ❶ 将更新值累加
        eta = 1.0/(2.0*self.t)
        wMat = (1.0 - 1.0/self.t)*wMat + (eta/self.k)*wDelta
        for mapperNum in range(1,self.numMappers+1):
            yield (mapperNum, ['w', wMat.tolist()[0] ])
            if self.t < self.options.iterations:
                yield (mapperNum, ['t', self.t+1])
                for j in range(self.k/self.numMappers):
                    yield (mapperNum, ['x',\
                    random.randint(shape(self.data)[0]) ])
```

程序清单15-6里的第一个方法是`map()`，这也是分布式的部分，它得到输入值并存储，以便在`map_fin()`中处理。该方法支持三种类型的输入：`w`向量、`t`或者`x`。`t`是迭代次数，在本方法中不参与运算。状态不能保存，因此如果需要在每次迭代时保存任何变量并留给下一次迭代，可以使用key/value对传递该值，抑或是将其保存在磁盘上。显然前者更容易实现，速度也更快。

`map_fin()`方法在所有输入到达后开始执行。这时已经获得了权重向量`w`和本次批处理中的一组`x`值。每个`x`值是一个整数，它并不是数据本身，而是索引。数据存储在磁盘上，当脚本执行的时候读入到内存中。当`map_fin()`启动时，它首先将数据分成标签和数据，然后在本次批处理的数据（存储在`self.dataList`里）上进行迭代，如果有任何值被错分就将其输出给reducer。为了在mapper和reducer之间保存状态，`w`向量和`t`值都应被发送给reducer。

最后是`reduce()`函数，对应本例只有一个reducer执行。该函数首先迭代所有的key/value对并将值解包到一个局部变量`datalist`里。之后`dataList`里的值都将用于更新权重向量`w`，更新量在`wDelta`中完成累加❶。然后，`wMat`按照`wDelta`和学习率`eta`进行更新。在`wMat`更新完毕后，

又可以重新开始整个过程：一个新的批处理过程开始，随机选择一组向量并输出。注意，这些向量的key是mapper编号。

为了看一下该算法的执行效果，还需要用一些类似于reducer输出的数据作为输入数据启动该任务，我为此附上了一个文件kickStart.txt。在本机上执行前面的代码可以用下面的命令：

```
%python mrSVM.py < kickStart.txt
                              .
                              .
                              .
streaming final output from c:\users\peter\appdata\local\temp
\mrSVM.Peter.20110301.011916.373000\output\part-00000
1       ["w", [0.51349820499999987, -0.084934502500000009]]
removing tmp directory c:\users\peter\appdata\local\temp
\mrSVM.Peter.20110301.011916.373000
```

这样就输出了结果。经过2次和50次迭代后的分类面如图15-9所示。

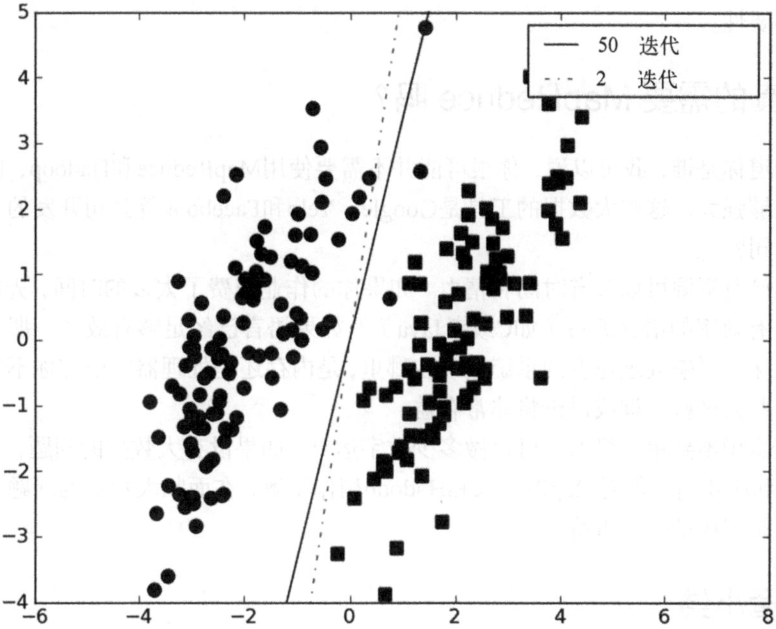

图15-9 经过多次迭代的分布式Pegasos算法执行结果。该算法收敛迅速，多次迭代后可以得到更好的结果

如果想在EMR上运行该任务，可以添加运行参数：`-r emr`。该作业默认使用的服务器个数是1。如果要调整的话，添加运行参数：`--num-ec2-instances=2`（这里的2也可以是其他正整数），整个命令如下：

```
%python mrSVM.py -r emr --num-ec2-instances=3 < kickStart.txt > myLog.txt
```

要查看所有可用的运行参数，输入`%python mrSVM.py -h`。

15

调试mrjob

调试一个mrjob脚本将比调试一个简单的Python脚本棘手得多。这里仅给出一些调试建议。

- 确保已经安装了所有所需的部件：boto、simplejson和可选的PyYAML。
- 可以在~/.mrjob.conf文件中设定一些参数，确定它们是正确的。
- 在将作业放在EMR上运行之前，尽可能在本地多做调试。能在花费10秒就发现一个错误的情况下，就不要花费10分钟才发现一个错误。
- 检查base_temp_dir目录，它在~/.mrjob.conf中设定。例如在我的机器上，该目录的存放位置是/scratch/$USER，其中可以看到作业的输入和输出，它将对程序的调试非常有帮助。
- 一次只运行一个步骤。

到现在为止，读者已经学习了如何编写以及如何在大量机器上运行机器学习作业，下节将分析这样做的必要性。

15.7　你真的需要 MapReduce 吗？

不需要知道你是谁，我可以说，你很可能并不需要使用MapReduce和Hadoop，因为单机的处理能力已经足够强大。这些大数据的工具是Google、Yelp和Facebook等公司开发的，世界上能有多少这样的公司？

充分利用已有资源可以节省时间和精力。如果你的作业花费了太多的时间，先问问自己：代码是否能用更有效率的语言编写（如C或者Java）？如果语言已经足够有效率，那么代码是否经过了充分的优化？影响处理速度的系统瓶颈在哪里，是内存还是处理器？或许你不知道这些问题的答案，找一些人做些咨询或讨论将非常有益。

大多数人意识不到单台机器上可以做多少数字运算。如果没有大数据的问题，一般不需要用到MapReduce和Hadoop。但对MapReduce和Hadoop稍作了解，在面临大数据的问题时知道它们能做些什么，还是很棒的一件事情。

15.8　本章小结

当运算需求超出了当前资源的运算能力，可以考虑购买更好的机器。另一个情况是，运算需求超出了合理价位下所能购买到的机器的运算能力。其中一个解决办法是将计算转成并行的作业，MapReduce就提供了这种方案的一个具体实施框架。在MapReduce中，作业被分成map阶段和reduce阶段。

一个典型的作业流程是先使用map阶段并行处理数据，之后将这些数据在reduce阶段合并。这种多对一的模式很典型，但不是唯一的流程方式。mapper和reducer之间传输数据的形式是key/value对。一般地，map阶段后数据还会按照key值进行排序。Hadoop是一个流行的可运行MapReduce作业的Java项目，它同时也提供非Java作业的运行支持，叫做Hadoop流。

Amazon网络服务（AWS）允许用户按时长租借计算资源。弹性MapReduce（EMR）是Amazon网络服务上的一个常用工具，可以帮助用户在AWS上运行Hadoop流作业。简单的单步MapReduce任务可以在EMR管理控制台上实现并运行。更复杂的任务则需要额外的工具。其中一个相对新的开源工具是mrjob，使用该工具可以顺序地执行大量的MapReduce作业。经过很少的配置，mrjob就可以自动完成AWS上的各种繁杂步骤。

很多机器学习算法都可以很容易地写成MapReduce作业。而另一些机器学习算法需要经过创新性的修改，才能在MapReduce上运行。SVM是一个强大的文本分类工具，在大量文档上训练一个分类器需要耗费巨大的计算资源，而Pegasos算法可以分布式地训练SVM分类器。像Pegasos算法一样，需要多次MapReduce作业的机器学习算法可以很方便地使用mrjob来实现。

到这里为止，本书的正文部分就结束了，感谢你的阅读。希望这本书能为你开启新的大门。另外，在机器学习的数学和具体实现方面还有很多东西值得探索。我很期待你能使用在本书里学到的工具和技术开发出一些有趣的应用。

附录 A Python入门

本附录首先介绍如何在三种流行的操作系统下安装Python，同时简要地给出一些Python的入门知识，之后给出一些本书提到的Python模块的安装方法。最后介绍NumPy库，也许把它安排在附录B与那里的线性代数一起讨论更合适。

A.1 Python 安装

要运行本书提供的代码，需要安装Python 2.7、Numpy和Matplotlib。由于Python不支持向下兼容，因此在Python 3.*x*下，本书代码不一定能正常运行。上述模块最简单的安装方法就是用软件包安装程序来安装。这些安装包在Mac OS和Linux下都有提供。

A.1.1 Windows 系统

可以从http://www.python.org/getit/下载，注意选择合适的Windows安装包（64位或32位）并按说明进行操作。

可以从http://sourceforge.net/projects/numpy/files/NumPy/下载二进制NumPy文件，这种安装方式可以省去自己编译的麻烦。

安装完毕后就可以打开Python命令行了。在“运行”窗口输入cmd命令打开命令提示符，然后键入以下命令：

```
>c:\Python27\python.exe
```

这样Python命令行就会启动，同时可以看到当前Python的版本号和编译时间等信息。

如果读者不想在启动Python的时候输入如此长的命令（`c:\Python27\python.exe`），可以为`python`命令创建一个别名。我们将创建别名的细节留给读者自己实现。

如果想找到最新的二进制Matplotlib文件，可以从Matplotlib主页http://matplotlib.sourceforge.net/找到最新下载地址。它的安装相当简单，下载安装包后，通过点击就可以完成安装步骤。

A.1.2 Mac OS X系统

在Mac OS X下安装Python、NumPy和Matplotlib的最佳方法就是使用MacPorts。MacPorts是一个免费工具，可以简化Mac系统上软件的编译和安装。有关Macports的资料参见http://www.

macports.org/。首先必须下载MacPorts，最好的方法就是下载正确的.dmg文件。在该站点选择当前版本的Mac OS X系统对应的.dmg文件。下载完成后进行安装，MacPorts安装完毕后打开一个新的终端窗口，输入以下命令：

```
>sudo port install py27-matplotlib
```

这会同时启动Python、NumPy和Matplotlib的安装。根据机器配置和网络速度的不同，安装时间也不尽相同，如果安装过程持续一小时也都是正常的。

当然，如果读者不想安装MacPorts，也可以分别安装Python、NumPy和Matplotlib。它们均有Mac OS X版本的二进制安装软件包，安装起来也很方便。

A.1.3 Linux

在Debian/Ubuntu系统下安装Python、NumPy和Matplotlib的最佳方式是使用apt-get或者其他发布版本中相应的软件包管理器。安装Matplotlib时会检查其依赖组件是否已经安装。由于Matplotlib依赖于Python和NumPy，因此安装Matplotlib时要确保已经安装了Python和NumPy。

要安装Matplotlib，打开命令行输入以下命令：

```
>sudo apt-get install python-matplotlib
```

根据机器配置和网络速度的不同，安装时间也不相同，整个安装过程需要花费一些时间。

至此Python已经安装完毕，下节将介绍Python中的几种数据类型。

A.2 Python入门

下面介绍本书中用到的Python功能。本书不对Python做详尽的描述，如果读者有兴趣，推荐阅读Elkner、Downey和Meyers的在线免费资料："How to Think Like a Computer Scientist"（http://www.openbookproject.net/thinkCS/）。本节还将介绍容器类型（collection type）和控制结构（control structure）。几乎每种编程语言都有类似的功能，这里着重给出它们在Python中的用法。本节最后介绍了列表推导式（list comprehension），这是初学Python时最容易感到困惑的部分。

A.2.1 容器类型

Python提供多种数据类型来存放数据项集合。此外，用户还可以通过添加模块创建出更多容器类型。下面列出了几个Python中常用的容器。

(1) 列表（List）—— 列表是Python中存放有序对象的容器，可以容纳任何数据类型：数值、布尔型、字符串等等。列表一般用两个括号来表示，下面的代码演示了如何创建一个名为jj的列表，并在列表内添加一个整数和一个字符串：

```
>>> jj=[]
>>> jj.append(1)
>>> jj.append('nice hat')
>>> jj
[1, 'nice hat']
```

当然，还可以把元素直接放在列表里。例如，上述列表jj还可以用下面的语句一次性构建出来：

```
>>> jj = [1, 'nice hat']
```

与其他编程语言类似，Python中也有数组数据类型。但数组中仅能存放同一种类型的数据，在循环的时候它的性能优于列表。为避免跟NumPy中的数组产生混淆，本书将不会使用该结构。

(2) 字典（Dictionary）—— 字典是一个存放无序的键值映射（key/value）类型数据的容器，键的类型可以是数字或者字符串。在其他编程语言中，字典一般被称为关联数组（associative array）或者映射（map）。下面的命令创建了一个字典并在其中加入了两个元素：

```
>>> jj={}
>>> jj['dog']='dalmatian'
>>> jj[1]=42
>>> jj
{1: 42, 'dog': 'dalmatian'}
```

同样，也可以用一条命令来完成上述功能：

```
>>> jj = {1: 42, 'dog': 'dalmatian'}
```

(3) 集合（Set）—— 这里的集合与数学中集合的概念类似，是指由不同元素组成的合集。下面的命令可以从列表中创建一个集合来：

```
>>> a=[1, 2, 2, 2, 4, 5, 5]
>>> sA=set(a)
>>> sA
set([1, 2, 4, 5])
```

集合支持一些数学运算，例如并集、交集和补集。并集用管道的符号（|）来表示，交集用&符号来表示。

```
>>> sB=set([4, 5, 6, 7])
>>> sB
set([4, 5, 6, 7])
>>> sA-sB
set([1, 2])
>>> sA | sB
set([1, 2, 4, 5, 6, 7])
>>> sA & sB
set([4, 5])
```

A.2.2　控制结构

Python里的缩进非常重要，这点也引来了也不少人的抱怨，但严格的缩进也能迫使编程人员写出干净、可读性强的代码。在for循环、while循环或者是if语句中，缩进用来标识出哪一段代码属于本循环。这里的缩进可以采用空格或者制表符（tab）来完成。而在其他的编程语言中，一般使用大括号{ }或者关键字来实现这一点。所以通过使用缩进来代替括号，Python还节省了不少代码空间。下面来看一些常用控制语句的写法：

(1) If——if语句非常直观，可以在一行内完成：

```
>>> if jj < 3:  print "it's less than three man"
```

也可以写成多行，使用缩进来告诉编译器本语句尚未完成。这两种格式都是可以的。

```
>>> if jj < 3:
...     print "it's less than three man"
...     jj = jj + 1
```

多条件语句的关键字else if在Python中写做elif，而else在Python中仍写做else。

```
>>> if jj < 3: jj+=1
... elif jj==3: jj+=0
... else: jj = 0
```

(2) For——Python中的for循环与Java或C++0x[①]中的增强的for循环类似，它的意思是用for循环遍历集合中的每个元素。下面分别以列表、集合和字典为例来介绍for循环的用法：

```
>>> sB=set([4, 5, 6, 7])
>>> for item in sB:
...     print item
...
4
5
6
7
```

下面遍历一部字典：

```
>>> jj={'dog': 'dalmatian', 1: 45}
>>> for item in jj:
...     print item, jj[item]
...
1 45
dog dalmatian
```

可以看到，字典中的元素会按键值大小顺序遍历。

A.2.3　列表推导式

新手接触到Python最容易困惑的地方之一就是列表推导式。列表推导式用较为优雅的方式生成列表，从而避免大量的冗余代码。但语法有点别扭，下面先看一下实际效果然后再做讨论：

```
>>> a=[1, 2, 2, 2, 4, 5, 5]
>>> myList = [item*4 for item in a]
>>> myList
[4, 8, 8, 8, 16, 20, 20]
```

① C++0x，后来也称为C++11，即ISO/IEC 14882:2011，是目前的C++编程语言的正式标准。它取代第二版标准ISO/IEC 14882:2003(第一版ISO/IEC 14882:1998公开于1998年，第二版于2003年更新，分别通称C++98以及C++03，两者差异很小)。——译者注

列表推导式总是放在括号中。上述代码等价于：

```
>>> myList=[]
>>> for item in a:
...     myList.append(item*4)
...
>>> myList
[4, 8, 8, 8, 16, 20, 20]
```

可以看到，得到的myList结果是一样的，但列表推导式所需的代码更少。可能造成困惑的原因是加入到列表的元素在`for`循环的前面。这点违背了从左到右的文本阅读方式。

下面来看一个更高级的列表推导式的用法。如果只想保留大于2的元素：

```
>>> [item*4 for item in a if item>2]
[16, 20, 20]
```

用列表推导式可以写出更有创意的代码，当然如果代码很难被读懂，应尽量实现出更好的高可读性的代码。回顾完这些基础知识之后，下一节将介绍如何安装本书用到的各种Python模块。

对大多数纯Python模块（没有和其他语言的绑定模块）来说，直接进入代码的解压目录，输入`>python setup.py install`即可安装。这是默认的安装方式，如果对模块安装方法不太明确时，可以尝试一下上述命令。Python将把这些模块安装在Python主目录下的`Lib\site-packages`子目录里，因此不必担心模块究竟被安装到哪个地方或者清空下载目录会不会把它删掉。

A.3 NumPy快速入门

NumPy库安装完成后，读者可能在想："这东西有什么好处？"正式来说，NumPy是Python的一个矩阵类型，提供了大量矩阵处理的函数。非正式来说，它是一个使运算更容易、执行更迅速的库，因为它的内部运算是通过C语言而不是Python实现的。

尽管声称是一个关于矩阵的库，NumPy实际上包含了两种基本的数据类型：数组和矩阵。二者在处理上稍有不同。如果读者熟悉MATLAB™的话，矩阵的处理将不是难事。在使用标准的Python时，处理这两种数据类型均需要循环语句。而在使用NumPy时则可以省去这些语句。下面是数组处理的一些例子：

```
>>> from numpy import array
>>> mm=array((1, 1, 1))
>>> pp=array((1, 2, 3))
>>> pp+mm
array([2, 3, 4])
```

而如果只用常规Python的话，完成上述功能需要使用`for`循环。

另外在Python中还有其他一些需要循环的处理过程，例如在每个元素上乘以常量2，而在NumPy下就可以写成：

```
>>> pp*2
array([2, 4, 6])
```

还有对每个元素平方：

```
>>> pp**2
array([1, 4, 9])
```

可以像列表中一样访问数组里的元素：

```
>>> pp[1]
2
```

NumPy中也支持多维数组：

```
>>> jj = array([[1, 2, 3], [1, 1, 1]])
```

多维数组中的元素也可以像列表中一样访问：

```
>>> jj[0]
array([1, 2, 3])
>>> jj[0][1]
2
```

也可以用矩阵方式访问：

```
>>> jj[0,1]
2
```

当把两个数组乘起来的时候，两个数组的元素将对应相乘：

```
>>> a1=array([1, 2,3])
>>> a2=array([0.3, 0.2, 0.3])
>>> a1*a2
array([ 0.3,  0.4,  0.9])
```

下面来介绍矩阵。

与使用数组一样，需要从NumPy中导入matrix或者mat模块：

```
>>> from numpy import mat, matrix
```

上述NumPy中的关键字mat是matrix的缩写。

```
>>> ss = mat([1, 2, 3])
>>> ss
matrix([[1, 2, 3]])
>>> mm = matrix([1, 2, 3])
>>> mm
matrix([[1, 2, 3]])
```

可以访问矩阵中的单个元素：

```
>>> mm[0, 1]
2
```

可以把Python列表转换成NumPy矩阵：

```
>>> pyList = [5, 11, 1605]
>>> mat(pyList)
matrix([[   5,   11, 1605]])
```

现在试试将上述两个矩阵相乘：

```
>>> mm*ss
Traceback (most recent call last):
  File "<stdin>", line 1, in <module>
  File "c:\Python27\lib\site-packages\numpy\matrixlib\defmatrix.py",
line 330, i
```

```
n __mul__
    return N.dot(self, asmatrix(other))
ValueError: objects are not aligned
```

可以看到出现了一个错误：乘法不能执行。矩阵数据类型的运算会强制执行数学中的矩阵运算，1×3的矩阵是不能与1×3的矩阵相乘的（左矩阵的列数和右矩阵的行数必须相等）。这时需要将其中一个矩阵转置，使得可以用3×1的矩阵乘以1×3的矩阵，或者是1×3的矩阵乘以3×1的矩阵。NumPy数据类型有一个转置方法，因此可以很方便地进行矩阵乘法运算：

```
>>> mm*ss.T
matrix([[14]])
```

这里调用了.T方法完成了ss的转置。

知道矩阵的大小有助于上述对齐错误的调试，可以通过NumPy中的shape方法来查看矩阵或者数组的维数：

```
>>> from numpy import shape
>>> shape(mm)
(1, 3)
```

如果需要把矩阵mm的每个元素和矩阵ss的每个元素对应相乘应该怎么办呢？这就是所谓的元素相乘法，可以使用NumPy的multiply方法：

```
>>> from numpy import multiply
>>> multiply(mm, ss)
matrix([[1, 4, 9]])
```

此外，矩阵和数组还有很多有用的方法，如排序：

```
>>> mm.sort()
>>> mm
matrix([[1, 2, 3]])
```

注意该方法是原地排序（即排序后的结果占用原始的存储空间），所以如果希望保留数据的原序，必须事先做一份拷贝。也可以使用argsort()方法得到矩阵中每个元素的排序序号：

```
>>> dd=mat([4, 5, 1])
>>> dd.argsort()
matrix([[2, 0, 1]])
```

可以计算矩阵的均值：

```
>>> dd.mean()
3.3333333333333335
```

再回顾一下多维数组：

```
>>> jj = mat([[1, 2, 3,], [8, 8, 8]])
>>> shape(jj)
(2, 3)
```

这是一个2×3的矩阵，如果想取出其中一行的元素，可以使用冒号（:）操作符和行号来完成。例如，要取出第一行元素，应该输入：

```
>>> jj[1,:]
matrix([[8, 8, 8]])
```

还可以指定要取出元素的范围。如果想得到第一行第0列和第1列的元素，可以使用下面的语句：

```
>>> jj[1,0:2]
matrix([[8, 8]])
```

这种索引方法能够简化NumPy的编程。 在数组和矩阵数据类型之外，NumPy还提供了很多其他有用的方法。我建议读者浏览完整的官方文档http://docs.scipy.org/doc/。

A.4 Beautiful Soup 包

本书使用Beautiful Soup包来查找和解析HTML。要安装Beautiful Soup，请下载对应的模块：http://www.crummy.com/software/BeautifulSoup/#Download。

下载之后解压，进入解压目录，输入下面的命令：

```
>python setup.py install
```

如果在Linux下没有权限安装的话，使用以下命令：

```
>sudo python setup.py install
```

Python的模块大多都是这样安装的，记得阅读每个模块自带的README.txt文件。

A.5 Mrjob

Mrjob用于在Amazon网络服务上启动MapReduce作业。安装mrjob与Python中其他模块一样方便：打开https://github.com/Yelp/mrjob，在页面左边可以看到“ZIP”按钮，点击该按钮下载最新的版本。用unzip和untar解压文件，进入到解压目录后在Python提示符下输入：

```
>python setup.py install
```

GitHub已经列出了很多代码的样例。此外还有一个不错的网站http://packages.python.org/mrjob/ 也提供了一些Python的官方文档。

在AWS上正式使用mrjob之前，需要设置两个环境变量：$AWS_ACCESS_KEY_ID和$AWS_SECRET_ACCESS_KEY。它们的值应该设置成你的账号（如果你拥有账号的话），该账号信息可以在登陆AWS后，在Account > Security Credentials页面看到。

下面来设定一下这些环境变量，打开命令行提示符，输入以下命令：

```
>set AWS_ACCESS_KEY_ID=1269696969696969
```

验证一下是否有效：

```
>echo %AWS_ACCESS_KEY_ID%
```

同样的方法可以完成AWS_SECRET_ACCESS_KEY的设置。

如果要在Mac OS X上设置这些环境变量，打开终端窗口（新版本的OS X使用bash命令行），输入以下命令：

```
>AWS_ACCESS_KEY_ID=1269696969696969
>export AWS_ACCESS_KEY_ID
```

同样的方法可以完成AWS_SECRET_ACCESS_KEY的设置，注意字符串不需要引号。Ubuntu Linux

也默认使用bash命令行，所以上述Mac OS X命令也同样适用。如果读者使用的是其他命令行，请自行查找相应的环境变量设置方法，不会很难。

A.6 Vote Smart

Vote Smart项目是一个美国政治数据的数据源，见http://www.votesmart.org/。用户能通过REST API获取他们的数据。Sunlight实验室发布了一个资料齐全的Python接口来使用该API。另外，要使用该API还需要授权密钥（key），可以从http://votesmart.org/services_api.php申请。

上述Python接口可以从这里下载：https://github.com/sunlightlabs/python-votesmart。点击页面左边的“ZIP”按钮下载最新的版本。下载完毕后解压，进入解压目录并输入下面的命令：

```
>python setup.py install
```

稍候片刻，因为API的密钥需要一段时间激活。作者的API在提交申请的30分钟后才得以激活，激活后你将收到一封邮件通知。这样就可以开始找寻那些谄媚的政客们了！

A.7 Python-Twitter

Python-Twitter 是一个提供访问 Twitter 数据接口的模块，可以在 GoogleCode 上找到：http://code.google.com/p/python-twitter/。下载地址：http://code.google.com/p/python-twitter/downloads/list。解压tar包后进入解压目录，输入以下命令：

```
>python setup.py install
```

这样就完成了该模块的安装，在申请到Twitter API的密钥之后，你就可以用Python代码在Twitter上获取和发布信息了。

附录 B

线性代数

为理解机器学习的高级话题，需要了解一些线性代数的知识。如果想把算法从学术论文上搬下来用代码实现，或者研究本书之外的算法，很可能需要对线性代数有基本的理解。假设读者有过这方面的知识，但是由于过去一段时间需要回顾这方面的知识，那么本附录可以提供线性代数的简单入门或者补习。如果读者没有学过线性代数，那么我建议在大学选修这门课，或者读完一本自学教材，或者通过视频来学习。互联网上有很多免费辅导视频①，还有很多一学期课程的免费录像可供学习②。读者可能听说过“数学不是一种仅供观赏的学科”这一说法，事实确实如此。只有自己亲身通过例子求解才能强化基于书本或视频的学习效果。

接下来首先讨论线性代数中矩阵这一基本构件。然后介绍矩阵上的一些基本运算，包括矩阵求逆。再接着介绍机器学习中常用的向量范数概念。最后介绍矩阵求导运算。

B.1 矩阵

线性代数中最基本的数据类型是矩阵。矩阵由行和列组成。

图B-1给出了一个简单的矩阵样例。该矩阵由3行3列组成。行通常从上到下编号，而列则从左到右编号。第一行的值分别是9、9和77。类似地，第3列的值分别是77、18和10。在NumPy当中可以通过调用`numpy.shape(myMat)`来得到给定矩阵`myMat`的行列大小。上述调用返回的结果形式是（行数，列数）。

本书每一章都用到了向量，而向量是一个特殊的矩阵，其行或列数目为1。通常情况下，提到向量时不会特别说是行向量还是列向量。如果这样，则假设是列向量。图B-2左部给出了一个列向量，是一个3×1的矩阵。而在图B-2右部给出的是一个1×3的行向量。在矩阵的运算过程中跟踪矩阵的大小十分重要，比如矩阵乘法。

① Gilbert Strang有些报告可以免费观看，地址为http://www.youtube.com/watch?v=ZK3O402wf1c。也可以通过地址http://ocw.mit.edu/courses/mathematics/18-06-linear-algebraspring-2010/获得相关课程材料。他的报告给出了线性代数的重点内容，理解起来也不难。另外，他的计算科学的研究生课程也非常不错，地址为http://www.youtube.com/watch?v=CgfkEUOFAj0。

② 据说可汗学院（Kahn Academy）的网站上给出了很多线性代数的学习视频，地址为http://www.khanacademy.org/#linear-algebra。

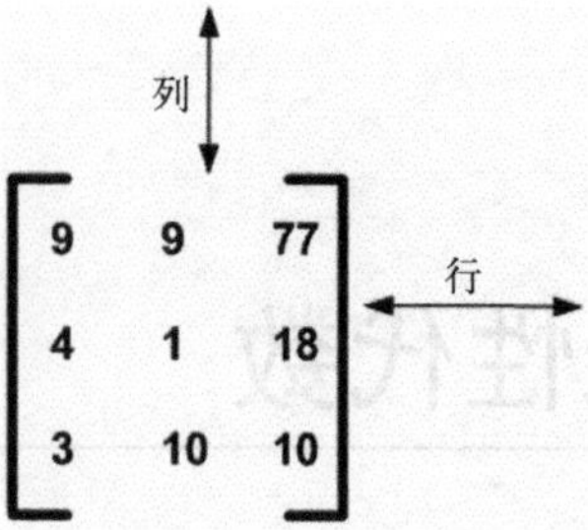

图B-1　一个简单的3×3矩阵，图中给出了行、列的方向

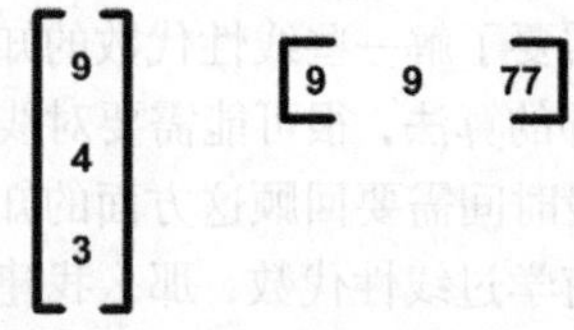

图B-2　左边给出了一个列向量，右边给出了一个行向量

矩阵的一个最基本的运算是转置，即按照对角线翻转矩阵。原来的行变成列、列变成行。图B-3给出了矩阵B的一个转置过程示意图。转置运算通过矩阵上标的一个大写的T来表示。转置运算常用来对矩阵处理使之更加容易计算。

$$\mathbf{B}=\begin{bmatrix}1 & 0\\ 4 & 1\\ 3 & 2\end{bmatrix}\qquad \mathbf{B}^{T}=\begin{bmatrix}1 & 4 & 3\\ 0 & 1 & 2\end{bmatrix}$$

图B-3　矩阵的转置过程，转置后行变成列

可以用一个数字去加或者乘以矩阵，这相当于对矩阵的每个元素都独立进行加法或乘法运算。由于矩阵元素之间的相对值没有发生变化，而只有比例发生了变化，所以上述这类运算称为标量运算（scalar operation）。如果想对矩阵进行常数放缩变换或者加上一个常数偏移值，就可以使用矩阵标量乘法或加法运算。图B-4给出了标量乘法和加法的两个例子。

$$\begin{bmatrix}9 & 9 & 77\\ 4 & 1 & 18\\ 3 & 10 & 10\end{bmatrix}\times 2=\begin{bmatrix}18 & 18 & 154\\ 8 & 2 & 36\\ 6 & 20 & 20\end{bmatrix}$$

$$\begin{bmatrix}9 & 9 & 77\\ 4 & 1 & 18\\ 3 & 10 & 10\end{bmatrix}+2=\begin{bmatrix}11 & 11 & 79\\ 6 & 3 & 20\\ 5 & 12 & 12\end{bmatrix}$$

图B-4　矩阵上的标量运算，最后的结果是每个元素乘上或者加上某个标量

接下来看一些矩阵运算。如何对两个矩阵求和？首先，两个矩阵行列数必须要相同才能进行求和运算。矩阵求和相当于每个位置上对应元素求和。图B-5给出了一个例子。矩阵减法运算与此类似，只不过将刚才的加法变成减法即可。

$$\begin{bmatrix} 9 & 8 \\ 2 & 1 \\ 3 & 4 \end{bmatrix} + \begin{bmatrix} 0 & 3 \\ 3 & 7 \\ 5 & 2 \end{bmatrix} = \begin{bmatrix} 9 & 11 \\ 5 & 8 \\ 8 & 6 \end{bmatrix}$$

图B-5 矩阵求和

一个更有趣的运算是矩阵乘法。两个矩阵相乘不像标量乘法那么简单。两个矩阵要相乘，前一个矩阵的列数必须要等于后一个矩阵的行数。例如，两个分别为3×4和4×1的矩阵可以相乘，但是3×4的矩阵不能和1×4的矩阵相乘。而3×4的矩阵和4×1的矩阵相乘会得到3×1的结果矩阵。有一种方法可以快速检查两个矩阵能否相乘以及结果矩阵大小，将它们的大小连在一起的写法(3×4)(4×1)。由于中间的值相等，因此可以进行乘法运算。去掉中间的值之后，就可以得到结果矩阵的大小3×1。图B-6给出了一个矩阵乘法的例子。

$$\begin{bmatrix} 1 & 0 \\ 4 & 1 \\ 3 & 2 \end{bmatrix} \times \begin{bmatrix} 7 \\ 8 \end{bmatrix} = \begin{bmatrix} 1\times7+0\times8 \\ 4\times7+1\times8 \\ 3\times7+2\times8 \end{bmatrix} = \begin{bmatrix} 7 \\ 36 \\ 37 \end{bmatrix}$$

图B-6 一个矩阵乘法的示意图，图中3×2矩阵乘以2×1矩阵得到一个3×1矩阵

本质上来说，图B-6中所做的是将3×2矩阵的每一行旋转之后与2×1矩阵的每一列对齐，然后计算对应元素的乘积并最终求和。矩阵相乘还可以看成是列的加权求和（参见图B-7）。

$$\begin{bmatrix} 1 & 0 \\ 4 & 1 \\ 3 & 2 \end{bmatrix} \times \begin{bmatrix} 7 \\ 8 \end{bmatrix} = 7\times\begin{bmatrix} 1 \\ 4 \\ 3 \end{bmatrix} + 8\times\begin{bmatrix} 0 \\ 1 \\ 2 \end{bmatrix} = \begin{bmatrix} 7 \\ 36 \\ 37 \end{bmatrix}$$

图B-7 矩阵乘法可以看成是列的加权求和

在上面第二种看法下，最终的结果虽然一样但是采用了不同的组织方式。将矩阵乘法看成是列加权求和对于某些算法很有用，比如矩阵相乘的MapReduce版本。一般来说，两个矩阵*X*和*Y*的乘法定义为：

$$(XY)_{ij} = \sum_{k=1}^{m} X_{ik} Y_{kj}$$

如果对上述两种做法的一致性存疑，那么总是可以采用上式来对矩阵求积。

机器学习中的一个常用运算是对向量求内积（也称点积）。比如第6章支持向量机中就需要对向量进行内积计算。两个向量进行内积计算时，相应元素相乘然后求和得到最终向量。图B-8给出了一个示意图。

$$\begin{bmatrix} 1 \\ 4 \\ 3 \end{bmatrix} \bullet \begin{bmatrix} 0 \\ 1 \\ 2 \end{bmatrix} = 1\times 0 + 4\times 1 + 3\times 2 = 10$$

图B-8　两个向量的内积计算

通常来说，向量内积还有一层物理含义，比如某个向量沿着另一个向量的移动量。向量的内积可以用于计算两个向量的夹角余弦值。在任意支持矩阵乘法的程序中，可以通过X的转置乘以Y实现两个向量X和Y的内积计算。如果向量X和Y的长度都是m，那么两个向量都可以看成m×1的矩阵，因此X^T是1×m的矩阵，$X^T \times Y$是1×1的矩阵。

B.2　矩阵求逆

当处理矩阵代数方程时，经常会碰到矩阵的逆矩阵。如果**XY**=**I**，其中**I**是单位阵（单位阵I的对角线元素均为1，而其他元素都是0。任意矩阵乘以单位阵仍为原始矩阵），则称**X**是**Y**的逆矩阵。逆矩阵的一个实际缺陷是当矩阵不止几个元素时计算很麻烦且基本不可能通过手工计算。了解矩阵什么时候才有逆很有帮助，这样就可以避免程序的错误。矩阵B的逆矩阵通常表示为B^{-1}。

矩阵要可逆必须要是方阵。这里所谓方阵，是指矩阵的行数等于列数。即使矩阵是方阵，它也可能不可逆。如果某个矩阵不可逆，则称它为奇异（singular）或退化（degenerate）矩阵。如果某个矩阵的一列可以表示为其他列的线性组合，则该矩阵是奇异矩阵。如果能够这样表示，则可以把一列全部归约为0。图B-9给出了这样的一个矩阵样例。将计算矩阵的逆时，出现这种矩阵就非常麻烦，因为出现了除零运算。后面会介绍这一点。

$$\begin{bmatrix} 9 & 4 & 0 \\ 5 & 8 & 0 \\ 8 & 6 & 0 \end{bmatrix}$$

图B-9　一个奇异矩阵的例子。该矩阵有一列为0，意味着该矩阵不能求逆有很多矩阵求逆的方法，一种方法是对矩阵进行重排然后每个元素除以行列式。所谓行列式是与方阵关联的一个特殊值，通过它能反映矩阵的一些信息。图B-10给出了一个2×2矩阵的手工矩阵求逆过程。注意一下行列式`det()`的计算方法。这里每个元素都要除以行列式。如果矩阵的某列全是0，则行列式也为0。这就会导致除零运算，由于此时无法运算，因此该矩阵无法求逆。这就是要求逆的矩阵必须满秩的原因。

$$B = \begin{bmatrix} b11 & b12 \\ b21 & b22 \end{bmatrix} \qquad B^{-1} = \frac{1}{det(B)} \begin{bmatrix} b22 & -b12 \\ -b21 & b11 \end{bmatrix}$$

$$det(B)=b11b22 - b12b21$$

图B-10　方阵`B`的逆矩阵求解。由于每个矩阵元素都要乘上`1/det(B)`，因此`det(B)`不能为0。如果`B`为奇异矩阵，则`det(B)`为0，此时无法对`B`求逆。

上面已经看到一个2×2矩阵的求逆过程。接下来看看3×3的矩阵如何求逆，你会发现这次要复杂得多。图B-11给出了一个3×3矩阵的求逆计算过程。

$$C = \begin{bmatrix} c11 & c12 & c13 \\ c21 & c22 & c23 \\ c31 & c32 & c33 \end{bmatrix}$$

$$C^{-1} = \frac{1}{det(C)} \begin{bmatrix} c22c33 - c23cc32 & c13c32 - c12c33 & c12c23 - c13c22 \\ c23c31 - c21c33 & c11c33 - c13c31 & c13c21 - c11c23 \\ c21c32 - c22c31 & c31c12 - c11c32 & c11c22 - c12c21 \end{bmatrix}$$

$$det(B)=c11(c22c33-c23c32) + c12(c23c31-c33c21) + c13(c21c32-c22c31)$$

图B-11　一个3×3的矩阵C的逆矩阵求解过程。矩阵更大，手工求解的难度也加大。一个大小为n的方阵的行列式包含$n!$个元素

一个值得吸取的教训就是由于行列式有$n!$个元素，多元素的矩阵求逆十分复杂。通常情况下不会只处理上面那么小的矩阵，因此矩阵求逆通常使用计算机完成。

B.3　矩阵范数

范数是一个机器学习领域常用的概念。矩阵的范数通常写成在矩阵的两边分别加上两条竖杠，例如||A||。下面先介绍向量的范数。

向量的范数运算会给向量赋予一个正标量值。可以把向量范数看成是向量的长度，这在很多机器学习算法比如k近邻中都非常有用。对于向量z=[3，4]，其长度为$\sqrt{3^2+4^2}=5$。这也常常称为向量的2范式，写作$\|z\|$或$\|z\|^2$。

在某些机器学习算法当中，比如lasso回归，采用其他的范数计算方法可能效果更好。其中L1范数也很流行，它的另一个名称是曼哈顿距离（Manhattan distance）。向量z的L1范数为3+4=7，写作$\|z\|^1$。可以定义任意阶范数，其形式化定义如下：

$$\|z\|_p=\left(\sum_{i=1}^{n}|z|^p\right)^{1/p}$$

向量范数主要用于确定向量作为输入时的大小。除了上述定义外，用户可以采用任意方式来定义自己的向量范数，只要其可以将向量转换为标量值。

B.4 矩阵求导

除了矩阵和向量的加减乘除运算之外，还可以对矩阵进行微积分运算，包括对向量和矩阵的求导。在诸如梯度下降的算法中需要用到这一点。这里的求导并不比常规的求导更难，只是要清楚这里的概念和定义。

对于向量 $A=\begin{bmatrix}\sin x-y\\ \sin 3x-4y\end{bmatrix}$，可以对x求导，得到另一个向量$\frac{\mathrm{d}A}{\mathrm{d}x}=\begin{bmatrix}\cos x\\ 3\cos 3x\end{bmatrix}$。如果A要对另一个向量求导，会得到一个矩阵。比如，另一个向量

$$B=\begin{bmatrix}x\\ y\\ z\end{bmatrix}$$

如果A（一个2×1的向量）要对B（一个3×1的向量）求导，会得到如下3×2 的矩阵：

$$\frac{\mathrm{d}A}{\mathrm{d}B}=\begin{bmatrix}\cos x & 3\cos 3x\\ -1 & -4\\ 0 & 0\end{bmatrix}$$

更一般地，有：

$$\frac{\mathrm{d}A}{\mathrm{d}B}=\begin{bmatrix}\frac{\mathrm{d}A1}{\mathrm{d}x1} & \frac{\mathrm{d}A2}{\mathrm{d}x2}\\ \frac{\mathrm{d}A1}{\mathrm{d}y1} & \frac{\mathrm{d}A2}{\mathrm{d}y2}\\ \frac{\mathrm{d}A1}{\mathrm{d}z1} & \frac{\mathrm{d}A2}{\mathrm{d}z2}\end{bmatrix}$$

附录 C

概率论复习

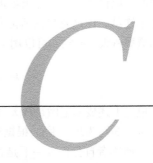

本附录复习概率论的一些基本概念。概率论博大精深而本书篇幅有限，如果读者已经研究过概率论，可以将本附录视为一个简单的复习材料。如果读者尚未踏足概率论及其相关知识，作者建议在这个浅显的附录之外再做一些扩展阅读。例如，可汗学院已经为自学者提供了很多有用的入门讲座和视频[①]。

C.1 概率论简介

概率（probability）定义为一件事情发生的可能性。事情发生的概率可以通过观测数据中的事件发生次数来计算，事件发生的概率等于该事件发生的次数除以所有事件发生的总次数。下面举出一些事件的例子。

- 扔出一枚硬币，结果头像朝上。
- 一个新生婴儿是女孩。
- 一架飞机安全着陆。
- 某天是雨天。

观察上述事件，下面分析一下如何计算它们的概率。例如我们收集到美国五大湖地区的一些天气数据，在该数据里，天气被分成三类：{晴天、雨天、雪天}，如表C-1所示。

表C-1 五大湖地区去年冬天的天气观测数据

编 号	星 期 几	华 氏 度	天 气
1	1	20	晴
2	2	23	下雪
3	4	8	下雪
4	5	30	晴
5	1	40	下雨
6	2	42	下雨
7	3	40	晴

① Khan Academy. http://www.khanacademy.org/?video=basic-probability#probability.

我们可以借用该表估计出当地的天气是下雪的概率。表C-1的数据只有7个观察值，并且观察时间也不连续，但这是目前所能获得的所有数据。如果将事件的概率记做P(事件)，那么天气是雪天的概率P(天气=下雪)可以用下式计算：

$$P(\text{天气}=\text{下雪})=\frac{\text{下雪天的天数}}{\text{总天数}}=\frac{2}{7}$$

这里将上述概率记做是P(天气=下雪)，但天气是唯一能取到“下雪”这个值的变量，所以此概率还可以简写为P(下雪)。根据概率的基本定义，我们继续计算出天气=下雨的概率和天气=晴的概率。请读者自行检查一下是否有P(下雨)=2/7和P(晴)=3/7。上文介绍了如何计算变量取到某个特定值的概率，若需要同时关注多个变量应该怎么办呢？

C.2 联合概率

如果两件事同时发生概率应当如何计算呢，例如天气=下雪且星期几=2？不难想到，这个概率应该等于两件事情都为真的次数除以所有事件发生的总次数。简单来计算一下：只有一个样本点满足天气=下雪且星期几=2，所以这个概率应当是1/7。这种联合事件的概率一般用逗号隔开的变量来表示：P(天气=雪天，星期几=2)。一般地，对事件X和Y来说，对应的联合概率应该记为$P(X, Y)$。

读者可能还看到过一些形如$P(X, Y|Z)$的概率，这里的竖杠代表条件概率，所以这个式子表示：在给定事件Z的条件下事件X和Y都发生的概率。条件概率的内容可以参见第4章。

要进行概率运算，还需要了解几条基本的运算规则。一旦掌握了这些规则，我们就可以计算代数表达式的概率，并能从已知量推出未知量。下节将对这些基本规则进行逐一介绍。

C.3 概率的基本准则

概率的基本准则使我们可以在概率上做数学演算，这些准则与代数里的公理一样，需要牢记。本书将对它们依次做出介绍，并用表C-1的数据做辅助分析。

可以看到，前面计算出的概率都是分数。如果数据集里的所有天气都是雪天，那么P(下雪)将会是7/7，即等于1。如果数据集里没有雪天，那么P(下雪)将会是0/7，即等于0。所以对任何事件X来说，$0 \leqslant P(X) \leqslant 1$。

雪天的求补事件记为~下雪或者¬下雪。求补意味着除了给定事件（下雪）以外的任何其他事件。在表C-1的天气中，其他事件包括下雨和晴。在仅有这三种可能的天气事件下，P(¬下雪) = P(下雨) + P(晴天) = 5/7，而同时P(下雪) = 2/7，所以P(下雪) + P(¬下雪)=1。另一种说法是下雪 +¬下雪事件总为真。用图表将其可视化能帮助我们理解这些事件间的关系，其中一种很有用的图就是文氏图，它在表示集合的时候非常有效。图C-1展示了所有可能的天气状况的事件集合。雪天占据了图中的圆圈内的区域，而非雪天则占据了其他区域。

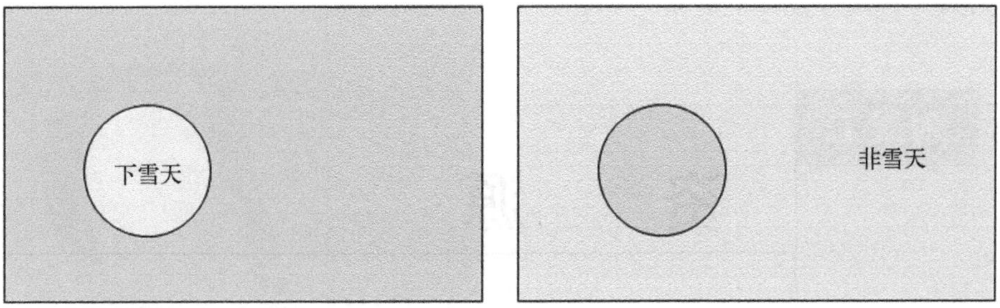

图C-1 左图的圆圈内表示“下雪天”事件（将其他事件排除在圆圈之外），右图的圆圈外则表示除“雪天”外的其他所有事件。这样，雪天和非雪天就包括了所有事件。

概率论的最后一个基本准则是关于多变量的。图C-2的文氏图描述了表C-1中的两个事件的关系，事件一是“天气 = 下雪”，而事件二是“星期几=2”。这两个事件不是互斥的，也就是说它们可能同时发生。有些下雪天恰好是星期二，也有些下雪天不是星期二。因此这两个事件在图中的区域有一部分重叠但并不完全重叠。

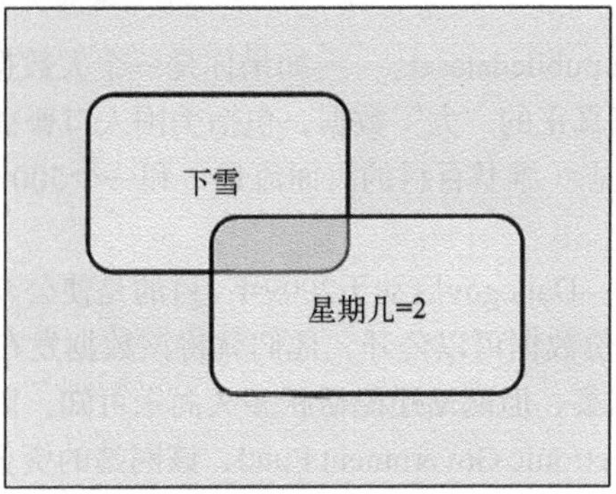

图C-2 表示两个相交事件的文氏图

图C-2中的重叠区域被认为是两个事件的交集，可以直观地记做(天气=雪天) AND (星期几=2)。如何计算*P* ((天气=雪天) OR (星期几=2))呢？可以用减去重叠部分的方法来避免重复计数：*P*(雪天 OR 星期二)=*P*(雪天)+*P*(星期二)–*P*(雪天 AND 星期二)。如果将上式一般化就得到式子：$P(X \text{ OR } Y)=P(X)+P(Y)-P(X \text{ AND } Y)$。该公式很有意义，它在AND和OR的概率之间搭起了桥梁。

通过这些基本的概率运算准则就可以计算出各种事件的概率。通过假设和先验知识可以推算出未观测到的事件的概率。

附录 D 资源

数据收集是件非常有趣的事情，但当你对某算法灵感涌来并试图做一些实验的时候，临时找数据也是件很头疼的事情。本附录提供了一些可用数据集的超链接。这些数据集的大小从20行到万亿行不等，从中找到所需数据应该不是一件难事：

- http://archive.ics.uci.edu/ml/——最有名的机器学习数据资源来自美国加州大学欧文分校。虽然本书仅使用了这其中的不到10个数据集，但该数据库已经提供了200多个可用的数据集。其中很多数据常被用来比较算法的性能，基于这些资源，研究人员可以得到相对客观的性能比较结果。
- http://aws.amazon.com/publicdatasets/——如果你是一个大数据的爱好者，这个链接尤其不能错过。Amazon拥有真正的“大”数据，包括美国人口普查数据、人类基因组注释的数据、一个150 GB的日志（维基百科的页面流量）和一个500 GB的数据库（维基百科的链接数据）。
- http://www.data.gov——Data.gov启动于2009年，目的是使公众可以更加方便地访问政府的数据。一旦政府的某份数据可以公开，他们就将该数据发布。到2010年，该网站就已经拥有了250 000个数据集。但网站还能活跃多久尚未可知，因为2011年的时候联邦政府减少了对电子政府（Electronic Government Fund，该网站的资金来源）的基金支持。该网站提供的数据主要包含一些被召回的产品和破产的银行信息等。
- http://www.data.gov/opendatasites——Data.gov还维持了一个包括美国州、城市和国家等网站在内的超链接列表，它们都提供类似的开放数据。
- http://www.infochimps.com/ ——Infochimps是一个公司，公司目标是让每个人可以访问世界上所有的数据集，目前它已开放了14 000多个数据集的下载。与本列表中的其他站点不同，Infochimps的其中一些数据集是需要购买的。当然，你也可以在该网站上出售自己的数据集。
- http://www.datawrangling.com/some-datasets-available-on-the-web ——Data Wrangling是一个私人的博客，提供了网络上大量数据集的链接。虽然许久没有更新，但其中很多数据集仍相当不错。
- http://metaoptimize.com/qa/questions/——该站点并不提供数据资源，而是一个问答系统的站点，重点关注于机器学习。在这里有很多高手乐意伸出援手、帮助解答问题。

索 引

X

Y

Z

版权声明